项目资助：
国家自然科学基金项目（32072518）
教育部新农科研究与改革实践项目（2-160）
山东省本科教学改革研究重点项目（Z2020055）

植物生理学实验实训综合教程

Experiment and Training Comprehensive Course of Plant Physiology

（中英双语版）

曹 慧 姜倩倩 主编 陈志章 王超然 孔雪华 译

·北 京·

图书在版编目（CIP）数据

植物生理学实验实训综合教程 = Experiment and Training Comprehensive Course of Plant Physiology：汉文、英文 / 曹慧，姜倩倩主编；陈志章，王超然，孔雪华译. —北京：科学技术文献出版社，2024. 1

ISBN 978-7-5189-9984-2

Ⅰ. ①植… Ⅱ. ①曹… ②姜… ③陈… ④王… ⑤孔… Ⅲ. ①植物生理学—实验—教材—汉、英 Ⅳ. ① Q945-33

中国版本图书馆 CIP 数据核字（2022）第 246929 号

植物生理学实验实训综合教程（中英双语版）

策划编辑：魏宗梅　　责任编辑：李　晴　　责任校对：王瑞瑞　　责任出版：张志平

出 版 者　科学技术文献出版社
地　　址　北京市复兴路15号　邮编　100038
出 版 部　（010）58882941，58882087（传真）
发 行 部　（010）58882868，58882870（传真）
官方网址　www.stdp.com.cn
发 行 者　科学技术文献出版社发行　全国各地新华书店经销
印 刷 者　北京虎彩文化传播有限公司
版　　次　2024 年 1 月第 1 版　2024 年 1 月第 1 次印刷
开　　本　787 × 1092　1/16
字　　数　668千
印　　张　31.5
书　　号　ISBN 978-7-5189-9984-2
定　　价　118.00元

编写委员会

主　编　曹　慧　姜倩倩

副主编　王超然　韩瑞东　束　靖　孙曰波

参　编　高明刚　韩　敏　于　雯　王　芬
　　　　刘美迎　赵雪惠　王　龙　王志刚

译　者　陈志章　王超然　孔雪华

Committee for Writing the Book

Editor-in-chief: Cao Hui Jiang Qianqian

Deputy Editor: Wang Chaoran Han Ruidong Shu jing Sun Yuebo

Coeditor: Gao Minggang Han Min Yu Wen Wang Fen Liu Meiying Zhao Xuehui Wang Long Wang Zhigang

Translator: Chen Zhizhang Wang Chaoran Kong Xuehua

前　言

植物生理学是研究植物生命活动规律、揭示植物生命现象本质的一门学科。植物生理学是农学、园艺、植物保护、种子科学与工程、设施农业科学与工程、植物科学与技术、园林等涉农专业的专业基础课程。植物生理学实验是该课程重要的实践性教学环节，通过实验操作能进一步加深学生对理论知识的理解，提高学生动手实践能力，将理论和实践有机结合，为解决农业生产实际问题奠定良好的基础。

《植物生理学实验实训综合教程》主要包括植物种子的萌发、水分代谢、矿质元素缺乏对植物生命活动的影响、植物光合性能的评价、植物碳氮代谢、植物生长物质的生理效应及其对植物生长发育的影响、植物组织培养、植物逆境生理等内容，一共9章。本书基本上涵盖了植物生理学所有的章节内容，且充分考虑各章节的重点、难点，为我们进一步理解和巩固相关理论知识提供了帮助。

本书非常注重理论教学和实践应用的深度结合，由潍坊学院、山东农业工程学院、潍坊职业学院和山东省农业技术推广中心4家单位合作完成，既有本科高校和高职院校的教师，也有从事农业技术推广的一线工作人员，他们从不同的专业角度来合理安排实验内容，通过简单易做的植物实验来验证复杂微观的科学知识，启发大家去探索植物生长的内在规律，以此提高作物生产潜力。

近年来，随着现代生物技术的快速发展，新的实验技术、实验方法和仪器设备层出不穷。本书主要针对普通本科高校涉农专业学生的实验教学，所以相关实验方法和所用仪器设备可能不是最先进的。此外，鉴于编者水平有限，本书难免有不足之处，敬请读者和专家指正。

编者

2023年10月

Foreword

Plant Physiology is a subject that studies the law of plant life activities and reveals the nature of plant life phenomena. Plant Physiology is a basic course for agronomy, horticulture, plant protection, seed science and engineering, facility agriculture science and engineering, plant science and technology, garden and other agriculture-related majors. Plant physiology experiment is an important practical teaching link of this course. Experimental operation can further deepen students' understanding of theoretical knowledge, improve their practical ability, make them organically combine theory and practice, and lay a good foundation for solving practical problems in agricultural production.

Experiment and Training Comprehensive Course of Plant Physiology mainly includes the following contents of nine chapters such as plant seed germination, water metabolism, impact of mineral elements lack on plant life activities of plant, photosynthetic performance evaluation, carbon and nitrogen metabolism of plants, the physiological effect of plant growth substances and its effect on plant growth and development, plant tissue culture, plant stress physiology. This textbook basically covers all the chapters of Plant Physiology, and fully considers the key points and difficulties of each chapter, which provides help for us to further understand and consolidate the relevant theoretical knowledge.

This book focus on the deep combination of the theoretical teaching and practical application, by the cooperation of Weifang University , Shandong Agriculture and Engineering University, Weifang Vocational College and Shandong Agricultural Technology Promotion Center, which includes both the teachers in undergraduate universities and vocational colleges, and also includes the frontier workers engaged in agricultural technology popularization. They reasonably arrange the experimental contents from different professional angles and through these simple and easy experiments they verify the complex microscopic scientific knowledge. All these inspire people to explore the internal rules of plant growth, so as to improve the potential of crop production.

In recent years, with the rapid development of modern biotechnology, new experimental techniques, experimental methods and instruments have emerged one after another. This textbook is mainly aimed at the experimental teaching of agriculture-related undergraduate students in colleges and universities. The relevant experimental methods and instruments used may not be the most advanced. In addition, in view of the limited level of editors, this textbook inevitably has deficiencies, and we are pleased to accept your sincere suggestions.

Editor

October 2023

目　录

中文篇

英文篇

中文篇

第1章　植物生理学实验基础

1.1　植物生理学实验室规则

① 实验室是进行教学活动的重要场所，学生应严格遵守实验室的各项制度和操作规程。

② 学生应提前 5 ~ 10 min 进入实验室，做好实验前的准备工作。

③ 进入实验室必须穿实验工作服，严禁赤脚、穿拖鞋。

④ 不准在实验室内留宿，严禁在实验室内生火做饭、进餐、吃零食和贮藏食物及化妆品。

⑤ 实验室内要保持肃静、整洁，不准吸烟，不准高声谈笑和乱丢纸屑杂物，严禁在实验桌、橱、墙壁上涂写刻画；每次实验结束后，值日生负责清洗、打扫，将垃圾倒入垃圾桶。

⑥ 学生实验前写好实验设计方案，明确实验目的、要求、方法和步骤，熟悉实验实施过程中所涉及试剂的配制方法和设备的使用方法，实验时应仔细观察、详细记录。

⑦ 爱护实验室内的一切仪器设备和用具，使用前后皆需检查，损坏物品应及时报告指导教师，及时登记并按规定赔偿。节约水、电和药品、试剂等。

⑧ 在实验室内不得随意使用与实验无关的仪器、设备、工具、材料等，不得随意做规定以外的其他实验。

⑨ 认真了解各种药品、试剂的特性；使用酸、碱、乙醚、丙酮等有毒致伤性化学物品时，应严格遵守实验操作规程及有关安全管理规定，违反者必须对一切后果负责。

⑩ 若发生突发事故，应迅速切断电源、火源，立即采取有效措施。

⑪ 离开实验室时，应注意检查门、窗、水、电、气，要切实关好。

⑫ 违反本规则的教师和学生，管理人员有权向学院或实验教学中心投诉，同时，教师和学生也有权向学院或实验教学中心投诉违反本规则的管理人员。学院或实验教学中心查明情况后，根据违规的情节轻重给予相应的处罚或处分。

1.2 化学试剂的分类和配制方法

1.2.1 化学试剂的分类

化学试剂一般按纯度及杂质含量的多少，分为 4 个等级。

① 优级纯试剂（GR），又称一级试剂或保证试剂，纯度高，达 99.8%，杂质极少，主要用于精密分析和科学研究，使用绿色瓶签。

② 分析纯试剂（AR），又称二级试剂或分析试剂，纯度很高，达 99.7%，略次于优级纯试剂，适用于重要分析和一般性研究工作，使用红色标签。

③ 化学纯试剂（CP），又称三级试剂，纯度较分析纯试剂差，达 99.5%，但高于实验试剂，适用于工厂、学校一般性的分析工作，使用蓝色（深蓝色）标签。

④ 实验试剂（LR），又称四级试剂，纯度比化学纯试剂差，但比工业品纯度高，主要用于一般化学实验，不能用于分析工作。

除上述 4 个等级外，还有基准试剂、光谱纯试剂及超纯试剂等。

① 基准试剂（PT），相当于或高于优级纯试剂，专做基准物用，如滴定分析时用以确定未知溶液的准确浓度或直接配制标准溶液，其主成分含量一般在 99.95% ~ 100%，杂质总量不超过 0.05%。

② 光谱纯试剂（SP），光谱分析中用做标准物质，其杂质用光谱分析法测不出或杂质低于某一限度，所以有时主成分达不到 99.9% 以上，使用时必须注意，特别是做基准物时，必须标定。

③ 超纯试剂，又称高纯试剂，纯度远高于优级纯试剂，达 99.99% 以上。

我国化学试剂属于国家标准的附有 GB 代号，属于化学工业部标准的附有 HG 或 HGB 代号。

目前，国外试剂厂生产的化学试剂的规格趋向于按用途分类，常见的有生化试剂、生物试剂、生物染色剂、络合滴定用试剂，层析用试剂（色谱、电泳、光谱等）。

根据研究内容和要求，在购买和配制化学试剂之前，需要了解所用化学试剂的物理性质和化学性质，包括纯度、溶解度、溶解性等。

1.2.2 试剂浓度的表示及配制方法

1.2.2.1 试剂浓度的表示

表示试剂浓度的方式有多种，常用的有百分浓度和物质的量浓度。

（1）百分浓度

百分浓度（%）表示在 100 g 或 100 mL 溶液中含有溶质的数量，由于溶液的量可以用质量计算，也可以用体积计算，所以又分为质量百分浓度和体积百分浓度。

① 质量百分浓度，表示在 100 g 溶液中含有溶质的质量（g）。例如，10% NaCl 溶液，即表示 100 g 溶液中含有 10 g NaCl。配制时称取 10 g NaCl，加入 90 g 蒸馏水即可。

② 体积百分浓度，表示在 100 mL 溶液中含有溶质的体积（mL），通常液体溶质用此方式表示。例如，50% 乙醇溶液，即表示 100 mL 溶液中含有乙醇 50 mL。配制时量取乙醇 50 mL，用蒸馏水稀释并定容到 100 mL 即可。

③ 质量体积百分浓度，表示在 100 mL 溶液中含有溶质的质量（g），一般百分浓度都用这种方法配制，常用于配制溶质为固体的稀溶液。例如，1%NaOH 溶液，即表示 100 mL 溶液中含有 1 g NaOH。配制时称取 1 g NaOH，用蒸馏水溶解并定容到 100 mL 即可。

（2）物质的量浓度

物质的量浓度是指单位体积溶液所含溶质的物质的量，通常用 mol/L 表示。此外，还有一些较小的单位，如 mmol/L 和 μmol/L。

1.2.2.2　混合液的配制方法

在有两种溶液或溶液和试剂时，为了得到所需浓度的溶液，可用式（1－1）计算：

$$\begin{array}{ccccc} a & & & & c-b \\ & \searrow & & \nearrow & \\ & & c & & \\ & \nearrow & & \searrow & \\ b & & & & a-c \end{array}, \qquad (1-1)$$

式中，c 为所求混合液的浓度；a 和 $a-c$ 为浓度较高溶液的浓度和质量；b 和 $c-b$ 为浓度较低溶液的浓度和质量；在换算成体积 V 时必须计算溶液的密度（d），即不用 a 而用 $V \times d$。

例如，有含量为 96% 和 70% 的溶液，需要用它们配制 80% 的溶液，则要将 10 份 96% 溶液和 16 份 70% 溶液混合。即

$$\begin{array}{ccccc} 96 & & & & 10 \\ & \searrow & & \nearrow & \\ & & 80 & & \\ & \nearrow & & \searrow & \\ 70 & & & & 16 \end{array}。$$

1.3　实验材料的采集、处理和保存

植物生理实验使用的材料非常广泛，根据来源可划分为天然的植物材料（如植物幼苗、根、茎、叶、花等器官或组织等）和人工培养、选育的植物材料（如杂交种、

诱导突变种、植物组织培养突变型细胞、愈伤组织等）两大类；按其水分状况、生理状态可划分为新鲜植物材料（如植物叶片、根系，果实果肉，花粉等）和干材料（小麦面粉，根、茎、叶干粉，干酵母等）两大类，因实验目的和条件不同，而加以选择。植物材料的采集、处理和保存方法是否恰当是完成植物生理学研究的重要环节之一。植物生理学研究测定结果和结论的可靠性或准确性，在很大程度上取决于材料的选用、处理和保存是否科学合理。

1.3.1 实验材料的采集

如果采样方法不科学，样品不具有广泛代表性，即使结果的分析准确无误，也不可能得出正确的结论。为了保证植物材料的代表性，必须运用科学方法采取材料。样品的采集除必须遵循田间试验抽样技术的一般原则外，还要根据不同测定项目的具体要求，正确采集所需实验材料。

样株必须具有充分的代表性，按照一定路线多点采集，组成平均样品。组成每一平均样品的样株数目视作物种类、种植密度、株型大小、株龄或生育期及要求的准确度而定。从大田或试验区选择样株要注意群体密度，植株长相、植株长势、生育期的一致，过大或过小，遭受病虫害或机械损伤及由于边际效应长势过强的植株都不应采用。如果为了某一特定目的（如缺素诊断）而采样时，则应注意植株的典型性，并要同时在附近地块另行选取有对比意义的正常典型植株，使分析结果能在相互比较的情况下，说明问题。

植株选定后还要决定取样的部位和组织器官，重要的原则是所选部位的组织器官要具有最大的指示意义，也即植株在该生育期对该养分的丰欠最敏感的组织器官。大田作物在生殖生长开始时期常采取主茎或主枝顶部新成熟的健壮叶或功能叶；幼嫩组织的养分组成变化很快，一般不宜采样。苗期诊断则多采集整个地上部分。大田作物开始结实后，营养体中的养分转化很快，不宜再做叶分析，故一般谷类作物在授粉后不再采诊断用的样品。如果为了研究施肥等措施对产品品质的影响，则要在成熟期采取茎秆、籽粒、果实、块茎、块根等样品，果树和林木多年生植物的营养诊断通常采用“叶分析”或不带叶柄的“叶片分析”，个别果树如葡萄、棉花则常做“叶柄分析”。

植物体内各种物质，特别是活性成分如硝态氮、氨基态氮，还原糖等都处于不断的代谢变化之中，不仅在不同生育期的含量有很大的差别，并且在一日之间也有显著的周期性变化。因此，在分期采样时，取样时间应规定一致，通常以上午 8：00—10：00 为宜，因为这时植物的生理活动已趋活跃，地下部分的根系吸收速率与地上部分的各项代谢活动都趋于上升，光合作用强度接近动态平衡。此时，植物组织中的养料贮量最能反映根系养料吸收与植物同化需要的相对关系，因此，最具有营养诊断意义。诊断作物氮、磷、钾、钙等营养成分状况的采样还应考虑各元素在植物营养中的特殊性。

采得的植株样品如需要分不同器官（如叶片、叶鞘或叶柄、茎、果实等部分）测定，须立即将其剪开，以免养分运转。

在作物苗期的许多生理测定项目中都需要采集整株的试材样品，在作物中后期的一些生理测定项目中，如作物群体物质生产的研究，也需要采集整株的试材样品，有时虽然是测定植株的部分器官，但为了维持器官的正常生理状态，也需要对整株进行采样。除研究作物群体物质生产外，对于作物生理过程的研究来说，许多生理指标测定中的整株采样，也只是对地上部分的采样，没有必要连根采样，当然对根系的研究测定例外。采样时间因研究目的而不同，如按生育时期或某一特殊需要的时间进行。除逆境生理研究等特殊需要外，所取植株应是能代表试验小区内植株生长状况的正常生育无损伤的健康植株。

1.3.1.1　原始样品的取样法

从大田或实验地、实验器皿中采取的植物材料，称为“原始样品”。

（1）随机取样

在试验区（或大田）中选择有代表性的取样点，取样点的数目视田块的大小而定。选好点后，随机采取一定数量的样株，或在每一个取样点按规定的面积从中采取样株。

（2）对角线取样

在试验区（或大田）可按对角线选定 5 个取样点，然后在每个点上随机取一定数量的样株，或在每个取样点按规定的面积从中采取样株。

1.3.1.2　平均样品的取样法

按原始样品的种类（如植物的根、茎、叶、花、果实、种子等）分别选出“平均样品”。然后根据分析的目的、要求和样品种类的特征，采用适当的方法，从“平均样品”中选出供分析用的“分析样品”。

（1）混合取样法

一般颗粒状（如种子等）或已碾磨成粉末状的样品可以采用混合取样法进行。具体做法为：将供采取样品的材料均匀铺成一层，按照对角线划分为 4 等份。取对角的两份为进一步取样的材料，而将其余对角的两份淘汰。再将已取中的两份样品充分混合后重复上述方法取样。反复操作，每次均淘汰 50% 的样品，直至所取样品达到所要求的数量为止。这种取样方法叫作“四分法”。

一般禾谷类、豆类及油料作物的种子均可采用这种方法采取平均样品，但注意样品中不要混有不成熟的种子及其他混杂物。

（2）按比例取样法

有些作物、果品等材料，在生长不均等的情况下，应将原始样品按不同类型的比例选取平均样品。例如，对甘薯、甜菜、马铃薯等块根、块茎材料选取平均样品时，应按大、中、小不同类型样品的比例取样，然后将单个样品纵切剖开，每个切取1/4、1/8或1/16，混在一起组成平均样品。

在采取果实（如桃、梨、苹果、柑橘等果实）的平均样品时，即使是从同一株果树上取样，也应考虑到果枝在树冠上各个不同方位和部位及果实体积的大、中、小和成熟度上的差异，按各自相关的比例取样，再混合成平均样品。

1.3.1.3 取样注意事项

① 取样的地点：一般在距田埂或地边一定距离的株行取样，或在特定的取样区内取样。取样点的四周不应该有缺株的现象。

② 取样后，按分析目的分成各部分（如根、茎、叶、果等），然后捆齐，并附上标签，装入纸袋。有些多汁果实取样时，应用锋利的不锈钢刀剖切，并注意勿使果汁流失。

③ 对于多汁的瓜、果、蔬菜及幼嫩器官等样品，因含水分较多，容易变质或霉烂，可以在冰箱中冷藏，或进行灭菌处理或烘干以供分析之用。

④ 选取平均样品的数量应当不少于供分析用样品的2倍。

⑤ 为了动态地了解供试验用的植物在不同生育期的生理状况，常按植物不同的生育期采取样品进行分析。在植物的不同生育时期先调查植株的生育状况并区分为若干类型，计算出各种类型植株所占百分比，再按此比例采取相应数目的样株作为平均样品。

1.3.2 分析样品的处理和保存

从田间采取的植株样品，或是从植株上采取的器官组织样品，在正式测定之前的一段时间里，如何正确妥善的保存和处理是很重要的，这也关系到测定结果的准确性。

一般测定中，所取植株样品应该是生育正常无损伤的健康材料。取下的植株样品或器官组织样品，必须放入事先准备好的保湿容器中，以维持试样的水分状况和未取下之前基本一致。否则，由于取样后的失水，特别是在田间取样带回室内的过程中，由于强烈失水，使离体材料的许多生理过程发生明显变化，用这样的试材进行测定，就不可能得到正确可靠的结果。为了保持正常的水分状况，在剪取植株样品后，应立即插入有水的桶中，对于枝条还应该立即在水中进行第二次剪切，即将第一次切口上方的一段在水中剪去，以防输导组织中水柱被拉断，影响正常的水分运输。对于器官组织样品，如叶片或叶组织，在取样后就应立即放入已铺有湿纱布带盖的瓷盘中，或铺有湿滤纸的培养皿中。对于干旱研究的有关试材，应尽可能维持其原来的水分状况。

采回的新鲜样品（平均样品）在做分析之前，一般先要经过净化、杀青、烘干（或风干）等一系列处理。

（1）净化

新鲜样品从田间或试验地取回时，常沾有泥土等杂质，应用柔软湿布擦净，不应用水冲洗。

（2）杀青

为了保持样品化学成分不发生转变和损耗，应将样品置于 105 ℃的烘箱中烘 15 min 以终止样品中酶的活动。

（3）烘干（或风干）

样品经过杀青之后，应立即降低烘箱的温度，维持在 70 ~ 80 ℃，直到烘至恒重。烘干所需的时间因样品数量和含水量、烘箱的容积和通风性能而定。烘干时应注意温度不可过高，否则会把样品烤焦，特别是含糖较多的样品，更易在高温下焦化。为了更精密地分析，避免某些成分的损失（如蛋白质、维生素、糖等），在条件许可的情况下最好采用真空干燥法。

此外，在测定植物材料中酶的活性或某些成分（如维生素 C、DNA、RNA 等）的含量时，需要用新鲜样品。取样时注意保鲜，取样后应立即进行待测组分提取；新鲜样品来不及测定的可采用液氮中冷冻保存或冰冻真空干燥法得到干燥的制品，放于 −80 ℃冰箱中保存。在鲜样已进行了匀浆，尚未完成提取、纯化，不能进行分析测定等特殊情况下，也可加入防腐剂（甲苯、苯甲酸），以液态保存在缓冲液中，置于 0 ~ 4 ℃冰箱即可，但保存时间不宜过长。

已经烘干（或风干）的样品，可根据样品的种类、特点进行以下处理：

（1）种子样品的处理

一般种子（如禾谷类种子）的平均样品清除杂质后要进行磨碎，在磨碎样品前后都应将研磨用具内部的残留物彻底清除，以免不同样品之间的机械混杂，也可将最初研磨的少量样品弃去，然后正式磨碎，最后使样品全部无损地通过 1 mm 筛孔的筛子，混合均匀作为分析样品贮存于具有磨口玻塞的广口瓶中，贴上标签，注明样品的采取地点、试验处理、采样日期和采样人姓名等。长期保存的样品，贮存瓶上的标签还需要涂蜡。为防止样品在贮存期间生虫，可在瓶中放置一点樟脑或对位二氯甲苯。

对于油料作物种子（如芝麻、亚麻、花生、蓖麻等）需要测定其含油量时，不应用磨粉机磨碎，否则样品中所含的油分吸附在磨粉机上将明显地影响分析的准确性。所以，对于油料种子应将少量样品放在研钵内研碎或用切片机切成薄片作为分析样品。

（2）茎秆样品的处理

烘干（或风干）的茎秆样品，均要进行磨碎，磨茎秆用的电磨与磨种子的磨粉机结构不同，不宜用磨种子的磨粉机来磨碎茎秆。如果茎秆样品的含水量偏高而不利于磨碎时，应进一步烘干后再进行磨碎。

（3）多汁样品的处理

柔嫩多汁样品（如浆果、瓜、菜、块根、块茎、球茎等）的成分（如蛋白质、可溶性糖、维生素、色素等）很容易发生代谢变化和损失，因此，常用其新鲜样品直接进行各项测定及分析。一般应将新鲜的平均样品切成小块，置于电动捣碎机的玻璃缸内捣碎。若样品含水量不够（如甜菜、甘薯等）可以根据样品重加入 0.1 ~ 1 倍的蒸馏水。充分捣碎后的样品应成浆状，从中取出混合均匀的样品进行分析。如果不能及时分析，最好不要急于将其捣碎，以免其中化学成分发生变化而难以准确测定。

有些蔬菜（如含水分不太多的叶菜类、豆类、干菜等）的平均样品可以经过干燥磨碎，也可以直接用新鲜样品进行分析。若采用新鲜样品，可采用上述方法在电动捣碎机内捣碎，也可用研钵（必要时加少许干净的石英砂）充分研磨成匀浆，再进行分析。

在进行新鲜材料的活性成分（如酶活性）测定时，样品的匀浆、研磨一定要在冰浴上或低温室内操作。新鲜样品采后来不及测定的，可放入液氮中速冻，再放入 -80 ℃冰箱中保存。

供试样品一般应该在暗处保存，但是用于测定光合、蒸腾、气孔阻力等指标的样品，在光下保存更为合理。一般可将这些供试样品保存在室内光强下，但从测定前 0.5 ~ 1.0 h 开始，应对这些材料进行测定前的光照预处理，也叫光照前处理。这不仅是为了使气孔能正常开放，也是为了使一些光合酶类能预先被激活，以便在测定时能获得正常水平的值，而且还能缩短测定时间。光照前处理的光强，一般应和测定时的光照条件一致。

测定材料在取样后，一般应在当天测定使用，不应该过夜保存。需要过夜时，也应在较低温度下保存，但在测定前应使材料温度恢复到测定条件的温度。

对于采集的籽粒样品，在剔除杂质和破损籽粒后，一般可用风干法进行干燥。但有时根据研究的要求，也可立即烘干。对于叶片等组织样品，在取样后则应立即烘干。为了加速烘干，对于茎秆、果穗等器官组织应事先切成细条或碎块。

1.4 植物生理学实验研究的基本方法

1.4.1 计数分析法

计数分析法是一种简单实用的方法，它通过对植物不同的生长状态、不同的生命活动或不同处理下植物的响应情况进行直接的观察、测量；计数来描述结果，或者经过一定的统计分析来得出适宜的结论。例如，在 25 ℃、30 ℃和 35 ℃ 3 种栽培条件下，通过计数统计果实的大小和形状来研究花芽形成前温度对黄瓜果实发育的影响。该方法在植物的生长发育、植物激素的生物测试、春化作用、光周期诱导等研究中广为应用。

1.4.2　仪器测试分析法

仪器测试分析法是以各种分析测试仪器为主要手段进行分析测试，并进行技术与方法的研究。它是对样品的宏观与微观、成分与结构、物理与化学、无机与有机等分析的集成与结合。

大多数植物生理学研究都可以用仪器测试分析法进行，包括重量分析技术、滴定分析技术、萃取技术、膜分离技术、离心技术、同位素示踪技术、光学分析技术、电化学分析技术、免疫化学技术、色谱技术、电泳技术和红外线 CO_2 气体分析技术等。随着科学技术的不断发展，不仅要求分析的准确度和灵敏度高，而且对于测试速度提出了更高的要求。

仪器测试分析实质上是物理和物理化学分析。根据被测物质的某些物理特性与组分之间的关系，不经化学反应直接进行鉴定或测定的分析方法，叫作物理分析法。根据被测物质在化学变化中的某种物理性质和组分之间的关系进行鉴定或测定的分析方法，叫作物理化学分析方法。其中，光学分析技术中的分光光度法尤其是可见光分光光度法（或比色法）应用最为普遍，它多以化学变化过程中待测组分与试剂反应发生颜色的消长，通过仪器检测即可得知某组分的含量。植物组织中多种组分如糖、可溶性蛋白质、脂肪、维生素及各种营养元素、各种酶的活性等都可应用该方法进行定量测定。而核磁共振技术、火焰分光光度法、荧光光谱法、紫外光光谱法、红外光光谱法和旋光分析法等，则是基于待测组分在特定物理状态下具有相应的物理特性而进行测试的。具有旋光性的糖类，能催化具有旋光性的底物或产生有旋光性产物的酶，如蔗糖酶和乳酸脱氢酶等也可用旋光分析法进行测定。

测试分析法种类繁多，同一种物质的测量往往可以采用多种方法，如过氧化氢酶活性的测定有高锰酸钾滴定法、氧电极法和紫外分光光度法等，在实际应用中可加以选择。

1.4.3　细胞学方法

细胞是生命活动的基本单位。因此，研究植物的生命活动规律离不开细胞学方法的应用，细胞学的研究方法包括以下几个方面。

（1）细胞形态结构的观察方法

细胞形态结构的观察方法包括光学显微镜技术（体视、光镜、偏光、相差、微分干涉差、荧光、暗场、激光共聚焦显微镜、显微摄影）和电子显微镜技术（透射电镜、扫描电镜和扫描隧道效应显微镜）。

（2）细胞化学方法

细胞化学方法包括各种生物制片技术（徒手切片、整体装片、涂片、压片、冰冻切片、滑动切片、石蜡切片、超薄切片、电镜制片等技术）、电镜负染方法、冷冻断裂电镜技术、金属投影电镜技术、细胞内各种结构和组分的细胞化学显示方法、蛋白质和核酸等生物大分子的特异染色方法、细胞器（线粒体、溶酶体、叶绿体及细胞核等）的染色方法和定性定量的细胞化学分析技术方法（显微分光光度计和流式细胞技术）。

（3）细胞组分的生化分离分析方法

细胞组分的生化分离分析包括差速离心和密度梯度离心、层析技术（纸层析、聚酰胺薄膜层析、纤维素柱层析）、电泳技术（琼脂糖电泳、PAGE 和双向电泳）、分子杂交技术（原位杂交、Southern 杂交和 Northern 杂交）。

（4）标记与示踪方法

标记与示踪技术包括同位素放射自显影技术、免疫荧光抗体技术、酶联免疫反应和酶标技术，以及胶体金、胶体金银标记技术。

（5）细胞生物工程方法

细胞生物工程技术包括细胞工程技术（细胞培养、细胞融合、细胞克隆和细胞突变体的筛选）和染色体工程技术（染色体标本制备、染色体显带、染色体倍性改造）。

在上述细胞学研究方法中，细胞的显微观察和细胞工程技术是两类重要的方法。采用传统的细胞学方法，可对植物的生长发育进行观察。植物细胞培养是植物细胞工程和植物基因工程的基础，在研究细胞生长、分化、细胞信号转导、细胞程序性死亡等理论问题和遗传育种、转基因植物应用等方面都不可或缺。

1.4.4 分子生物学方法

分子生物学自 20 世纪 80 年代以来得到突飞猛进的发展，新的实验技术和方法日新月异，分子生物学已成为生命科学的基础学科之一，其基本理论和实验技术已渗透到生物学的各个领域并促进了一批新学科的兴起和发展，已成为生命科学工作者必备的专业基础。以分子生物学为基础的基因克隆和重组技术是现代生物技术的核心。其主要内容包括目的基因的定位、克隆、表达和分离纯化等，与之相关的常规技术有：核酸的分离、纯化；限制性内切酶的使用；核酸凝胶电泳技术；载体的构建；核酸的体外连接；目的基因转化；核酸探针标记技术；分子杂交；PCR 技术及 DNA 序列分析等。

分子生物学方法的应用使植物生理学的研究手段和内容更深更广，在植物细胞壁的结构与功能、光合作用、呼吸作用、植物激素作用机理、种子发育、成熟、衰老及抗逆性等研究领域都带来了丰硕的成果。例如，利用植物基因工程技术，能改良植物蛋白质成分，提高作物中必需的氨基酸含量，培育抗病毒、抗虫害、抗除草剂工程植株及抗盐、抗旱等抗逆境植株。

1.4.5　其他方法

近年来，很多新技术和新方法被大量应用于植物生理学研究领域，大大丰富了植物生理学研究的方法和内容。

计算机与信息技术除被大量应用于实验数据处理与统计分析外，还被广泛用于其他很多植物生理学研究领域。例如，计算机专家系统技术被广泛应用于植物生长和代谢进程的模拟，已研制出能够根据症状确定缺素症并推测施肥方案的植物营养诊断与施肥专家系统，以及能够根据底物浓度与时间确定代谢进程的虚拟细胞；计算机图像处理技术也被应用于相关测定，如叶面积扫描测定系统和根长测定系统及蛋白质和核酸等生物大分子结构的可视化；生物信息学的很多方法被大量应用于序列比对、基因克隆等方面。

人造卫星遥感技术可实现对大区域种植的农作物病虫害情报、营养状况、生育期及产量等方面的情况进行收集、分析和预测。

总之，植物生理学的研究方法必须与时俱进。要注重学科交叉，借鉴、学习和吸收其他学科的新方法、新技术来推进植物生理学研究。

第2章 植物种子的萌发

【本章背景】

植物的生长从种子萌发开始，种子品质的优劣在很大程度上影响着幼苗的健壮生长，最终影响产量。种子成熟采收之后，由于遗传因素及其所处环境条件（如盐胁迫、高温、低温、潮湿及外源激素处理等）的不同，往往会使种子的品质发生不同的变化，这是由于不同的遗传基础和外界环境条件会对种子细胞的结构和生理功能产生影响所致。种子品质的优劣及不同环境条件对植物种子萌发的影响可以通过种子的生活力、种子活力及种子萌发过程中淀粉、脂肪、蛋白质的转化情况等来衡量。

【本章目的】

以4组不同处理情形的同一种植物种子为实验材料，分别是不同贮藏条件和时期的、不同遗传基础的、不同逆境处理的、不同外源物质处理的同一种植物种子，通过测定种子的生活力、发芽率、发芽势、发芽指数、种子萌发时淀粉酶活性、脂肪酸含量及氨基酸含量等，分析比较不同环境条件对植物种子萌发的影响。

【实验材料培养与处理】

选择上述4组不同处理情形的植物种子中的一组进行材料处理和取样。

（1）不同贮藏条件和时期的同一种植物种子

种子可根据实际情况自主选择，如大麦、小麦、粳谷、玉米等作物类种子；油菜、白菜等十字花科植物的种子等。选取完整无损、大小均匀的种子进行测定，比较不同贮藏条件、不同贮藏时间对植物种子萌发的影响。

（2）不同遗传基础的同一种植物种子

选取有不同遗传基础的同一种植物种子进行测定，分析比较遗传因素对植物种子萌发的影响。

（3）不同逆境处理的同一种植物种子

学生自主选择本专业感兴趣的植物种子进行高温、低温、潮湿、盐碱等逆境处理，通过种子活力等指标的测定，分析比较不同逆境处理对植物种子萌发的影响。

（4）不同外源物质处理的同一种植物种子

学生自主选择本专业感兴趣的植物种子进行不同外源物质（如赤霉素等生长调节物质、NaOH溶液等盐碱溶液等）处理，常选择需人工打破休眠或破皮较困难的植物种子，如莴苣种子、芸薹类蔬菜种子、石竹种子等，通过指标测定比较不同外源物质对植物种子萌发的影响。

【测定指标与方法】

2.1　种子发芽率、发芽势及发芽指数的测定

（1）实验目的

判定种子的发芽能力，掌握种子的质量状况。

（2）实验原理

凡有发芽能力的种子，在适宜的外界条件下，可以吸收发芽床中的水分而生芽，而丧失发芽能力的种子则不能生芽。

（3）器材与试剂

① 实验仪器：恒温培养箱、培养皿、纱布 2 ~ 4 层、镊子等。

② 实验试剂：水。

③ 实验材料：100 粒大小均匀、颗粒饱满的小麦等植物种子。

（4）实验步骤

① 浸种：将待测种子在 30 ~ 35 ℃温水中浸种 1 h。

② 准备一个直径 10 cm 的培养皿，铺上 2 ~ 4 层纱布，加入适量的水，使纱布湿润。

③ 在纱布上均匀地摆上浸种后的 100 粒小麦种子。

④ 将培养皿放在 20 ℃的恒温培养箱中培养。以胚根露出种皮 2 mm 作为萌发标准，每天观察并记录小麦种子的发芽数量，期间注意保持纱布湿润，直至发芽结束。

⑤ 发芽率、发芽势及发芽指数的计算公式如式（2-1）至式（2-3）所示：

$$发芽率 =（发芽种子数/供试种子总数）\times 100\%; \quad (2-1)$$

$$发芽势 =（发芽高峰期内发芽的种子数/供试种子总数）\times 100\%; \quad (2-2)$$

$$发芽指数 = \sum (Gt/Dt)。 \quad (2-3)$$

式中，Gt 为每日新增发芽数，Dt 为相应的天数。

（5）注意事项

① 发芽温度一般以 18 ~ 25 ℃为宜，发芽的天数会根据温度的不同有所差异。

② 发芽期间注意保持适宜的湿度，防止种子过干或霉烂。

2.2 种子生活力的快速测定

种子成熟采收之后，由于贮藏条件不合适，往往会使种子的品质变劣，影响种子的发芽、幼苗的健壮生长，最终影响产量。这是由于细胞的结构和生理功能受到损害所致，以下几种方法能快速测定种子的正常生理代谢功能是否受到损害，胚是否存活，以了解种子是否还具有发芽的潜力。

2.2.1 氯化三苯四氮唑法（TTC 法）

（1）实验原理

凡有生命活力的种子胚部，在呼吸作用过程中都有氧化还原反应，而无生命活力的种胚则无此反应。当 TTC 渗入种胚的活细胞内，并作为氢受体被脱氢辅酶（$NADH_2$ 或 $NADPH_2$）上的氢还原时，便由无色 TTC 变为红色的三苯基甲臜（TTF）。

（2）器材与试剂

① 实验仪器：恒温箱、天平、烧杯、培养皿、镊子、刀片等。

② 实验试剂：5 g/L TTC 溶液（称取 0.5 g TTC 放在烧杯中，加入少许 95% 乙醇使其溶解然后用蒸馏水稀释至 100 mL。溶液避光保存，若变红色，即不能再用）。

③ 实验材料：大麦、小麦或粳谷等植物的种子。

（3）实验步骤

① 浸种：将待测种子在 30 ~ 35 ℃温水中浸种（大麦、小麦、籼谷 6 ~ 8 h，玉米 5 h，粳谷 2 h），以增强种胚的呼吸强度，使显色迅速。

② 显色：取吸胀的种子 200 粒，用刀片沿种子胚的中心线纵切为二，将其中一半置于 2 个培养皿中，每皿 100 个半粒，加入适量的 5 g/L TTC，以覆盖种子为度。然后置于 30 ℃恒温箱中 0.5 ~ 1 h。观察结果，凡胚被染成红色的是活种子。将另一半在沸水中煮 5 min 杀死胚，做同样染色处理，作为对照观察。

③ 计算活种子的百分率。

2.2.2 溴麝香草酚蓝法（BTB 法）

（1）实验原理

凡活细胞必有呼吸作用，吸收空气中的 O_2 放出 CO_2，CO_2 溶于水成为 H_2CO_3，H_2CO_3 解离成 H^+ 和 HCO_3^-，使得种胚周围环境的酸度增加，可用溴麝香草酚蓝（BTB）来测定酸度的改变。BTB 的变色范围为 pH 6.0 ~ 7.6，酸性呈黄色，碱性呈蓝色，中间经过绿色（变色点为 pH 7.1）。色泽差异显著，易于观察。

（2）器材与试剂

① 实验仪器：恒温箱、天平、培养皿、烧杯、镊子、漏斗、滤纸、琼脂等。

② 实验试剂：

1 g/L BTB 溶液：称取 BTB 0.1 g，溶解于煮沸过的自来水中（配制指示剂的水应为微碱性，使溶液呈蓝色或蓝绿色，蒸馏水为微酸性不宜用），然后用滤纸滤去残渣。滤液若呈黄色，可加数滴稀氨水，使之变为蓝色或蓝绿色。此液贮于棕色瓶中可长期保存。

1 g/L BTB 琼脂凝胶：取 1 g/L BTB 溶液 100 mL 置于烧杯中，加入 1 g 琼脂粉，用小火加热并不断搅拌。待琼脂完全溶解后，趁热倒在数个干净的培养皿中，使之成为均匀的薄层，冷却后备用。

③ 实验材料：大麦、小麦或粳谷等植物的种子。

（3）实验步骤

① 浸种：同上述 TTC 法。

② 显色：取吸胀的种子 200 粒，整齐地埋于准备好的琼脂凝胶培养皿中，种子平放，间隔距离至少 1 cm。然后将培养皿置于 30 ~ 35 ℃下培养 2 ~ 4 h。在蓝色背景下观察，如种胚附近呈较深黄色晕圈的是活种子，否则是死种子。用沸水杀死的种子做同样处理，进行对比观察。

③ 计数种胚附近出现黄色晕圈的活种子数，算出活种子百分率。

2.3　种子活力的测定

种子活力是指种子健壮度，包括迅速、整齐萌发的发芽潜力及生长潜势和生长潜力。种子活力的大小取决于遗传基础和发育状态，当种子成熟时，活力水平达到高峰，随后在采收、加工、贮藏过程中，种子会发生不同程度的劣变，引起活力衰退，进而在播种时直接影响农作物的产量。测定种子活力可及时鉴定种子的健壮度，对其使用价值做出尽可能切合实际的判断。目前，测定种子活力的方法有数十种，常用的有抗冷法、砂压法、低温法、电导法和加速衰老法。

2.3.1　抗冷法

（1）实验原理

在生产实践中，常因早春播种遇低温和潮湿的土壤，使种子萌发出苗受阻，从而被土壤中或种子自身携带的病菌侵袭，致使活力低的种子在萌发出土过程中霉烂，而能正常出苗者则必是健壮度好、活力强的种子。人为模拟田间逆境条件则可以筛选出活力强的种子。

（2）器材与试剂

① 实验仪器：恒温箱、塑料盒（7 cm × 10 cm × 4 cm 或 30 cm × 40 cm × 20 cm）、天平、耕作土或田园土、沙等。

② 实验材料：玉米、大豆、豌豆等作物种子。

（3）实验步骤

① 将土壤与沙（按 1 ∶ 1，质量比）混合，充分搅匀，定量装入特制规格的塑料盒中，铺平压实。

② 将待测种子定量、定距离地直接播在塑料盒中，轻压使种子略陷入土壤中，然后再加定量的覆盖土，铺平压紧，再浇上适量的水分，使土壤持有 70% 含水量为宜。加盖后放置在预先调控的低温条件下（10 ℃，相对湿度 95%），放置 7 天。另设 25 ℃，相对湿度 95% 培养为对照组。

③ 取出种子，将其原封不动地转入适温条件下促其出苗（热带种子 30 ℃，温带及一般农作物可用 25 ℃），经 1 ~ 2 周后统计出苗率，并与对照组相比，求出百分率。按出苗率和幼苗高度来判断种子活力水平。在低温条件下，出苗率高、长势旺的种子为优。

2.3.2 砂压法

（1）实验原理

在种子萌发过程中，常需克服覆盖土壤和沙砾的重力胁迫，人工模拟田间条件，用砖砂颗粒做覆盖土，试验中能正常萌发出土的种子即为活力强的种子。

（2）器材与试剂

① 实验仪器：恒温箱、塑料盒（9 cm × 9 cm × 4.5 cm）、砂床、粗砖砂或砖砂颗粒（直径 3 ~ 5 mm）。

② 实验材料：各种禾谷类或十字花科等作物，如小麦、水稻、玉米和甜菜、花生、胡萝卜的种子。

（3）实验步骤

① 将砖砂颗粒进行消毒处理（图 2－1）。

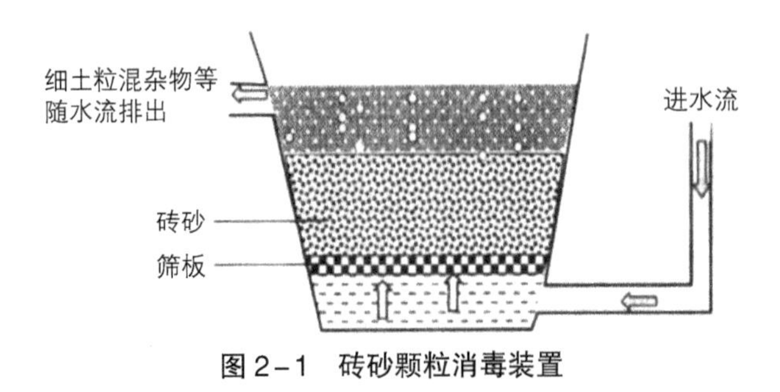

图 2－1　砖砂颗粒消毒装置

② 将消毒后的砖砂铺在长方形塑料盒中，浸湿后播上 100 粒种子，铺放种子时要注意籽粒之间彼此保持一定间隔，以避免病菌相互传染，再覆盖 3 cm 厚的砖砂颗粒。

③ 将此待测种子盒放在恒温（20 ℃）下 10 ~ 14 天，待幼苗出土后，将盖子揭开。

④ 记载出土幼苗的百分数，再将正常苗按幼苗长度分为强苗和弱苗，分别记载强苗和弱苗的百分数。再倒出种子盒中的砖砂，取出全部幼苗，统计不出土幼苗中畸形苗和受病菌感染幼苗的百分数，对种子质量做出全面评价，从而判断种子活力。

2.4　种子萌发时淀粉酶的形成和活力检测

（1）实验目的

熟悉种子萌发时淀粉酶形成和活力大小的简单直观测定方法。

（2）实验原理

当种子萌发时，水解酶的活性大大加强，子叶或胚乳中贮藏的有机物在它们的作用下降解为简单的化合物，供幼苗生长时的需要。淀粉酶在萌发过程中形成，可使淀粉水解成糖。利用淀粉对 I_2-KI 的蓝色反应，即可检测淀粉酶的存在。

（3）器材与试剂

① 实验仪器：培养皿、烧杯、水浴锅、研钵、毛笔、刀片等。

② 实验试剂：淀粉、琼脂、I_2-KI 溶液。

③ 实验材料：小麦、水稻等植物的种子。

（4）实验步骤

① 取部分小麦种子进行萌发，备用。

② 称取琼脂粉 2 g 置于烧杯中，加蒸馏水 100 mL，小火加热，不断搅拌，使琼脂溶解。另取淀粉 1 g 置于小烧杯中，加水少许调匀，待琼脂溶解后，将淀粉悬液倒入，搅匀，趁热将琼脂倒在培养皿中使成一薄层，冷却凝固后备用。

③ 取已萌发和未萌发的小麦种子各 20 粒，分别于研钵中加蒸馏水 5 mL 研磨，再用蒸馏水 5 mL 将研碎物全部洗于小烧杯中，静置 15 min。将上层清液倒入另一烧杯中，此即为淀粉酶提取液。

④ 用毛笔取提取液少许（发芽和未发芽的种子提取液），分别在培养皿内淀粉琼脂平板上绘一字样，盖上皿盖，放于 25 ℃恒温箱中，经 20 ~ 30 min 后，以稀 I_2-KI 溶液浸湿整个平板，试比较两个培养皿中用提取液绘出字样的地方颜色的深浅。

⑤ 也可以直接将萌发和未萌发的种子切开，于切口处用水润湿后，直接放在平板上，切口朝下，做同样比较。

（5）注意事项

淀粉琼脂平板越薄则效果越明显。

（6）思考题

比较不同萌发天数的小麦种子淀粉酶的活力大小。

2.5 油类种子萌发时脂肪酸含量的变化

（1）实验目的

了解种子萌发时脂类物质分解成脂肪酸，掌握脂肪酸含量测定的方法。

（2）实验原理

油菜籽等含油脂较多的油类种子萌发时，在脂肪酶的作用下，贮藏的脂肪水解成脂肪酸和甘油。生成的脂肪酸可用碱进行滴定。

（3）器材与试剂

① 实验仪器：小型磨粉机、台式天平、水浴锅、研钵、漏斗、大试管和橡皮塞、培养皿、三角瓶、移液管、碱式滴定管等。

② 实验试剂：95% 乙醇、0.05 mol/L NaOH、10 g/L 酚酞试剂。

③ 实验材料：风干的油菜籽等油类种子。

（4）实验步骤

① 先将风干的油菜籽磨成粉备用，另取 1 g 油菜籽置于培养皿中的湿滤纸上发芽，待胚根长达 0.5 ~ 1 cm 即可用于实验。

② 称取 1 g 油菜籽粉置于试管中，加 95% 乙醇 25 mL，加盖；另取已发芽的油菜籽放于研钵中，加少许石英砂，加 3 mL 95% 乙醇，将材料研成匀浆，然后倒入另 1 支试管中，再取 22 mL 乙醇洗涤研钵，将洗液和多余乙醇全部并入试管中，加盖。

③ 将 2 支试管在 70 ℃水浴锅中保温 30 min。

④ 取出后静置数分钟，将上层清液在放有少量活性炭的滤纸中过滤脱色 1 ~ 2次。

⑤ 各吸取滤液 10 mL 置于三角瓶中，加酚酞试剂 2 滴，用 0.05 mol/L 的 NaOH 滴定，生成微红色，在 1 min 内不褪色即为终点。记录用去的 NaOH 毫升数表示脂肪酸总量。

2.6 种子萌发时氨基酸含量的变化

（1）实验目的

了解种子萌发时蛋白质分解成氨基酸，掌握氨基酸含量测定的方法。

（2）实验原理

大豆种子含有丰富的蛋白质，萌发时在蛋白水解酶作用下，可水解成氨基酸，生成的氨基酸可与茚三酮作用生成紫红色化合物，可用比色法进行比色测定。

（3）器材与试剂

① 实验仪器：分光光度计、台式天平、水浴锅、研钵、大试管、25 mL 容量瓶等。

② 实验试剂：100 g/L 醋酸、95% 乙醇、10 g/L 抗坏血酸、100 g/mL 亮氨酸（10 mg 亮氨酸溶于 100 mL 95% 乙醇中）、1 g/L 茚三酮（0.1 g 茚三酮溶于 100 mL 95% 乙醇中）。

③ 实验材料：风干的大豆等蛋白含量高的种子。

（4）实验步骤

① 先将风干的大豆种子磨粉备用。另取大豆种子先行吸胀，然后播于湿沙中，待胚根长达 2 ~ 4 cm 即可用于实验。

② 取大豆粉 0.1 g 置于大试管中，加 95% 乙醇 20 mL，加盖。另取已发芽的大豆 1 g 置于研钵中，加少许石英砂和 5 mL 95% 乙醇，研成匀浆，然后倒入另一支大试管中，取 95% 乙醇 15 mL 洗研钵，洗液并入大试管中，加盖。将两试管于 70 ℃水浴锅中保温 30 min，最后定容至 25 mL。

③ 保温结束，取出大试管静置冷却，将上层清液用滤纸过滤，滤液即可用于测定。

④ 另取大豆粉和发芽大豆分别于 105 ℃烘箱中烘干，以测定含水量。

⑤ 分别吸取滤液 1 mL，各加 3 mL 茚三酮试剂及 0.1 mL 抗坏血酸，于沸水浴中加热 15 min，用 95% 乙醇补足失去的体积，于分光光度计 580 nm 处比色，测定吸光值。

⑥ 制作标准曲线，配制浓度为 0.1 μg/mL、5 μg/mL、10 μg/mL、15 μg/mL、20 μg/mL、25 μg/mL 的亮氨酸，按上述方法分别测得吸光值，然后绘制浓度—吸光值关系曲线。

⑦ 根据样品的吸光值，从标准曲线查得样品中氨基酸含量，然后根据式（2-4）计算发芽大豆和未发芽大豆中的氨基酸含量（μg/g 干重）。

$$C = \frac{c \times V}{m \times D}, \tag{2-4}$$

式中：C 为每克干重样品中氨基酸含量（μg/g）；c 为样品中测得的氨基酸浓度（μg/mL）；m 为样品相对质量（g）；D 为样品中干物质含量（%）；V 为提取液的体积，本实验为 25 mL。

（5）注意事项

为了解氨基酸的分布，可将发芽大豆分成子叶、胚轴和胚根，分别加以测定。

第 3 章　植物水分代谢

【本章背景】

水是原生质的主要组成成分，占原生质总量的 70% ~ 90%。水分代谢状况对植物的生理活动具有重要影响。植物的水分代谢状况可以通过植物叶片含水量、相对含水量、水分饱和亏、自由水和束缚水、水势、渗透势、蒸腾速率等得到体现。同时，土壤水分代谢状况也会影响植物光合性能、碳氮代谢等；水分过多或不足时，会对植物产生逆境胁迫。上述水分代谢指标在植物水分生理的科学研究或农业生产实践中经常用到，现综合介绍这几个指标的测定。

【本章目的】

① 通过设定不同土壤水分供应量、水分供应方式（滴灌、喷灌、水肥一体化等）或水分供应时期等实验，检验植物在不同水分条件下的反应，分析植物水分代谢（含水量、相对含水量、水分饱和亏、自由水和束缚水、水势、渗透势）与土壤水分的相关性，加深对植物水分代谢和土壤水分供应之间关系的认识。

② 掌握测定植物水分代谢影响实验的基本原理，熟悉实验方法和步骤。

【实验材料培养与处理】

学生自主选择本专业感兴趣的植物进行不同水分梯度或水分供应方式处理，然后测定各项水分代谢指标。要求选择生长快、较易成活的有代表性的植物种类，如小麦、玉米、水稻、大豆等农作物；黄瓜、西葫芦、番茄、辣椒等园艺作物；一年生速生型花卉植物等。

【测定指标与方法】

3.1　植物叶片含水量、相对含水量及水分饱和亏测定

（1）目的意义

植物的一切正常活动只有在含有一定细胞水分的情况下才可以进行。不同植物体内的含水量有着明显的不同，同一植物同一器官不同时期的含水量也不同。土壤水分直接影响着植物叶片的含水量、相对含水量及水分饱和亏。在发生干旱和涝害等胁迫时对植物的影响更为显著，因此，在生产上常有测定的需要。

（2）实验原理

植物组织含水量、相对含水量、水分饱和亏是反映植物水分状况和研究植物水分关系及农产品质量检验的重要指标。表示组织含水量的方法有两种：一是以干重为基数表示；二是以鲜重为基数表示，从而分为干重法和鲜重法。

$$\text{组织含水量（占鲜重百分数）}=\frac{W_f-W_d}{W_f}\times 100\%, \tag{3-1}$$

$$\text{组织含水量（占干重百分数）}=\frac{W_f-W_d}{W_d}\times 100\%, \tag{3-2}$$

式中，W_f 为组织鲜重，W_d 为组织干重。

植物组织相对含水量（RWC）是指组织含水量占饱和含水量百分数。

$$RWC=\frac{W_f-W_d}{W_t-W_d}\times 100\%, \tag{3-3}$$

式中，W_t 为组织被水充分饱和后重量。

水分饱和亏（WSD）是指植物组织实际相对含水量距饱和相对含水量（100%）差值的大小。常用式（3-4）表示：

$$WSD=\frac{\text{饱和含水量}-\text{原含水量}}{\text{饱和含水量}}\times 100\%。 \tag{3-4}$$

实际测定时，可用式（3-5）至式（3-7）计算：

$$WSD=\frac{\text{饱和后鲜重}-\text{原鲜重}}{\text{饱和后鲜重}-\text{干重}}\times 100\%, \tag{3-5}$$

或

$$WSD=\frac{W_t-W_f}{W_t-W_d}\times 100\%, \tag{3-6}$$

或

$$WSD=1-RWC。 \tag{3-7}$$

（3）器材与试剂

① 实验器材：天平（感量 0.1 mg）、烘箱、剪刀、烧杯、铝盒、吸水纸等。

② 实验试剂：去离子水。

③ 实验材料：植物叶片。

（4）方法与步骤

① 剪取植物组织，迅速放入铝盒，称出鲜重（W_f）。

② 放入烘箱，于 105 ℃下 0.5 h 杀青，然后于 80 ℃下烘至恒重，称出干重（W_d）。

③ 欲测相对含水量，在称出鲜重后，将样品浸入水中数小时取出，用吸水纸擦干样品表面水分，称重；再将样品浸入水中 1 h，取出，擦干，称重，直至样品饱和后重量近似，即得样品饱和后重量（W_t）。然后烘干，称重（W_d）。

④ 将所测得的 W_f、W_d、W_t 值代入式（3-1）至式（3-3）、式（3-6），计算出样品含水量、相对含水量及水分饱和亏。

（5）注意事项

测定 *RWC* 时，W_t 很难测准，应注意不同植物材料及试样大小带来的差异。

3.2 植物叶片自由水和束缚水含量测定（马林契克法）

（1）目的意义

含水量直接影响植物的生理作用，并且随着水分存在状态，即自由水和束缚水含量的变化而产生不同的影响。叶片自由水及束缚水含量是植物抗旱性能的重要指标。因此，测定植物叶片中自由水和束缚水的含量，可了解植物组织中水分存在状态与植物生命活动的关系。

（2）实验原理

植物叶片的水分存在状态分为自由水和束缚水两种。植物组织中的束缚水被细胞胶体颗粒和渗透物质所吸附，故不易移动、蒸发和结冰，不能作为溶剂。本法是用比较完整的植物叶片，浸入较浓的糖液中脱水，一定时间后仍未被夺取的水分作为束缚水，而进入蔗糖溶液中的水分则作为自由水。自由水量可根据定量糖液的浓度变化而测知。由植物组织的总含水量减去自由水量，即可求出束缚水量。

（3）器材与试剂

① 实验器材：阿贝折射仪、烘箱、打孔器（直径 0.5 cm 左右）、天平（感量 0.1 mg）、称量瓶、烧杯等。

② 实验试剂：蔗糖溶液（60% ~ 65%，质量分数）。

③ 实验材料：植物叶片。

（4）方法与步骤

① 取称量瓶 6 个，分别称重。

② 选取生长一致的植物功能叶数片。

③ 用 0.5 cm 左右的打孔器在叶子的半边打下小圆片（或用剪刀剪下也可）150 片，分别放入 3 个称量瓶中，盖紧。从另外半片叶子上同样打取 150 片，立即放入另外 3 个称量瓶中，盖紧，以免水分损失。

④ 把 6 瓶样品准确称重后，将其中 3 瓶于 105 ℃下 0.5 h 杀死，80 ℃下烘至恒重，求出组织含水量。另外 3 瓶中各加入 60% ~ 65%（质量分数）的纯净蔗糖溶液 3 ~ 5 mL，再准确称重，算出糖液重量。

⑤ 把加入蔗糖的 3 个称量瓶放在暗处 4 ~ 6 h，其间不时轻加摇动。

⑥ 到预定时间后，用阿贝折射仪测定糖液浓度，同时测定原来的糖液浓度，然后根据式（3-8）和式（3-9）求组织中自由水和束缚水含量（%）：

$$\text{自由水含量}=\frac{\text{糖液重（g）}\times\dfrac{\text{糖液原浓度（\%）}-\text{浸叶后糖液浓度（\%）}}{\text{浸叶后糖液浓度（\%）}}}{\text{植物组织鲜重（g）}}\times 100\%,\tag{3-8}$$

$$\text{束缚水量}=\text{组织含水量}-\text{自由水量。}\tag{3-9}$$

（5）注意事项

每个测定必须包括 3 个以上的重复。称重要迅速，盖子尽量密封，以减少水分散失，保证测定的准确度。

3.3　植物组织水势的测定（小液流法）

（1）目的意义

水势是指偏摩尔体积水的化学势，规定纯水的水势为零，水分总是从水势高处流向水势低处，根据这一原理，可以用小液流法测定植物组织的水势。植物水势的高低代表了水分在植物体内的运输能力。通常来说，植物水势越低，表示植物将水分输送到其他较缺水细胞的能力越强，反之，能力越弱。并且，植物体内水势越低，其吸水能力越强；水势越高，则吸水能力越弱。因此，植物水势的测定能直接反映植物水分亏缺及水分状况。

（2）实验原理

将植物组织切成小块，浸泡在一系列不同浓度的蔗糖溶液中，由于植物组织与蔗糖溶液间水势梯度的存在，导致蔗糖溶液从植物组织中吸水、失水或保持动态平衡，从而使蔗糖溶液变稀、变浓或保持浓度不变。由此可以找到与植物组织水势相当的蔗糖溶液浓度，算出植物组织的水势。

（3）器材与试剂

① 实验器材：大试管、小试管、弯头毛细吸管、单面刀片、打孔器、解剖针、移液管、镊子等。

② 实验试剂：蔗糖、甲基蓝。

③ 实验材料：土豆等植物组织。

（4）方法与步骤

① 配制一系列不同浓度的蔗糖溶液，浓度分别为 0.1 mol/L、0.2 mol/L、0.3 mol/L、0.4 mol/L、0.5 mol/L、0.6 mol/L。

② 取6支中试管编号，分别加入10 mL不同浓度的蔗糖溶液；同时取6支小试管，编号后分别加入1 mL不同浓度的蔗糖溶液。

③ 取植物材料，用打孔器打成直径0.7 cm左右的小条，用单面刀片切成2 ~ 3 mm厚的小圆片，分别加入装有不同浓度蔗糖溶液的小试管中，每个小瓶中放5片（依植物材料的不同可做不同处理），加塞，放置30 min，其间摇动数次以加速溶液与植物组织间的水分交换。

④ 打开瓶塞，用解剖针向每个小瓶中挑入少许甲基蓝，摇匀，使溶液呈蓝色。

⑤ 用毛细吸管依次从小试管中吸取少量溶液，小心插入装有相同浓度蔗糖的大试管的溶液中部，轻轻挤出吸管中的蓝色液体，观察并记录小液流的移动方向。

⑥ 结果分析：

如果小液流上升，说明组织水势高于蔗糖溶液水势，组织排水，蔗糖浓度变低；如果小液流下降，说明组织水势低于蔗糖溶液水势，组织吸水，蔗糖浓度变大；如果小液流不动，说明组织水势与蔗糖溶液水势相同，二者间无水分量交换。

从表3-1中查取对应浓度的蔗糖溶液在20 ℃下的渗透势，即为组织水势。

表3-1　蔗糖溶液浓度与其渗透势

蔗糖溶液浓度/（mol/L）	渗透势/大气压	蔗糖溶液浓度/（mol/L）	渗透势/大气压
0.1	-2.64	0.45	-12.69
0.15	-3.96	0.5	-14.31
0.2	-5.29	0.55	-15.99
0.25	-6.70	0.6	-17.77
0.3	-8.13	0.65	-19.61
0.35	-9.58	0.7	-21.49
0.4	-11.11		

（5）注意事项

① 蔗糖溶液用前一定要摇匀，放久了的蔗糖溶液会分层，影响结果。

② 各个浓度弯头毛细吸管要专用。

3.4　植物组织渗透势的测定（质壁分离法）

（1）目的意义

渗透势是水势的组分之一，是指由于细胞内溶质颗粒的存在而使水势下降的数值，纯水的渗透势为零，溶液的渗透势为负值。植物细胞的渗透势是植物的一个重要生理指标，对于植物的水分代谢、生长及抗性都具有重要意义。不同的土壤水分含量对植物叶片渗透势影响不同。在发生干旱和涝害胁迫时对植物叶片的影响更为显著，因此，在生产上常有测定的需要。下面介绍质壁分离法。

（2）实验原理

生活细胞的原生质膜是一种选择透性膜，可以看作半透膜，它对于水是全透性的，而对于一些溶质如蔗糖的透性较低。因此，当把植物组织放在一定浓度的外液中，组织内外的水分便可通过原生质膜根据水势梯度的方向而发生水分的迁移，当外液浓度较高时（高渗溶液），细胞内的水分便向外渗出，引起质壁分离；而当外液浓度低时（低渗溶液），外液中的水则进入细胞内。当细胞在一定浓度的外液中刚刚发生质壁分离时（初始质壁分离，仅在细胞角隅处发生），细胞的压力势等于零，细胞的渗透势等于细胞的水势，也就等于外液的渗透势。该溶液即称为细胞或组织的等渗溶液，其浓度称为等渗浓度。

（3）器材与试剂

① 实验器材：显微镜、镊子、载玻片、盖玻片、刀片、培养皿、移液管等。

② 实验试剂：蔗糖。

③ 实验材料：洋葱。

（4）方法与步骤

① 配制一系列不同浓度的蔗糖溶液，浓度分别为 0.1 mol/L、0.2 mol/L、0.3 mol/L、0.4 mol/L、0.5 mol/L、0.6 mol/L。

② 取 6 个培养皿，编号，分别吸取上述浓度的蔗糖溶液各 10 mL 放于培养皿内。

③ 用镊子撕取洋葱的外表皮投入各浓度的蔗糖溶液中，使其完全浸没。投入时先从高浓度开始，每隔 5 min 向下一浓度放 2 ~ 3 片洋葱表皮。

④ 待洋葱表皮在各浓度的蔗糖溶液中平衡 30 min 后，从高浓度开始依次取出放于显微镜下观察质壁分离的情况（低倍镜即可），记录观察结果。

⑤ 结果分析：

在两个相邻浓度的蔗糖溶液中，其中一个浓度的溶液中大约有 50% 的细胞发生初始质壁分离，而在其后一个浓度的溶液中不发生质壁分离，以这两个浓度的平均浓度作为等渗浓度，其对应的渗透势即为细胞的渗透势。

（5）注意事项

① 观察时要在载玻片上滴 1 滴同浓度的蔗糖溶液。

② 实验用洋葱以紫色的最易于观察质壁分离，其他材料如紫鸭趾草、红甘蓝也可代替。

3.5 蒸腾速率的测定

蒸腾速率是指植物在单位时间内单位叶面积蒸腾掉的水分，是衡量植物需水量的重要指标，受到光照、温度、湿度等许多环境条件的影响。目前测定蒸腾速率的方法很多，如稳态气孔计（steady state porometer）就是测定蒸腾速率的常规仪器，一般的光合仪也可测定蒸腾速率（实验 5.4），本实验介绍两种简易的测定离体叶片或枝条蒸腾速率的方法。

3.5.1 蒸腾计法

（1）实验原理

蒸腾计是自制装置，利用酸式滴定管制成，将植物枝条通过橡皮管与盛有水的酸式滴定管连接起来，由于蒸腾作用会引起滴定管中水分的减少，由此可计算蒸腾速率。

（2）器材与试剂

① 实验器材：酸式滴定管、滴定管夹、铁架台、橡皮管、剪刀、烧杯。

② 实验材料：植物的枝条。

（3）方法与步骤

① 取植物的枝条，取时注意要将枝条基部浸于盛有水的塑料桶中，在水中将植物枝条切下，并将枝条基部的切口修齐。剪下的枝条移入盛有水的大烧杯中备用。

② 立好铁架台，在滴定管夹的一端装好酸式滴定管。将新煮沸并冷却过的自来水注入酸式滴定管中，注意排水的尖端处也要充满，然后关闭活栓，记录液面刻度。

③ 剪取直径比枝条略细的橡胶管约 30 cm，以其一端套进滴定管的末端，管内同样灌满自来水。管的另一端连在枝条基部，注意管中不能有空气。

④ 将枝条固定在铁架台滴定管夹的另一端。

⑤ 打开滴定管活栓，注意观察，随着蒸腾作用的进行滴定管中的液面会逐渐下降，同时注意检测装置是否有渗漏。

⑥ 0.5 ~ 1.0 h 后，关闭活栓，记录液面的下降值，由此可计算单位时间内蒸腾的水分。

⑦ 剪下叶片，利用叶面积仪测定叶片总面积。

⑧ 计算单位时间、单位叶面积所蒸腾的水分，即植物的蒸腾速率，单位可用 g H_2O/（$m^2 \cdot h$）表示。

（4）注意事项

① 剪取枝条时须在水中进行，且保证在转移时枝条基部不暴露于空气中。

② 注意排除滴定管与橡皮管中的残留气体。

3.5.2　称重法

（1）实验原理

将植物枝条的基部或叶片的叶柄密封在盛有水的三角瓶或试管内，由于蒸腾作用带走水分而引起重量下降，因此，通过连续监测体系的重量变化即可测得蒸腾速率。

（2）器材与试剂

① 实验器材：电子天平（感量 0.1 ~ 1 mg）、三角瓶（或试管）、剪刀、封口膜。

② 实验材料：植物的枝条。

（3）方法与步骤

① 在待测植株上选一枝条，将枝条的基部浸入水中将其切下，并将枝条基部的切口修齐。剪下的枝条移入盛有水的大烧杯中备用。

② 准备三角瓶（或试管）一个，三角瓶中倒入新煮沸并冷却过的自来水。

③ 将枝条插入三角瓶中，并用封口膜密封。

④ 将插有枝条的三角瓶放到电子天平上，记录初始重量，并连续观察重量的变化，在分辨率较高的电子天平上（如 0.1 mg）会观察到读数在连续下降。

⑤ 约 10 min 后，记录下重量的变化。

⑥ 测量叶面积后计算出植物的蒸腾速率。

（4）注意事项

① 电子天平的灵敏度决定了该实验的精确度，因此，应尽量使用灵敏度较高的天平。

② 该方法尤其适合于测定较小枝条的蒸腾速率。

（5）思考题

① 将植物放到强光、黑暗、有风、密闭等不同的环境条件下测蒸腾速率，了解环境因素对蒸腾速率的影响。

② 考虑可通过哪些途径来降低植物的蒸腾速率。

第 4 章　矿质元素缺乏对植物生命活动的影响

【本章背景】

植物在其自养生活中，除了从土壤中吸收水分外，还必须吸收矿质元素，并将吸收的矿质元素运输到需要的部位加以同化利用，以维持其正常的生命活动。氮（N）、磷（P）、钾（K）是植物必需的大量元素，钙（Ca）、镁（Mg）、铁（Fe）、锰（Mn）、铜（Cu）、锌（Zn）、钼（Mo）、硼（B）是植物必需的中微量元素。尽管植物对各种营养元素的需求量不一样，但各种营养元素在植物的生命代谢中各自有不同的生理功能，相互间是同等重要和不可代替的。环境中这些元素的多寡必然使植物发生相应的生理生化变化，并影响其生长发育而产生相应的症状。将植物必需元素按一定比例配成培养液来培养植物，可使植物正常生长发育，如缺少某一必需元素，则表现出相应的缺素症状并影响其叶片酶活、光合性能和根系活力等生命活动。

【本章目的】

在不同缺素营养液中对植物进行水培培养，如以氮素为例，通过将植物幼苗在缺氮营养液中进行水培培养，观察测定植物幼苗叶片的状态、硝酸还原酶活性、根系活力和光合性能、碳氮代谢等生命活动对缺素的响应。生产上通过测定这些指标可以调查植物的元素缺乏情况。

【实验材料培养与处理】

选取番茄、蓖麻、小麦、玉米等植物的种子，浸种后播种，培育幼苗。待幼苗长至 1 ~ 2 片真叶时，设计不同程度缺氮处理（或同一缺氮程度下不同植物）或在不同缺素营养液中进行水培培养，处理一段时间后，观测植物幼苗的叶片生长发育状态、硝酸还原酶活性和根系活力等。

【测定指标与方法】

4.1　植物的元素缺乏症（溶液培养）

4.1.1　目的意义

熟悉植物各种营养缺乏症的典型症状。

4.1.2　实验原理

植物的生长发育，除需要充足的阳光和水分外，还需要矿物元素，否则植物就不能很好地生长发育甚至死亡。应用溶液培养技术，可以观察矿物元素对植物生长的必需性；用溶液培养做植物的营养实验，可以避免土壤中的各种复杂因素。近年来也已应用溶液培养进行无污染蔬菜的生产栽培。

4.1.3　器材与试剂

① 实验器材：分析天平、培养缸（瓷质或塑料）、鱼缸打气泵、量筒、烧杯、移液管。

② 实验试剂：按表 4-1 分别配制贮备液，所用药品纯度均需达到分析纯。

表 4-1　药品名称及用量

药品名称	用量/（g/L）
$Ca(NO_3)_2$	82.07
KNO_3	50.56
$MgSO_4 \cdot 7H_2O$	61.62
KH_2PO_4	27.22
NaH_2PO_4	24.00
$NaNO_3$	42.45
$MgCl_2$	23.81
Na_2SO_4	35.51
$CaCl_2$	55.50
KCl	37.28
Fe-EDTA	Na_2-EDTA（7.45），$FeSO_4 \cdot 7H_2O$（5.57）
微量元素	H_3BO_3（2.860），$MnSO_4$（1.015），$CuSO_4 \cdot 5H_2O$（0.079），$ZnSO_4 \cdot 7H_2O$（0.220），H_2MoO_4（0.090）

③ 实验材料：玉米（或番茄、蓖麻、小麦）种子。

4.1.4 方法与步骤

（1）材料准备

番茄、蓖麻、小麦、玉米等都可作为材料。粒小的种子，从种子带来的营养元素少，容易出现缺素症，粒大的种子可以在幼苗未做缺素培养之前，先将胚乳（或子叶）除去，这样可以加速缺乏症的出现。种子用漂白粉溶液灭菌 30 min，用无菌水冲洗数次，然后放在洗净的石英砂中发芽，加蒸馏水，等幼苗长出第一片真叶时待用。

（2）配制缺素培养液

按表 4-2 用量配制缺素培养液。

表 4-2　缺素培养液配制

贮备液	贮备液用量/mL								
	完全	缺 N	缺 P	缺 K	缺 Ca	缺 Mg	缺 S	缺 Fe	缺微量元素
$Ca(NO_3)_2$	10	—	10	10	—	10	10	10	10
KNO_3	10	—	10	—	10	10	10	10	10
$MgSO_4$	10	10	10	10	10	—	—	10	10
KH_2PO_4	10	10	—	—	10	10	10	10	10
NaH_2PO_4	—	—	—	10	—	—	—	—	—
Fe-EDTA	1	1	1	1	1	1	1	—	1
微量元素	1	1	1	1	1	1	1	1	—
$NaNO_3$	—	—	—	10	10	—	—	—	—
$MgCl_2$	—	—	—	—	—	—	10	—	—
Na_2SO_4	—	—	—	—	—	10	—	—	—
$CaCl_2$	—	10	—	—	—	—	—	—	—
KCl	—	10	4	—	—	—	—	—	—

配制时先取蒸馏水 900 mL，然后加入贮备液，最后配成 1000 mL，以避免产生沉淀。培养液配好后，用稀酸、碱调节 pH 值至 5 ~ 6。

（3）培养观察

选取大小一致的植株，用泡沫塑料包裹茎部，插入培养缸盖的孔中，每孔一株。将培养缸移到温室中，经常注意管理并观察，用蒸馏水补充缸中失去的水分。每隔一定时间（1 周左右，随植株大小而定）更换培养液，并测定换出溶液的 pH 值。植株长大后要通气，通气可使用打气泵，注意记录植株的生长情况、各种元素缺乏症的症状及出现的部位。

（4）元素缺乏症检索

1）老叶受影响

① 影响遍及全株，下部叶子干枯并死亡。

a. 缺 N：植株淡绿色，下部叶子发黄，叶柄短而弱。

b. 缺 P：植株深绿色，并出现红或紫色，下部叶子发黄，叶柄短而纤弱。

② 影响限于局部，有缺绿斑，下部叶子不干枯，叶子边缘卷曲呈凹凸不平。

a. 缺 Mg：叶子缺绿斑，有时变红，有坏死斑，叶柄纤弱。

b. 缺 K：叶子缺绿斑，在叶边缘和近叶尖或叶脉间出现小坏死斑，叶柄纤弱。

c. 缺 Zn：叶子缺绿斑，叶子包括叶脉产生大的坏死斑，叶子变厚，叶柄变短。

2）幼叶受影响

① 顶芽死亡，叶子变形和坏死。

a. 缺 Ca：幼叶变钩状，从叶尖和边缘开始死亡。

b. 缺 B：叶基部淡绿，从基部开始死亡，叶子扭曲。

② 顶芽仍活着，缺绿或萎焉而无坏死斑。

a. 缺 Cu：幼叶萎焉，不缺绿，茎尖弱。

b. 幼叶不发生萎焉，缺绿。

（a）缺 Mn：有小坏死斑，叶脉仍绿色。

（b）缺 Fe：无坏死斑，叶脉仍绿色。

（c）缺 S：无坏死斑，叶脉坏死。

（5）缺素确定

待植株症状表现明显后，将缺素培养液换成完全培养液，留下一株继续培养，观察植株症状是否减轻以致消失，其余植株测量根、茎的长度、质量、叶片数目、大小和质量、节数和节间长度，然后在烘箱中烘干，用做测定植株中氮、磷、铁、铜的含量。

4.1.5　注意事项

① 所用药品必须为分析纯级别（AR），注意用具洁净。

② 培养期间需注意补充水分，定期更换培养液，并有良好的通气。

4.2 硝酸还原酶活性的测定

4.2.1 目的意义

植物根系和叶片的硝酸还原酶活性与植物的矿质元素含量有非常密切的关系。植物根系和叶片的硝酸还原酶活性常因氮、磷、钾等营养元素水平的高低有很大变化。因此，在植物表现缺素症状后有测定的需要。

4.2.2 实验原理

硝酸还原酶是植物氮素代谢作用中的关键酶，与作物吸收和利用氮肥有关。它作用于 NO_3^- 使之还原为 NO_2^-：

$$NO_3^- + NADH + H^+ \rightarrow NO_2^- + NAD^+ + H_2O$$

产生的 NO_2^- 可以从组织内渗透到外界溶液中，并积累在溶液中，测定反应液中 NO_2^- 含量的高低，即表现该酶活性的大小。这种方法简单易行，在一般条件下都能做到。

NO_2^- 含量的测定用磺胺［对氨基苯磺酸胺（sulfanil-amide）］比色法。在酸性溶液中磺胺与 NO_2^- 形成重氮盐，再与 α-萘胺偶联形成紫红色的偶氮染料。反应液的酸度大则加快重氮化作用的速度，但降低偶联作用的速度，颜色比较稳定。增加温度可以加快反应速度，但降低重氮盐的稳定度，所以反应需要在相同条件下进行。这种方法非常灵敏，能测定 0.5 μg/mL 的 $NaNO_2$。

4.2.3 器材与试剂

① 实验器材：分光光度计、真空泵（或注射器）、温箱、天平、真空干燥器、钻孔器、三角瓶、移液管、烧杯、试管。

② 实验试剂：

0.1 mol/L pH 值 7.5 的磷酸缓冲液；

0.2 mol/L KNO_3（溶解 20.22 g KNO_3 于 1000 mL 蒸馏水中）；

磺胺试剂（1 g 磺胺加 25 mL 浓盐酸，用蒸馏水稀释至 100 mL）；

α-萘胺试剂（0.2 g α-萘胺溶于含 1 mL 浓盐酸的蒸馏水中，稀释至 100 mL）；

$NaNO_2$ 标准溶液（1 g $NaNO_2$ 用蒸馏水溶解成 1000 mL。然后吸取 5 mL，再加蒸馏水稀释成 1000 mL，此溶液含 $NaNO_2$ 5 μg/mL，用时稀释）。

③ 实验材料：蓖麻、向日葵、油菜、小麦或棉花叶片。

4.2.4　方法与步骤

（1）硝酸还原酶的提取

新鲜取回的叶片水洗，用吸水纸吸干，然后用钻孔器钻成直径约 1 cm 的圆片，用蒸馏水洗涤 2 ~ 3 次，吸干水分，然后于天平上称取等重的叶子圆片两份，每份 0.3 ~ 0.4 g（或每份取 50 个圆片），分别置于含有下列溶液的 50 mL 的三角瓶中：① 0.1 mol/L pH 值 7.5 磷酸缓冲液 5 mL+蒸馏水 5 mL；② 0.1 mol/L pH 值 7.5 磷酸缓冲液 5 mL+0.2 mol/L KNO_3 5 mL。

然后将三角瓶置于真空干燥器中，接上真空泵抽气，放气后圆片即沉于溶液中（如果没有真空泵，也可以用 20 mL 注射器代替，将反应溶液及叶圆片一起倒入注射器内，用手指堵住注射器出口，然后用力拉注射器使之真空，如此抽放气反复多次，即可使叶圆片中空气抽去而沉入溶液中）。将三角瓶置于 30 ℃温箱中，避光保温作用 30 min，然后分别吸取反应液 1 mL，以测定 NO_2^-含量。

注意：取样前叶子要进行一段时间的光合作用，以积累糖类，如果组织中糖类含量低，会使酶活力降低，此时则可在反应溶液中加入 30 μg 3–磷酸甘油醛或 1，6–二磷酸果糖，能显著增加 NO_2^-的产生。

（2）NO_2^-含量的测定

保温 30 min 结束后，吸取反应溶液 1 mL 于试管中，加入磺胺试剂 2 mL，混合摇匀后再加入 α–萘胺试剂 2 mL，再次混合摇匀，静置 30 min，用分光光度计（520 nm）进行测定，记下吸光值，从标准曲线上读出 NO_2^-含量，再计算酶活力，以每小时每克鲜重产生的 NO_2^-（μg 或 μmol）表示。

（3）标准曲线的制作

测定 NO_2^-的磺胺比色法很灵敏，可检出低于 1 μg/mL 的 $NaNO_2$ 含量，可于 0 ~ 5 μg/mL 浓度范围内绘制标准曲线。由于显色反应的速度与重氮反应及偶联作用有关，温度、pH 值都会影响显色速度，同时也会影响灵敏度，但如果标准与样品的测定都在相同条件下进行，则显色速度相同，彼此可以比较。

吸取不同浓度的 $NaNO_2$ 溶液（0.5 μg/mL、1 μg/mL、2 μg/mL、3 μg/mL、4 μg/mL、5 μg/mL）1 mL 于试管中，加入磺胺试剂 2 mL 及 α–萘胺试剂 2 mL，混合摇匀，静置 30 min（或于一定温度水浴保温 30 min），立即于分光光度计（520 nm）比色。以吸光值为纵坐标，$NaNO_2$ 浓度为横坐标，绘制吸光值—浓度曲线。

4.3　根系活力的测定（α–萘胺氧化法）

根系活力是植物生长的重要生理指标之一，植物根系的作用主要有：对地上部分支持和固定；物质的贮藏；对水分和无机盐类的吸收；合成氨基酸、激素等物质。

4.3.1 实验原理

植物的根系能氧化吸附在根表面的 α－萘胺，生成红色的2－羟基－1－萘胺，沉淀于有强氧化力的根表面，使这部分根染成红色，该反应如下：

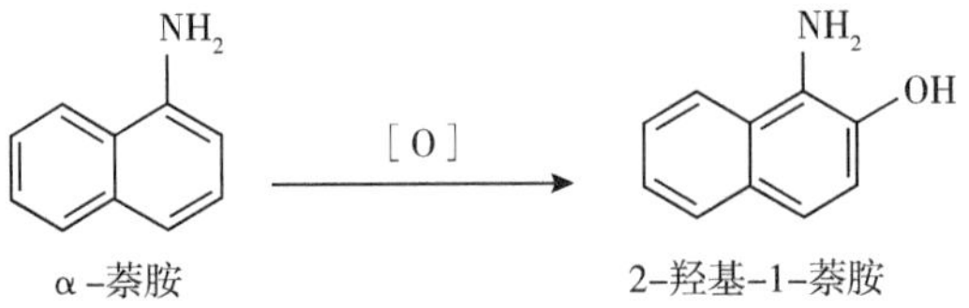

NH_2　　［O］　　NH_2　OH

α－萘胺　　　　2-羟基-1-萘胺

根对 α－萘胺的氧化能力与其呼吸强度有密切关系。α－萘胺的氧化本质就是过氧化物酶的催化作用。该酶的活力越强，对 α－萘胺的氧化能力就越强，染色也就越深。所以可根据染色深浅半定量地判断根系活力大小，还可测定溶液中未被氧化的 α－萘胺量，定量地确定根系活力大小。

α－萘胺在酸性环境下与对氨基苯磺酸和亚硝酸盐作用产生红色的偶氮染料，可供比色测定 α－萘胺含量，反应式如下：

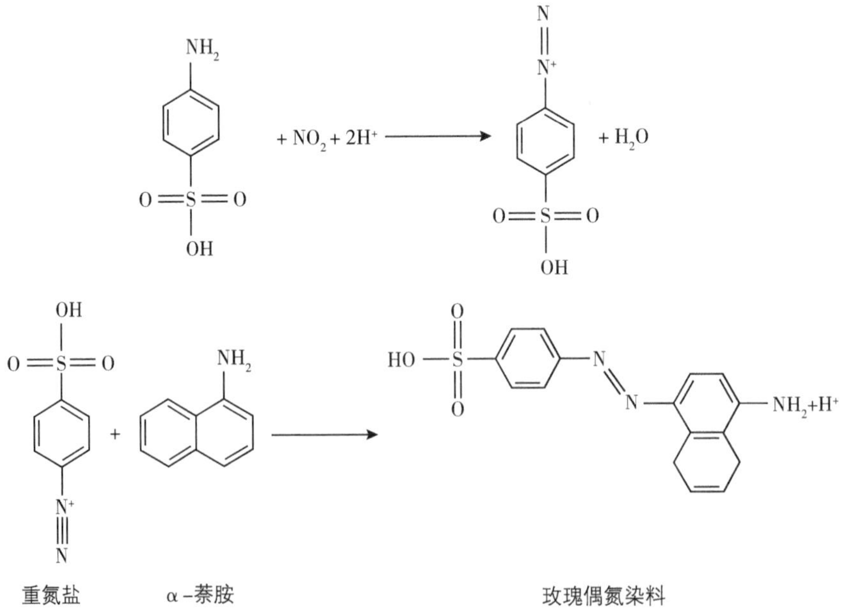

NH_2　$+ NO_2 + 2H^+$ → N　N^+　$+ H_2O$　O=S=O　OH　O=S=O　OH

OH　O=S=O　NH_2　+　→　O　HO—S—N=N—NH_2+H^+　O　N^+　N

重氮盐　　α－萘胺　　　　玫瑰偶氮染料

4.3.2 器材与试剂

① 实验仪器：分光光度计、分析天平、烘箱、三角瓶、量筒、移液管、容量瓶。

② 实验试剂：α－萘胺、pH 值 7.0 磷酸缓冲液、10 g/L 对氨基苯磺酸、亚硝酸钠

溶液。

③ 实验材料：幼苗植株。

4.3.3　方法与步骤

（1）定性观察

从田间挖取幼苗植株，用水冲洗根部所附着的泥土，洗净后再用滤纸吸去附在根上的水分。然后将植株根系浸入盛有 25 μg/mL α－萘胺溶液的容器中，容器外用黑纸包裹，静置 24 ~ 36 h 后观察幼苗根系着色状况。着色深者，其根系活力较着色浅者大。

（2）定量测定

1）α－萘胺的氧化

挖出幼苗植株，并用水洗净根系上的泥土，剪下根系，再用水洗，待洗净后用滤纸吸去根表面的水分，称取 1 ~ 2 g 放在 100 mL 三角瓶中。然后加 50 μg/mL 的 α－萘胺溶液与 pH 值 7.0 磷酸缓冲液的等混溶液 50 mL，轻轻振荡，并用玻璃棒将根全部浸入溶液中，静置 10 min，吸取 2 mL 溶液测定 α－萘胺含量，作为实验开始时的数值。再将三角瓶加塞，放在 25 ℃恒温箱中，经一定时间后，再进行测定。另外，还要用另一个三角瓶盛同样数量的溶液，但不放根，作为 α－萘胺自动氧化的空白，也同样测定，求得自动氧化量的数值。

2）α－萘胺含量的测定

吸取 2 mL 待测液，加入 10 mL 蒸馏水，再在其中加入 10 g/L 对氨基苯磺酸 1 mL 和亚硝酸钠溶液 1 mL，室温放置 5 min 待混合液变成红色，再用蒸馏水定容到 25 mL。20 ~ 60 min 内在分光光度计（510 nm）处比色，读取吸光值，在标准曲线上查得相应的 α－萘胺浓度。实验开始 10 min 时的数值减去自动氧化的数值，即为溶液中所有的 α－萘胺量。被氧化的 α－萘胺量以 μg/（g · h）表示。因此，还应将根系烘干称其干重。

3）绘制 α－萘胺标准曲线

取浓度为 50 μg/mL 的 α－萘胺溶液。配制成浓度为 50 μg/mL、45 μg/mL、40 μg/mL、35 μg/mL、30 μg/mL、25 μg/mL、20 μg/mL、15 μg/mL、10 μg/mL、5 μg/mL 的系列溶液，各取 2 mL 放入试管中，加蒸馏水 10 mL，10 g/L 对氨基苯磺酸溶液 1 mL 和亚硝酸钠溶液 1 mL，室温放置 5 min 待混合液变成红色，再用去离子水定容到 25 mL。20 ~ 60 min 内在分光光度计（510 nm）处比色，读取吸光值。然后以 OD_{510} 作为纵坐标，α－萘胺浓度为横坐标，绘制标准曲线。

4.4 植株中硝态氮的测定

4.4.1 目的意义

熟悉掌握比色测定硝态氮的方法。

4.4.2 实验原理

硝酸盐是植物吸收的主要含氮物质之一。它必须还原成 NH_3 后才能参加有机氮化合物的合成。硝酸盐在植物体内的还原部位不同，可以在根内，也可以在枝叶内进行，且因植物类别和环境条件而异。因此，测定植物体内硝态氮含量的变化对于了解氮代谢机制也是很重要的。

硝酸根经还原成亚硝酸根后，与对氨基苯磺酸、α－萘胺结合，生成玫瑰红色的偶氮染料。主要化学反应如下：

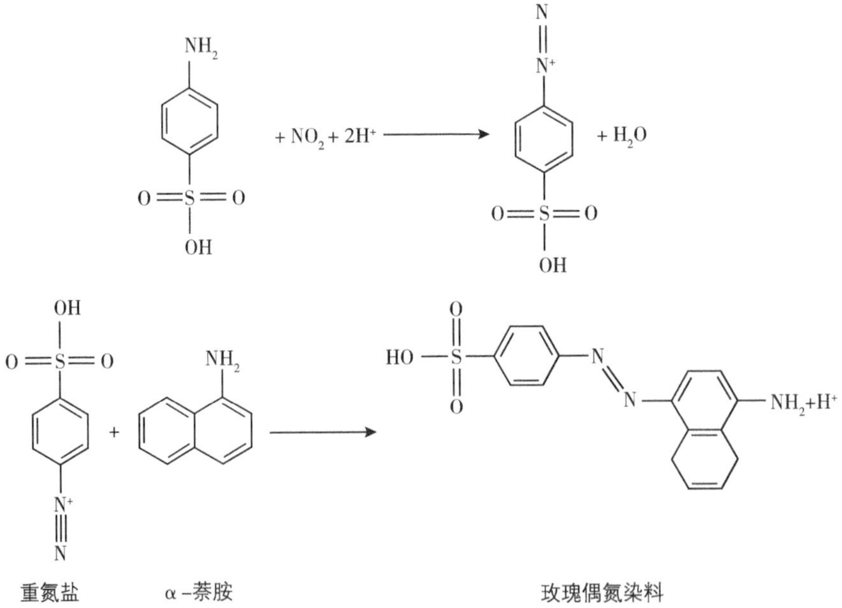

NH_2 O=S=O OH　$+ NO_2 + 2H^+ \longrightarrow$　N ‖ N^+ O=S=O OH　$+ H_2O$

OH O=S=O N^+ ≡ N　+　NH_2　$\longrightarrow$　O ‖ HO—S ‖ O N=N NH_2+H^+

重氮盐　α－萘胺　玫瑰偶氮染料

4.4.3 器材与试剂

① 实验仪器：分光光度计、离心机、研钵、容量瓶、移液管、离心管。

② 实验试剂：

20% 醋酸溶液（取 20 mL 分析纯冰乙酸加 80 mL 水）；

KNO_3 标准液（称 0.1806 g KNO_3 放入 1000 mL 量瓶中，加水至刻度，混匀，配成含氮量为 25 μg/mL 的 KNO_3 溶液）；

混合粉剂（硫酸钡 100 g，α－萘胺 2 g，锌粉 2 g，对氨基苯磺酸 4 g，硫酸锰 10 g，柠檬酸 75 g）。

③ 实验材料：新鲜植物材料。

4.4.4　方法与步骤

（1）绘制标准曲线

取 50 mL 容量瓶 6 个，洗净，编号。KNO_3 标准液 0 μg/mL、2.0 μg/mL、4.0 μg/mL、6.0 μg/mL、8.0 μg/mL、10.0 μg/mL 各 2 mL，分别置于 1 ~ 6 号容量瓶中，各加入冰乙酸溶液 18 mL，再加 0.4 g 混合粉剂，剧烈摇动 1 min，静置 10 min，将容量瓶中悬浊液过量地倾入离心管中，使部分流出管外，白色粉膜即可去除。离心 5 min（4000 r/min），取上清液以分光光度计于 520 nm 处（比色杯厚度 10 mm）测定吸光值。

以硝态氮的浓度为横坐标，吸光值为纵坐标，在坐标纸上绘制标准曲线。

（2）组织液中硝态氮含量的测定

取 1 g 新鲜植物材料，剪碎，于研钵中加少量蒸馏水研磨，移于干燥的三角瓶中，加入蒸馏水定容 20 mL，振荡 1 ~ 3 min，放置澄清后（或离心之），取上清液 2 mL，再按标准曲线制作方法测定硝态氮。按式（4－1）计算含氮量：

$$\text{植物组织中硝态氮含量（μg/g）}=C \cdot V, \qquad (4-1)$$

式中：C 为标准曲线上查得的组织提取液所含硝态氮浓度（μg/mL）；V 为 1 g 植物组织所制备的提取液总体积（mL）。

4.4.5　注意事项

硫酸钡用去离子水洗去杂质，烘干。上述各药品分别研细，再分别用等份的硫酸钡和其他各药品混合，使混合粉剂成为无颗粒状灰白色的均匀体。配制粉剂应在干燥洁净环境中进行。若空气湿度偏高，则混合粉剂成淡玫瑰红色；若药品不纯也会造成此现象，降低测定灵敏度。配好的粉剂应保存在黑暗干燥条件中，7 天以后即能应用。存放条件良好，可存放数年，其测定稳定性比新配的更佳。

4.5 植株磷素的测定（钼蓝法）

4.5.1 目的意义

掌握常用的钼蓝测磷法。

4.5.2 实验原理

在酸性条件下，无机磷可与钼酸铵作用生成磷钼酸铵，并为氯化亚锡还原成蓝色的磷钼蓝，由蓝色的深浅即可测定磷的含量。

$$H_3PO_4+12(NH_4)_2MoO_4+21HCl \longrightarrow \underset{\text{磷钼酸铵}}{(NH_4)_3PO_4 \cdot 12MoO_3}+21NH_4Cl+12H_2O$$

$$(NH_4)_3PO_4 \cdot 12MoO_3 \xrightarrow{SnCl_2} \underset{\text{磷钼蓝}}{(MoO_2 \cdot 4MoO_3)_2 \cdot H_3PO_4 \cdot 4H_2O}$$

磷钼蓝的最大吸收波长为 660 nm。

4.5.3 器材与试剂

①实验器材：分光光度计、离心机、刻度移液管、研钵、容量瓶。

②实验试剂：

a. 50 μg/mL 标准磷溶液（称取 0.2195 g 分析纯 KH_2PO_4 溶于 400 mL 去离子水中，加入 5 mL 浓硫酸，然后转入 1 L 容量瓶中定容，摇匀）；

b. 钼酸铵－硫酸混合溶液（称取 25 g 钼酸铵于大烧杯中，加入 200 mL 去离子水溶解。将 280 mL 浓硫酸慢慢倒入 400 mL 去离子水中，冷却。然后把上述配好的钼酸铵溶液加入此硫酸溶液中并用去离子水稀释至 1 L）；

c. 氯化亚锡溶液（称取 5.7 g $SnCl_2$ 于大烧杯中，加入 60 mL 浓 HCl 并加热，溶解后用去离子水稀释至 300 mL。溶液中加入少量锡粒，以防 Sn^{2+} 氧化。该溶液为 0.1 mol/L 的 $SnCl_2$ 盐酸溶液，可存放数周）。

③实验材料：小麦、玉米或水稻等作物功能叶鞘。

4.5.4 方法与步骤

（1）绘制标准曲线

取上述标准磷溶液配成浓度为 0 μg/mL、5 μg/mL、10 μg/mL、20 μg/mL、25 μg/mL、

30 μg/mL、35 μg/mL、40 μg/mL、45 μg/mL、50 μg/mL，分别取 1 mL 于试管中，加入钼酸铵－硫酸试剂 3 mL，摇匀，再加 $SnCl_2$ 0.1 mL，混匀，静置 10 ~ 15 min。

选择 660 nm 波长，用光径 1 cm 比色杯，以浓度 0 为校零溶液，测得各标准溶液的吸光值。

以磷的浓度为横坐标，吸光值为纵坐标，绘制标准曲线。

（2）组织液中磷含量的测定

取小麦、玉米或水稻等作物功能叶鞘，洗净吸干表面水分后，称取 2 g 置于研钵中，加少许石英砂及 5 mL 蒸馏水研磨。将匀浆移至 25 mL 容量瓶中，研钵中残渣一并洗入，然后加水至刻度。3000 g 离心 15 min，取上清液备用，若着色严重，可用活性炭脱色。

吸取组织提取液 1 mL 两份于洁净的试管中，在上述同样条件下测其吸光值。

依据试液的吸光值，从标准曲线上即可查出试液的浓度。根据式（4－2）计算出叶鞘中磷含量。

$$P（\mu g/g\ 叶鞘鲜重）= C \times （V/W），\qquad（4-2）$$

式中：C 为提取液的磷含量（μg/mL）；V 为提取液的体积（mL）；W 为样品鲜重（g）。

4.5.5　注意事项

显色时间不可过长，否则蓝色褪去，导致实验失败。此外，实验中吸收池易着蓝色，实验完毕，应及时用盐酸－乙醇（1 ：2）洗涤剂浸泡，再用水清洗。

第5章　植物光合性能的评价

【本章背景】

光合作用是植物特有的生理功能，是地球上最大规模的将太阳能转换为化学能的能量转化过程，也是利用化学能把二氧化碳（CO_2）和水（H_2O）等无机物合成有机物并产生氧气的生命活动。植物的光合性能，是指植物吸收光能、CO_2 和 H_2O 并将之转换为有机物的能力。植物的光合性能可以通过植物的光合速率、光化学效率、气孔导度、胞间 CO_2 浓度、蒸腾速率、水分利用效率及碳同化关键酶活性得到衡量；同时植物的光合能力受到叶绿素含量与组成、叶面积的影响。植物光合性能的测定分析对于研究植物的光合生理及环境对植物生长的影响具有重要意义。

【本章目的】

以下面植物为实验材料：① C_3 和 C_4 植物；②木本和草本植物；③阳生和阴生植物；④不同生长时期或逆境处理的同一种植物，通过提取和测定光合色素（叶绿素 a、叶绿素 b 和类胡萝卜素）含量，测定光合速率、光化学效率、气孔导度、胞间 CO_2 浓度、蒸腾速率、水分利用效率及碳同化关键酶活性等，分析比较不同植物的光合特性。

【实验材料培养与处理】

选择上述4组类型植物材料中的一组进行材料培养和处理取样。

（1）C_3 和 C_4 植物

C_3 植物可选小麦、水稻、大豆、棉花等，C_4 植物可选玉米、高粱、谷子、稗草等。选取饱满健康的种子进行常规播种培养，栽培条件、水肥管理等尽可能一致，选择健康的功能叶进行测定。

（2）木本和草本植物

选取校园内同一生长环境的木本和草本植物的健康功能叶进行测定。

（3）阳生和阴生植物

选取校园内同一生长环境的阳生和阴生植物的健康功能叶进行测定。

（4）不同生长时期或逆境处理的同一种植物

学生自主选择本专业感兴趣的植物种类进行不同生长时期或高温、低温、干旱等逆境处理，要求选择生长快、较易成活的有代表性的植物种类，如选择小麦、玉米、水稻、大豆等农作物；黄瓜、西葫芦、番茄、辣椒等园艺作物；一年生速生型花卉植物等。

【测定指标与方法】

5.1 光合色素的提取和理化性质

（1）目的意义

植物体内的光合色素与光合作用有着非常密切的关系。了解光合色素提取分离的原理，以及它们的光学特性在光合作用中的意义。

（2）实验原理

由于高能植物中 4 类光合色素是一种弱极性分子，根据相似相溶原理，它们只能溶于具有一定极性的有机溶剂中，如丙酮、乙醇等，故可用具有一定极性的有机溶剂提取高等植物光合色素。

由于叶绿素是一种被叶绿醇和甲醇酯化所形成的酯，因此，能发生皂化反应，即水解，而类胡萝卜素不是酯，不能发生皂化反应；由于镁原子与卟啉环结合的不稳定，容易被 H^+、Cu^{2+}或 Zn^{2+}等取代而生成相应的去镁叶绿素、铜代或锌代叶绿素；提取出的体外叶绿素分子由于提取液中无电子受体，故可观察荧光现象；体外叶绿素分子由于失去了类囊体膜上高度有序的排列特征，吸收光能后容易与空气中的氧气反应，形成加氧叶绿素而呈褐色。

（3）器材与试剂

① 实验器材：天平、研钵、漏斗、毛细管、酒精灯、试管、试管架、滤纸、培养皿等。

② 实验试剂：丙酮或乙醇、碳酸钙、石英砂、20% KOH 甲醇溶液、50% 醋酸、醋酸铜粉末。

③ 实验材料：新鲜植物叶片。

（4）方法与步骤

① 光合色素提取：称取新鲜植物叶片 2 g，放入研钵中并加丙酮或乙醇 5 mL 及少许碳酸钙和石英砂，研磨成匀浆，再加丙酮或乙醇 5 mL，充分萃取后用漏斗过滤，即得光合色素提取液。

② 荧光现象观察：垂直于光线方向观察色素提取液在反射光和透射光下所呈颜色，晚上可用手电筒作为光源。

③ 光破坏作用：将 1 mL 色素提取液置于室内，1 mL 色素提取液置于室外太阳光下，30 min 后观察提取液颜色变化。

④ 皂化反应：取一支试管，加入色素提取液 5 mL，加入 20%KOH 甲醇溶液 2 mL，摇匀，加入苯 5 mL，轻轻摇动，沿试管壁慢慢加入自来水 2 mL，轻轻摇动后观察，注意观察整个过程颜色的变化。

⑤ 取代反应：取一支试管，加入 3 mL 色素提取液，逐滴加入 50% 醋酸直至溶液变为黄褐色。倒出一半，加入少许醋酸铜粉末，酒精灯上加热，与另一半比较颜色的差异。

（5）注意事项

① 叶绿素提取过程中加入的碳酸钙要适量，量少达不到中和有机酸的目的，量多则可能改变提取液的 pH 值。

② 实验中所用到的丙酮、甲醇等有机溶剂是可燃试剂，在用酒精灯加热时，要远离可燃试剂。并且使用后的废液按照规定回收处理。

（6）思考题

① 色素提取过程中为什么要加入碳酸钙和石英砂？二者加多或加少将怎样影响色素的提取效果？

② 什么是荧光现象？提取的离体色素能用肉眼观察到荧光现象，而为什么活体中肉眼看不到呢？

③ 什么是光破坏作用？提取的离体色素能用肉眼观察到光破坏作用现象的发生，而为什么活体中肉眼看不到呢？

④ 高等植物光合色素分为哪些类型？它们的生理功能分别是什么？

5.2 光合色素分离及吸收光谱的测定

（1）目的意义

植物体内的光合色素与光合作用有着非常密切的关系。了解光合色素的种类，以及它们的吸收光谱在光合作用中的意义。

（2）实验原理

由于各种色素的相对分子质量、分子极性、分子结构、溶解度等不完全相同，因此，在纸层析中它们在固定相（滤纸吸附的薄层水相）和流动相（展层剂）中的分配不同，即分配系数不同，故可用纸层析的方法把它们分开。

高等植物中 4 类色素都有共同的结构特征，即共轭体系，因此，它们对光能的捕捉能力都很强，但不同的色素分子对可见光的捕捉范围不完全相同。叶绿素主要吸收红光和蓝紫光，而类胡萝卜素主要吸收蓝紫光。

（3）器材与试剂

① 实验器材：层析缸（或标本缸或大试管）、分光光度计（带光谱扫描的最好）、比色皿、试管、试管架、层析用大试管、研钵、毛细管、漏斗。

② 实验试剂：丙酮或乙醇、碳酸钙、石英砂、无水硫酸钠，展层剂：石油醚、丙酮、苯的体积比为 10 ∶ 2 ∶ 1 的混合溶液。

③ 实验材料：新鲜植物叶片。

（4）方法与步骤

① 光合色素的提取：同实验 5.1。

② 纸层析分离：取准备好的滤纸条（2 cm × 22 cm），将其一端剪去两侧，中间留一长 1.5 ~ 2.0 cm，宽约 0.5 cm 的窄条。用毛细管取叶绿素浓缩液（吸取提取液 1 mL，加入适量无水硫酸钠）点于窄条上端，注意一次所点溶液不可过多，如色素过淡，用电吹风吹干后再点 5 ~ 7 次，直至深绿色。在大试管中加入展层剂 3 ~ 5 mL。然后将滤纸固定于橡皮塞上，插入试管内，使窄端浸入溶剂中（色素点要略高于液面，滤纸条边缘不可碰到试管壁，并且保持滤纸条垂直）。将橡皮塞盖紧，直立于阴暗处层析。0.5 h 左右后（视色素分开情况而定），观察色素带分布。最上端是橙黄色（胡萝卜素），其次是鲜黄色（叶黄素），再次是蓝绿色（叶绿素 a），最后是黄绿色（叶绿素 b）。

③ 光合色素溶解：将上述用纸层析分离的 4 种色素带用剪刀剪下后，分别溶于 4 mL 左右的丙酮中，转入 1 cm 比色皿中后用带扫描功能的分光光度计扫描 4 种色素的吸收光谱，或用普通分光光度计每隔 2 nm 测定 4 种色素的吸光度，并绘制出吸收光谱图。

④ 全色素吸收光谱：按照实验 5.1 的方法提取光合色素后，取 4 mL 左右的色素提取液，按照上述方法测定全色素的吸收光谱。

⑤ 结果观察：

a. 画出纸层析分离色素的相关图形并分析色素彼此分开的原因。

b. 画出或打印出 4 种纯色素和全色素的吸收光谱图，并分析比较。

（5）注意事项

① 叶绿素提取过程中加入的碳酸钙要适量，量少达不到中和有机酸的目的，量多可能改变提取液的 pH 值。

② 如果用不带扫描功能的分光光度计每隔 2 nm 测定光合色素的吸收光谱，每次更换波长后都要重新调“0”和“100”。

③ 色素分离实验中，点样时可以点成点，也可以点成带，但要控制色带宽度或点的直径；加入展层剂时勿弄湿试管壁，展层剂不能碰到点样处。

（6）思考题

① 用纸层析法分离光合色素的原理是什么？除了用纸层析法以外，你还知道哪些分离色素的方法？

② 比较叶黄素、胡萝卜素、叶绿素 a 和叶绿素 b 4 种纯色素和全色素的吸收光谱图，它们的吸收光谱图对理解光合作用有什么启示？

5.3 叶绿体色素含量的测定

（1）目的意义

植物体内的叶绿体色素与光合作用有着非常密切的关系。植物叶片的叶绿体色素含量常因栽培技术、氮素营养水平、植物种类等不同条件而有很大变化。因此，在肥水技术、育种、丰产及植物病理等研究上常有测定的需要。

（2）实验原理

根据朗伯—比尔（Lambert-Beer）定律，某有色溶液的光密度 D 与其中溶质浓度 C 和液层厚度 L 成正比，即：$D=\mathrm{k}CL$。式中：k 为比例常数。

如果溶液中有数种吸光物质，则此混合液在某一波长下的总光密度等于各组分在相应波长下光密度的总和，即光密度的加和性：$D_{\lambda总}=d_{\lambda1}+d_{\lambda2}+d_{\lambda3}+\cdots+d_{\lambda n}$。

如图 5-1 所示，叶绿素 a、叶绿素 b 在红光区和蓝紫光区有吸收峰，类胡萝卜素的吸收峰与叶绿素吸收峰在蓝紫光区重合。因此，测定叶绿素 a、叶绿素 b 时为了排除类胡萝卜素的干扰，所用单色光的波长应选择叶绿素在红光区的最大吸收峰。

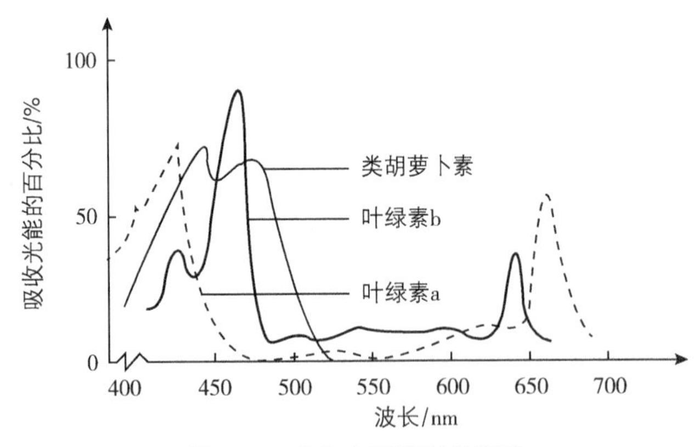

图 5-1 光和色素的吸收光谱

叶绿素 a 和叶绿素 b 的吸收光谱虽有不同，但又存在着明显的重叠，在不分离叶绿素 a 和叶绿素 b 的情况下同时测定叶绿素 a 和叶绿素 b 的浓度，可分别测定在 663 nm 和 645 nm（分别是叶绿素 a 和叶绿素 b 在红光区的吸收峰）的光吸收。然后根据朗伯—比尔（Lambert-Beer）定律，计算出提取液中叶绿素 a 和叶绿素 b 的浓度。

$$A_{663}=82.04C_{\mathrm{a}}+9.27C_{\mathrm{b}}, \tag{5-1}$$

$$A_{645}=16.75C_{\mathrm{a}}+45.60C_{\mathrm{b}}, \tag{5-2}$$

式中：C_a 为叶绿素 a 的浓度，C_b 为叶绿素 b 的浓度（单位为 g/L），82.04 和 9.27 分别是叶绿素 a 和叶绿素 b 在 663 nm 下的比吸收系数（浓度为 1 g/L，光路宽度为 1 cm 时的吸光度值）；16.75 和 45.60 分别是叶绿素 a 和叶绿素 b 在 645 nm 下的比吸收系数。即混合液在某一波长下的光吸收等于各组分在此波长下的光吸收之和。

将式（5−1）、式（5−2）整理，可以得到式（5−3）、式（5−4）：

$$C_a = 0.0127A_{663} - 0.00269A_{645}, \tag{5-3}$$

$$C_b = 0.0229A_{645} - 0.00468A_{663}。 \tag{5-4}$$

将叶绿素的浓度改为 mg/L，则变为：

$$C_a = 12.7A_{663} - 2.69A_{645}, \tag{5-5}$$

$$C_b = 22.9A_{645} - 4.68A_{663}。 \tag{5-6}$$

类胡萝卜素的最大吸收峰在 470 nm，此波长下，叶绿素 a、叶绿素 b 都有吸收。此时，要计算类胡萝卜素的吸光度值一定要减去叶绿素 a、叶绿素 b 的吸光度值。

$$C_{类胡萝卜素} = (1000A_{470} - 3.27C_a - 104C_b) / 229。 \tag{5-7}$$

（3）器材与试剂

① 实验器材：分光光度计、天平、剪刀、研钵、漏斗、移液管、容量瓶（25 mL）、滤纸等。

② 实验试剂：丙酮、碳酸钙、石英砂。

③ 实验材料：植物叶片。

（4）方法与步骤

① 色素的提取：取新鲜叶片，剪去粗大的叶脉并剪成碎块，称取 0.5 g 放入研钵中加纯丙酮 3 mL，少许碳酸钙和石英砂，研磨成匀浆，再加 80% 丙酮 5 mL，继续研磨至组织变白，用漏斗过滤到 10 mL 量筒中，注意在研钵中加入少量 80% 丙酮将研钵洗净，一并转入研钵中过滤到量筒内，并定容至 10 mL。将量筒内的提取液混匀，用移液管小心抽取 5 mL 转入 25 mL 量筒中，再加入 80% 丙酮定容至 25 mL（最终植物材料与提取液的比例为 W ：V=0.5 ：50=1 ：100，叶色深的植物材料比例要稀释到 1 ：200）。

也可将 0.5 g 叶片剪碎后置于 25 mL 容量瓶中，加入 80% 丙酮定容至 25 mL，密封置于暗处避光静置，浸提至叶片变白。

② 测定吸光值：在分光光度计上，以 80% 丙酮为对照，分别测定色素提取液在 663 nm、645 nm 和 470 nm 波长处的吸光值。

③ 结果计算：按式（5−5）至式（5−7）分别计算色素提取液中叶绿素 a、叶绿素 b 及类胡萝卜素的浓度。再根据稀释倍数分别计算每克鲜重叶片中色素的含量。例如，叶绿素 a 含量（mg/g *FW*）= C_a × 50 mL（总体积数）× 1 mL ÷ 1000 mL/L ÷ 0.5 g，同理计算叶绿素 b 和类胡萝卜素含量。总叶绿素含量为叶绿素 a 含量与叶绿素 b 含量的加和。

（5）注意事项

① 由于植物新鲜叶子中含有水分，故先用纯丙酮进行提取，以使色素提取液中丙酮的最终体积百分数近似 80%。

② 碳酸钙用量一定要少，多则过滤慢且提取液浑浊。

③ 滤纸请用丙酮润湿，切记不可用水润湿。

④ 为避免叶绿素见光分解，提取应在弱光下进行。

⑤ 色素一定要全部转入容量瓶。

⑥ 叶绿体色素提取液不能浑浊。浑浊则不能比色，需重新过滤。

⑦ 测定完毕后废液回收。

⑧ 由于叶绿体色素在不同溶剂中的吸收光谱有差异。所以，在使用其他溶剂提取色素时，所用经验公式也会不同。

5.4 植物叶片光合速率及气体交换参数的测定

（1）目的意义

植物光合强度是以光合速率作为衡量指标的。

根据光合作用的公式：$CO_2 + H_2O \longrightarrow CH_2O + O_2$。光合速率通常是指单位时间、单位叶面积的 CO_2 吸收量或 O_2 的释放量或干物质的积累量。测定植物的光合速率有下列 3 种方法。

① 测定干物质的积累量，常用方法有半叶法、改良半叶法。

② 测定 O_2 的释放速率，常用方法有氧电极法。

③ 测定 CO_2 的吸收速率，常用方法有红外线气体分析仪法。

在这 3 种方法中，方法①过于粗糙，误差较大而可靠性差，且过于耗时，仅可用于验证性实验；方法②通过测定液体中含氧量的连续变化来测定光合速率，可在液体中加入各种试剂来测定其对氧释放的影响，并可用于研究藻类植物的光合速率，具有较高的灵敏度；方法③通过直接测定活体叶片的 CO_2 交换，可以迅速准确地测出光合速率，而且不损伤植株。

近年来，便携式光合作用系统的出现使方法③广泛地用于田间和实验室，同时通过内置或外接计算机改变叶室的光强、CO_2 浓度、湿度，还可以非常迅速方便地测定植物的 CO_2 补偿点、CO_2 饱和点、光补偿点、光饱和点、植物的羧化效率、表观光合量子效率、蒸腾速率等指标。在研究逆境生理、生态生理中得到了广泛利用。下面就采用红外线气体分析仪法测定植物叶片的光合速率。

（2）实验原理

由异原子组成的气体分子在微米波段都有红外吸收（如 CO、CO_2、NH_3、NO、

NO_2、H_2O 等），每种气体都有特定的吸收光谱。例如，CO_2 的最大吸收峰位于 $\lambda=4.26\ \mu m$ 处，在一定 CO_2 浓度范围内，其红外吸收与其浓度呈线性关系。

用于测定 CO_2 红外吸收的装置称为红外线气体分析仪，简称 IRGA（infra－red gas analyzer），一台 IRGA 包括 IR 辐射源、气路、检测器三部分，而一台先进的开放式光合作用系统，可能由 2 ~ 4 个 IRGA 组成，分别测定叶室与参比室的 CO_2 浓度，然后通过式（5－8）计算出光合速率。

$$P_n=f\left(C_e-C_o\right)/S, \tag{5-8}$$

式中：f 为气体流速，C_e 为进入参比室的 CO_2 浓度，C_o 为离开叶室的 CO_2 浓度，S 为夹入叶室的叶片面积。光合作用系统气路测定示意，如图 5–2 所示。

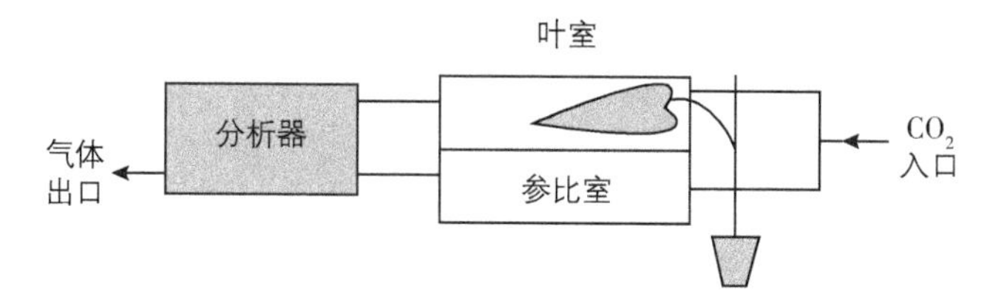

图 5－2　光合作用系统气路测定示意

现在生产的便携式光合作用系统，如 Li－6400 系列便携式光合作用测量系统最基本的功能是研究植物光合作用，同时还具有呼吸、蒸腾、荧光等多项测量功能。可以测量的光合与水分生理指标主要有净光合（呼吸）速率、蒸腾速率、气孔导度、胞间 CO_2 浓度等。

（3）器材与试剂

① 实验器材：Li－6400 系列便携式光合作用测量系统。

② 实验材料：不同类型植物。

（4）方法与步骤

① 选择叶室：根据测定对象选择不同叶室进行安装，一般测定选择红蓝光源或自然光源不透明叶室。

② 仪器连接：电源连线与控制器正确匹配（管道和线路切不可接错），多孔插线和分析器对准（红点）插入；硬塑料管带黑圈套的端与分析器相接并使另一端与控制器 “sample” 相接。接上带 “buffer” 的进气管，接上电源（切记，除 “Sleep ” 状态外，在电源开情况下，不可接或卸管道和线路，否则会烧毁仪器）。

③ 开机校正：插上电池，打开电源开关后，仪器自动进行状态检测，并进入 Dir：/user/configs/Userprefs 菜单，进行 OPEN 程序安装。在该菜单下，选择与叶室、光源相匹配的内容（如 “red blue source” 表示用红蓝光源不透明底叶室）。

<enter>，仪器显示 ：

Is the chamber/IRGA connected ?

已连接，按“Y”，CO_2 分析仪有“噗……”声，仪器进入开机状态。没有连接，按“NO”。关机或在“Sleep”状态下再连接。

校正。把碱石灰管和干燥剂管旋至“Scrub”，按 F3（Calibration），关闭叶室，选择“IRGAzero”，按 <enter>，“Y”。校正到丨 CO_2 丨 <1 μ mol，丨 H_2O 丨 <0.1 m mol，（约 20 min）。按 F5（Quit）和 <escape> 返回测定界面，校正完成后碱石灰管到“by pass”。

④ 数据测定：按 F（New MSMNTS），按 2，按 F2（FLOW）设置 100 ~ 500 能合适控制叶室内相对湿度的值，按 <enter>，按 F5（Lamp off）选 Quantum flux<enter>，根据植物类型选择饱和光强（500 ~ 1500），<enter>，按 1。

夹好叶片，关紧叶室，必要时控制湿度。干燥剂管旋至控制到所要的 RH 和温度（通过 2，F4 temp off），立即按 F5（Match）和 IAGR Match，F1（exit）。

按 F1“OpenLogfile”，命名（植物、处理、组号等），以及附加标记 <enter>。

调节叶面积，按 3，按 F1（Area），输入面积。按 1 返回。

采样。△ CO_2（或 photo）稳定时，按采样键（F1 或测定器黑钮）3 ~ 5 次。一般同一叶片应测 3 ~ 5 次值。

⑤ 光合作用对光强的响应（Pn－lihgt curve）（在仪器自动测定模式下测定）：在上述测量菜单下按 5，按 F1（AUTOPROG），找 Light curve，命名及做标记 <enter>，按 Y（使测量数据紧随上述数据后）。设置光强，从高到低，光强间用 1 空格隔开。高光强下点间隔大，低光强下点间隔小，常用 2000、1500、1000、600、300、200、100、50、30、10、0，光强 =0 时为呼吸速率，设置测定时间间隔的最小值和最大值，设置叶室和参比室间应进行自动匹配的 CO_2 浓度，按 Y 开始自动测量。

⑥ 数据存取：采样完后按 <escape> 返回到主菜单，按 Close file，按 F5（end）进入 <SLEEP>（同一次测定只需一个 file，不同的组可以用 <add mark> 区分）。在“SLEEP”状态下，与电脑连接，根据仪器提示，解除“SLEEP”，上下选择到 File exchange mode，按 <enter>。打开电脑 winPX for 6400（要专门安装），在 LI－6400/User 下（测定的数据自动存在这个文件夹），把自己的测定文件拖入专设目录。

光合作用系统可以在测定光合速率的同时记录 20 多个光合作用指标，其中较关键的如表 5－1 所示。

表 5－1　光合速率测定实验结果记录

P_n	净光合速率	$\mu mol\ CO_2 \cdot m^{-2} \cdot s^{-1}$
T_r	蒸腾速率	$mmol\ H_2O \cdot m^{-2} \cdot s^{-1}$
C_i	叶肉细胞间隙 CO_2 浓度	$\mu L \cdot L^{-1}$
C_{ond}	气孔导度	$mmol\ H_2O \cdot m^{-2} \cdot s^{-1}$
C_r	参比室 CO_2 浓度	$\mu L \cdot L^{-1}$

⑦ 退出系统，关闭电源，取下叶室手柄和主机充电电池。

（5）实验结果与分析

① 做出不同植物的光—光合速率响应曲线，比较差异。

② 求出它们的光补偿点、饱和点和量子效率，并用合适的方法表示。

③ 画出光与蒸腾速率、气孔导度和水分利用效率的影响，分析光合速率与蒸腾速率、气孔导度和水分利用效率之间的相互关系。

（6）注意事项

① 在田间测定时，供给叶室的空气须取自2 m以上的空中，并离开人群5 m以外，以防止 CO_2 浓度的波动。而在室内测定时，空气须来自室外，或最好利用压缩气体钢瓶提供 CO_2，利用 CO_2 控制器控制 CO_2 浓度。

② 在测定植物的光合速率前须对植物进行光适应，使其气孔处于开放状态。

③ 实验后须松开叶室，使叶室密封垫恢复正常状态。

5.5 叶绿素荧光参数的测定

（1）目的意义

叶绿素荧光动力学（chlorophyll fluorescence dynamics）技术在测定叶片光合作用过程中光系统对光能的吸收、传递、耗散、分配等方面具有独特的作用，与“表观性”的气体交换指标相比，叶绿素荧光参数更具有反映“内在性”特点，又由于它具有快速、灵敏和非破坏性测量等优点，使它比现行的其他检测方法更优越、更具实用性，因此，广泛用于植物逆境生理学、植物保护和农药研究及环境检测和监测等领域。

（2）实验原理

叶绿素分子得到能量后，会从基态（低能态）跃迁到激发态（高能态）。根据吸收的能量多少，叶绿素分子可以跃迁到不同能级的激发态。若叶绿素分子吸收蓝光，则跃迁到较高激发态；若叶绿素分子吸收红光，则跃迁到最低激发态。处于较高激发态的叶绿素分子很不稳定，会在几百飞秒（fs，$1\ fs=10^{-15}\ s$）内通过振动弛豫向周围环境辐射热量，回到最低激发态。而最低激发态的叶绿素分子可以稳定存在几纳秒（ns，$1\ ns=10^{-9}\ s$）。

处于最低激发态的叶绿素分子可以通过以下途径释放能量回到基态：

① 将能量在一系列叶绿素分子之间传递，最后传递给反应中心叶绿素a，用于进行光化学反应，形成用于固定、还原二氧化碳的同化力（ATP和NADPH）。

② 以热的形式将能量耗散掉，即非辐射能量耗散（热耗散）。

③ 放出荧光。

这3个途径相互竞争、此消彼长，往往是具有最大速率的途径处于支配地位。一般而言，叶绿素荧光发生在纳秒级，而光化学反应发射在皮秒级（ps，1 ps = 10^{-12} s），因此，在正常生理状态下（室温下），捕光色素吸收的能量主要用于进行光化学反应，荧光只占 3% ~ 5%。在体内，由于吸收的光能多被用于光合作用，叶绿素 a 荧光的量子产额（即量子效率）仅为 0.03 ~ 0.06。但是，在体外，由于吸收的光能不能被用于光合作用，这一产额增加到 0.25 ~ 0.30。

在活体细胞内，由于激发能从叶绿素 b 到叶绿素 a 的传递几乎达到 100% 的效率，因此，基本检测不到叶绿素 b 荧光。在常温常压下，光系统 I 的叶绿素 a 发出的荧光很弱，基本可以忽略不计，对光系统 I 叶绿素 a 荧光的研究要在 77 K 低温下进行。因此，当我们谈到活体叶绿素荧光时，其实是指来自光系统 Ⅱ 的叶绿素 a 发出的荧光。

德国科学家 Kautsky 发现，当一片经过充分暗适应的叶片从黑暗中转入光下后，叶片的荧光产额会随时间发生规律性的变化，即 Kautsky 效应，记录下来的典型荧光诱导动力学曲线上几个特征性的点分别被命名为 O、I、D、P、S、M 和 T。在照光的第一秒内，荧光水平从 O 上升到 P，这一段被称为快相；在接下来的几分钟内，荧光水平从 P 下降到 T，这一段被称为慢相。快相与 PS Ⅱ 的原初过程有关，慢相则主要与类囊体膜上和间质中的一些反应过程包括碳代谢之间的相互作用有关（图 5–3）。

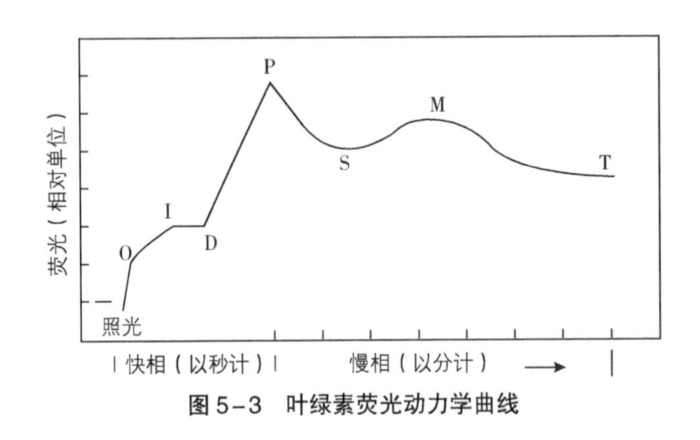

图 5–3　叶绿素荧光动力学曲线

荧光动力学曲线的测量仪器可分为调制式荧光仪和非调制式荧光仪两种类型，非调制式荧光仪（如 PEA、Handy PEA）只有一个连续的激发光源，信号检测采用光电直流放大系统，适合于测定叶绿素荧光动力学的快相。调制式荧光仪（如 PAM2000、PAM2100、FMS–1、FMS–2）至少包括一个很弱的调制式检测光源、一个中等光强的非调制式作用光源、一个饱和脉冲光源，其信号检测采用选频放大或锁相放大技术。用于测定荧光的光源被调制，也就是使用以很高频率不断开关的光源。在这样的系统中，检测器选择性放大，仅仅检测被调制光激发的荧光，就可以在田间即使阳光存在的情况下测定相对的荧光产额。常用的荧光参数如表 5–2 所示。

表 5-2　调制叶绿素荧光仪测量的荧光参数

参数	简写	生物学意义
最小荧光	F_o	已经暗适应的光合机构全部 PS Ⅱ中心都开放时的荧光强度
最大荧光	F_m	已经暗适应的光合机构全部 PS Ⅱ中心都关闭时的荧光强度
稳态荧光	F_s	也写作 F_T，荧光诱导动力学曲线 O-I-D-P-T 中 T 水平的荧光强度
最大可变荧光强度	F_v	黑暗中最大可变荧光强度 $F_v=F_m-F_o$
光下最大荧光	F'_m	在光适应状态下全部 PS Ⅱ中心都关闭时的荧光强度
光下最小荧光	F'_o	在光适应状态下全部 PS Ⅱ中心都开放时的荧光强度
光下最大可变荧光强度	F'_v	光下最大可变荧光强度，$F'_v=F'_m-F'_o$
光系统Ⅱ的最大光合效率	F_v/F_m	没有遭受环境胁迫并经过充分暗适应的植物叶片 PS Ⅱ最大的或潜在的量子效率指标，它是比较恒定的，一般在 0.80 ~ 0.85。也被称为开放的 PS Ⅱ反应中心的能量捕捉效率
光系统Ⅱ的实际光合效率	ΦPS Ⅱ，Y（Ⅱ）	作用光存在时 PS Ⅱ的实际量子效率，即 PS Ⅱ反应中心电荷分离的实际的量子效率
相对电子传递速率	ETR	在不同的光照或辐射水平下测量的 PS Ⅱ的相对的电子传递速率
光化学猝灭	qP	光系统Ⅱ吸收的能量用于进行光化学反应的比例，开放态的光系统Ⅱ反应中心所占的比例，反映了光合活性的高低
	qL	
非光化学猝灭	qN	光系统Ⅱ吸收的能量用于耗散为热量的比例，也就是植物耗散过剩光能为热量的能力，即光保护能力
	NPQ	

（3）器材与试剂

① 实验器材：调制式荧光仪，如 PAM2100（Walz，Germany）。

② 实验材料：植物叶片。

（4）方法与步骤

1）仪器安装连接

将光纤和主控单元及叶夹 2030-B 相连接。光纤的一端必须通过位于前面板的三孔光纤连接器连接到主控单元，光纤的另一端固定到叶夹 2030-B 上。同时，叶夹 2030-B 还应通过 LEAF CLIP 插孔连接到主控单元。

2）开机

按“POWER ON”键打开内置电脑后，绿色指示灯开始闪烁，说明仪器工作正常。随后在主控单元的显示器中会出现 PAM－2100 的表示。从仪器启动到进入主控单元界面大概要 40 s。

3）PAM－2100 的键盘

PAM－2100 主控单元上有 20 个按键，主要按键的功能为：

Esc：退出菜单或报告文件。

Edit：打开报告文件。

Pulse：打开/停止固定时间间隔的饱和脉冲。

F_m：叶片暗适应后打开饱和脉冲测量 F_o、F_m 和 F_v/F_m。

Menu：打开动力学窗口的主菜单。

Shift：该键只有和其他键结合时才能起作用。

＋：增加选定区的数值（参数）设置。

－：减少选定区的数值（参数）设置。

Store：存储记录的动力学曲线。

Com：打开命令菜单。

<：指针左移。

>：指针右移。

Λ ：指针上移。

V：指针下移。

Act：打开光化光。

Yield：打开一个饱和脉冲以测定照光状态的光系统Ⅱ有效量子产量 $\Delta F/F'_m$。

4）开始测量

① 通过选择合适的测量光强、增益；样品与光纤的距离来调节 F_o 在 200~400 mV。同时，为了避免人为误差，得到最好的结果，建议通过检查饱和脉冲时得到的荧光动力学变化曲线来设置合理的饱和脉冲强度和持续时间，通过按 Com 菜单的 Pulse kinetics 功能来实现。

② F_o、F_m 和 F_v/F_m 的获得。可以通过按“Shift+Return”键调出菜单执行 F_o-determination 来测定 F_o，也可以通过按外按接键盘的“T”键来测量 F_o。可以通过按“F_m”键或按外接键盘的“M”键来测量 F_m，F_v/F_m 也会自动获得。

③ 量子产量 Yield 的获得。只需按“Yield”键即可。或者将指针移到“RUN”处，激活“RUN1”，只需按叶夹 2030－B 上的红色遥控按钮即可。

5）数据输出

① 将 RS－232 数据线和 PAM－2100 主控单元连接好。

② 进入动力学窗口，按"Menu"键，进入Data子菜单，选择Transfer Flles并按<enter>键。

③ 打开一个窗口选择RS-232数据线的Com-Port，选择并激活Com-Port后，出现另一个窗口，其中示出了PAM-2100中存储的数据文件。双击该文件就可进行传输。

6）关闭仪器

按<Com>键，会出现一个命令选择菜单，通过按<V>键，选择"Quit program"，并按<enter>键即可关闭仪器。将光纤和叶夹2030-B卸下并整理好，放入荧光仪专用箱子中。

（5）注意事项

① 禁止在开机情况下连接外接电源。

② 荧光仪的光源和光信号通过光缆传输，使用过程中须保护光缆，不能折放。

③ 光强对测量结果有较大影响，故须保证叶片的受光强度和角度一致。

5.6 核酮糖二磷酸羧化酶（RuBPCase）活性的测定

（1）目的意义

RuBPCase是一种双功能酶，即可催化核酮糖二磷酸（RuBP）的羧化反应，又可催化加氧反应，其全名为RuBP羧化酶/加氧酶（RuBP carboxylase/oxygenase，Rubisco）。Rubisco普遍存在于自养生物中，在C_3植物中含量较为丰富，占叶可溶性蛋白质的50%以上，是自然界最丰富的一种蛋白质。在叶绿素间质中浓度为300 mg/mL。同时Rubisco也是高等植物中有机氮的重要贮藏形式。Rubisco是光合碳同化的关键酶，在光合作用中卡尔文循环里催化第一个主要的碳固定反应，通过测定Rubisco的羧化能力，可以反映植物叶片的净光合速率。

（2）实验原理

分光光度酶偶联法是根据RuBP羧化酶催化RuBP与CO_2反应产生的磷酸甘油酸（PGA），与还原型辅酶Ⅰ（NADH）的氧化作用相偶联的原理设计的。在RuBP羧化酶的催化下，1分子的RuBP与1分子的CO_2结合，产生2分子的PGA，PGA可通过外加的3-磷酸甘油酸激酶和3-磷酸甘油醛脱氢酶的作用，产生3-磷酸甘油醛，并使NADH氧化。

每羧化1 mol RuBP有2 mol NADH被氧化，NADH在340 nm下有光吸收。根据反应体系在波长340 nm处光密度的变化，通过在一定时间内340 nm下光吸收的下降表示RuBPCase的活性。

（3）器材与试剂

① 实验器材：紫外分光光度计、高速冷冻离心机、研钵、试管、移液管、比色杯、秒表。

② 实验试剂：5 mmol/L NADH、25 mmol/L RuBP、200 mmol/L $NaHCO_3$；提取介质：40 mmol/L Tris-HCl 缓冲液（pH 值 7.6），内含 10 mmol/L MgCl、0.25 mmol/L EDTA-Na、5 mmol/L 谷胱甘肽；反应介质：100 mmol/L Tris-HCl 缓冲液（pH 值 7.8），内含 12 mmol/L $MgCl_2$、0.4 mmol/L.EDTA-Na_2；160 μg/mL 磷酸肌酸激酶溶液；160 μg/mL 甘油醛-3-磷酸脱氢酶溶液；50 mmol/L ATP；50 mmol/L 磷酸肌酸；160 μg/mL 磷酸甘油酸激酶溶液。

③ 实验材料：新鲜植物叶片。

（4）方法与步骤

1）酶粗提液的制备

取 1.0 g 新鲜植物叶片，洗净擦干，放于已经 4 ℃预冷的研钵中，加入 10 mL 缓冲液，冰上研磨（提取缓冲液分 3 次加入，第一次 2 mL，剩下两次分别 4 mL，将研钵冲洗干净），将研好的样品装入 15 mL 的离心管中，放于冰盒中。12 000 g，4 ℃，离心 10 min。取上清液备用。上清液即酶粗提液，置 0 ℃保存备用。

2）RuBPCase 活力测定

按表 5-3 配制酶反应体系：总体积为 3 mL。

表 5-3　RuBPCase 酶反应体系

试剂	加入量/mL
5 mmol/L NADH	0.2
50 mmol/L ATP	0.2
酶提取液	0.1
50 mmol/L 肌醇磷酸	0.2
0.2 mol/L $NaHCO_3$	0.2
反应介质	1.4
160 μg/mL 磷酸肌醇激酶	0.1
160 μg/mL 磷酸甘油酸激酶	0.1
160 μg/mL 甘油醛-3-磷酸脱氢酶	0.1
蒸馏水	0.3

将配制好的反应体系摇匀，倒入比色杯内，以蒸馏水为空白，将紫外分光光度计

上 340 nm 波长处反应体系的吸光度作为零点值。将 0.1 mL RuBP 加于比色杯内迅速混匀，并马上计时，每隔 30 s 测一次吸光度，共测 3 min。以零点到第一分钟内吸光度下降的绝对值计算酶活力。

由于酶提取液中可能存在 PGA，会使酶活力测定产生误差，因此，除上述测定外，还需做不加 RuBP 的对照。对照的反应体系与上述酶反应体系完全相同，不同之处只是把酶提取液放在最后加，加后马上测定此反应体系在 340 nm 处的吸光度，并记录前 1 min 内吸光度的变化量，计算酶活力时应减去这一变化量。

3）Rubisco 活力的计算

$$\text{酶活力} = \frac{\Delta OD \times N \times 10}{6.22 \times 2d\Delta t}, \tag{5-9}$$

式中：ΔOD 为反应最初 1 min 内 340 nm 波长处吸光值变化的绝对值（减去对照液最初 1 min 的变化量）；6.22 为每 μmol NADH 在 340 nm 波长处的吸光系数；N 为稀释倍数；2 表示每固定 1 mol CO_2 有 2 mol NADH 被氧化；d 为比色杯光程（cm）；Δt 为测定时间为 1 min；酶活力单位为 μmol CO_2/mL（酶液）· min。

（5）注意事项

① 酶的提取在低温下进行。

② RuBP 很不稳定，特别在碱性条件下，因而使用不要超过 4 周，且应在 pH 值 5.0 ~ 6.5 间 –20 ℃保存，最好现用现配。

③ Rubisco 在体内的含量很高，但只有一部分是活化的，上面所测的是它的初始活性。将酶液与反应液混合后，在 25 ℃保温 10 ~ 20 min 后充分活化，再加入 RuBP 启动反应，按上述方法测定其活性，这是 RuBPCase 的总活性。Rubisco 的活化率 = 初始活性/总活性 × 100%。

5.7　磷酸烯醇式丙酮酸羧化酶（PEPCase）活性的测定

（1）目的意义

磷酸烯醇式丙酮酸羧化（PEPCase）是 C_4 植物和 CAM 植物光合碳代谢的关键酶，催化磷酸烯醇式丙酮酸（PEP）与碳酸氢根（HCO_3^-）的羧化形成草酰乙酸（OAA），起固定原初 CO_2 的作用。PEPCase 的活性强弱与植物的光合性能呈正相关。

（2）实验原理

在 Mg^{2+} 存在时，PEPCase 可催化 PEP 与 HCO_3^- 形成 OAA。OAA 在还原型辅酶 I（NADH）存在时，在苹果酸脱氢酶（MDH）的作用下形成苹果酸（Mal）和 NAD^+。NADH 的消耗速率可用分光光度计于 340 nm 下测定，并以每分钟每毫升酶液氧化 NADH 的 μmol 值计算酶活性。

（3）器材与试剂

① 实验器材：研钵、电子天平、冷冻离心机、紫外分光光度等。

② 实验试剂：提取缓冲液：0.1 mol/L Tris－HCl 缓冲液（pH 值 8.3），内含 7 mmol/L 巯基乙醇、1 mmol/L EDTA－Na、5% 甘油；反应缓冲液：0.1 mol/L Tris－HCl 缓冲液（pH 值 9.2），内含 0.1 mol/L MgCl、0.1 mol/L $NaHCO_3$、40 mmol/L PEP、1 mg/mL NADH、1 mg/mL 苹果酸脱氢酶。

③ 实验材料：玉米、高粱等 C_4 植物或菠萝等 CAM 植物叶片。

（4）方法与步骤

1）酶的提取

取新鲜叶片洗净去掉主脉，吸去表面水分，称取 25 g 剪碎放入研钵中，加入提取缓冲液 100 mL，20 000 r/min 匀浆 2 min（运行 30 s 间歇 10 s，反复匀浆），用 4 层纱布滤去残渣，滤液于冷冻离心机中以 11 000 g 离心 10 min，弃去残渣，上清液即酶提液。

2）酶活性的测定

取试管 1 支，依次加入反应缓冲液 1 mL，40 mmol/L PEP、1 mg/mL NADH、苹果酸脱氢酶和酶提液各 0.1 mL，蒸馏水 1.5 mL，在所测温度下保温 10 min 后，在 340 nm 处测定光密度。然后再加入 0.1 mL 0.1 mol/L $NaHCO_3$ 启动反应，立即记时，每隔 30 s 测定一次光密度值，记录光密度的变化。

3）结果计算

$$\text{PEPCase 酶活力}/\mu\text{mol}\cdot\text{min}^{-1}\cdot\text{g}^{-1}FW=\frac{\Delta OD\times V\times 3}{6.22\times 0.1\times d\times \Delta t\times FW},\qquad(5-10)$$

式中：ΔOD 为反应最初 1 min 内 340 mm 处吸光度变化的绝对值（减去对照液最初 1 min 内的变化量）；V 为酶提取液总体积；3 为测定混合液总体积；6.22 为每微摩尔 NADH 在 340 nm 处的消光系数；0.1 为反应液中酶液用量；Δt 为测定时间 1 min；D 为比色杯光程（1 cm）；FW 为材料鲜重（25 g）。

（5）注意事项

① 酶的提取在低温下进行。

② 需要预实验确定测定时的酶液用量或浓度，苹果酸脱氢酶的用量是过量的，其最佳用量根据 PEPCase 的活性大小来确定。

第6章　植物碳氮代谢

【本章背景】

植物在光合作用中将无机物二氧化碳同化为有机物碳水化合物等，以及在呼吸、光呼吸作用中有机碳异化为二氧化碳的一系列生理生化过程，通称为碳代谢。包括光合产物淀粉和蔗糖的合成、降解与转化，也包括呼吸过程中的糖酵解、三羧酸循环、戊糖磷酸途径和乙醇酸氧化途径及乙醛酸循环等。碳代谢是植物体内最重要的基础代谢，为氮代谢中氨基酸、蛋白质和核酸合成提供必需的碳架和能量。

氮代谢是植物的基本生理过程之一。植物氮素同化的主要途径是经过硝酸盐还原为铵后直接参与氨基酸的合成与转化，期间硝酸还原酶（NR）、谷氨酰胺合成酶（GS）、谷氨酸合酶（GOGAT）等关键酶参与了催化和调节。以氨基酸为主要底物在细胞中合成蛋白质，再经过对蛋白质的修饰、分类、转运及储存等，成为植物有机体的组成部分，同时与植物的碳代谢等协调统一，共同成为植物生命活动的基本过程。因此，研究碳氮代谢在植物生长中的作用具有重要意义。

【本章目的】

以下列植物为实验材料：①C_3和C_4植物；②木本和草本植物；③阳生和阴生植物；④不同生长时期或逆境处理的同一种植物，通过提取和测定碳氮代谢物质的含量（果糖、蔗糖、葡萄糖、硝态氮、铵态氮、游离氨基酸）及相关酶活性［蔗糖合成酶（SS）、蔗糖磷酸合成酶（SPS）、硝酸还原酶（NR）、谷氨酸合酶（GOGAT）、谷氨酰胺合成酶（GS）］等，分析比较不同植物在碳氮代谢方面的差异。

【实验材料培养与处理】

选择上述4组类型植物材料中的一组进行材料培养和处理取样。

（1）C_3和C_4植物

C_3植物可选小麦、水稻、大豆、棉花等，C_4植物可选玉米、高粱、谷子、稗草等。选取饱满健康的种子进行常规播种培养，栽培条件、水肥管理等尽可能一致，选择健康的功能叶进行测定。

（2）木本和草本植物

选取校园内同一生长环境的木本和草本植物的健康功能叶进行测定。

（3）阳生和阴生植物

选取校园内同一生长环境的阳生和阴生植物的健康功能叶进行测定。

（4）不同生长时期或逆境处理的同一种植物

学生自主选择本专业感兴趣的植物种类进行不同生长时期或高温、低温、干旱等逆境处理，要求选择生长快、较易成活的有代表性的植物种类，如小麦、玉米、水稻、大豆等农作物，黄瓜、西葫芦、番茄、辣椒等园艺作物，一年生速生型花卉植物等。

【测定指标与方法】

6.1 葡萄糖、果糖、蔗糖含量的测定

（1）目的意义

熟悉植物样品中葡萄糖、果糖和蔗糖同时测定的方法；掌握高效液相色谱法对这 3 种糖同时测定的分析方法。

（2）实验原理

葡萄糖（glucose）、果糖（fructose）和蔗糖（sucrose）是植物样品中水溶性糖类物质的主要成分，是植物各个器官组织内重要的糖类。

目前，糖的测定方法主要有菲林试剂法、近红外分光光度法、连续流动分析法、毛细管电泳法、气相色谱法和高效液相色谱法等。其中，高效液相色谱—示差折光检测法（RID）是一种快速、直接的糖分析方法，但 RID 基于色谱流出物光折射率的变化来连续检测样品浓度，要求恒温、恒流，对工作环境要求较苛刻，无法进行梯度洗脱，且检测灵敏度不高。蒸发光散射检测器（ELSD）是一种质量检测器，基于不挥发的样品颗粒对光的散射程度与其质量成正比而进行检测，对没有紫外吸收、荧光或电活性的物质及产生末端紫外吸收的物质均能产生响应。ELSD 稳定性好、灵敏度高，适宜于低含量糖类物质分析。

（3）器材与试剂

① 实验器材：三角瓶、离心机、电子天平、水浴锅、移液管、超声波清洗池；Waters 2695 Alliance 高效液相色谱系统，包括四元梯度泵、Empower 色谱工作站、ELSD 2000 蒸发光散射检测器、Milli－Q50 高纯水处理器、Waters SPE 真空提取装置、Waters Sep－pak－C18 固相萃取小柱。

② 实验试剂：D－葡萄糖、D－果糖、蔗糖各种糖标准品纯度均大于 99%，乙腈、甲醇为色谱纯试剂，实验用水为高纯水。

配制质量浓度均为 5 g/L 的葡萄糖、果糖和蔗糖 3 种糖的标准储备水溶液，使用前用水稀释成所需浓度的标准工作溶液。

③ 实验材料：植物组织。

（4）方法与步骤

① 取样品 0.2 g，准确称至 0.0001 g，加入 25 mL 的水溶解并超声 10 min，取 5 mL 溶液以 10 mL/min 的流速通过预活化好的 Sep－pak C18 固相萃取小柱，弃去最初的 2 mL，收集后面的 3 mL，再用 0.45 μm 的滤膜过滤，滤液供分析用。

② 色谱条件：分析柱为 Waters carbohydrate 高效糖柱（WXT 044355，250 mm × 4.6 mm i. d.，4 μm），配有预柱（WAT046895，12.5 mm × 4.6 mm i. d.，4 μm），Waters 公司产品。流动相为：乙腈 ：水 =70 ：30（体积比）；流速为 1.0 mL/min；柱温为 25 ℃；进样量 10/μL ；ELSD 的漂移管温度为 80 ℃，氮气作载气，流速为 2.00 L/min。

③ 绘制标准曲线：将质量浓度为 10 mg/L、40 mg/L、120 mg/L、800 mg/L、1600 mg/L、4000 mg/L 的系列标准糖溶液，在测定条件下进样 10 μL，对应糖的绝对量为 0.1 μg、0.4 μg、1.2 μg、8.0 μg、16.0 μg、40.0 μg。根据 ELSD 测得的峰面积 A（单位：mV/S）对应糖的进样量 m（单位：μg）进行线性回归，得到曲线方程。

④ 取样品提取液 10 μL，按上述同样的方法测得峰面积，从回归方程中计算得到提取液中葡萄糖、果糖和蔗糖含量（mg/L），然后根据下式计算烟草样品中葡糖糖、果糖和蔗糖含量：

$$\text{糖含量（mg/g）} = C \times (V \div 0.2), \quad (6-1)$$

式中：C 为提取液中糖含量，mg/L；V 为 0.2 g 样品制得的提取液体积，本实验为 25 mL。

（5）思考题

① 陈述蒸发光散射检测器的特点。

② 陈述高效液相色谱法的基本原理。

6.2　游离氨基酸含量的测定

（1）目的意义

氨基酸是组成蛋白质的基本单位，也是蛋白质的分解产物。植物根系吸收、同化的氮素主要以氨基酸和酰胺的形式进行运输。所以，测定植物组织中不同时期、不同部位游离氨基酸的含量对于研究根系生理、氮素代谢具有一定意义。

（2）实验原理

游离氨基酸的游离氨基可与水合茚三酮作用，产生蓝紫色的化合物二酮茚－二酮茚胺，产物的颜色深浅与游离氨基酸含量成正比，用分光光度计在 570 nm 下测其含量。因蛋白质中的游离氨基酸也会产生同样反应，在测定前必须用蛋白质沉淀剂将其除掉。

（3）器材与试剂

1）实验器材

100 mL 容量瓶；漏斗；三角瓶；研钵；刻度吸管：0.1 mL × 1、1 mL × 2、2 mL × 2、5 mL × 1；沸水浴；具塞刻度试管 20 mL × 10；分光光度计。

2）实验试剂

① 水合茚三铜：称重结晶的茚三铜 0.6 g，装入烧杯，加入正丙醇 15 mL，使其溶解加入正丁醇 30 mL、乙二醇 60 mL、乙酸－乙酸钠缓冲液（pH 值 5.4）9 mL，混匀，棕色瓶冰箱保存，10 天内有效。

② 乙酸－乙酸钠缓冲液（pH 值 5.4）：称取化学纯乙酸钠 54.4 g，加入无氨蒸馏水 100 mL，电炉加热至沸，使其体积减半，冷却后加冰乙酸 30 mL，加蒸馏水定容至 100 mL。

③ 氨基酸标准溶液：精确称取 80 ℃烘干至恒重的亮氨酸 0.0234 g 溶于 10% 异丙醇并定容至 50 mL。取此液 5 mL 蒸馏水稀释到 50 mL，即为 5 μg/mL 氨基酸标准溶液。

④ 0.1% 抗坏血酸：称取 0.050 g 抗坏血酸，溶于 50 mL 蒸馏水中，即配即用。

⑤ 10% 乙酸。

3）实验材料

植物组织。

（4）方法与步骤

① 标准曲线的绘制：

取试管，按照表 6-1 依此加入试剂，加塞子密封于沸水中加热 15 min，取出后用冷水迅速冷却并不时摇动使加热时形成的红色被空气逐渐氧化褪去，待呈现蓝紫色时，用 60% 乙醇定容至 20 mL，摇匀于 570 nm 波长下比色。以吸光度为纵坐标，含氮量 μg 为横坐标，绘制标准曲线。

表 6-1　各试管加入不同试剂的量

试剂	管号					
	1	2	3	4	5	6
氨基酸标准溶液 5 μg/mL	0	0.2	0.4	0.6	0.8	1.0
无氨蒸馏水	2.0	1.8	1.6	1.4	1.2	1.0
水合茚三铜	3.0	3.0	3.0	3.0	3.0	3.0
抗坏血酸	0.1	0.1	0.1	0.1	0.1	0.1
每管含氮量（μg）	0	1	2	3	4	5

② 加样品 0.5 g 于研钵中，加入 5 mL 10% 乙酸，研磨匀浆后用蒸馏水定容 100 mL，用滤纸过滤到三角瓶中备用。

③ 1 mL 滤液加入 20 mL 干燥试管中，加蒸馏水 1 mL、水合茚三铜 3 mL、0.1% 抗坏血酸 0.1 mL，加塞子密封于沸水中加热 15 min，取出后用冷水迅速冷却并不时摇动使加热时形成的红色被空气逐渐氧化褪去，待呈现蓝紫色时，用 60% 乙醇定容至 20 mL，摇匀于 570 nm 波长下比色。

④ 计算：求 3 次重复的平均值，由标准曲线得知各样的氨基酸数（μg），代入式（6-2）计算。

氨基酸含量（mg/g 干样）= {含氮量（μg）×（提取液总体积/测定体积）}/（样品克数 × 1000）。　　（6-2）

（5）思考题

① 水合茚三铜溶液如何配制？

② 游离氨基酸在植物胁迫应答时有何作用？

6.3　蔗糖合成酶和蔗糖磷酸合成酶活性的测定

（1）目的意义

蔗糖是重要的光合产物，是植物体内运输的主要物质，是糖类的暂存形式之一。植物体内催化蔗糖合成的酶是蔗糖合成酶和蔗糖磷酸合成酶。蔗糖合成酶以游离果糖为受体，蔗糖磷酸合成酶以果糖-6-磷酸（F-6-P）为受体，形成的蔗糖磷酸在蔗糖磷酸酶的作用下形成蔗糖。一般把蔗糖磷酸合成酶-蔗糖磷酸酶系统看作蔗糖合成的主要途径，而把蔗糖合成酶看作蔗糖分解或形成核苷酸葡萄糖的系统。掌握蔗糖合成酶和蔗糖磷酸合成酶活性的测定方法。

（2）实验原理

蔗糖合成酶和蔗糖磷酸合成酶反应中的产物分别为蔗糖和蔗糖磷酸。它们与间苯二酚反应可呈现颜色变化，两者浓度的大小可通过溶液吸光值变化测出。

（3）器材与试剂

1）实验器材

分光光度计、恒温水浴、冷冻离心机。

2）实验试剂

① 300 g/L HCl，2 mol/L NaOH（80 g/L），100 mmol/L UDPG（61 g/L），100 mmol/L 果糖（18.025 g/L），50 mmol/L $MgCl_2$（4.75 g/L），1 g/L 间苯二酚（95% 乙醇配制），100 mmol/L F-6-P（26.5 g/L）。

② 缓冲液 A：50 mmol/L HEPES－NaOH，pH 值 7.5，10 mmol/L $MgCl_2$（0.95 g/L），20 g/L 乙二醇，5 mmol/L 巯基乙醇（0.39 g/L），2 mmol/L EDTA（0.585 g/L）。

③ 缓冲液 B：50 mmol/L HEPES-NaOH，pH 值 7.5，10 mmol/L $MgCl_2$（0.95 g/L），100 g/L 乙二醇，5 mmol/L 巯基乙醇（0.39 g/L），2 mmol/L EDTA（0.585 g/L）。

3）实验材料

植物组织。

（4）方法与步骤

1）粗酶液制备

称取 0.5 g 去掉主叶脉的植物叶片，洗净剪碎，置于预冷的研钵中，加 3 mL（4～6 倍体积）缓冲液 A。在冰浴中提取，经 4 层纱布过滤后去残渣，1000 g 冷冻离心 20 min，取上清液即粗酶液。所有操作都在 4 ℃下进行。

2）酶活性测定

蔗糖合成酶：在 110 μL 反应体系（含 50 μL HEPES-NaOH，pH 值 7.5；20 μL 50 mmol/L $MgCl_2$；20 μL 100 mmol/L 果糖；20 μL 100 mmol/L UDPG）中，加入 90 μL 粗酶液，混合均匀。于 30 ℃水浴中反应 30 min，加入 0.2 mL 2 mol/L NaOH，沸水煮 10 min，流水冷却，如果有絮状物出现，1000 g 离心 10 min，去杂质，再加入 1.5 mL 300 g/L HCl 及 0.5 mL 1 g/L 间苯二酚，摇匀，80 ℃水浴保温 10 min。冷却，480 nm 波长下比色，记录吸光值，根据标准曲线计算酶反应后蔗糖的数量。

同时取 90 μL 粗酶液在 100 ℃水中 10 min，加入 0.20 mL 2 mol/L NaOH，灭活酶，然后加入如上所述的 110 μL 反应体系，混合均匀。如果有絮状物出现，1000 g 离心 10 min，去杂质，再加入 1.5 mL 300 g/L HCl 及 0.5 mL 1 g/L 间苯二酚，摇匀，80 ℃水浴保温 10 min。冷却，480 nm 波长下比色，记录吸光值，根据标准曲线计算酶反应前提取液中蔗糖的数量。酶反应前后的差值即为由酶催化形成的蔗糖数量。

蔗糖磷酸合成酶：在蔗糖合成酶反应体系中用 100 mmol/L F-6-P 取代 100 mmol/L 果糖，其余均按蔗糖合成酶的测定方法。

绘制标准曲线：分别取 90 μL 不同浓度（0 μg/mL、20 μg/mL、40 μg/mL、60 μg/mL、80 μg/mL、100 μg/mL）的蔗糖溶液，与上述方法相同，测定吸光值，绘制蔗糖标准曲线。

蔗糖合成酶和蔗糖磷酸合成酶的活力以形成的蔗糖（mg）/叶片鲜重（g）× h 表示。

（5）思考题

蔗糖合成酶、蔗糖磷酸合成酶在糖代谢中的作用是什么？

6.4　α－淀粉酶与 β－淀粉酶活性的测定

（1）目的意义

几乎所有植物中都存在淀粉酶，其活性因植物生长发育时期不同有所变化，特别是萌发后的禾谷类种子淀粉酶活性最强。掌握淀粉酶提取和活性测定的方法。

（2）实验原理

淀粉酶包括几种催化特点不同的成员，其中 α－淀粉酶随机地作用于淀粉的 a-1，4 糖苷键，生成麦芽糖和糊精；β－淀粉酶作用于淀粉非还原端的 α－1，4 糖苷键，每次从淀粉的非还原端切下一分子麦芽糖，又被称为糖化酶；葡萄糖淀粉酶则从淀粉的非还原端每次切下一个葡萄糖。淀粉酶产生的这些还原糖能使 3，5－二硝基水杨酸还原，生成棕红色的 3－氨基－5－硝基水杨酸。淀粉酶活力的大小与产生的还原糖的量成正比。可以用麦芽糖制作标准曲线，用比色法测定淀粉生成的还原糖的量，以单位质量样品在一定时间内生成的还原糖的量表示酶活力。

α－淀粉酶不耐酸，在 pH 值 3.6 以下迅速钝化；而 β－淀粉酶不耐热，在 70 ℃下 15 min 就被钝化。根据它们的这种特性，在测定时可先测定淀粉酶的总活力（α＋β），然后钝化其中之一，就可测出另一个的活力。本实验采用加热钝化 β－淀粉酶测定 α－淀粉酶的活力，再与非钝化条件下总的酶活力比较，求出 β－淀粉酶的活力。

（3）器材与试剂

1）实验仪器

分光光度计、恒温水浴、离心机、具塞刻度试管、刻度吸管、容量瓶。

2）实验试剂

① 标准麦芽糖溶液（100 μg/mL）：精确称取 100 mg 麦芽糖，用蒸馏水溶解并定容至 100 mL，取其中 10 mL，用蒸馏水定容至 100 mL。

② 3，5－二硝基水杨酸试剂：精确称取 1 g 3，5－二硝基水杨酸，溶于 20 mL 2 mol/L NaOH 溶液中，加入 50 mL 蒸馏水，再加入 30g 酒石酸钾钠，待溶解后用蒸馏水定容至 100 mL。盖紧瓶塞，勿使 CO_2 进入。若溶液混浊可过滤后使用。

③ 0.1 mol/L pH 值 5.6 的柠檬酸缓冲液：0.1 mol/L 柠檬酸：称取分析纯柠檬酸 21.01 g，用蒸馏水溶解并定容至 1 L；0.1 mol/L 柠檬酸钠：称取柠檬酸钠 29.41 g 用蒸馏水溶解并定容至 1 L；然后取 0.1 mol/L 的柠檬酸溶液 55 mL 与 0.1 mol/L 的柠檬酸钠溶液 145 mL 混合即可。

④ 10 g/L 淀粉溶液：称取 1 g 淀粉溶于 100 mL 0.1 mol/L pH 值 5.6 的柠檬酸缓冲液中。

⑤ 0.4 mol/L NaOH 溶液。

3）实验材料

萌发的小麦种子。

（4）实验步骤

1）粗酶液制备

称取 1.0 g 萌发 2 ~ 3 天的小麦种子，置研钵中加 1 mL 蒸馏水和少量石英砂，研磨成匀浆后转入离心管中，用 5 mL 蒸馏水分次将残渣洗入离心管，提取液在室温下放置浸提 15 ~ 20 min，期间摇动使其充分提取。然后在 3000 r/min 转速下离心 10 min，将上清液倒入 50 mL 容量瓶中，加蒸馏水定容至刻度，摇匀，即为淀粉酶原液。吸取淀粉酶原液 1 mL，放入 50 mL 容量瓶中，用蒸馏水定容至刻度摇匀，即为淀粉酶稀释液。

2）绘制麦芽糖标准曲线

取 7 支干净的具塞刻度试管，编号 1 ~ 7，将标准麦芽糖溶液（100 μg/mL）按照表 6–2 稀释成 0 ~ 100 μg/mL 的标准液（0 μg/mL、10 μg/mL、20 μg/mL、40 μg/mL、60 μg/mL、80 μg/mL、100 μg/mL），每管依次加入 3，5–二硝基水杨酸 2 mL，摇匀，置沸水浴中煮沸 5 min，取出后流水冷却，以 1 号管作为空白调零点，在 540 nm 波长下比色测定。以麦芽糖浓度为横座标，吸光值为纵坐标，绘制标准曲线或建立回归方程。

表 6–2　标准麦芽糖溶液配制

试管编号	1	2	3	4	5	6	7
麦芽糖标准液/mL	0	0.2	0.4	0.8	1.2	1.6	2.0
蒸馏水/mL	2.0	1.8	1.6	1.2	0.8	0.4	0
麦芽糖浓度/（μg/mL）	0	10	20	40	60	80	100

3）α –淀粉酶活力测定

① 取 6 支干净的具塞刻度试管，编号 1 ~ 6，1 ~ 3 为对照管，4 ~ 6 为测定管。

② 每管中加入 1 mL 淀粉酶原液，在（70 ± 0.5）℃下准确加热 15 min，以钝化 β –淀粉酶，立即冰浴。

③ 每个试管中加入 0.1 mol/L pH 值 5.6 的柠檬酸缓冲液 1 mL。

④ 在 1 ~ 3 对照管中分别加入 4 mL 0.4 mol/L NaOH 溶液，以钝化酶活，再加入 10 g/L 淀粉溶液 2 mL，混匀。

⑤ 将 4 ~ 6 测定管置于 40 ℃恒温水浴中预热 15 min 后，向其中加入 40 ℃恒温水浴中预热的 10 g/L 淀粉溶液 2 mL，混匀并立即放回 40 ℃恒温水浴中保温 5 min，迅速向试管中加入 4 mL 0.4 mol/L NaOH 溶液，备下一步测糖含量。

⑥ 取以上各管中的溶液 2 mL 分别加入 10 mL 具塞试管中，另取一管加 2 mL 柠檬

酸缓冲液作为比色测定时候的空白调零管，再分别加入 3，5 - 二硝基水杨酸 2 mL，摇匀，置沸水浴中煮沸 5 min，取出后流水冷却，在 540 nm 波长处比色测定，记录数据于表 6-2 中，根据标准曲线求出麦芽糖浓度，分别求出 3 个对照管与测定管中麦芽糖浓度的平均值，分别记作 A' 与 A。

4）α -淀粉酶与 β -淀粉酶总活力测定

① 取 6 支干净的具塞刻度试管，编号 7 ~ 12，7 ~ 9 为对照管，10 ~ 12 为测定管；②每管中加入 1 mL 淀粉酶稀释液。

以下按照 α -淀粉酶活力测定中的步骤③ ~ ⑥进行，记录数据于表 6-3 中，分别求出 3 个对照管与测定管中麦芽糖浓度的平均值，分别记作 B' 与 B。

表 6-3　标准麦芽糖溶液配制

试管编号及分组	α -淀粉酶						β -淀粉酶					
	对照管			测定管			对照管			测定管		
	1	2	3	4	5	6	7	8	9	10	11	12
OD_{540} 麦芽糖浓度（μg/mL）												
平均麦芽糖浓度（μg/mL）	A'			A			B'			B		

5）计算淀粉酶活性

淀粉酶活性以每克鲜重每分钟生成的麦芽糖微克数表示，即 μg/（g*FW*· min）。

α -淀粉酶活性 =（$A-A'$）× 样品总体积 ÷（样品重 × 5）。　　（6-3）

（α + β）-淀粉酶总活性 =（$B-B'$）× 样品总体积 ÷（样品重 × 5）。　　（6-4）

β -淀粉酶活性 =（α + β）-淀粉酶活性 - α -淀粉酶活性，　　（6-5）

式中：A 为 α -淀粉酶测定管中（编号 4 ~ 6）麦芽糖浓度；A' 为 α -淀粉酶对照管中（编号 1 ~ 3）麦芽糖浓度；B 为淀粉酶总活性测定管中（编号 10 ~ 12）麦芽糖浓度；B' 为淀粉酶总活性对照管中（编号 7 ~ 9）麦芽糖浓度。

（5）思考题

① α，β -淀粉酶对可溶性淀粉的作用有何不同？

② α -淀粉酶活性测定中 70 ℃为什么要保证严格的 15 min？保温后为什么要立即冰浴骤冷？

6.5 谷氨酰胺合成酶活性的测定

（1）目的意义

谷氨酰胺合成酶（GS）是植物体内氨同化的关键酶之一，在 ATP 和 Mg^{2+}存在下，它催化植物体内谷氨酸形成谷氨酰胺。谷氨酰胺合成酶活性对于氨基酸的分解代谢与合成代谢有非常积极的意义。

（2）实验原理

在反应体系中，谷氨酰胺转化为 γ－谷氨酰基异羟肟酸，进而在酸性条件下与铁形成红色的络合物，该络合物在 540 nm 波长处有最大吸收峰，可用分光光度计测定。谷氨酰胺合成酶活性可用产生的 γ－谷氨酰基异羟肟酸与铁络合物的生成量来表示，单位为 p mol/（mg · protein · h）。也可间接用 540 nm 波长处吸光值的大小来表示，单位 A/（mg protein · h）。

（3）器材与试剂

1）实验器材

冷冻离心机、分光光度计、天平、研钵、恒温水浴、剪刀、移液管。

2）实验试剂

① 提取缓冲液：0.05 mol/L Tris－HCl，pH 值 8.0，内含 2 mmol/L Mg^{2+}、2 mmol/L DTT、0.4 mol/L 蔗糖。称取 1.5295 g 三羟甲基氨基甲烷（Tris）、0.1245 g $MgSO_4$－$7H_2O$、0.1543 g 二硫苏糖醇（DTT）和 34.25 g 蔗糖，去离子水溶解后，用 0.05 mol/L HCl 调至 pH 值 8.0，最后定容至 250 mL。

② 反应混合液 A：0.1 mol/L Tris－HCl 缓冲液，pH 值 7.4，内含 80 mmol/L Mg^{2+}、20 mmol/L 谷氨酸钠盐、20 mmol/L 半胱氨酸和 2 mmol/L EGTA。称取 3.0590 g Tris、4.9795 g $MgSO_4$－$7H_2O$、0.8628 g 谷氨酸钠盐、0.6057 g 半胱氨酸、0.1920 g EGTA，去离子水溶解后，用 0.1 mol/L HCl 调至 pH 值 7.4，定容至 250 mL。

③ 反应混合液 B：含盐酸羟胺，pH 值 7.4：反应混合液 A 的成分再加入 80 mmol/L 盐酸羟胺，pH 值 7.4。

④ 显色剂：0.2 mol/L TCA，0.37 mol/L $FeCl_3$ 和 0.6 mol/L HCl 混合液：称取 3.3176 g 三氯乙酸（TCA）、10.1021 g $FeCl_3$－$6H_2O$，去离子水溶解后，加 5 mL 浓盐酸，定容至 100 mL。

⑤ 40 mmol/L ATP 溶液：0.1210 g ATP 溶于 5 mL 去离子水中（临用前配制）。

⑥ 缓冲液 A：50 mmol/L HEPES- NaOH，pH 值 7.5，含 10 mmol/L $MgCl_2$（0.95 g/L）、20 g/L 乙二醇、5 mmol/L 巯基乙醇（0.39 g/L）、2 mmol/L ED1A（0.585 g/L）。

⑦ 缓冲液 B：50 mmol/L HEPES- NaOH，pH 值 7.5，含 10 mmol/L $MgCl_2$（0.95 g/L）、100 g/L 乙二醇、5 mmol/L 硫基乙醇（0.39 g/L）、2 mmol/L EDTA（0.585 g/L）。

3）实验材料

植物组织。

（4）方法与步骤

1）粗酶液提取

称取植物材料 1 g 于研钵中，加 3 mL 提取缓冲液，置冰浴上研磨匀浆，转移于离心管中，4 ℃下 15 000 g 离心 20 min，上清液即为粗酶液。

2）反应

1.6 mL 反应混合液 B，加入 0.7 mL 粗酶液和 0.7 mL ATP 溶液，混匀，于 37 ℃下保温半小时，加入显色剂 1 mL，摇匀并放置片刻后，于 5000 g 下离心 10 min，取上清液测定 540 nm 波长下的吸光值，以加入 1.6 mL 反应混合液 A 的反应液为对照。

3）粗酶液中可溶性蛋白质测定

取粗酶液 0.5 mL，用水定容至 100 mL，取 2 mL 用考马斯亮蓝 G-250 测定可溶性蛋白质（参照实验测定方法 6.6）。

4）结果计算

$$\text{GS 活力}\left[A/(\text{mg protein}\cdot\text{h})\right]=\frac{A}{P\times V\times t}, \tag{6-6}$$

式中：A 为 540 nm 处的吸光值；P 为粗酶液中可溶性蛋白含量（mg/mL）；V 为反应体系中加入粗酶提取液体积（mL）；t 为反应时间（h）。

（5）思考题

谷氨酰胺合成酶在氮代谢中的作用是什么？

6.6 可溶性蛋白含量的测定

（1）目的意义

植物体内的可溶性蛋白质大多数是参与各种代谢的酶类，测定其含量是了解植物体总代谢的一个重要指标。在研究每一种酶的作用时，常以比活(酶活力单位/mg蛋白）表示酶活力大小及酶制剂纯度。因此，测定植物体内可溶性蛋白质是研究酶活的一个重要项目。

（2）实验原理

考马斯亮蓝 G-250 测定蛋白质含量属于染料结合法的一种。考马斯亮蓝 G-250 在游离态下呈红色，当它与蛋白质的疏水区结合后变为青色，前者最大光吸收在 465 nm 波长，后者在 595 nm 波长。在一定蛋白质浓度范围内（0 ~ 100 μg/mL），蛋白质—色素结合物在 595 nm 波长下的光吸收与蛋白质含量成正比，故可用于蛋白质的定量测定。蛋白质与考马斯亮蓝 G-250 结合物在 2 min 左右的时间内达到平衡，完成反应十分迅速，其结合物在室温下 1 h 内保持稳定。该反应非常灵敏，可测微克级蛋白质含量，所以是一种比较好的蛋白质定量法。

（3）器材与试剂

1）实验器材

分光光度计、高速冷冻离心机、微量加样器、分析天平、研钵、量筒、吸量管、刻度试管、试管架、容量瓶等。

2）实验试剂

① 1000 μg/mL 和 100 μg/mL 牛血清白蛋白（BSA）。

② 考马斯亮蓝 G-250，称取 100 mg 考马斯亮蓝 G-250 溶于 50 mL 95% 乙醇中，加入 85% 磷酸 100 mL，最后用蒸馏水定容至 1000 mL，此溶液在常温下可放置一个月）。

③ 酶提取液：50 mmol/L Tris-HCl 缓冲溶液，pH 值 7.0，内含 1 mmol/L EDTA、1% 聚乙烯吡咯烷酮（PVP）、5 mmol/L $MgCl_2$。

④ 95% 乙醇。

⑤ 85% 磷酸。

3）实验材料

植物组织。

（4）方法与步骤

1）标准曲线的绘制

① 0 ~ 100 μg/mL 标准曲线制作：取 6 支刻度试管，按照表 6-4 的数据配制 0 ~ 100 μg/mL 血清白蛋白液各 1 mL。准确吸取所配各管溶液 0.1 mL，分别放入 10 mL 刻度试管中，加入 5 mL 考马斯亮蓝 G-250 试剂，盖塞，反转混合数次，放置 2 min 后，在 595 nm 波长下比色，绘制标准曲线。

表 6-4　配制 0 ~ 100 μg/mL 血清蛋白液

管号	1	2	3	4	5	6
100 μg/mL 牛血清蛋白/mL	0	0.2	0.4	0.6	0.8	1.0
蒸馏水量/mL	1.0	0.8	0.6	0.4	0.2	0
蛋白质含量/mg	0	0.02	0.04	0.06	0.08	0.10

② 0 ~ 1000 μg/mL 标准曲线制作：取 6 支刻度试管，按照表 6-5 的数据配制 0 ~ 100 μg/mL 血清白蛋白液各 1 mL。按照上一步方法绘制 0 ~ 1000 μg/mL 标准曲线。

表 6-5　配制 0 ~ 1000 μg/mL 血清蛋白液

管号	1	2	3	4	5	6
1000 μg/mL 牛血清蛋白/mL	0	0.2	0.4	0.6	0.8	1.0
蒸馏水量/mL	1.0	0.8	0.6	0.4	0.2	0
蛋白质含量/mg	0	0.2	0.4	0.6	0.8	1.0

2）样品提取

称取植物组织 0.5 g，加入预冷的酶提取液 3 mL 和少许石英砂，充分冰浴研磨后，转入离心管中，再用 2 mL 酶提取液洗研钵，合并提取液并于 4 ℃下 10 000 g 离心 20 min，将上清液定容到 5 mL。

3）蛋白质浓度的测定

吸取样品提取液 0.1 mL，放入刻度试管中（设两个重复管），加入 5 mL 考马斯亮蓝 G-250 试剂，充分混合，放置 2 min 后在 595 nm 波长下比色，记录吸光度值，通过标准曲线查得蛋白质含量。

4）结果计算

根据式（6-7）计算：

$$样品中蛋白质含量（mg/g）=\frac{C \times V_t \times V_s}{w}, \quad （6-7）$$

式中：C 为查标准曲线所得的每管中蛋白质含量（mg）；V_t 为提取液总体积（mL）；V_s 为测定所取提取液体积（mL）；w 为取样量（g）。

（5）注意事项

① 实验中应根据样品中的蛋白质含量，选用相应的标准曲线和测定方法。

② 定容后的 G-250 试剂，过滤后方可使用，以减少测定中悬浮颗粒的干扰。

备注：植株中硝酸还原酶活性的测定见第 4 章 4.2 节，硝态氮的测定见第 4 章 4.4 节。

第 7 章　植物生长物质的生理效应及其对植物生长发育的影响

【本章背景】

植物生长物质是指具有调节植物生长发育的一些微量生理活性物质，包括植物激素和植物生长调节剂。植物激素是指一些在植物体内合成，通常从合成部位运往作用部位，对植物生长发育产生显著作用的微量生理活性物质。植物生长调节剂是指人工合成（生产）的具有植物激素活性的化合物。

对植物生长物质进行深入研究，不仅帮助人们了解植物生长发育的调控机制，也为植物的基因改良和化学调控提供新思路和新手段，从而推动农业生产技术的进步。多年来，已经人工合成并筛选出许多植物生长调节剂，且在农业、林业、果树和花卉等中得到广泛应用。探讨植物生长物质对植物生长发育和水分代谢、光合性能、碳氮代谢和逆境响应等生活活动的影响具有重要意义。

【本章目的】

扎实掌握生长素、赤霉素、乙烯和脱落酸等激素类植物生长调节剂对植物生长发育的作用，探讨内在生理机制，熟悉各种生长调节剂的基本知识和性能，掌握生长调节剂的应用策略，达到合理地利用植物生长调节剂的目的。

【实验材料培养与处理】

小麦种子，成熟度一致、果皮由绿转白的番茄，棉花幼苗，香石竹，油菜种子等。

【测定指标与方法】

7.1　生长素对小麦根、芽生长的影响

（1）实验目的

生长素是第一个被发现的植物激素。生长素的生理作用十分广泛，主要可促进细胞伸长、促进生根、引起顶端优势、诱导花芽分化、促进光合产物的运输等。其中，萘乙酸（NAA）是一种人工合成的生长素类物质，对根、芽生长的不同影响与生长素一致。在果树、蔬菜、花卉等各方面已广泛应用，并取得了显著的经济效益。主要用于促进植

物的插枝生根、防止器官脱落、促进雌花发育、诱导单性结实等。

(2) 实验原理

生长素对植物生长的影响体现在浓度效应。对于某一器官而言，低浓度表现出促进效应，高浓度起到抑制作用。因此，生长素类物质对器官生长有一个最佳促进浓度。不同的植物或同一植物的不同器官，对生长素的浓度反应都有差异。一般根对生长素的敏感程度要比芽大得多，茎最不敏感。所以，根对生长素所要求的最适浓度要比芽低得多。本实验就是利用生长素的浓度效应来观测不同浓度的萘乙酸对小麦根、芽生长的不同影响，以为生长素的合理使用提供理论依据。

(3) 器材与试剂

① 实验器材：φ 9 cm 的培养皿 7 套滤纸、移液管（2 支 10 mL 和 1 支 1 mL）、镊子、恒温箱等。

② 实验试剂：10 mg/L 萘乙酸溶液（称取萘乙酸 10 mg 先溶于少量乙醇中，再用蒸馏水定容至 100 mL，贮存于冰箱中，用时稀释 10 倍）、0.1% 升汞溶液。

③ 实验材料：小麦等植物种子。

(4) 方法与步骤

1）配制苯乙酸（NAA）浓度梯度溶液

将培养皿洗净烘干，编号① ~ ⑦。在①号培养皿中加入 10 mL 已配好的 10 mg/L 萘乙酸溶液；从①号培养皿中吸出 1 mL 加入②号，并加入 9 mL 蒸馏水，混匀，配成 1 mg/L 的萘乙酸溶液，依次继续稀释至⑥号培养皿，则分别为 10 mg/L、1.0 mg/L、0.1 mg/L、0.01 mg/L、0.001 mg/L、0.0001 mg/L 6 种浓度，最后从⑥号培养皿中吸出 1 mL 弃去。⑦号培养皿中加入 9 mL 蒸馏水，不加萘乙酸做对照。然后在每个培养皿中加入一张圆形滤纸。

2）种子萌发及幼苗培养

精选发芽率极高的小麦籽粒 140 粒，用 0.1% 升汞溶液或饱和漂白粉溶液上清液消毒 15 ~ 20 min，再用自来水及蒸馏水依次冲洗各 3 次。用滤纸吸干种子上附着的水分后，在上述装有不同浓度的萘乙酸及滤纸的培养皿中，沿四周均匀整齐地放入 20 粒种子，使种胚朝向培养皿的中心，加盖后将培养皿放入 20 ~ 25 ℃温箱中，24 ~ 36 h 后，观察种子的萌动情况，弃去未萌发的种子，留下发芽整齐生长一致的种子 10 粒，继续培养 3 天。

3）生长测定

取出各皿中的幼苗，记下不同处理中各种子的发根数、根长及芽长，并计算平均值（表 7-1）。

表 7-1　不同浓度苯乙酸（NAA）对根、芽生长的影响

NAA 浓度（mg/L）	平均根数/粒	平均各条种子根长（cm）			平均芽长（cm）
		1	2	3	
10					
1.0					
0.1					
0.01					
0.001					
0.0001					
0					

4）将根数、根长、芽长对 NAA 浓度作图，分析苯乙酸（NAA）对小麦根、芽生长的不同影响。注：本实验只要求确定苯乙酸（NAA）对根、芽生长具有促进或抑制作用的浓度。

（5）注意事项

① 从⑥号培养皿中吸去 1 mL 苯乙酸（NAA）稀释液。

② 培养皿要盖严。

③ 注意移液管的使用。

7.2　赤霉素对小麦幼苗生长的影响

（1）目的意义

通过本实验了解赤霉素对小麦茎叶生长的促进作用。

（2）实验原理

赤霉素促进细胞纵向伸长而促进植株长高。

（3）器材与试剂

① 实验器材：培养缸、量筒、移液管。

② 实验试剂：完全培养液、低浓度赤霉素溶液、蒸馏水。

③ 实验材料：小麦幼苗若干。

（4）方法与步骤

① 将 20 株小麦幼苗平分为 A、B 两组。

② 将 A 组置于完全培养液加适量赤霉素溶液培养缸中。B 组置于完全培养液加与赤霉素等量蒸馏水培养缸中。

③ 测量两组的株高，统计平均值。

④ 将 A、B 两组置于相同适宜的环境中培养 20 天左右。

⑤ 每天测量株高，并统计平均值。

7.3　乙烯利对果实的催熟作用

（1）目的意义

通过本实验了解乙烯对果实成熟的促进作用。

（2）实验原理

乙烯是植物正常代谢的产物，是植物体内的一种内源激素，具有多种生理作用，它还能促进果实成熟。乙烯利是一种人工合成的植物激素。它在植物细胞液的 pH 值条件下，缓慢分解放出乙烯，具有与乙烯相同的生理效应。

（3）器材与试剂

① 实验器材：层析缸、容量瓶、量筒、移液管、烧杯、塑料袋等。

② 实验试剂：乙烯利溶液。

③ 实验材料：果皮由绿转白的番茄。

（4）方法与步骤

① 摘取成熟度一致、果皮由绿转白的番茄 30 个，10 个一组分为 3 组。第 1 ~ 2 组分别在不同浓度（500 mg/L、200 mg/L）乙烯利溶液中浸 1 min，溶液中加入 0.1% 吐温 - 80 做润湿剂；第 3 组浸于蒸馏水中 1 min。

② 将处理过的番茄分别放在 3 只层析缸中，加盖，或置于塑料袋中，缚紧袋口，置于 25 ~ 30 ℃阴暗处。逐日观察番茄变色和成熟过程，记下成熟的个数，直至全部番茄成熟为止。

（5）注意事项

① 用植物生长调节剂处理材料的时期一定要把握好。

② 可尝试使用不同的激素浓度，筛选出激素的最适作用浓度。

7.4　脱落酸对植物叶柄的脱落效应

（1）目的意义

通过本实验了解脱落酸促进植物器官衰老脱落的作用。

（2）实验原理

脱落酸最初是被当作脱落诱导因子分离提纯的，脱落酸在叶片衰老过程中起着重要的调节作用，在衰老过程的早期起一种启动和诱导的作用。

（3）器材与试剂

① 实验器材：剪刀、镊子、培养皿、小烧杯、脱脂棉等。

② 实验试剂：脱落酸。

③ 实验材料：棉花等植物幼苗。

（4）方法与步骤

① 取棉花幼苗植株 15 棵，剪去叶片留下叶柄，并将叶柄剪短，如图 7-1 所示，于左右两边的叶柄切口包上少许脱脂棉，在右边切口棉花上滴 1 滴脱落酸溶液，左边切口滴 1 滴蒸馏水，脱落酸的浓度为 10 mg/L、5 mg/L、1 mg/L、0.5 mg/L、0.05 mg/L。每一处理重复 3 次，将所有处理的材料插在培养皿的湿砂中，24 h 后，用镊子轻碰叶柄，看是否脱落。以后每天早晚用镊子检查脱落，记下每个叶柄脱落所需时间，比较所得结果。

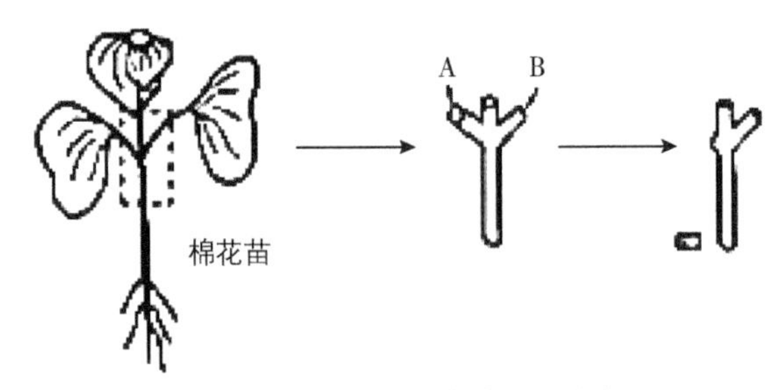

图 7-1　脱落酸处理棉花幼苗的方法

② 取叶子对生的植物枝条，留下 3 个节位，其余剪去，并将 3 个节位上的叶子剪去叶身，留下叶柄。在中间一对叶柄切口包上少许脱脂棉，于右边切口上滴脱落酸，左边切口上滴蒸馏水，脱落酸的浓度为 10 mg/L、5 mg/L、1 mg/L、0.5 mg/L、0.05 mg/L，3 次重复。将材料插在小烧杯蒸馏水中，以后每天用镊子检查 3 对叶柄的脱落情况，比较所得结果。

（5）注意事项

脱落酸用少量碳酸氢钠溶解，再用蒸馏水稀释。

7.5　赤霉素和脱落酸对种子萌发的影响

（1）目的意义

种子休眠是植物形成的一种自我保护性生物学适应，对植物的生存具有重要意义。进入休眠的种子需要特定的环境条件才能维持休眠或者萌发。在生产实践中，我们需要通过一些人工手段对种子休眠进行调控，通过本实验了解赤霉素促进种子萌发的作用、脱落酸抑制种子萌发的作用。

（2）实验原理

植物个体在发育过程中，生长和代谢都暂时处于极不活跃的状态，这种现象就是休眠。休眠可分为芽休眠和贮藏器官休眠。引起芽休眠和贮藏器官休眠的原因主要是抑制物的存在。赤霉素（GA_3）可以诱导淀粉酶的合成，具有打破休眠、促进萌发的作用；脱落酸（ABA）却抑制蛋白质和核酸的合成，抑制萌发，促进休眠。蔬菜种子和其他贮藏器官也有休眠习性。例如，芸薹类蔬菜种子、莴苣种子、马铃薯块茎等，生产上常用 GA_3 来打破休眠。

（3）器材与试剂

① 实验器材：直尺、滤纸、培养皿、培养箱等。

② 实验试剂：100 mg/L 的 GA_3 母液、250 mg/L 的 ABA 母液。

③ 实验材料：油菜等植物种子。

（4）方法与步骤

① 分别用 GA_3 和 ABA 母液配制不同浓度的溶液，GA_3 浓度分别为 0 mg/L、10 mg/L、25 mg/L、50 mg/L 和 100 mg/L；ABA 溶液浓度分别为 0 mg/L、0.25 mg/L、2.5 mg/L、25 mg/L 和 250 mg/L。

② GA_3 对种子萌发的影响：选取油菜种子，分 5 组，每组 100 粒，放入盛有水、不同浓度 GA_3 溶液的培养皿中（5 mL 为宜），然后用镊子将种子均匀分布在浸湿的滤纸上，盖上培养皿盖，放在 25 ℃的培养箱中暗培养 48 h。注意实际实验时务必设置 3 组以上重复。实验测量统计如表 7-2 所示。

③ ABA 对种子萌发的影响：操作方法与步骤②相同。实验测量统计如表 7-3 所示。

④ 统计不同处理种子的萌发率，对实验结果进行记录分析。

⑤ 计算萌发率：以胚根>种子半径为标准。

表 7-2　GA_3 实验测量统计

测量项目	GA_3 浓度 /（mg/L）				
	100	50	25	10	0（CK）
种子总数					
萌发种子数					
萌发率 /%					

表 7–3　ABA 实验测量统计

测量项目	ABA 浓度/（mg/L）				
	250	25	2.5	0.25	0（CK）
种子总数					
萌发种子数					
萌发率/%					

（5）注意事项

① 制作浓度梯度时，摇匀后再量取，由高到低进行稀释。

② 在培养皿中平铺滤纸。

7.6　赤霉素诱导种子 α–淀粉酶的合成

（1）实验原理

大麦（或小麦）种子萌发时，种胚产生 GA_3 扩散到胚乳的糊粉层细胞（被称为 GA_3 反应的“靶细胞”），刺激其合成或激活 α–淀粉酶，然后进入胚乳，使贮藏的淀粉水解为还原糖。无胚种子不能释放 GA_3，也不能形成与激活淀粉酶。外加的 GA_3 也可代替胚的释放作用，从而诱导 α–淀粉酶的合成。在一定范围内，由去胚的吸胀大麦产生的还原糖量，与外加 GA_3 浓度的对数成正比，由此可说明 GA 对 α–淀粉酶的诱导形成。

（2）器材与试剂

1）实验器材

分光光度计、超净工作台（或灭菌箱）、温箱、摇床、恒温水浴、高压灭菌锅、棉塞、牛皮纸、刀片、镊子、烧杯、培养皿、试管、移液管、玻璃棒等。

2）实验试剂

① 10^{-3} mol/L 乙酸缓冲液（pH 值 4.8），每毫升含链霉素硫酸盐 1 mg（或氯霉素 40 μg）。

② 10 mg/L GA_3：10 mg GA_3 加少量 95% 乙醇溶解，用蒸馏水定容至 1000 mL。

③ 淀粉溶液：称取可溶性淀粉 0.67 g 和 KH_2PO_4 0.82 g，溶于 20 mL 蒸馏水中不断搅拌下加到 70 mL 沸水中，最后加水定容至 100 mL。

④ $KI-I_2$ 溶液：称取 I_2 0.06 g、KI 0.6 g，溶于 0.05 mol/L HCl 溶液 1000 mL 中。

⑤ 5% 漂白粉溶液（W/V）。

⑥ 5% H_2SO_4 溶液（V/V）。

⑦ 灭菌水。

⑧ 石英砂。

3）实验材料

大麦（或小麦）种子。

（3）方法与步骤

1）材料准备

选择对 GA_3 敏感、萌发率高、大小一致的大麦种子，用 50% H_2SO_4 溶液浸泡 2 h，取出后，用自来水冲洗 20 次，然后用力揉搓除去颖壳；用刀片将种子横切成近于等长的两半——无胚的半粒和有胚的半粒，各 150 粒分装于两个小烧杯内，用 5% 漂白粉溶液消毒 15 min，在无菌条件下倒掉漂白粉溶液，用无菌水洗 5 次。然后将无胚与有胚的半粒种子放于内装一层石英砂的无菌培养皿内，倒入刚好浸没种子的无菌水，将培养皿置于 25 ℃温箱中吸涨 24 ~ 48 h。

2）GA_3 系列浓度标准溶液的配制

取干洁试管 5 支（编号），各加蒸馏水 9 mL，向 1 号试管加 GA_3 母液 1 mL，混匀后吸出 1 mL 加到 2 号试管内；2 号试管混匀后吸出 1 mL 加到 3 号试管；依次稀释，配成 1 mg/L、10^{-1} mg/L、10^{-2} mg/L、10^{-3} mg/L、10^{-4} mg/L、10^{-5} mg/L 的 GA_3 系列浓度标准溶液。再取干洁试管 8 支（编 0 ~ 7 号），按表 7-4 加入各种试液与材料（烧杯中吸涨的半粒大麦种子），于 25 ℃下振荡保温 24 h，过滤（或离心），滤液（或上清液）备用。

3）α-淀粉酶活性测定

取干洁试管 8 支（编 0 ~ 7 号），分别加入蒸馏水 0.8 mL 和淀粉溶液 1 mL，再按号加入半粒种子保温滤液（或上清液）0.2 mL 混匀，于 25 ℃恒温水浴中准确计时保温 10 min（适宜的时间由预备试验确定，即以 1 mg/L GA_3 的反应液与碘试剂反应，以吸光度值达到 0.4 ~ 0.5 的反应时间为宜），立即取出试管放入冷水中，加入 $KI-I_2$ 试剂 1 mL 终止反应，再加蒸馏水 2 mL，混匀后于 620 nm 波长下测定吸光度值（表 7-4），以吸光度表示淀粉酶的相对活性（以蒸馏水为空白校正仪器）。以 GA_3 浓度的负对数为横坐标，吸光度值为纵坐标，绘制出标准曲线。

表 7-4　GA_3 对 α-淀粉酶活性的影响

管号	GA_3 溶液		H_2O/mL	乙酸缓冲液/（10^{-3}mol/L）	半粒种（5 粒）	吸光度值（620 nm）
	浓度/（mg/L）	体积/mL				
0	0	0	1	1	有胚	
1	0	0	1	1	无胚	

续表

管号	GA_3溶液		H_2O/mL	乙酸缓冲液/（10^{-3}mol/L）	半粒种（5粒）	吸光度值（620 nm）
	浓度/（mg/L）	体积/mL				
2	10^{-5}	1	0	1	无胚	
3	10^{-4}	1	0	1	无胚	
4	10^{-3}	1	0	1	无胚	
5	10^{-2}	1	0	1	无胚	
6	10^{-1}	1	0	1	无胚	
7	1.0	1	0	1	无胚	

7.7 脱落酸对气孔运动的影响

（1）目的意义

气孔是陆生植物与外界环境交换水分和气体的主要通道及调节机构。它既要让光合作用需要的CO_2通过，又要防止过多的水分损失，因此，气孔在叶片上的分布、密度、形状、大小及开闭情况显著地影响着叶片的光合作用、蒸腾作用等生理代谢的速率。植物激素脱落酸（ABA）影响气孔的运动，本实验探讨ABA诱导的气孔运动。

（2）实验原理

作为植物激素的ABA由于其可以抑制保卫细胞膜的K^+-H^+泵的活性，抑制K^+的内流，从而提高保卫细胞的渗透势，导致水外流，使气孔关闭。

（3）器材与试剂

① 实验器材：光照培养箱、电子天平、显微镜（带测微尺）或可照相的显微镜、尖头镊子、载玻片、盖玻片等。

② 实验试剂：基本培养液（10 mol/L Tris-HCl缓冲溶液，pH值为5.6，内含50 mmol/L KNO_3），含10 μmol/L ABA的基本培养液。

③ 实验材料：蚕豆等成熟叶片。

（4）方法与步骤

① 在2个培养皿中各放15 mL基本培养液与内含10 μmol/L ABA的基本培养液。

② 在同一蚕豆叶上撕表皮若干，分别放在上述的2个培养皿中。

③ 将培养皿置于人工光照条件下照光1 h左右，光照强度在200 μmol/（m^2·s）左右，温度为25 ℃左右。

④ 结果观察：制作临时装片，分别用显微镜测微尺测出或相机照出气孔开度的

大小。

（5）注意事项

① 为了保证培养液的温度，培养液可预先在 25 ℃的水浴锅中预热。

② 实验过程最好在早上或下午进行，不要在中午和晚上进行。

7.8　液相色谱法测定植物激素含量

（1）目的意义

学习并掌握液相色谱法测定植物激素的原理和方法。

（2）实验原理

本实验以异丙醇/水/盐酸提取方法提取样品中植物内源激素，以安捷伦 1290 高效液相色谱仪串联 AB 公司 SCIEX-6500 Qtrap（MSMS）质谱仪测定植物内源激素 IAA、ABA、IBA、GA1/3/4/7、Z、TZR、IP、IPA、SA、MESA、MEJA、JA。本实验采用异丙醇/水/盐酸溶液的方法，通过提取液加酸提高激素在有机溶剂中溶解性并钝化组织中的部分酶。而后通过二氯甲烷萃取并以氮气吹扫方式浓缩样品，该方法流程相对简单，待测物损失较小，同时由于 Qtrap6500 仪器的灵敏性，不需要过多烦琐的净化步骤即可准确检测大部分痕量待测物。

（3）器材与试剂

① 实验器材：台式高速离心机、电子天平、安捷伦 1290 高效液相色谱仪、SCIEX-6500Qtrap（MSMS）、UYC-200 全温培养摇床、氮吹仪等。

② 实验试剂：异丙醇/盐酸提取缓冲液、二氯甲烷、甲醇、0.1% 甲酸。

③ 实验材料：植物组织。

（4）方法与步骤

1）取新鲜样本剪碎充分混匀后，装入样本瓶放入 4 ℃冷藏备用。

2）激素提取

① 准确称量约 1 g 新鲜植物样品，于液氮中研磨至粉碎。

② 向粉末中加入 10 mL 异丙醇/盐酸提取缓冲液，4 ℃振荡 30 min。

③ 加入 20 mL 二氯甲烷，4 ℃震荡 30 min。

④ 4 ℃，13 000 r/min 离心 5 min，取下层有机相。

⑤ 避光，以氮气吹干有机相，以 400 μL 甲醇（0.1% 甲酸）溶解。

⑥ 过 0.22 μm 滤膜，进行高效液相色谱-串联质谱法（HPLC-MS/MS）检测。

3）液质检测

① 标准溶液配制。以甲醇（0.1% 甲酸）为溶剂配制梯度为 0.1 ng/mL、0.2 ng/mL、0.5 ng/mL、2 ng/mL、5 ng/mL、20 ng/mL、50 ng/mL、200 ng/mL 的 IAA、IBA、

ABA、GA1/3/4/7、Z、TZR、IP、IPA、JA、MEJA、SA、MESA 标准溶液。每个浓度做 2 次重复，在实际绘制标准曲线方程时去掉线性不好的点。

② 液相条件。色谱柱：poroshell 120 SB-C18 反相色谱柱（2.1 mm × 150 mm，2.7 μm）。

柱温：30 ℃。

流动相：甲醇（0.1% 甲酸）：水（0.1% 甲酸）。

洗脱梯度：0 ~ 1 min，A=20%；1 ~ 9 min，A 递增至 80%；9 ~ 10 min，A=80%；10 ~ 10.1 min，A 递减至 20%；10.1 ~ 15 min，A=20%。

进样体积：2 μL。

③ 质谱条件。

气帘气：15 psi。

喷雾电压：4500 V。

雾化气压力：65 psi。

辅助气压力：70 psi。

雾化温度：400 ℃。

第 8 章　植物组织培养

【本章背景】

植物组织培养（plant tissue culture）是指植物的任何器官、组织或细胞，在人工控制的条件下，放在含有营养物质和植物生长调节物质等组成的培养基中，使其生长、分化形成完整植株的过程。广义的植物组织培养包括器官培养（organ culture）、胚胎培养（embryo culture）、组织培养（tissue culture）、细胞培养（cell culture）、原生质体培养（protoplast culture）等。植物组织培养技术在农林作物的快速繁殖、脱病毒、远缘杂交、突变体育种、单倍体育种、人工种子培育、种质保存和基因库建立、有用化合物的工业化生产及基因工程等方面都可以发挥重要作用。

植物组织培养是一项要求严格、技术性较强的工作。为了确保组织培养工作的成功和顺利进行，必须具备最基本的实验设备条件，并熟练掌握植物离体培养的基本技术，包括培养基的配制、外植体的选择与处理、无菌操作、环境条件控制等。同时，也应具备植物细胞的脱分化与再分化、离体形态发生与发育、植物生长调节物质的作用机制等基础理论知识。

【本章目的】

掌握无菌操作的植物组织培养方法；通过配制 MS 培养基母液，掌握母液的配制和保存方法；了解植物细胞通过分裂、增殖、分化、发育，最终长成完整再生植株的过程，加深对植物细胞全能性的理解。

【实验材料培养与处理】

植物的茎尖、茎段、叶片、果实、种子、花药、根及地下部器官等。

【测定指标与方法】

8.1　培养基的配制

培养基的主要成分是植物生长发育所必需的各种营养元素，是对植物离体培养起调节作用的生长调节物质。植物细胞与组织培养的成功与否，除培养材料本身的因素外，其次，就是培养基。培养基是植物组织培养的物质基础，也是植物组织培养能否获得成功的重要因素之一。

8.1.1 培养基母液的配制

（1）实验原理

为了避免每次配制培养基都要称量各种化学药品所带来的不便和误差，常常把培养基中必需的一些化学药品，按原量的浓度增大 10 倍、100 倍或 1000 倍后称量，配成一种浓缩液，这种浓缩液叫作母液。各种大量元素无机盐配成的母液称为大量元素母液，把微量元素无机盐配在一起的称为微量元素母液。用量较少的氨基酸和维生素类也应配制成混合母液，而植物生长调节物质，如 IAA、NAA、2，4-D、激动素（KT）和 6-BA 等，需要灵活搭配使用，通常单个配制成 0.1 ~ 2.0 mg/mL 的母液。

（2）器材与试剂

① 实验器材：电光分析天平或电子天平（感量 0.0001 g）、扭力天平（感量 0.01 g）、台秤（感量 0.2 g）、大烧杯、小烧杯、容量瓶、试剂瓶、药匙、玻璃棒、电炉。

② 实验试剂：MS 培养基所需各种试剂、常用植物生长调节物质。

（3）方法与步骤

用于配制培养基的水最好是用玻璃容器蒸馏过的去离子的蒸馏水。所用的各种化学药品应尽可能地采用分析纯或化学纯级别的试剂，以免杂质对培养物造成不利影响。

现以 MS 培养基配制为例，说明母液的配制方法。在配制母液时为减少工作量和误差可以把几种药品（如培养基中的大量元素或微量元素）配在同一母液中（表 8-1），但应注意各种化合物的组合及加入的先后顺序，以免发生沉淀。通常把每种试剂单独溶解后再与其他已完全溶解的药品混合，或者待前一种化合物完全溶解后再加入后一种化合物。混合已溶解的各种矿质盐时还应注意先后顺序，力求把 Ca^{2+} 与 SO_4^{2-} 和 PO_4^{3-} 错开，以免形成 $CaSO_4$ 或 $Ca_3(PO_4)_2$ 的不溶物。同时，要慢慢地混合，边混合边搅拌。

表 8-1　MS 培养基母液的配制

母液种类	成分	规定用量/（mg/L）	母液			配 1 L MS 培养基吸取量/mL
			称取量/mg	定容体积/mL	扩大倍数	
大量元素	KNO_3	1900	19 000	500	20	50
	NH_4NO_3	1650	16 500			
	$MgSO_4 \cdot 7H_2O$	370	3700			
	KH_2PO_4	170	1700			
	$CaCl_2 \cdot 2H_2O$	440	4400			

续表

母液种类	成分	规定用量/(mg/L)	母液			配1 L MS培养基吸取量/mL
			称取量/mg	定容体积/mL	扩大倍数	
微量元素	$MnSO_4 \cdot 4H_2O$	22.3	1115	500	100	10
	$ZnSO_4 \cdot 7H_2O$	8.6	430			
	H_3BO_3	6.2	310			
	KI	0. 83	41.5			
	$Na_2MoO_4 \cdot H_2O$	0.25	12.5			
	$CuSO_4 \cdot 5H_2O$	0.025	1.25			
	$CoCl_2 \cdot 6H_2O$	0.025	1.25			
铁盐	EDTA－Na_2	37.3	1865	250	200	5
	$FeSO_4 \cdot 7H_2O$	27.8	1390			
维生素和氨基酸	甘氨酸	2.0	100	500	100	10
	盐酸硫胺素(VB_1)	0.4	20			
	盐酸吡哆素(VB_6)	0.5	25			
	烟酸	0.5	25			
	肌醇	100	5000			

铁盐宜单独配制，其配法为：称取1.865 g EDTA － Na_2 和1.39 g $FeSO_4 \cdot 7H_2O$，分别用蒸馏水溶解，定容至250 mL(为防止铁盐溶液在2～4 ℃冰箱保存时出现结晶沉淀，可在定容前将二者的混合液煮沸片刻，冷却后再定容)。

植物生长调节物质，一般单独配成0.1～2 mg/mL的母液。由于多数生长调节物质难溶于水，因此，配法各不相同。生长素类物质(如IAA、NAA、2，4－D、IBA等)可先用1～2 mL 0.1 mol/L或1 mol/L的NaOH溶解，再加水定容。如果用少量95%的乙醇助溶后，再加水定容亦可，但有时不如用NaOH助溶效果好。配制细胞分裂素类物质(如KT、BA等)时，宜先用少量0.5 mol/L或1 mol/L盐酸溶解，然后加水定容。配制GA_3时，可先用少量95%乙醇溶解，再加水定容。配制ABA时，宜先用0.5 mol/L $NaHCO_3$溶解后再加水定容。

配制好的母液应分别贴上标签，注明母液名称、配制浓度或浓缩倍数、日期。母液最好在2～4 ℃冰箱保存，贮存时间不宜过长。如发现母液中出现沉淀或霉团时，则不能继续使用。

（4）注意事项

① 每次称量药品时，应特别注意防止药匙污染而引起的药品交叉污染。

② 药品称量定容时要特别细心、准确，尤其是生长调节物质和微量元素。

③ 配好的各种母液都应及时贮存于适当的塑料瓶或玻璃瓶中，铁盐及激素（如IAA、ABA等）母液应贮存于棕色瓶中。

8.1.2 培养基的配制

（1）实验原理

培养基的种类、附加成分直接影响着培养材料的生长发育。而且，在植物细胞与组织培养实验中，培养基制备上的错误所造成的问题比其他任何技术过失所造成的要多，因此，必须按规定严格认真地进行配制培养基的操作。

（2）器材与试剂

① 实验器材：台秤（感量0.2 g）、大烧杯、小烧杯、三角瓶（50 mL或100 mL）或其他培养容器、量筒（500 mL、50 mL、25 mL）、移液管、玻璃棒、玻璃铅笔、玻璃漏斗、酸度计或精密pH试纸、橡皮吸球、线绳或橡皮筋、包头纸、石棉网、电炉。

② 实验试剂：蔗糖、琼脂、1 mol/L NaOH、1 mol/L 盐酸、各种培养基母液。

（3）方法与步骤

① 根据所要配制培养基的体积，称取一定量的蔗糖，于烧杯中加水溶解（A液）。

② 按培养基配方吸取一定量的各种母液，与A液混合。

大量元素、微量元素、维生素和氨基酸的母液吸取量为：

$$\text{母液吸收量/mL}=\frac{\text{配制培养基的数量/mL}}{\text{母液扩大倍数}}。\quad (8-1)$$

植物生长调节物质的母液吸取量为：

$$\text{母液吸收量/mL}=\frac{\text{每升培养基要求的含量/mg}}{\text{每毫升中的含量/mg}}。\quad (8-2)$$

③ 称取一定量的琼脂，加蒸馏水，加热使其溶化成透明状后，与A液混合。

④ 再加蒸馏水定容至最终体积，继续加热，并不断搅拌，直至琼脂完全溶解。

⑤ 用酸度计或精密pH试纸测试pH值，用1 mol/L NaOH或1 mol/L HCl将培养基pH值调至规定的数值（一般pH值为5～6）。

⑥ 趁热将配好的培养基用玻璃漏斗或分装器分装到三角瓶或其他培养容器中（琼脂约在40 ℃时凝固）。培养基的量一般以占培养容器的1/4～1/3为宜。

⑦ 尽快用棉塞或铝箔纸或其他适宜的封口膜将分装好培养基的容器封口，用包头纸包好，扎好线绳或橡皮筋，并对不同的培养基及时做好标记。

（4）注意事项

根据培养基的配方、母液扩大倍数及需要配制的培养基体积计算所需各种母液及其他附加物的量，应做好记录，以免漏加或多加。

8.2　灭菌、消毒与接种

植物组织培养必须在无菌环境中进行，因此，无菌的外植体材料、作为外植体生长介质的培养基及实验中所需各种器具的灭菌操作非常重要。

8.2.1　培养基的灭菌

（1）实验原理

由于未经灭菌处理的培养基带有各种杂菌，同时培养基又是各种杂菌良好的生长繁殖场所，因此，分装后的培养基封口后应及时进行灭菌。灭菌不及时，整个培养基会受到污染，杂菌大量繁殖，从而使培养基失去效用。培养基灭菌的方法有多种，高压蒸汽灭菌法是经常使用的一种方法。

（2）器材与试剂

① 实验器材：高压蒸汽灭菌锅。

② 实验试剂：已分装但尚未灭菌的培养基。

（3）方法与步骤

灭菌前首先要向灭菌锅中加入适量的水，使水位高度达到支柱高度。将分装好的培养基及所需灭菌的各种器具放入灭菌锅的消毒桶内，盖好锅盖，旋紧螺丝。加热至灭菌锅内的水开始沸腾时即有蒸汽产生。

为了保证灭菌彻底，在蒸汽灭菌锅增压前应先将锅内的冷空气排尽。排气的方法有两种：可以事前打开放气阀，等水煮沸有大量热蒸汽排出后再关闭放气阀进行升温升压；也可先关闭放气阀，当压力升到 0.5 kg/cm^2 或 0.05 MPa 时打开放气阀排出空气后，再关闭放气阀进行升温。当压力表读数为 1.1 kg/cm^2 或 0.1 MPa，121 ℃时保持 15 ~ 20 min，即可达到灭菌目的。

在保持压力过程中，应严格遵守时间，时间过长，培养基中的有机物质会遭到破坏，影响培养基成分，时间短则达不到灭菌效果。

灭菌完成后，切断电源或热源，待锅内压力接近 0 时，方可打开放气阀，排出剩余蒸汽，打开锅盖取出培养基（注意：切勿为急于取出培养基而打开放气阀放气，否则锅内气压下降太快会引起减压沸腾，从而使容器中的液体溢出，造成浪费或污染，甚至危及人身安全）。

高压灭菌的培养基凝固后，不宜马上使用，应在培养室中预培养 2 ~ 3 天。若没有杂菌污染，才可放心使用。暂时不用的培养基最好置于 10 ℃下保存，含有生长调节物质的培养基在 4 ~ 5 ℃低温下保存更为理想。含有 IAA 或 GA_3 的培养基应在配制 7 天内用完，其他培养基应该在灭菌后 14 天内用完，至多不超过 1 个月，以免培养基干燥变质。

8.2.2 培养材料的消毒与接种

（1）实验原理

植物组织培养用的材料即外植体（explant）大部分取自田间，有的是地上部，有的是地下部，其表面带有各种微生物。因此，在把外植体材料接种到培养基之前必须进行彻底的表面消毒，以防止污染培养物（内部已受到细菌或真菌侵染的外植体，在组织培养中一般都淘汰不用）。无菌的外植体材料是取得植物组织培养成功的最基本前提和重要保证。

（2）器材与试剂

① 实验器材：超净工作台、镊子、解剖剪、解剖刀、解剖针、酒精灯、手持喷雾器、广口瓶、培养皿。

② 实验试剂：升汞、漂白粉（饱和上清液）、NaClO、70% 酒精、灭菌蒸馏水、（灭好菌的）培养基。

③ 实验材料：植物的茎尖、茎段、叶片、果实、种子、花药、根及地下部器官等。

（3）方法与步骤

1）接种前的准备

① 培养基准备：按培养材料的要求，配制好培养基。植物器官和组织培养常用的培养基有 MS、LS、Miller、Nitsch、H、T、White、B_5、N_6 等。

② 接种室准备：首先将接种工具、无菌蒸馏水、培养基等置于超净工作台上，打开超净台开关，让风流吹 10 min。然后，向台内喷洒 70% 酒精降尘或用紫外线照射 15 min 进行灭菌。

2）外植体的表面消毒

外植体消毒的总体步骤如下所示：

外植体取材→自来水冲洗→ 70% 酒精表面消毒（20 ~ 60 s）→无菌水冲洗→消毒剂处理→无菌水充分冲洗→备用。

外植体材料的表面消毒是组织培养技术的重要环节。表面消毒的基本要求是既要有效地杀死材料表面的全部微生物，又要不伤害材料，因为表面消毒剂对植物组织也是有害的。这要根据不同材料，选用适当的消毒剂、合适的浓度和处理时间，灵活掌握使用。

① 茎尖、茎段及叶片等的消毒：植物茎、叶部分多暴露于空气中且常有毛或刺等附属物，易受泥土、肥料中的杂菌污染，消毒前需先经自来水较长时间冲洗，特别是一些多年生的木本植株材料，冲洗后还要用沾有肥皂粉或洗洁精（或吐温）的软毛刷进行刷洗。消毒时先用 70% 酒精浸泡 10 ~ 30 s，以无菌水冲洗 2 ~ 3 次后，按材料的老、嫩和枝条的坚硬程度，分别采用 2% ~ 10% 的 NaClO 溶液或 0.1% 升汞浸泡 10 ~ 15 min；若材料表面有茸毛或凹凸不平，最好在消毒液中加入几滴吐温 80。消毒后再用无菌水冲洗 3 ~ 4 次后方可接种。

② 果实和种子的消毒：视果实和种子的清洁程度，先用自来水冲洗 10 ~ 20 min，甚至更长时间。再用 70% 酒精迅速漂洗 1 次。果实用 2% NaClO 溶液浸泡 10 min，再用无菌水冲洗 2 ~ 3 次后，就可取出果实内的种子或组织进行接种。种子则先要用 10% NaClO 溶液浸泡 20 ~ 30 min，甚至几小时，持续时间依种皮硬度而定；对难以彻底消毒的，还可用 0.1% 升汞或 1% ~ 2% 溴水消毒 5 min。对于用作胚或胚乳培养的种子，有时因种皮太硬接种时无法解剖，则可在消毒前去掉种皮（硬壳大多为外种皮），再用 4% ~ 8% NaClO 溶液浸泡 8 ~ 10 min，经无菌水冲洗后即可解剖出胚或胚乳进行接种。

③ 根及地下部器官的消毒：由于这类材料生长于土壤中，取材时常有损伤及带有泥土，消毒较为困难。可预先用自来水冲洗、软毛刷刷洗，切去损伤及污染严重部位，吸干后用 70% 酒精浸泡一下，然后再用 0.1% ~ 0.2% 升汞浸泡 5 ~ 10 min 或 2% NaClO 溶液浸泡 10 ~ 15 min，以无菌水冲洗 3 ~ 4 次，用无菌滤纸吸干水分后即可接种。如上述方法仍不能排除污染时，可将材料浸入消毒剂中进行抽气减压，以帮助消毒剂渗入，达到彻底消毒的目的。

④ 花药的消毒：用于培养的花药，实际上多未成熟，由于它的外面有花萼、花瓣或颖片保护，通常处于无菌状态，所以只需将整个花蕾或幼穗消毒即可以了。一般用 70% 酒精浸泡数秒钟，用无菌水冲洗 2 ~ 3 次后，再在饱和的漂白粉（上清液）中浸泡 10 min，经无菌水冲洗 2 ~ 3 次即可接种。

3）外植体的接种

将已消毒的外植体在超净工作台上进行分离，切割成所需要的材料大小，并将其转移到培养基上的过程，即外植体接种。其具体步骤如下。

① 穿好工作服，用肥皂洗手，最好再在新洁而灭（化学名称：苯扎溴铵）溶液中浸泡 10 min。接种前用 70% 酒精擦洗双手（尤其注意手指和指尖的消毒）。

② 解除培养容器上捆扎包头纸的线绳或橡皮筋，将其整齐排列在接种台左侧；将刀、镊子等接种工具蘸以 70%（或 95%）酒精，在酒精灯火焰上灼烧灭菌后放在支架上，放凉备用。

③ 在无菌培养皿或无菌滤纸上切割已消毒的外植体：较大的材料肉眼观察即可操作分离，较小的材料需要在双筒实体解剖镜下操作。

④ 左手拿试管或三角瓶，用右手轻轻打开包头纸，将瓶口靠近酒精灯火焰并倾斜，其外部在火焰上燎烧数秒，慢慢去掉瓶塞或封口膜；将瓶口在火焰上旋转灼烧后，用镊子迅速将外植体接入培养容器内的培养基上并使之均匀分布，将封口物在火焰上旋转灼烧数秒后封住瓶口。

⑤ 所有材料接种完毕，包扎好包头纸，做好标记，注明材料名称、培养基代号、接种日期等。然后，将接种材料转移到培养室内，于适宜的环境条件下进行培养。

（4）注意事项

① 尽管从理论上讲，植物细胞具有全能性，若条件适宜，都能再生成完整植株，任何组织、器官都可作为外植体。但实际上，植物种类不同，同一植物不同器官、同一器官不同生理状态，对外界诱导反应的能力及分化再生能力是不同的。选择适宜的外植体需要从植物基因型、外植体来源、外植体大小、取材季节及外植体的生理状态和发育年龄等方面加以考虑。

② 切割外植体的分离工具要锋利，切割动作要快，防止挤压，以免使材料受损伤而导致培养失败。

③ 接种时要防止交叉污染的发生，刀和镊子等接种工具使用 1 次应放入 70%（或 95%）酒精中浸泡，然后灼烧放凉备用。

④ 通常，茎尖培养存活的临界大小应为 1 个茎尖分生组织带 1 ~ 2 个叶原基，0.2 ~ 0.3 mm 大小；叶片、花瓣等约为 0.5 cm^2，茎段则长约 0.5 cm。

⑤ 接种时，外植体在培养容器内的分布要均匀，以保证必要的营养面积和光照条件。茎尖、带芽茎段等基部插入固体培养基中，无芽的节间平置于培养基表面；叶片通常将叶背面接触培养基，这是由于叶背面气孔多，利于吸收水分和养分的缘故（不同植物的花药离体培养时，要注意花粉的发育时期，而且剥取花药接种时切勿带花丝，每瓶可接入花药若干，具体数目视花药大小而定）。

⑥ 在超净工作台接种时，应尽量避免做明显扰乱气流的动作（如说笑、打喷嚏），以免气流紊乱，造成污染。

8.3 继代培养与扩繁

植物离体快速繁殖既是改良品种、培育新品种的一种手段，又是快速繁殖良种，以获得大量优质苗木的一种有效方法。从生产实践看，将组织培养当作一种繁殖方法，具有更重要的实用价值和经济效益。因为植物离体快速繁殖不仅保持了常规营养繁殖方法的全部优点，还具有繁殖速度快、应用广泛、可工厂化生产及获得无毒苗木无性系等优点。

8.3.1　植物离体培养物的继代培养操作技术

（1）基本原理

植物组织培养中，培养物（细胞、愈伤组织、器官、试管苗等）培养一段时间后，为了防止培养的细胞团老化、培养基养分利用完而造成营养不良及代谢物过多积累而引起毒害等的影响，要及时将其接种到新鲜培养基中，进行继代培养。继代培养主要分为固体培养与液体培养两种方式。固体培养可使用在组织培养过程中的各个阶段，如愈伤组织的增殖、器官的分化及完整植株的再生等阶段，液体培养主要用于植物材料再生培养的诱导前期，如愈伤组织的增殖、分化等。本实验以非洲紫罗兰、长寿花固体培养为例，学习继代培养的操作技术。

（2）器材与试剂

① 实验器材：超净工作台、接种器械（主要指解剖刀、镊子等）、酒精灯、无菌纸。

② 实验试剂：70% 乙醇、95% 乙醇、培养基。

③ 实验材料：试管苗或愈伤组织。

（3）方法与步骤

① 准备继代培养的培养基 MS+6-BA 2 mg/L+NAA 0.1 mg/L+蔗糖 3%+琼脂 0.7%，pH 值 5.8，用于诱导试管苗的增殖。继代培养所使用的培养容器也依材料而定，一般宜选择较大的容器。

② 将接种用具、酒精灯、烧杯、无菌培养皿、培养基等置于超净工作台的接种台面；打开超净台的电源开关，打开鼓风开关（调节送风量），并打开紫外灯消毒 20 min，之后关掉紫外灯，继续送风 5 ~ 10 min，打开荧光灯开关，准备接种。

③ 用水和肥皂洗净双手，穿上灭菌过的专用实验服与鞋子、戴上口罩与帽子，进入无菌操作室。

④ 无菌操作前，将双手用 70% 乙醇棉球擦拭消毒，并用酒精棉球擦拭超净工作台的台面及四壁，解剖刀、剪刀、镊子等金属工具在用酒精棉球擦拭后，浸蘸 95% 酒精，用酒精灯外焰灼烧灭菌，后置于支架上冷却备用。

⑤ 培养基瓶用酒精棉球擦拭，码放在左侧。

⑥ 无菌纸置于超净工作台，打开包纸，用镊子将无菌滤纸取出，置于操作人员的正前处。

⑦ 在酒精灯火焰处打开外植体材料瓶，将植物材料用灭过菌的镊子取出置于无菌滤纸上。

⑧ 一手持镊子，一手持解剖刀，将植物材料按照要求切割。切割时，需将变褐的部位、根切下弃去。根据其增殖方式，将小苗切成单株，或小苗丛，或小段（每段均有芽）接种于继代培养基中，与初代培养不同的是，继代培养时每瓶中的接种材料可适当多接，材料要均匀分布。

⑨ 在标签上写上植物编号（即原培养瓶上的编号，若没有编号可不写）、日期、班级、学号，全部接完后，一起取出，放于培养架等处培养。

⑩ 接种结束后，关闭和清理超净工作台，并清洗用过的玻璃器皿等。

⑪ 接种后 2 周，观察结果，统计污染率。

（4）注意事项

一般继代培养一次不超过 1 个月。

8.3.2 植物离体培养物的生根培养操作技术

（1）实验原理

试管苗增殖阶段，使用较多的细胞分裂素，试管苗无根或有根，但根无功能，因此，要将增殖的嫩枝进行壮苗和生根培养。一般矿质元素较低时有利于生根，所以生根培养时一般选用无机盐浓度较低的培养基作为基本培养基。选用无机盐浓度较高的培养基时，应稀释一定的倍数。例如，MS 培养基，在生根、壮苗时多采用 1/2 MS 或 1/4 MS。一般生根培养基中要完全去除或仅用很低的细胞分裂素，并加入适量的生长素，最常用的是 NAA。一部分植物由于生长的嫩枝本身含有丰富的生长素，因此，也可以在无生长素的培养基上生根。

（2）器材与试剂

① 实验器材：超净工作台、接种器械（主要指解剖刀、镊子等）、培养瓶、酒精灯、无菌纸。

② 实验试剂：70% 乙醇、95% 乙醇、培养基。

③ 实验材料：试管苗。

（3）方法与步骤

① 准备生根培养基，培养基为 1/2 MS+NAA 0.05 mg/L+蔗糖 3%+琼脂 0.7%，pH 值 5.8。生根培养所使用的培养容器也依材料而定，一般宜选择较大的容器，而且瓶口宜大，易于将试管苗从瓶中取出。

② 将接种需用的消毒剂、接种用具、酒精灯、烧杯、无菌水、无菌培养皿、培养基等置于超净工作台的接种台面；打开超净台的电源开关，打开鼓风开关（调节送风量），并打开紫外灯消毒 20 min，之后关掉紫外灯，继续送风 5 ~ 10 min，打开荧光灯开关，准备接种。

③ 用水和肥皂洗净双手，穿上灭菌过的专用实验服、鞋子，戴上帽子，进入无菌操作室。

④ 无菌操作前，将双手用酒精棉球擦拭消毒，并用酒精棉球擦拭超净工作台的台面。解剖刀、剪刀、镊子等金属工具用酒精棉球擦拭后，浸蘸 95% 乙醇，用酒精灯外焰灼烧灭菌，后置于支架上冷却备用。

⑤ 培养基瓶用酒精棉球擦拭，置于超净工作台，码放在左侧（或右侧）。

⑥ 无菌纸置于超净工作台，打开包纸，用镊子将无菌纸取出，置于操作人员的正前方。

⑦ 在酒精灯火焰处打开外植体材料瓶，将植物材料用无菌的镊子取出置于无菌纸上。

⑧ 一手持镊子，一手持解剖刀，将植物材料按照要求切割。切割时，应尽可能使单株上的茎、叶保持完整，切去原来的变褐根，仅留色白、幼嫩的根。依照形态学上端向上、下端向下的原则，将材料接种于生根培养基中，每瓶可适当多接材料，分布要均匀。同时宜将大小较一致的材料接种于一瓶中，以便移栽时，每瓶中材料大小一致。

⑨ 将接好的培养瓶暂时放在超净工作台，材料接完后一块取出培养瓶。在标签上写上植物编号（印在原培养瓶上的编号，若没有编号可不写）、日期、班级、学号，贴在培养瓶上。

⑩ 接种结束后，关闭和清理超净工作台，并清洗用过的玻璃器皿等。

⑪ 接种后 2 周，统计污染率。

8.4　试管苗的驯化、移栽和管理

（1）实验原理

试管苗因其生活的试管内环境，其叶、茎上的角质层很薄，气孔调节能力弱，保水能力很差，根无吸收水分的能力。移栽后，应注意保湿、保温、无菌、弱光等，使苗得到锻炼，逐渐适应外界环境。

（2）器材与试剂

① 实验器材：驯化室、解剖刀、镊子、酒精灯。

② 实验试剂：泥炭、珍珠岩、椰子壳粉、田园土等栽培基质。

③ 实验材料：待移栽的生根试管苗。

（3）方法与步骤

① 将需要移栽的试管苗瓶盖打开，注入少量自来水，置于驯化室内炼苗 3 ~ 5 天。

② 在使用泥炭前，需对其进行灭菌，灭菌温度为 60 ℃，30 min，然后把泥炭和珍珠岩按照 1 ∶ 1（或其他基质）的比例进行配制，测量其 pH 值，若 pH 值较低，添加 $CaCO_3$ 调节 pH 值至 5 ~ 6。

③ 将基质填入穴盘，轻摇，用玻璃棒在每个穴孔中打 1 个小孔。

④ 将试管苗由培养瓶中取出，用清水洗掉苗上黏附的培养基。将试管苗一个一个地分开，在玻璃板上用解剖刀将苗上的变褐部位切掉，栽入穴盘中，轻压培养基质，使苗根与基质紧密接触。

⑤ 用手持小型喷雾器，对移栽的试管苗喷施一些低毒杀菌剂。

⑥ 将栽有试管苗的穴盘移入炼苗架上，盖上塑料薄膜进行炼苗。

⑦ 移栽后的 5 ~ 7 天，每天对移栽的小苗进行少量喷雾，以保持足够的湿度。然后逐渐降低湿度，可以每天将塑料薄膜揭开一小缝隙增加透风，降低湿度。

⑧ 待苗移栽 3 周后，选择移栽成活的小苗移入营养钵内，置于一盆内，盆内加水，使水由营养钵底渗入。

⑨ 统计成活率。

（4）注意事项

① 移栽时应小心从培养瓶中取出小苗，用清水洗去培养基，切忌伤根及茎叶。

② 移栽初期 3 ~ 5 天内适当遮荫，防止阳光直射。

第9章　植物逆境生理

【本章背景】

在全球气候变化条件下，温度的升高和降水格局的变化，各种环境因子胁迫单独或联合作用将导致作物大幅减产，并引发自然生态系统退化，已经成为制约现代农业发展的一个重要问题。植物胁迫给植物带来的危害是多方面的，植物胁迫会导致一系列的代谢毒害：①逆境降低核酮糖-1，5-二磷酸（RuBP）羧化酶和磷酸烯醇式丙酮酸（PEP）羧化酶的活性，破坏叶绿素且使其生物合成受阻，使得叶绿素和总类胡萝卜素含量在叶中普遍降低；②各种非生物胁迫都会造成活性氧毒害，这些活性氧的大量积累将启动过氧化连锁反应，造成膜功能紊乱甚至细胞死亡；③逆境将促进蛋白质的分解，而抑制其合成；④逆境还会降低植物的脂类含量，由于脂类是大多数细胞内膜的结构组成，脂类含量的降低将影响细胞膜的通透性和产生其他代谢伤害。因此，植物逆境试验对于研究植物逆境生理对植物生长的影响具有重要意义。

【本章目的】

以不同逆境处理的同一种植物为实验材料，通过提取和测定抗氧化物质的含量[抗坏血酸（AsA）、谷胱甘肽（GsH）、脯氨酸、总黄酮]及活性氧代谢相关物质[丙二醛、过氧化氢（H_2O_2）、超氧阴离子含量（$O_2^-\cdot$）]和酶活性（超氧化物歧化酶SOD、过氧化物酶POD、过氧化氢酶CAT）等，分析比较不同逆境处理下植物在抗氧化物质及活性氧水平方面的差异。

【实验材料培养与处理】

学生自主选择本专业感兴趣的植物种类进行模拟干旱、盐胁迫、温度等逆境处理，要求选择生长快、较易成活的有代表性的植物种类，如选择小麦、玉米、水稻、大豆等农作物；黄瓜、西葫芦、番茄、辣椒等园艺作物；一年生速生型花卉植物等。种子浸泡后，播种于营养基质中，待幼苗长到4～5片真叶时进行胁迫处理。例如：

模拟干旱：用PEG 6000配成0、10%、20%、30%溶液，每天定时定量浇灌。

盐胁迫：配制不同浓度的NaCl（0、100 mmol/L、200 mmol/L、300 mmol/L）溶液。每天定时定量处理植物。

【测定指标与方法】

9.1 脯氨酸含量的测定

（1）目的意义

当植物遭受渗透胁迫，造成生理性缺水时，植物体内脯氨酸（proline，Pro）大量累积，因此，植物体内的脯氨酸含量在一定程度上反映了植株体内的水分状况，可作为植株缺水的参考指标。脯氨酸的调节作用：一是维持细胞内与外界环境之间渗透压平衡，防止水分外渗；二是具有偶极性，能保护生物大分子的空间结构，稳定蛋白质特性；三是能与胞内一些化合物形成聚合物，类似水合胶体，起到渗透保护作用。因此，脯氨酸含量是衡量植物在胁迫情况下渗透调节物的一个非常重要的生理指标。

了解脯氨酸与植物逆境的关系；掌握脯氨酸测定原理和常规测定方法。

（2）实验原理

当用磺基水杨酸提取植物样品时，脯氨酸便游离于磺基水杨酸的溶液中。在酸性条件下，茚三酮和脯氨酸反应生成稳定的红色化合物，该产物在520 nm波长下具有最大吸收峰。酸性氨基酸和中性氨基酸不能与酸性茚三酮反应；碱性氨基酸由于其含量甚微，特别是在受渗透胁迫处理的植物体内，脯氨酸大量积累，碱性氨基酸的影响可忽略不计，因此，此法可以避免其他氨基酸的干扰。

（3）器材与试剂

① 实验器材：玻璃容器与EP管、烘箱、天平、研磨器、水浴锅、冷冻离心机、移液枪（配套枪头）、紫外分光光度计等。

② 实验试剂：L-脯氨酸、冰醋酸、磷酸、人造沸石、甲苯、液氮、3%（W/V）磺基水杨酸、酸性茚三酮溶液（5 g茚三酮加入120 mL冰醋酸和80 mL 2 mol/L磷酸，加热溶解，冷却后置于棕色试剂瓶中备用）。

③ 实验材料：不同水分胁迫处理的植物叶片。

（4）方法与步骤

① 标准曲线的绘制：取2 mL不同浓度的L-脯氨酸于玻璃试管中，加入2 mL冰醋酸和2 mL酸性茚三酮溶液，在沸水浴中加热30 min并提取约10 min，水浴过程中经常摇动。冷却后于通风橱中加入4 mL甲苯，振荡后静置，取上层溶液离心，离心后的红色溶液检测OD_{520}。以L-脯氨酸的浓度为横坐标，以OD_{520}为纵坐标，做出标准曲线。

② 称取新鲜植物叶片0.25 g，用研磨棒轻轻研磨后加入2.5 mL 3%（W/V）磺基水杨酸溶液，将提取液转移至玻璃试管中，在沸水浴中提取约10 min，水浴过程中经常摇动并盖好盖子，冷却后过滤，即得脯氨酸提取液。

③ 取 2 mL 提取液于另一支玻璃试管中，加入 2 mL 冰醋酸和 2 mL 酸性茚三酮溶液，在沸水浴中加热 30 min 并提取约 10 min，水浴过程中经常摇动。

④ 冷却后于通风橱中加入 4 mL 甲苯，振荡后静置，取上层溶液离心，离心后的红色溶液检测 OD_{520}。

⑤ 根据标准曲线，查出 2 mL 测定液中脯氨酸的浓度 x（μg/mL），然后计算样品中脯氨酸含量的百分数。计算如（9-1）所示：

$$单位鲜重样品的脯氨酸含量=[(x\times 2.5/2)/样重\times 10^{6}]\times 100\%。\qquad (9-1)$$

（5）思考题

① 酸性茚三酮溶液如何配制？

② 脯氨酸在植物胁迫应答时有何作用？

③ 胁迫情况下，植物体内的脯氨酸含量会发生什么变化？

9.2　总黄酮含量的测定

（1）目的意义

了解总黄酮与植物逆境的关系；掌握总黄酮测定原理和常规测定方法。

（2）实验原理

黄酮类化合物（flavonoids）是一类存在于自然界具有 2-苯基色原酮（flavone）结构的化合物。它们分子中有一个酮式羰基，第一位上的氧原子具碱性，能与强酸成盐，其羟基衍生物多具黄色，故又称黄碱素或黄酮。

黄酮类化合物多为结晶性固体，少数为无定型粉末。黄酮类化合物的颜色与分子中存在的交叉共轭体系及助色团（—OH、$—CH_3$）等的类型、数目及取代位置有关。一般来说，黄酮、黄酮醇及其苷类多呈灰黄至黄色，查尔酮为黄色至橙黄色，而二氢黄酮、二氢黄酮醇、异黄酮类等因不存在共轭体系或共轭很少，故不显色。花色素及其苷元的颜色，因 pH 值的不同而变，一般呈红（pH 值 <7）、紫（pH 值 7.0 ~ 8.5），蓝（pH 值 >8.5）等颜色。黄酮苷元一般难溶或不溶于水，易溶于甲醇、乙醇、乙酸乙酯、乙醚等有机溶剂，易溶于稀碱液。黄酮类化合物的羟基糖苷化后，水溶性相应加大，而在有机溶剂中的溶解度相应减少。黄酮苷一般易溶于水、甲醇、乙醇、乙酸乙酯、吡啶等溶剂，难溶于乙醚、三氯甲烷、苯等有机溶剂。黄酮类化合物因分子中多有酚羟基而呈酸性，故可溶于碱性水溶液、吡啶、甲酰胺及二甲基甲酰胺。有些黄酮类化合物在紫外光（254 nm 波长或 365 nm 波长）下呈不同颜色的荧光，氨蒸气或碳酸钠溶液处理后荧光更为明显。多数黄酮类化合物可与铝盐、镁盐、铅盐等生成有色的络合物。

黄酮类化合物广泛分布于植物的各个器官中，大都以糖苷的形式存在，因此，在提取过程中应防止植物自身的酸性引起糖苷水解，在提取时可加入少许碳酸钙以避免这种情况。提取时可根据化合物的性质来选择溶剂，醇类适用于糖苷类及含有多个羟基的化合物，如果化合物的甲基化程度高或非糖苷型，则用乙醚较合适。测定该类化合物含量的方法有比色法、吸收法、层析法和色谱法等，但比色法操作起来相对于其他方法来说更简单易行一些。

（3）器材与试剂

① 实验器材：玻璃容器与 EP 管、烘箱、天平、研磨器、水浴锅、冷冻离心机、移液枪（配套枪头）、紫外分光光度计等。

② 实验试剂：70%（V/V）乙醇、液氮、乙醚，5%（W/V）$NaNO_2$、10%（W/V）$Al(NO_3)_3$、4%（W/V）NaOH、碳酸钙、100 μg/mL 芦丁。

③ 实验材料：逆境处理下的植物叶片。

（4）方法与步骤

① 标准曲线的绘制：将芦丁溶液用 70%（V/V）乙醇稀释成 0、5 μg/mL、10 μg/mL、15 μg/mL、20 μg/mL、25 μg/mL、30 μg/mL、35 μg/mL、40 μg/mL、45 μg/mL 和 50 μg/mL，各吸取 1 mL 于试管中，加 70%（V/V）乙醇 1 mL，加入 0.3 mL，5%（W/V）$NaNO_2$，6 min 后加入 0.3 mL 10%（W/V）$Al(NO_3)_3$溶液，6 min 后再加入 2 mL 4%（W/V）NaOH，10 min 后于分光光度计波长 510 nm 下测定 OD 值，做出标准曲线。

② 样品测定：称取 1 g 新鲜植物叶片及少许碳酸钙，加入液氮后用研磨棒轻轻研磨后加入 5 mL 70%（V/V）乙醇，冰上抽提 6 ~ 8 h，倒出提取液减压浓缩蒸去乙醇。浓缩液于分液漏斗中用相同体积的乙醚洗两三次，以除叶绿素及蜡质等，然后加 70%（V/V）乙醇定容 5 mL，待测。吸取样品溶液 1 mL，加 70%（V/V）乙醇 1 mL，加入 0.3 mL 5%（W/V）$NaNO_2$，6 min 后加入 0.3 mL 10%（W/V）$Al(NO_3)_3$ 溶液，6 min 后再加入 2 mL，4%（W/V）NaOH，10 min 后于分光光度计波长 510 nm 下测定 OD，注意随着显色时间的延长，吸光值将略有下降，因此，显色反应后应尽快进行比色分析。根据标准曲线即可算出单位质量植物叶片中总黄酮含量，以芦丁表示（mg/mL）。

（5）思考题

① 黄酮类化合物在植物中有哪些作用?

② 黄酮类化合物种类繁多，为什么该方法仅选芦丁为标准做比较?

③ 胁迫情况下，植物叶片中黄酮类化合物含量会发生什么变化?

9.3 抗坏血酸（AsA）含量的测定

（1）目的意义

抗坏血酸又称维生素 C，是一种含有 6 个碳原子的酸性多羟基化合物，分子式为 $C_8H_8O_6$，相对分子质量为 176.1。天然存在的抗坏血酸有 L 型和 D 型两种，后者无生物活性。维生素 C 是无色无臭的片状晶体，易溶于水，不溶于有机溶剂。在酸性环境中稳定，遇空气中氧、热、光、碱性物质，特别是在氧化酶及铜、铁等金属离子存在时，可促进其氧化破坏。氧化酶一般在蔬菜中含量较多，故蔬菜储存过程中维生素 C 都有不同程度的流失。但在某些果实中含有的生物类黄酮，能保护其稳定性。因此，维生素 C 含量是衡量植物在胁迫情况下一个非常重要的生理指标。

了解抗坏血酸与植物逆境的关系；掌握抗坏血酸测定原理和常规测定方法。

（2）实验原理

在测定维生素 C 的国家标准方法中，荧光法为测定食物中维生素 C 含量的第一标准方法，2，4－硝基苯肼法作为第二标准方法。样品中还原型抗坏血酸经活性炭氧化成脱氢型抗坏血酸后，与邻苯二胺反应生成具有荧光的喹喔啉，其荧光强度与脱氢抗坏血酸的浓度在一定条件下成正比，以此测定食物中抗坏血酸和脱氢抗坏血酸的总量。脱氢抗坏血酸与硼酸可形成复合物而不与邻苯二胺反应，以此排除样品中荧光杂质所产生的干扰。本方法的最小检出限为 0.022 g/mL。总抗坏血酸包括还原型抗坏血酸和脱氢型抗坏血酸。样品中还原型抗坏血酸经活性炭氧化为脱氢抗坏血酸，再与 2，4－二硝基苯肼作用生成红色脎，脎的含量与总抗坏血酸含量成正比，进行比色测定。

（3）器材与试剂

1）实验器材

玻璃容器与 EP 管、烘箱、天平、研磨器、水浴锅、移液枪（配套枪头）、冷冻离心机、真空泵、涡旋仪、酶标板、多功能酶标仪或荧光分光光度计等。

2）实验试剂

① 荧光法。

a. 偏磷酸－乙酸液：称取 15 g 偏磷酸，加入 40 mL 冰醋酸及 250 mL 水，搅拌，放置过夜使之逐渐溶解，加水至 500 mL。4 ℃冰箱可保存 7 ~ 10 天。

b. 0.15 mol/L 硫酸：取 10 mL 浓硫酸，小心加入水中，再加水稀释至 1200 mL。

c. 偏磷酸－乙酸－硫酸液：以 0.15 mol/L 硫酸液为稀释液，将偏磷酸－乙酸液稀释 1 倍。

d. 50%（W/V）乙酸钠溶液：称取 500 g 乙酸钠，加水至 1000 mL。

e. 硼酸－乙酸钠溶液：称取 3 g 硼酸，溶于 100 mL 乙酸钠溶液中。临用前配制。

f. 邻苯二胺溶液：称取 20 mg 邻苯二胺，于临用前用水稀释至 100 mL。

g. 0.04%（W/V）百里酚蓝指示剂溶液：称取 0.1 g 百里酚蓝，加 0.02 mol/L 氢氧化钠溶液，在玻璃研钵中研磨至溶解，氢氧化钠的用量约为 10.75 mL，磨溶后用水稀释至 250 mL。

h. 1 mg/mL 抗坏血酸标准溶液：准确称取 50 mg 抗坏血酸，用偏磷酸－乙酸液溶于 50 mL 容量瓶中，并稀释至刻度。

i. 100 μg/mL 抗坏血酸标准使用液：取 10 mL 抗坏血酸标准液，用偏磷酸–乙酸溶液稀释至 100 mL。定容前测 pH 值，如其 pH 值 >2.2 时，则应用偏磷酸–乙酸–硫酸液稀释。

j. 活性炭。

② 2，4–二硝基苯肼法。

a. 4.5 mol/L（W/V）硫酸：小心加 250 mL 硫酸（密度 1.84 g/cm^3）于 700 mL 水中，冷却后用水稀释至 1000 mL。

b. 85%（W/V）硫酸：小心加 900 mL 硫酸（密度 1.84 g/cm^3）于 100 mL 水中。

c. 2%（W/V）2，4–二硝基苯肼溶液：溶解 2 g 2，4–硝基苯肼于 100 mL 4.5 mol/L 硫酸中，过滤。不用时存于冰箱内，每次用前必须过滤。

d. 2%（W/V）草酸溶液：溶解 20 g 草酸于 700 mL 水中，稀释至 1000 mL。

e. 1%（W/V）草酸溶液：稀释 500 mL，2% 草酸溶液至 1000 mL。

f. 1%（W/V）硫脲溶液：溶解 5 g 硫脲于 500 mL 1% 草酸溶液中。

g. 2%（W/V）硫脲溶液：溶解 10 g 硫脲于 500 mL 1% 草酸溶液中。

h. 1 mol/L 盐酸：取 100 mL 盐酸，加入水中，并稀释至 1200 mL。

i. 1 mg/mL 抗坏血酸标准溶液：溶解 100 mg 纯抗坏血酸于 100 mL 1% 草酸溶液中。

3）实验材料

衰老的或其他受逆境胁迫的植物组织。

（4）方法与步骤

1）荧光法

① 样品制备：全部实验过程应避光。称取 1 g 鲜样，加 1 mL 偏磷酸–乙酸溶液，倒入打碎机内打成匀浆，用百里酚蓝指示剂调试匀浆酸碱度。如呈红色，即可用偏磷酸–乙酸溶液稀释；若呈黄色或蓝色，则用偏磷酸–乙酸–硫酸溶液稀释，使其 pH 值为 1.2。匀浆的取量需根据样品中抗坏血酸的含量而定。当样品液含量为 40 ~ 100 mg/mL 时，一般取 1 g 匀浆，用偏磷酸–乙酸溶液稀释至 2 mL，过滤，滤液备用。

② 氧化处理：分别取样品滤液及标准使用液各 10 mL 于带盖试管中，加 0.02 g 活性炭，用力振摇 1 min，过滤，弃去最初滤液，分别收集其余全部滤液，即样品氧化液和标准氧化液，待测定。

各取 0.05 mL 标准氧化液于两个 EP 管中，分别标明标准及标准空白。

各取 0.05 mL 样品氧化液于两个 EP 管中，分别标明样品及样品空白。

于标准空白及样品空白溶液中各加 0.05 mL 硼酸–乙酸钠溶液，混合摇动 15 min，用水稀释至 0.5 mL，在 4 ℃冰箱中放置 2 h，取出备用。

于样品及标准溶液中各加入 0.05 mL 50%（W/V）乙酸钠溶液，用水稀释至 0.5 mL，备用。

③ 荧光反应：取标准空白溶液、样品空白溶液及样品溶液各 0.02 mL，分别置于 EP 管中。在暗室中迅速向各管中加入 0.05 mL 邻苯二胺，振摇混合，在室温下反应

35 min，用激发光 338 nm 波长、发射光 420 nm 波长测定荧光强度。标准系列荧光强度分别减去标准空白荧光强度为纵坐标，对应的抗坏血酸含量为横坐标，绘制标准曲线或进行相关计算，其直线回归方程供计算时使用。

计算：用式（9-2）计算出样品中抗坏血酸的浓度（X）。

$$X(\mathrm{mg/g}\,FW)=(C\times V/FW)\times F\times(100/1000), \tag{9-2}$$

式中，X 为样品中抗坏血酸的浓度（mg/g FW）；C 为由标准曲线查得或由回归方程算得样品溶液浓度（μg/mL）；FW 为试样质量（g）；F 为样品溶液的稀释倍数；V 为荧光反应所用试样体积（mL）。

2）2，4-二硝基苯肼法

① 标准曲线绘制：加 1 g 活性炭于 50 mL 标准溶液中，摇动 1 min，过滤。取 10 mL 滤液放入 500 mL 容量瓶中，加 5.0 g 硫脲，用 1%（W/V）草酸溶液稀释至刻度。抗坏血酸浓度为 20 μg/mL 取 5 mL、10 mL、20 mL、25 mL、40 mL、50 mL、60 mL 稀释液，分别放入 7 个 100 mL 容量瓶中，用 1% 硫脲溶液稀释至刻度，使最后稀释液中抗坏血酸的浓度分别为 1 μg/mL、2 μg/mL、4 μg/mL、5 μg/mL、8 μg/mL、10 μg/mL、12 μg/mL。按样品测定步骤形成并于 500 nm 波长下测吸光度，进而做出标准曲线。

② 鲜样制备：称 1 g 鲜样，研磨成匀浆倒入 5 mL 2%（W/V）草酸溶液，混匀。不易过滤的样品可用离心机沉淀后，倾出上清液，过滤，备用。

③ 氧化处理：取 5 mL 上述滤液，加入 0.5 g 活性炭，振摇 1 min，过滤，弃去最初滤液。取 5 mL 此氧化提取液，加入 5 mL，2% 硫脲溶液，混匀。

④ 呈色反应：于 3 支试管中各加入 2 mL 稀释液。1 支试管作为空白，在其余试管中加入 0.5 mL 2%（W/V）2，4-硝基苯肼溶液，将所有试管放入（37±0.5）℃恒温箱或水浴中，保温 3 h。3 h 后取出，除空白管外，将所有试管放入冰水中。空白管取出后使其冷却至室温，然后加入 0.5 mL 2%（W/V）2，4-二硝基苯肼溶液，在室温中放置 10～15 min 后放入冰水内。其余步骤同样品。当试管放入冰水后，向每支试管中加入 2.5 mL 85%（W/V）硫酸，滴加时间至少需要 1 min，需边加边摇动试管。将试管自冰水中取出，在室温放置 30 min 后于 500 nm 波长下测吸光度。

计算：用式（9-3）计算出样品中抗坏血酸的浓度（Y）。

$$Y(\mathrm{mg/g}\,FW)=(C\times V/FW)\times F\times(100/1000), \tag{9-3}$$

式中：Y 为样品中抗坏血酸的浓度（mg/g FW）；C 为由标准曲线查得或由回归方程算得样品溶液浓度（μg/mL）；FW 为试样质量（g）；F 为样品溶液的稀释倍数；V 为反应所用试样体积（mL）。

（5）思考题

① 抗坏血酸或维生素 C 有何作用？

② 抗坏血酸或维生素 C 的测定有哪些方法？

③ 比较各种测定方法的操作和测量结果的优缺点？

④ 胁迫情况下，植物叶片中的抗坏血酸或维生素 C 含量会发生什么变化?

9.4 谷胱甘肽（GsH）含量的测定

（1）目的意义

谷胱甘肽是由谷氨酸（Glu）、半胱氨酸（Cys）、甘氨酸（Gly）组成的天然三肽，是一种含巯基（-SH）的化合物，广泛存在于动物组织、植物组织、微生物和酵母中。它作为体内重要的抗氧化剂和自由基清除剂，如与自由基、重金属等结合，从而把机体内有害的毒物转化为无害的物质，排泄出体外。

了解谷胱甘肽在植物抗逆中的作用。了解目前谷胱甘肽含量的测定方法。掌握比色法测定植物体谷胱甘肽含量的原理与技术。

（2）实验原理

谷胱甘肽能和 2-硝基苯甲酸（DTNB）反应产生 2-硝基-5-巯基苯甲酸和谷胱甘肽二硫化物（GSSG），2-硝基-5-巯基苯甲酸为一黄色产物，在 412 nm 波长处具有最大光吸收。因此，利用分光光度计法可测定样品中谷胱甘肽的含量。

（3）器材与试剂

1）实验器材

可见分光光度计、离心机、离心管、刻度试管、研钵、吸水纸、移液管等。

2）实验试剂

① GSH 标准溶液（0.01 mg/mL GSH 标准溶液，亦即 10 μg/mL）：称取 50 mg 分析纯 GSH，溶于蒸馏水中，并定容于 100 mL，即为 0.5 mg/mL 标准母液，用时稀释 10 倍即为 0.05 mg/mL（亦即 50 μg/mL GSH），用时再稀释 5 倍即为 10 μg/mL。

② 5% 偏磷酸。

③ 0.2 mol/L 磷酸钾缓冲液，pH 值 7.0。

④ TDNB 试剂：称取 39.6 mg 二硫代双-二硝基苯甲酸（TDNB），用 0.2 mol/L 磷酸钾缓冲液溶解并定容于 100 mL。

⑤ 1 mol/L NaOH 溶液。

3）实验材料

衰老的或其他受逆境胁迫的植物组织。

（4）方法与步骤

1）制作标准曲线

取 7 支干净的试管编号，按表 9-1 加入各试剂，反应 20 min 后在 412 nm 波长下用分光光度计测其吸光度，制作标准曲线。

表 9-1　各试管加入的试剂

试管号	1	2	3	4	5	6	7
GSH 标准液（10 μg/mL）	0	0.1	0.2	0.4	0.6	0.8	1
补水到 2 mL	2	1.9	1.8	1.6	1.4	1.2	1
磷酸缓冲液（pH=7）	4	4	4	4	4	4	4
DTNB 试剂	0.4	0.4	0.4	0.4	0.4	0.4	0.4
GSH 浓度（μg/2 mL）	0	1	2	4	6	8	10

2）样品测定

① 称取小麦叶片 0.2 g，加入少量 5% 偏磷酸缓冲液研磨提取，并用 5% 偏磷酸缓冲液定容至 6 mL，8000 rpm 离心 10 min，取上清液。

② 取上述上清液 2 mL 显色，操作同标准曲线。

3）结果计算

$$\text{GSH 含量}(\mu g/g\,FW) = (Cx \times V_t) / (FW \times Vs), \quad (9-4)$$

式中：Cx 为 2 mL 样品中 GSH 含量（μg），即每管中 GSH 的含量；V_t 为样品提取液总体积（mL）；Vs 为显色时所取样的体积（mL）；FW 为样品鲜重（g）。

（5）思考题

① 胁迫情况下，植物叶片中谷胱甘肽的含量会发生什么变化？

② 植物中谷胱甘肽的产生及其清除活性氧的机理是什么。

9.5　细胞质膜透性的检测——电导率法

（1）目的意义

植物组织在衰老或在受到各种不利的环境条件即逆境危害时，细胞膜是逆境感受和伤害的原初位点，其结构和功能首先受到伤害，细胞膜透性增大。若将受伤害的组织浸入去离子水中，其外渗液中电解质的含量比正常组织外渗液中的含量增加。组织受伤害越严重，电解质含量增加越多。膜透性增大的程度与逆境胁迫强度有关，也与植物抗逆性的强弱有关。

（2）实验原理

用电导仪测定外渗液电导值的变化，反映出质膜受伤害的程度和植物组织抗逆性的强弱。这样，比较不同作物或同一作物不同品种在相同胁迫下膜透性的增大程度，即可比较作物间或品种间的抗逆性强弱，因此，电导法目前已成为作物抗性栽培、育种上鉴定植物抗逆性强弱的一种精确而实用的方法。

（3）器材与试剂

① 实验器材：电导仪、冰箱、烧杯、剪刀、天平、真空泵、蒸馏水、量筒、镊子、恒温箱等。

② 实验材料：衰老或逆境胁迫下的植物组织，如正常 25 ℃，高温 35 ℃胁迫 4 h 和 12 h 的小麦幼苗。

（4）方法与步骤

① 取材：分别称上述处理时间段 1.0 cm 长的玉米小麦叶片 0.2 g，先用去离子水冲洗，最后用洁净的滤纸擦去水分，放入试管中，加 10 mL 去离子水。

② 抽气及培养：将上述材料放于真空干燥器中，用真空泵抽气 10 min，以抽出细胞间隙空气。在室温下保持 30 min，每隔几分钟振荡一次。

③ 测定：时间到用电导仪测出初值（L_1），测定之后，将试管放入沸水在 10 min 以杀死组织，待冷至室温后定容到同样的体积，再次测定出终值（L_2）。

④ 结果计算如式（9-5）所示，计算出生物膜相对伤害程度。

$$相对电导率 = (L_1/L_2) \times 100\%。 \quad (9-5)$$

（5）注意事项

① 取材要有代表性，位置、大小等应尽量一致。

② 最好用去离子水或双蒸水洗涤材料，以减少背景值的干扰。

③ 测定时电极要清洗干净。

（6）思考题

① 除了电导法以外，你还知道哪些测定生物膜受伤害程度的方法？

② 用电导法测定生物膜受伤害程度的原理是什么？

9.6 生物膜过氧化程度的鉴定——丙二醛含量的测定

（1）目的意义

丙二醛（malondialdehyde，MDA）的结构式为 OHC—CH_2—CHO，分子式为 $C_3H_4O_2$（同丙烯酸），相对分子质量为 72.0634。无色针状晶体，熔点为 72 ~ 74 ℃，一般含两个结晶水，60 ℃下真空干燥可得无水物，易潮解，纯的丙二醛在中性条件下稳定，但在酸性条件下不稳定。由乙醛和甲酸乙酯在碱作用下缩合而得，可在高真空下升华精制，主要用作医药中间体、感光色素的原料。与蛋白质不相容，有潜在的致癌性。生物体内，自由基作用于脂质发生过氧化反应，氧化终产物为丙二醛，会引起蛋白质、核酸等生命大分子的交联聚合，且具有细胞毒性。

植物器官在逆境条件下或衰老时，往往发生膜脂过氧化作用，丙二醛是其产物之一，通常将其作为膜脂过氧化指标，用于表示细胞膜脂过氧化程度和植物对逆境条件反应的强弱。丙二醛的含量与植物衰老及逆境伤害有密切关系，因此，丙二醛含量是衡量植物在胁迫情况下生长状态的一个非常重要的生理指标。

了解丙二醛与植物逆境的关系；掌握丙二醛测定原理和常规测定方法。

（2）实验原理

测定植物体内丙二醛含量，通常利用硫代巴比妥酸（thiobarbituric acid，TBA）在酸性条件下加热与组织中的丙二醛产生显色反应，生成红棕色的三甲川（3, 5, 5-三甲基恶唑-2, 4-二酮），三甲川最大吸收波长在 532 nm。但是测定植物组织中 MDA 时受多种物质的干扰，其中最主要的是可溶性糖，糖与硫代巴比妥酸显色反应产物的最大吸收波长在 450 nm 处，在 532 nm 处也有吸收。植物遭受干旱、高温、低温等逆境胁迫时可溶性糖增加，因此，测定植物组织中丙二醛与硫代巴比妥酸反应产物含量时一定要排除可溶性糖的干扰。此外，在 532 nm 波长处，还有非特异背景吸收的影响，也要加以排除。在 532 nm、600 nm 和 450 nm 波长处测定吸光值，即可计算出丙二醛含量。

（3）器材与试剂

① 实验器材：玻璃容器与 EP 管、烘箱、天平、研磨器、水浴锅、冷冻离心机、移液枪（配套枪头）、紫外分光光度计等。

② 实验试剂：三氯乙酸、液氮、石英砂、硫代巴比妥酸。

三氯乙酸溶液：0.25%（W/V）硫代巴比妥酸溶解于 10%（W/V）三氯乙酸，不易溶解，加热促进溶解。

③ 实验材料：衰老的或其他受逆境胁迫的植物组织。

（4）方法与步骤

① 称取 1 g 新鲜的植物叶片，加入液氮后用研磨棒轻轻研磨后加入 5 mL 冰的三氯乙酸溶液，在沸水浴中提取约 20 min，水浴过程中经常摇动并盖好盖子。

② 室温冷却后离心，取上层溶液测 OD_{450}、OD_{532} 和 OD_{600}。

③ 计算：根据式（9-6）得出单位质量植物叶片的丙二醛含量（X）。

$$X(\text{mmol/g}\ FW) = [6.452 \times (OD_{532} - OD_{600}) - 0.559 \times OD_{450}] \times V_t / (Vs \times FW), \tag{9-6}$$

式中：X 为样品中丙二醛的含量（mmol/g FW）；OD_{450} 为样品提取液在 450 nm 波长处的吸光度；OD_{532} 为样品提取液在 532 nm 波长处的吸光度；OD_{600} 为样品提取液在 600 nm 波长处的吸光度；V_t 为提取液体积（mL）；Vs 为测定用提取液体积（mL）；FW 为样品鲜重（g）。

（5）思考题

① 如何在测定过程中排除可溶性糖的干扰？

② 植物的丙二醛有哪些作用？

③ 胁迫情况下，植物叶片中的丙二醛含量会发生什么变化?

9.7 植株组织细胞死亡的鉴定（台盼蓝染色法）

植物组织在衰老或在受到各种不利的环境条件即逆境危害时，往往发生细胞死亡，鉴定细胞死亡数量，可反映植物的逆境迫害程度和对逆境的承受能力。

（1）实验原理

通常认为细胞膜完整性丧失，即可认为细胞已经死亡。正常的活细胞，胞膜结构完整，能够排斥台盼蓝，使之不能进入胞内；而丧失活性或细胞膜不完整的细胞，胞膜的通透性增加，台盼蓝可穿透变性的细胞膜，与解体的DNA结合，使其着色。因此，借助台盼蓝染色可以非常简便、快速地区分活细胞和死细胞。

（2）器材与试剂

① 实验仪器：分析天平、恒温水浴锅、试管或EP管等。

② 实验试剂：台盼蓝染液储存液（0.02 g台盼蓝溶于10 mL蒸馏水中，与10 g苯酚、10 mL甘油、10 mL乳酸混合），避光保存；使用前，台盼蓝染液储存液与95%乙醇以1∶2稀释作为染色液；2.5 g/mL水合氯醛溶液。

③ 实验材料：植物叶片或其他受逆境胁迫的植物组织，对于小型植株可取全株。

（3）实验步骤

① 取待测植株或部分组织，放入EP管或相应带盖的试管中，加台盼蓝染液浸没植株或组织。

② 沸水浴1～3 min，这一过程中试管盖不要紧闭，防止试管内压力过大。对于较小的叶片或幼苗，水浴时间需酌情减少。

③ 把植物组织从台盼蓝染液中取出，加入水合氯醛溶液以浸没植株材料为准，室温下慢摇1 h。

④ 更换新的水合氯醛溶液，摇床慢摇过夜，使多余的台盼蓝和植物组织中的叶绿素完全脱色。

⑤ 弃去水合氯醛溶液，样品用蒸馏水洗3次后，用于后续的观察或镜检拍照。

（4）注意事项

① 台盼蓝染色时间可根据植物材料进行调整。

② 台盼蓝染液中有苯酚，易氧化，因此，染液配置时间不宜过长。

③ 需要丢弃的台盼蓝染液和水合氯醛要以特殊试剂来处理，不宜直接进入环境中。

9.8　过氧化氢（H_2O_2）含量的测定

（1）目的意义

过氧化氢参与了植物细胞中许多的生命过程，如气孔关闭、生长素调节的向地性反应等。过氧化氢能氧化或调节信号蛋白，如蛋白磷酸酶、转录因子、位于质膜或其他地方的钙通道及包括质膜组氨酸激酶和丝裂原活化蛋白激酶（mitogen－activated protein kinase，MAPK），升高的胞内钙离子浓度会通过钙结合蛋白（如钙调素、蛋白磷酸酶、蛋白激酶）的活动进一步引起下游反应。

植物在逆境胁迫下，由于体内活性氧代谢加强而使过氧化氢发生累积。可以直接或间接地氧化细胞内核酸、蛋白质等生物大分子，并使细胞膜遭受损害，从而加速细胞的衰老和解体。因此，植物组织中过氧化氢含量与植物的抗逆性密切相关。所以用过氧化氢含量是衡量植物在胁迫情况下一个非常重要的生理指标。

了解过氧化氢与植物逆境的关系；掌握过氧化氢测定原理和常规测定方法。

（2）实验原理

过氧化氢与硫酸钛（或氯化钛）生成过氧化物——钛复合物黄色沉淀，可被硫酸溶解后，在 415 nm 波长下比色测定。在一定范围内，其颜色深浅与过氧化氢浓度呈线性关系。

（3）器材与试剂

① 实验器材：常用玻璃容器与 EP 管、烘箱、天平、研磨器、冷冻离心机、移液枪（配套枪头）、酶标板、多功能酶标仪或紫外分光光度计等。

② 实验试剂：

50 mmol/L 磷酸缓冲液（pH 值 7.8）：内含 1%（W/V）聚乙烯吡咯烷酮（PVP），临用前加。

0.1%（W/V）硫酸钛溶液：0.1 g 硫酸钛溶于 100 mL 20%（W/V）硫酸中。

30%（W/V）H_2O_2 母液。

③ 实验材料：衰老的或其他受逆境胁迫的植物组织。

（4）方法与步骤

① 标准曲线的绘制：以 30%（W/V）H_2O_2 母液稀释，配制成 0、24 μmol/L、96 μmol/L、192 μmol/L、490 μmol/L、980 μmol/L、9800 μmol/L 的 H_2O_2 标准溶液。各取 1 mL 标准液，加入 1 mL 5% 硫酸钛，放置 10 min 后，12 000 r/min、4 ℃离心 10 min，取上清液在 410 nm 波长处分别测定吸光度，并做出标准曲线。

② 样品的提取：称取植物组织叶片 1 g 置于研钵中，研磨后加 5 mL 50 mmol/L 磷酸缓冲液（pH 值 7.8），将匀浆液 12 000 r/min、4 ℃离心 5 min，上清液即为样品提取液。

③ 取样品提取液 1 mL，加入 1 mL，5%（W/V）硫酸钛，放置 10 min 后，12 000 r/min、4 ℃离心 10 min，取上清液在 410 nm 波长处测定吸光度。根据标准曲线和测定的吸光度计算单位质量植物组织样品中过氧化氢的浓度。根据式（9-7）计数植物组织中的 H_2O_2 含量：

$$H_2O_2\text{含量}（\mu mol/g\,FW）=\frac{C\times V_t}{W\times 1000}, \tag{9-7}$$

式中：C 为标准曲线上查得样品中 H_2O_2 浓度（μmol/L）；V_t 为样品提取液总体积（mL）；W 为植物组织鲜重（g）。

（5）思考题

① 在样品提取过程中加入聚乙烯吡咯烷酮的目的是什么？

② 植物中的过氧化氢是如何产生和清除的？

③ 过氧化氢在植物中有哪些功能？其含量是否越少越好？为什么？

④ 胁迫情况下，植物叶片中的过氧化氢含量会发生什么变化？

9.9 超氧阴离子产生速率的测定

（1）目的意义

生物体内的一部分氧分子，在参与酶促或非酶促反应时，若只接受一个电子，会转变为超氧阴离子自由基（O_2^-）。超氧阴离子自由基既能与体内的蛋白质和核酸等活性物质直接作用，又能衍生为过氧化氢、羟自由基、单线态氧等。羟自由基可以引发不饱和脂肪酸脂质过氧化反应，产生一系列自由基，如脂质自由基、脂氧自由基、脂过氧自由基和脂过氧化物，自由基积累过多时会对细胞膜及许多生物大分子产生破坏作用。因此，超氧阴离子自由基含量是衡量植物在胁迫情况下一个非常重要的生理指标。

了解超氧阴离子自由基与植物逆境的关系；掌握超氧阴离子自由基测定原理和常规测定方法。

（2）实验原理

在生物体中，氧作为电子传递的受体，得到单电子时，生成超氧阴离子自由基。利用羟胺氧化的方法可以测定生物系统中超氧阴离子自由基含量。超氧阴离子自由基与羟胺反应生成 NO_2^-；NO_2^-在对氨基苯磺酸和 a-萘胺的作用下，生成粉红色的偶氮染料。取生成物在 530 nm 波长处测定吸光值，查 NO_2^-标准曲线，将 OD_{530} 换算成［NO_2^-］，然后依照羟胺与 O_2^-的反应式：

$$NH_2OH+2O_2^-+H^+=O_2^-+H_2O_2+H_2O$$

根据［NO_2^-］对［$O_2\cdot^-$］进行化学计量，即将［NO_2^-］乘以 2，得到［$O_2\cdot^-$］。根据记录样品与羟胺反应的时间和样品的鲜重，可求得 $O_2\cdot^-$的产生速率。

（3）器材与试剂

① 实验器材：玻璃容器与EP管、水浴锅、天平、研磨器、冷冻离心机、移液枪（配套枪头）、酶标板、多功能酶标仪或紫外分光光度计等。

② 实验试剂：50 mmol/L 磷酸缓冲液（pH 值 7.8）：内含 1%（W/V）聚乙烯吡咯烷酮（PVP），临用前加。

1 mmol/L 盐酸羟胺，17 mmol/L 对氨基苯磺酸［冰醋酸：水（V/V）=3：1 配制］，7 mmol/L α-萘胺［冰醋酸：水（V/V）=3：1 配制］，50 nmol/mL $NaNO_2$ 母液，液氮。

③ 实验材料：衰老的或其他受逆境胁迫的植物组织。

（4）方法与步骤

① 标准曲线的绘制：取7支试管，编0～6号，分别加10 nmol/mL、15 nmol/mL、20 nmol/mL、30 nmol/mL、40 nmol/mL、50 nmol/mL $NaNO_2$ 标准稀释液1 mL，0号管加蒸馏水1 mL，然后各管再加50 mmol/L 磷酸缓冲液1 mL，17 mmol/L 对氨基苯磺酸1 mL和7 mmol/L α-萘胺1 mL，置于25 ℃显色20 min后，以0号管做空白对照，在530 nm波长处测定吸光度。以亚硝酸根浓度为横坐标，吸光值做纵坐标，做出标准曲线。

② 样品的提取：称取植物组织叶片1 g置于研钵中，研磨后加5 mL 50 mmol/L 磷酸缓冲液（pH 值 7.8），将匀浆液12 000 r/min、4 ℃离心5 min，上清液即为样品提取液。

③ 取样品提取液1 mL，加入50 mmol/L 磷酸缓冲液1 mL，17 mmol/L 对氨基苯磺酸1 mL和7 mmol/L a-萘胺1 mL，置于25 ℃显色20 min后，以0号管做空白对照，在530 nm波长处测定吸光度。根据标准曲线和测定的吸光值计算单位质量植物组织样品中超氧阴离子的产生速率。

$$\text{超氧阴离子}（O_2^-）\text{的产生速率}（\mu mol/g\,FW\,min）=\frac{C\times V_t\times N\times 2}{t\times FW},\qquad（9-8）$$

式中：C 为标准曲线汇总查得的样品中 NO_2^- 浓度［NO_2^-］（μmol/L）；V_t 为样品提取液总体积；N 为样品提取液稀释倍数；FW 为植物样品鲜重；t 为反应时间。

（5）思考题

① 植物体内过量的过氧化氢和超氧阴离子对植物的危害是什么？

② 过氧化氢和超氧阴离子的产生和危害有何不同？

③ 植物的超氧阴离子有哪些作用？

④ 胁迫情况下，植物体内的超氧阴离子含量会发生什么变化？

9.10 超氧化物歧化酶（SOD）活性的测定

（1）目的意义

许多逆境能影响植物体内活性氧代谢系统的平衡，即增加活性氧的产量，破坏活性氧清除剂的结构，降低活性氧含量水平，并进一步启动膜脂过氧化或膜脂脱脂作用从而破坏膜结构，加深伤害。超氧化物歧化酶（superoxide dismutase，SOD）是以氧自由基为底物的酶，在活性氧代谢中处于重要地位，可淬灭超氧负离子的毒性，终止由超氧负离子启动的一系列自由基连锁反应所造成的生物毒损伤，是生物体内最重要的清除活性氧自由基的酶类。该酶有CuZn－SOD、Mn－SOD、Fe－SOD 3种类型。因此，SOD酶活性是衡量植物在胁迫情况下一个非常重要的生理指标。

了解超氧化歧化酶（SOD）与植物逆境的关系；掌握超氧化歧化酶（SOD）的测定原理和常规测定方法。

（2）实验原理

本实验依据SOD抑制氯化硝基四氮唑蓝（NBT）在光下的还原作用来确定酶活性大小。在有可被氧化物质存在的条件下，核黄素可被光还原，被还原的核黄素在有氧条件下极易再氧化而产生 O_2^-，可将NBT还原为蓝色的甲臜，后者在560 nm波长处有最大吸收。由于SOD可清除 O_2^-，因此，抑制了甲臜的形成。于是光还原反应后，反应液蓝色越深，说明酶活性越低，反之，酶活性越高。据此可以计算出酶活性的大小，一个酶活单位定义为将NBT的还原抑制到对照一半（50%）时所需的酶量。

（3）器材与试剂

① 实验器材：玻璃容器与EP管、水浴锅、天平、研磨器、冷冻离心机、移液枪（配套枪头）、酶标板、多功能酶标仪或紫外分光光度计等。

② 实验试剂：50 mmol/L磷酸缓冲液（pH值7.8）：内含1%（W/V）聚乙烯吡咯烷酮（PVP），临用前加。

Bradford储备液（300 mL）：95%（V/V）乙醇100 mL，88%（W/V）磷酸200 mL，考马斯亮蓝G250 350 mg，定容到500 mL。

Bradford I工作液（500 mL）：双蒸水425 mL、95%乙醇15 mL、88%（W/V）磷酸30 mL、Bradford储备液30 mL混合而成，过滤后置于棕色瓶中保存于室温下。

1.0 mg/mL的标准牛血清蛋白（BSA）溶液、14.5 mmol/L甲硫氨酸、0.3%（W/V）Triton X－100、4%（W/V）聚乙烯聚吡咯烷酮液、5 mmol/L氮蓝四唑（NBT）溶液、5 mmol/L核黄素溶液、液氮。

③ 实验材料：衰老的或其他受逆境胁迫的植物组织。

（4）方法与步骤

① 植物样品粗提液中蛋白质浓度的测定：称取植物组织叶片 1 g 置于研钵中，研磨后加 5 mL 50 mmol/L 磷酸缓冲（pH 值 7.8），将匀浆液 12 000 r/min、4 ℃离心 5 min，上清液即为样品粗提液。取 100 μL 样品粗提液，加入 3.0 mL Bradford 工作液，充分混匀。加完试剂 10 min 后，在分光光度计上测定各样品在 595 nm 波长下的吸光度 OD_{595}，重复测定 3 次取平均值。根据标准曲线和样品的 OD_{595} 数值即可计算出植物样品粗提液中的蛋白质浓度。

② 测定前在 5 mL 14.5 mmol/L 甲硫氨酸中分别加入 EDTA、氮蓝四唑（NBT）、核黄素溶液各 2 mL，混匀，此为反应混合液。在盛有 3 mL 反应混合液的试管中，加入 0.1 mL 植物样品粗提液 10 min，迅速测定 560 nm 波长下的吸光度，以不加酶液的照光管为对照，计算反应被抑制的百分比。

③ 酶活力计算：以能抑制反应 50% 的酶量为一个超氧化物歧化酶（SOD）酶单位（U），进而用式（9-9）计算单位质量蛋白质的超氧化物歧化酶（SOD）酶活性（X）。

$$X\ (U/\mathrm{g}) = (OD_1 - OD_2) \times 2 \tag{9-9}$$

式中：X 为单位质量蛋白质的超氧化物歧化酶（SOD）酶活性（U）；OD_1 为对照管在 560 nm 波长处的吸光度；OD_2 为测定管在 560 nm 波长处的吸光度。

（5）注意事项

① 实验所用核黄素应尽量新鲜，长期放置的核黄素可能使反应减弱，需延长照光时间。

② 酶液的提取应在低温下进行，以保护酶活性。

（6）思考题

① 超氧化物歧化酶活性测定过程中应注意什么？

② 植物的超氧化物歧化酶有哪些作用？

③ 胁迫情况下，植物体内的超氧化物歧化酶活性会发生什么变化？

9.11　过氧化物酶（POD）活性的测定

（1）目的意义

过氧化物酶（peroxidase，POD）是以铁卟啉为辅基的氧化酶，催化过氧化氢，氧化某些酚类、芳香胺和抗坏血酸等还原性物质。它广泛分布于生物界，在细胞代谢的氧化还原过程中起重要作用，如清除细胞内的有害物质过氧化氢，保护酶蛋白及促进植物细胞木质素的形成等。因此，POD 酶活性是衡量植物在胁迫情况下一个非常重要的生理指标。

了解过氧化物酶（POD）与植物逆境的关系；掌握过氧化物酶（POD）测定原理和常规测定方法。

（2）实验原理

本实验以愈创木酚（邻甲氧基苯酚）和过氧化氢为底物，过氧化物酶催化放出新生态氧，使无色的愈创木酚氧化成红棕色的四邻甲氧基连酚。过氧化物酶活力的大小在一定范围内与产物颜色的深浅呈线性关系，该产物在 460 nm 波长下有最大的光吸收，故可通过测定 OD_{460} 的变化来测定过氧化物酶的活力。这里规定，一个过氧化物酶活力单位为在室温、pH 值 5.4 的条件下，酶反应体系中每分钟 OD_{460} 的增加值为 1 所需的酶量。

活力测定时，酶反应在分光光度计的比色杯内进行，由于酶反应产物增加而使 OD_{460} 增加，通过定时间隔记录可获得一组 OD_{460}。以时间为横坐标，OD_{460} 为纵坐标进行线性作图（或用统计方法求得回归方程），进而计算 OD_{460} 的变化速率（OD_{460}/min），最后计算每克鲜重样品中过氧化物酶活力的大小。

（3）器材与试剂

① 实验器材：玻璃容器与 EP 管、水浴锅、天平、研磨器、冷冻离心机、移液枪（配套枪头）、酶标板、多功能酶标仪或紫外分光光度计等。

② 实验试剂：50 mmol/L 磷酸缓冲液（pH 值 7.8）：内含 1%（W/V）聚乙烯吡咯烷酮（PVP），临用前加。

Bradford 储备液（300 mL）：95%（V/V）乙醇 100 mL、88%（W/V）磷酸 200 mL、考马斯亮蓝 G250 350 mg，定容到 500 mL。

Bradford T 工作液（500 mL）：双蒸水 425 mL、95% 乙醇 15 mL、88%（W/V）磷酸 30 mL、Bradford 储备液 30 mL 混合而成，过滤后置于棕色瓶中保存于室温下。

1.0 mg/mL 的标准牛血清蛋白（BSA）溶液。

酶活力测定缓冲液：0.1 mol/L、pH 值 5.4 乙酸—乙酸钠缓冲液。

0.25%（W/V）愈创木酚溶液：溶于 50%（V/V）乙醇中，临用前配制。

0.75%（W/V）H_2O_2 溶液：由于比较易水解，因此，临用前配制。

③ 实验材料：衰老的或其他受逆境胁迫的植物组织。

（4）方法与步骤

① 植物样品粗提液中蛋白质浓度的测定：称取植物组织叶片 1 g 置于研钵中，研磨后加 5 mL 50 mmol/L 磷酸缓冲液（pH 值 7.8），将匀浆液 12 000 r/min、4 ℃离心 5 min，上清液即为样品粗提液。取 100 μL 样品粗提液，加入 3.0 mL Bradford 工作液，充分混匀。加完试剂 10 min 后，在分光光度计上测定各样品在 595 nm 波长下的吸光度。重复测定 3 次取平均值。根据标准曲线和样品的 OD_{595} 数值即可计算出植物样品粗提液中的蛋白质浓度。

② 样品测定：在玻璃试管内，先加入 2 mL 乙酸—乙酸钠缓冲液和 1 mL 0.25%（W/V）愈创木酚溶液，再加入 0.1 mL 样品粗提液（视酶活力大小而定），最后加入 0.1 mL 75%（W/V）H_2O_2 溶液，迅速颠倒混匀。迅速测定 OD_{460} 并开始计时，每隔 30 s 读取并

记录 OD_{460}，共读 3 min（注：酶液加入量一般控制在 5 min 内，使 OD_{460} 达到 0.5 ~ 0.8 为宜）。

③ 结果计算：以时间为横坐标，OD_{460} 为纵坐标，对所得数据进行线性作图，并得出所作直线的斜率，即每分钟内 OD_{460} 的变化值，此为反应的初速度；进而计算单位质量蛋白质的酶活性。

（5）思考题

① 过氧化物酶活性测定过程中应注意什么？

② 酶活力测定为什么必须测定酶反应的初速度？

③ 植物的过氧化物酶有哪些作用？

④ 胁迫情况下，植物体内的过氧化物酶活性会发生什么变化？

9.12　过氧化氢酶（CAT）活性的测定

（1）目的意义

过氧化氢酶（catalase，CAT）是一种酶类清除剂，是以铁卟啉为辅基的结合酶。它可促使过氧化氢分解为分子氧和水，清除体内的过氧化氢，从而使细胞免于遭受毒害，是生物防御体系的关键酶之一。CAT 作用于过氧化氢的机制实质上是过氧化氢的歧化，必须有两个 H_2O_2 先后与 CAT 相遇且碰撞在活性中心上，才能发生反应。H_2O_2 浓度越高，分解速度越快。因此，CAT 酶活性是衡量植物在胁迫情况下一个非常重要的生理指标。

了解过氧化氢酶（CAT）与植物逆境的关系；掌握过氧化氢酶（CAT）的测定原理和常规测定方法。

（2）实验原理

H_2O_2 在 240 nm 波长下有强烈光吸收，过氧化氢酶能分解过氧化氢，使反应溶液吸光度（OD_{240}）随反应时间而降低。根据测量吸光度的变化速度即可测出过氧化氢酶的活性。

（3）器材与试剂

① 实验器材：玻璃容器与 EP 管、水浴锅、天平、研磨器、冷冻离心机、移液枪（配套枪头）、酶标板、多功能酶标仪或紫外分光光度计等。

② 实验试剂：50 mmol/L 磷酸缓冲液（pH 值 7.8）：内含 1%（W/V）聚乙烯吡咯烷酮（PVP），临用前加。

Bradford 储备液（300 mL）：95%（V/V）乙醇 100 mL，88%（W/V）磷酸 200 mL，考马斯亮蓝 G250 350 mg，定容到 500 mL。

Bradford 工作液（500 mL）：双蒸水 425 mL、95% 乙醇 15 mL、88%（W/V）磷酸 30 mL、Bradford 储备液 30 mL 混合而成，过滤后置于棕色瓶中保存于室温下。

1.0 mg/mL 的标定标准液：用 0.1 mol/L 高猛酸钾标定。

③ 实验材料：衰老或逆境胁迫下的植物组织。

（4）方法与步骤

① 植物样品粗提液中蛋白质浓度的测定：称取植物组织叶片 1 g 置于研钵中，研磨后加 5 mL 50 mmol/L 磷酸缓冲液（pH 值 7.8），将匀浆液 12 000 r/min、4 ℃离心 5 min，上清液即为样品粗提液。取 100 μL 样品粗提液，加入 3.0 mL Bradford 工作液，充分混匀。加完试剂 10 min 后，在分光光度计上测定各样品在 595 nm 波长下的吸光度 OD_{595}，重复测定 3 次取平均值。根据标准曲线和样品的 OD_{595} 数值即可计算出植物样品粗提液中的蛋白质浓度。

② 取 100 μL 样品粗提液，25 ℃预热后，加入 0.3 mL 0.1 mol/L 的 H_2O_2，加完立即计时，并迅速于 240 nm 波长下测定吸光度，每隔 1 min 读数 1 次，共测 4 min。

③ 结果计算：以 1 min 内 OD_{240} 减少 0.1 的酶量为 1 个酶活单位（U），进而计算单位质量蛋白质的酶活性。

（5）思考题

① 过氧化氢酶活性测定过程中应注意什么？

② 植物的过氧化氢酶有哪些作用？

③ 胁迫情况下，植物体内的过氧化氢酶活性会发生什么变化？

附　录

附录 1　相关理论知识巩固与思考

Ⅰ　植物的水分生理

一、名词解释

1. 水势　2. 渗透势　3. 压力势　4. 衬质势　5. 自由水　6. 束缚水　7. 渗透作用　8. 吸胀作用　9. 代谢性吸水　10. 水的偏摩尔体积　11. 化学势　12. 自由能　13. 根压　14. 蒸腾拉力　15. 蒸腾作用　16. 蒸腾速率　17. 蒸腾系数　18. 水分临界期　19. 生理干旱　20. 内聚力学说　21. 萎蔫　22. 水通道蛋白　23. 质壁分离　24. 扩散　25. 水分代谢　26. 表面张力　27. 半透膜　28. 膨压　29. 质壁分离复原　30. 吸胀吸水　31. 吐水　32. 小孔扩散律　33. 内聚力　34. 永久萎蔫系数　35. 质外体途径　36. 共质体途径　37. 皮孔蒸腾　38. 气孔蒸腾　39. 喷灌技术　40. 滴灌技术

二、中译英

1. 水分代谢　2. 束缚能　3. 自由能　4. 化学能　5. 水势　6. 渗透作用　7. 质壁分离　8. 渗透势　9. 压力势　10. 衬质势　11. 吸涨作用　12. 水孔蛋白　13. 质外体途径　14. 共质体途径　15. 凯氏带　16. 根压　17. 伤流　18. 吐水　19. 蒸腾拉力　20. 蒸腾作用　21. 皮孔蒸腾　22. 角质蒸腾　23. 气孔蒸腾　24. 淀粉－糖转化学说　25. 无机离子吸收学说　26. 苹果酸生成学说　27. 气孔频度　28. 蒸腾速率　29. 蒸腾－内聚力－张力学说　30. 水分临界期

三、写出下列符号的中文名称

1. atm　2. bar　3. MPa　4. RWC　5. WUE　6. Ψm　7. Ψs　8. Ψw　9. SPAC　10. AQP

四、填空题

1. 植物细胞吸水方式有________、________和________。

2. 植物散失水分的方式有________和________。

3. 植物细胞内水分存在的状态有________和________。

4. 植物细胞原生质的胶体状态有两种，即________和________。

5. 细胞质壁分离现象可以解决下列问题：________、________和________。

6. 自由水/束缚水的比值越大，则代谢________；其比值越小，则植物的抗逆性________。

7. 一个典型的细胞的水势等于________。

8. 具有液泡的细胞的水势等于________。

9. 形成液泡后，细胞主要靠________吸水。

10. 干种子细胞的水势等于________。

11. 风干种子的萌发吸水主要靠________。

12. 在细胞初始质壁分离时，细胞的水势等于________，压力势等于________。

13. 当细胞吸水达到饱和时，细胞的水势等于________，渗透势与压力势绝对值________。

14. 将一个 $\Psi p=-\Psi s$ 的细胞放入纯水中，则细胞的体积________。

15. 相邻两细胞间水分的移动方向，决定于两细胞间的________。

16. 在根尖中，以________区的吸水能力最大。

17. 植物根系吸水方式有________和________。

18. 根系吸收水的动力有两种：________和________。

19. 证明根压存在的证据有________和________。

20. 叶片的蒸腾作用有两种方式：________和________。

21. 小麦的第一个水分临界期是________。

22. 常用的蒸腾作用的指标有________、________和________。

23. 影响气孔开闭的主要因子有________、________和________。

24. 影响蒸腾作用的环境因子主要是________、________、________和________。

25. C_3 植物的蒸腾系数比 C_4 植物________。

26. 可以较灵敏地反映出植物的水分状况的生理指标有__________、__________、________及________________等。

27. 植物从叶尖、叶缘分泌滴水的现象称为________，它是________存在的体现。

28. 在标准状况下，纯水的水势是________。加入溶质后其水势________，溶液越浓其水势越________。

29. 植物吐水是以________状态散失水分的过程，而蒸腾作用是以________状态散失水分的过程。

30. 田间一次施肥过多，作物变得枯萎发黄，俗称________苗，其原因是土壤溶液水势________于作物体的水势，引起水分外渗。

31. 种子萌发时靠________作用吸水，干木耳吸水靠________作用吸水。形成液泡的细胞主要靠________作用吸水。

32. 移栽树木时，常常将叶片剪去一部分，其目的是减少________。

33. 蒸腾作用的生理意义主要有：产生________、促进________物质的运输、降低________和促进 CO_2 的同化等。

34. 和纯水比较，含有溶质的水溶液的蒸汽压________，沸点________，冰点________，渗透压________，渗透势________。

35. 作物灌水的生理指标有________、________、________和________。

36. 设甲乙两个相邻细胞，甲细胞的渗透势为 -16×10^5 Pa、压力势为 9×10^5 Pa，乙细胞的渗透势为 -13×10^5 Pa、压力势为 9×10^5 Pa，水应从________细胞流向________细胞，因为甲细胞的水势是________，乙细胞的水势是________。

37. 当把活细胞放入含有不同离子的溶液中时，会引起不同形式的质壁分离。在含有 1 价离子________的溶液中能引起________形质壁分离，而在含有 2 价离子________的溶液中能引起________形质壁分离。

38. ________对高大植物中的水分运输具有重要意义。

39. ________和________的实验可以证明植物细胞是一个渗透系统。

40. 用以解释气孔运动的机理有 3 种学说：________、________和________。

五、选择题

1. 植物在烈日照射下，通过蒸腾作用散失水分降低体温，是因为（　　）。

A. 水具有高比热　　B. 水具有高气化热

C. 水具有表面张力

2. 一般而言，冬季越冬作物组织内自由水/束缚水的比值（　　）。

A. 升高　　B. 降低　　C. 变化不大

3. 有一为水充分饱和的细胞，将其放入比细胞液浓度低 10 倍的溶液中，则细胞体只（　　）。

A. 变大　　B. 变小　　C. 不变

4. 已形成液泡的植物细胞吸水靠（　　）。

A. 吸胀作用　　B. 渗透作用　　C. 代谢作用

5. 植物分生组织的细胞吸水靠（　　）。

A. 渗透作用　　B. 代谢作用　　C. 吸胀作用

6. 风干种子的萌发吸水靠（　　）。
A. 代谢作用　　B. 吸胀作用　　C. 渗透作用
7. 外界溶液水势为 -0.5 MPa，细胞水势为 -0.8 MPa，则（　　）。
A. 细胞吸水　　B. 细胞失水　　C. 保持平衡状态
8. 在气孔张开时，水蒸气分子通过气孔的扩散速度（　　）。
A. 与气孔的面积成正比　　B. 与气孔周长成正比
C. 与气孔周长成反比
9. 蒸腾作用快慢，主要决定于（　　）。
A. 叶内外蒸汽压差大小　　B. 叶片的气孔大小
C. 叶面积大小
10. 植物保卫细胞中的水势变化与（　　）有关。
A. Ca　　B. K　　C. Cl
11. 植物保卫细胞中的水势变化与（　　）有关。
A. 糖　　B. 脂肪酸　　C. 苹果酸
12. 根部吸水主要在根尖进行，吸水能力最大的是（　　）。
A. 分生区　　B. 伸长区　　C. 根毛区
13. 土壤通气不良使根系吸水量减少的原因是（　　）。
A. 缺乏氧气　　B. 水分不足　　C. CO_2 浓度过高
14. 土壤温度过高对根系吸水不利，因为高温会（　　）。
A. 加强根的老化　　B. 使酶钝化　　C. 使生长素减少
15. 目前认为水分沿导管或管胞上升的动力是（　　）。
A. 下部的根压　　B. 张力　　C. 上部的蒸腾拉力
16. 水分在木质部中运输的速度比在薄壁细胞中（　　）。
A. 慢得多　　B. 快得多　　C. 差不多
17. 植物的水分临界期是指（　　）。
A. 对水分缺乏最敏感时期　　B. 需水最多的时期
C. 需水终止期
18. 目前可以作为灌溉的生理指标中最受到重视的是（　　）。
A. 叶片渗透势　　B. 叶片气孔开度　　C. 叶片水势
19. 将一个细胞放入与其胞液浓度相等的糖溶液中，则（　　）。
A. 细胞失水　　B. 既不吸水，也不失水
C. 既可能吸水，也可能失水
20. 水分在根或叶的活细胞间传导的方向决定于（　　）。
A. 细胞液的浓度　　B. 相邻活细胞的渗透势梯度
C. 相邻活细胞的水势梯度

21. 蒸腾旺盛时，在一张叶片中，距离叶脉越远的部位，其水势（　　）。

A. 越高　　B. 越低　　C. 基本不变

22. 在温暖湿润的天气条件下，植物的根压（　　）。

A. 比较大　　B. 比较小　　C. 变化不明显

23. 进行渗透作用的条件是（　　）。

A. 半透膜　　B. 细胞结构　　C. 半透膜与膜两侧水势差

24. 小液流法测定植物组织的水势，如果小液流向上，表明组织的水势（　　）外界溶液水势。

A. 等于　　B. 大于　　C. 小于

25. 植物中水分的长距离运输的通过（　　）。

A. 筛管和伴胞　　B. 导管和管胞　　C. 转移细胞

26. 在萌发条件下，苍耳的不休眠种子开始 4 h 的吸水属于（　　）。

A. 吸胀吸水　　B. 代谢性吸水　　C. 渗透性吸水

27. 水分经胞间连丝从一个细胞进入另一个细胞的流动途径是（　　）。

A. 质外体途径　　B. 共质体途径　　C. 跨膜途径

28. 等渗溶液是指（　　）。

A. 压力势相等但溶质成分可不同的溶液

B. 溶质势相等但溶质成分可不同的溶液

C. 溶质势相等且溶质成分一定要相同的溶液

29. 木质部中水分运输速度比薄壁细胞中水分运输速度（　　）。

A. 快　　B. 慢　　C. 一样

30. 当细胞吸水处于饱和状态时，细胞内的 ψ_w 为（　　）MPa。

A. 0　　B. 很低　　C. >0

六、是非题

1. 影响植物正常生理活动的不仅是含水量的多少，而且还与水分存在的状态有密切关系。（　　）

2. 根系要从土壤中吸水，根部细胞水势必须高于土壤溶液的水势。（　　）

3. 植物细胞吸水方式有主动吸水和被动吸水。（　　）

4. 植物被动吸水的动力来自根压。（　　）

5. 在细胞初始质壁分离时（相对体积为 1），细胞水势等于压力势。（　　）

6. 细胞水势在叶片中距离叶脉越远，则越高。（　　）

7. 蒸腾作用与物理学上的蒸发不同，因为蒸腾过程还受植物结构和气孔行为的调节。（　　）

8. 通过气孔扩散的水蒸气分子的扩散速率与气孔面积成正比。（ ）

9. 空气相对湿度增大，空气蒸汽压增大，蒸腾加强。（ ）

10. 低浓度的 CO_2 促进气孔关闭，高浓度 CO_2 促进气孔迅速张开。（ ）

11. 糖、苹果酸和 K^+、Cl^- 进入液泡，使保卫细胞压力势下降，吸水膨胀，气孔就张开。（ ）

12. 由于水分子内聚力远大于水柱张力，可保证导管中的水柱连续性，而使水分不断上升。（ ）

13. 水分在薄壁细胞中运输的速度比在木质部中要快得多。（ ）

14. 就利用同单位的水分所产生的干物质而言，C_3 植物比 C_4 植物要多 1 ~ 2 倍。（ ）

15. 在导管和管胞中水分运输的动力是蒸腾拉力和根压，其中根压占主导地位。（ ）

16. 植物细胞壁是一个半透膜。（ ）

17. 若细胞的 $\psi_w=\psi_s$，将其放入纯水中，则体积不变。（ ）

18. 将 $\psi_p=0$ 的细胞放入等渗溶液中，其体积不变。（ ）

19. 土壤中的水分在具有内皮层的根内，可通过质外体进入导管。（ ）

20. 蒸腾拉力引起植物被动吸水，这种吸水与水势梯度无关。（ ）

21. 保卫细胞进行光合作用时，其渗透势增高，水分进入，气孔张开。（ ）

22. 植物体内水在导管和管胞中能形成连续的水柱，主要是由于蒸腾拉力和水分子内聚力的存在。（ ）

23. 当细胞内的 $\psi_w=0$ 时，该细胞的吸水能力很强。（ ）

24. 气孔频度大且气孔大时，内部阻力大，蒸腾较弱；反之阻力小，蒸腾较强。（ ）

25. 保卫细胞的 k^+ 含量较高时，对气孔张开有促进作用。（ ）

26. 植物在白天和晚上都有蒸腾作用。（ ）

27. 有叶片的植株比无叶片的植株吸水能力要弱。（ ）

28. 在正常条件下，植物地上部的水势高于地下部分的水势。（ ）

29. 水柱张力远大于水分子的内聚力，从而使水柱不断。（ ）

七、问答题

1. 水分子的物理化学性质与植物生理活动有何关系？

2. 简述水分在植物生命活动中的作用。

3. 植物体内水分存在的状态与代谢关系如何？

4. 植物细胞吸水有哪几种方式？

5. 利用细胞质壁分离现象可以解决那些问题？
6. 土壤温度过高为什么对根系吸水不利？
7. 蒸腾作用有什么生理意义？
8. 气孔开闭机理如何？植物气孔蒸腾是如何受光、温度、CO_2 浓度调节的？
9. 根据性质和作用方式抗蒸腾剂可分为哪 3 类？各举例说明。
10. 水分从被植物吸收至蒸腾到体外，需要经过哪些途径？动力如何？
11. 小麦整个生育期中哪两个时期为水分临界期？
12. 糖液水势如何计算？（蔗糖液浓度为 0.25 mol/L）
13. 根系吸水有哪些途径？
14. 为什么在黑暗条件下叶片的气孔会关闭？
15. 简述水分在植物体内的运输途径和运输速率。
16. 高大树木导管中的水柱为何可以连续不中断？假如某部分导管中水柱中断了，树木顶部叶片还能不能得到水分？为什么？
17. 适当降低蒸腾的途径有哪些？
18. 植物如何维持其体温的相对恒定？
19. 植物受涝害后，叶片萎蔫或变黄的原因是什么？
20. 合理灌溉为何可以增产和改善农产品品质？
21. 为什么夏季晴天中午不能用井水浇灌作物？
22. 近年来出现的灌溉技术有哪些？有什么优点？
23. 低温抑制根系吸水的主要原因是什么？
24. 简述有关气孔开闭的无机离子（K^+）吸收学说。
25. 在农业生产上对农作物进行合理灌溉的依据有哪些？

Ⅱ 植物矿质营养

一、名词解释

1. 矿质营养 2. 灰分元素 3. 必需元素 4. 大量元素 5. 微量元素 6. 有利元素 7. 水培法 8. 砂培法 9. 离子的被动吸收 10. 杜南平衡 11. 离子的主动吸收 12. 单盐毒害 13. 离子拮抗 14. 平衡溶液 15. 生理酸性盐 16. 生理碱性盐 17. 生理中性盐 18. 胞饮作用 19. 相对自由空间 20. 根外营养 21. 诱导酶 22. 可再利用元素 23. 还原氨基化 24. 生物固氮 25. 初级共运转 26. 次级共运转 27. 营养膜技术 28. 转运蛋白 29. 载体运输 30. 缺素症 31. 平衡溶液 32. 离子的选择吸收 33. 外连

丝 34. 硝化作用 35. 内在蛋白 36. 交换吸附 37. 离子协合作用 38. 载体 39. 离子通道 40. 离子交换 41. 氮素循环 42. 矿化作用 43. 氮素代谢 44. 养分临界期

二、中译英

1. 矿质营养 2. 胞饮作用 3. 被动吸收 4. 必需元素 5. 大量元素 6. 灰分元素 7. 流动镶嵌型 8. 磷脂双分子层 9. 外在蛋白 10. 内在蛋白 11. 整合蛋白 12. 离子通道运输 13. 膜电位差 14. 电化学势梯度 15. 被动运输 16. 单向运输载体 17. 同向运输器 18. 反向运输器 19. 离子泵 20. 质子泵运输 21. 主动运输 22. 钙泵 23. 选择吸收 24. 生理酸性盐 25. 生理碱性盐 26. 生理中性盐 27. 单盐毒害 28. 离子拮抗作用 29. 平衡溶液 30. 交换吸附 31. 外连丝 32. 诱导酶 33. 氨基交换作用 34. 生物固氮 35. 固氮酶 36. 转运蛋白 37. 硝酸还原酶 38. 临界浓度

三、英译中

1. mineral element 2. pinocytosis 3. passive absorption 4. essential element 5. Macroelement 6. ash element 7. fluid mosaic model 8. phospholipid bilayer 9. extrinsic protein 10. intrinsic protein 11. integral protein 12. ion channel transport 13. membrane potential gradient 14. electrochemical potential gradient 15. passive transport 16. uniport carrier 17. symporter 18. antiporter 19. ion pump 20. proton pump transport 21. active transport 22. calcium pump 23. selective absorption 24. physiologically acid salt 25. physiologically alkaline salt 26. physiologically neutral salt 27. toxicity of single salt 28. ion antagonism 29. balanced solution 30. exchange adorption 31. Ectodesma 32. induced enzyme 33. transa mination 34. biological nitrogen fixation 35. nitrogenase 36. transport protein 37. nitrate reductase 38. critical concentration

四、写出下列符号的中文名称

1. AC 2. AFS 3. APS 4. CaM 5. Ca^{2+} – CaM 6. CoA 7. CIC 8. DFS 9. Fe – EDTA 10. IC 11. MR 12. NiR 13. NR 14. PAPS 15. Pd 16. WFS 17. GOGAT 18. GS 19. GDH 20. K_{in} 21. K_{out} 22. NFT 23. PCT

五、填空题

1. 盐生植物的灰分元素含量最高，可达________。

2. 植物体内的元素种类很多，已发现________，其中植物必需的矿质元素有________。

3. 植物生长发育所必需的元素共有________种。

4. 植物生长发育所必需的大量元素有________种。

5. 植物生长发育所必需的微量元素有________种。

6. 植物必需元素的确定是通过________法才得以解决的。

7. 植物细胞吸收矿质元素的方式有________、________和________。

8. 解释离子主动吸收的有关机理假说有________和________。

9. 关于离子主动吸收有载体存在的证据有________和________。

10. 离子扩散的方向取决于________和________相对数值的大小。

11. 作物缺乏矿质元素的诊断方法有________、________和________。

12. 华北地区果树的小叶病是因为缺________元素的缘故。

13. 缺氮的生理病症首先表现在________叶上。

14. 缺钙的生理病症首先表现在________叶上。

15. 根系从土壤吸收矿质元素的方式有两种：①________；②________。

16. $(NH_4)_2SO_4$ 属于生理________性盐，KNO_3 属于生理________性盐。NH_4NO_3 属于生理________性盐。

17. 多年大量施入 $NaNO_3$，会使土壤溶液的 pH 值________。

18. 多年大量施入 $(NH_4)_2SO_4$，使土壤溶液的 pH 值________。

19. 植物对水分和盐分的吸收关系是________。

20. 根尖吸收离子最活跃的区域是________。

21. 根部对离子吸收之所以有选择性，与不同________的数量多少有关。

22. 硝酸盐还原成亚硝酸盐的过程是由________酶催化的。

23. 硝酸还原酶是一种________酶。

24. 亚硝酸盐还原成氨的过程是叶绿体中的________酶催化的。

25. 根部吸收的矿质元素主要通过________上运。

26. 一般作物的营养最大效率期是________时期。

27. 影响根部吸收矿质元素的因素有________、________、________、________和________。

28. 植物地上部分对矿质元素吸收的主要器官是________，营养物质可以从________透入叶内。

29. 外连丝是表皮细胞外边细胞壁的通道，它从________的内表面延伸到________的质膜。

30. 植物体内合成氨基酸的主要方式是________和________。

31. 植物体内可再利用的元素中以________和________最典型，在不可再利用元素中以________最重要。

32. 追肥的形态指标有________和________等，追肥的生理指标有________、________和________。

33. 除了碳、氢、氧 3 种元素以外，植物体内含量最高的是________。

34. 必需元素在植物体内的生理作用可以概括为 3 个方面：①________物质的组成成分；②________活动的调节者；③起________作用。

35. 氮肥施用过多时，抗逆能力________，成熟期________。

36. 植物老叶出现黄化，而叶脉仍保持绿色是典型的缺________症。________是叶绿素组成成分中的金属。

37. 简单扩散是离子进出植物细胞的一种方式，其动力为跨膜________差。

38. 载体蛋白有 3 种类型，分别为________、________和________。

39. 植物体内与光合放氧有关的微量元素有________、________和________。

40. 在植物必需元素中，易于再利用的元素有________，不易于再利用的元素有________，缺乏时易引起缺绿症的元素有________。

41. 土壤碱性反应加强时，________等离子逐渐变为不溶状态，不利于植物吸收；在土壤的酸性反应逐渐加强时，________等离子容易溶解，植物来不及吸收就会被雨水淋溶掉。

42. 缺乏________元素时，果树易得“小叶病”，玉米易得“花白叶病”。

43. 缺乏________元素时，禾谷类易得“白瘟病”，果树易得“顶枯病”。

44. 缺乏________元素时，油菜“花而不实”，小麦“穗而不实”，棉花“蕾而不花”，甜菜易得“心腐病”，萝卜易得“褐心病”。

45. 缺乏________元素时，柑桔易得“黄斑病”，花椰菜易得“尾鞭病”。

46. 通常把________、________和________3 种元素称为肥料的三要素。

47. ________和________两类研究结果为矿质元素主动吸收的载体学说提供了实验证据。

48. 离子通道是一种门系统，有________、________和________3 种状态。

49. 植物根系吸收离子分两个阶段进行，把离子由外界进入根部表观自由空间称为________阶段，这阶段是________代谢能的过程；把离子由表观自由空间通过质膜进入细胞内部称为________阶段，这阶段一般是________代谢能的过程。

50. 植物同化硫酸根离子首先要把离子活化，催化此反应的酶为________，产物为________。

51. 在植物生理研究中常用的完整植物培养方法有________、________和________。

52. 水培时要选用黑色溶器，这是为了防止________。

53. 常用________法确定植物生长的必需元素。

54.________与________合称电化学势梯度。
55. 影响根部吸收矿质离子的条件主要有________。
56. 硝酸盐还原成亚硝酸盐的过程是在________中进行的。
57. 多数植物中铵的同化主要通过________和________完成。
58. 生物固氮主要由________________与________________两种微生物实现。
59. 在植物根中，氮主要以________和________的形式向上运输。

六、选择题

1. 植物生长发育必需的矿质元素有（　　）。
A. 9 种　　B. 13 种　　C. 16 种　　D.15 种
2. 在下列元素中属于矿质元素的是（　　）。
A. 铁　　B. 钙　　C. 碳　　D. 氢
3. 在下列元素中属于植物生长发育必需的微量元素的是（　　）。
A. 磷　　B. 锰　　C. 铜　　D. 钠
4. 在下列元素中属于植物生长发育必需的大量元素的是（　　）。
A. 氮　　B. 铁　　C. 硫　　D. 锌
5. 植物缺硫时会产生缺绿症，表现为（　　）。
A. 叶脉缺绿不坏死　　B. 叶脉间缺绿以致坏死
C. 叶肉缺绿　　D. 缺绿斑块
6. 植物缺铁时，嫩叶会产生缺绿症，表现为（　　）。
A. 叶脉仍绿　　B. 叶脉失绿　　C. 全叶失绿　　D. 缺绿斑块
7. 高等植物的嫩叶先出现缺素症，可能是缺乏（　　）。
A. 镁　　B. 磷　　C. 硫　　D. 氮
8. 高等植物的老叶先出现缺绿症，可能是缺乏（　　）。
A. 锰　　B. 氮　　C. 钙　　D. 锌
9. 植物根部吸收离子较活跃的区域是（　　）。
A. 分生区　　B. 伸长区　　C. 根毛区　　D. 根冠
10. 影响植物根毛区主动吸收无机离子最重要的因素是（　　）。
A. 土壤溶液 pH 值　　B. 土壤中氧浓度
C. 土壤中盐含量　　D. 土壤温度
11. 在（　　）两种离子之间存在竞争机制。
A. Cl^- 和 Br^-　　B. Cl^-和 NO_3^-
C.Cl^-和 Ca^{2+}　　D. Cl^-和 NH_4^+

12. 杜南平衡不消耗代谢能，但可以逆浓度吸收，因而属于（　　）。

A. 胞饮作用　　B. 主动吸收　　C. 被动吸收　　D. 以上皆是

13. 植物细胞吸收矿质元素的主动吸收方式的特点是（　　）。

A. 消耗代谢能　　B. 无选择性　　C. 逆着浓度差吸收　　D. 以上皆是

14. 植物细胞对离子吸收和运输时，膜上起电致质子泵作用的是（　　）。

A. NAD 激酶　　B. 过氧化氢酶　　C. ATP 酶　　D. 过氧化物酶

15. 液泡膜 H^+—ATP 酶可被（　　）所抑制。

A. 碳酸盐　　B. 硫酸盐　　C. 硝酸盐　　D. 磷酸盐

16. 植物吸收矿质元素和水分之间的关系是（　　）。

A. 正相关　　B. 负相关　　C. 既相关又相互独立　　D. 没有关系

17. 番茄吸收钙和镁的速率比吸水速率快，从而使培养液中的钙和镁浓度（　　）。

A. 升高　　B. 下降　　C. 不变　　D. 先升高后下降

18. 水稻培养液中的钙、镁浓度会逐渐增高，这说明水稻吸收钙和镁的速率比吸水速率（　　）。

A. 慢　　B. 快　　C. 一般　　D. 相等

19. 在下列盐类中属于生理酸性盐类的是（　　）。

A. NH_4O_3　　B. $(NH_4)_2SO_4$　　C. $NaNO_3$　　D. KNO_3

20. 硝酸还原酶分子中含有（　　）。

A. FAD 和 Mn　　B. FMN 和 Mo　　C. FAD 和 Mo　　D. Fe-S 和 Mo

21. 植物体内合成氨基酸的主要方式有（　　）。

A. 还原氨基化作用　　B. 氨基交换作用

C. 固氮作用　　D. 硝化作用

22. 生物固氮主要由下列微生物实现，它们是（　　）。

A. 非共生微生物　　B. 共生微生物

C. 硝化细菌　　D. 厌氧微生物

23. 植物根部吸收的无机离子向地上部运输时，主要是通过（　　）。

A. 韧皮部　　B. 质外体　　C. 胞间连丝　　D. 木质部

24. 反映植株需肥情况的形态指标中，最敏感的是（　　）。

A. 株高　　B. 节间长度　　C. 叶色　　D. 叶片数量

25. 能反映水稻叶片氮素营养水平的氨基酸是（　　）。

A. 蛋氨酸　　B. 天冬酰胺　　C. 丙氨酸　　D. 赖氨酸

26. 植物体中磷的分布不均匀，下列（　　）器官中的含磷量相对较少。

A. 茎的生长点　　B. 果实、种子　　C. 嫩叶　　D. 老叶

27. 构成细胞渗透势重要成分的元素是（　　）。

A. 氮　　B. 磷　　C. 钾　　D. 钙

28.（　　）元素在禾本科植物中含量很高，特别是集中在茎叶的表皮细胞内，可增强对病虫害的抵抗力和抗倒伏的能力。

A. 硼　　B. 锌　　C. 钴　　D. 硅

29. 植物缺锌时，下列（　　）的合成能力下降，进而引起吲哚乙酸合成减少。

A. 丙氨酸　　B. 谷氨酸　　C. 赖氨酸　　D. 色氨酸

30. 进行生理分析诊断时发现植株内酰胺含量很高，这意味着植物可能（　　）。

A. 缺少NO_3^-–N的供应　　B. 氮素供应不足

C. NH_4^+–N供应不足　　D. NH_4^+–N供应充足而NO_3^-–N供应不足

31. 叶肉细胞内的硝酸还原过程是在（　　）内完成的。

A. 细胞质、液泡　　B. 叶绿体、线粒体

C. 细胞质、叶绿体　　D. 细胞质、线粒体

32. 生物固氮中的固氮酶由下列（　　）两个亚基组成。

A. Mo–Fe蛋白、Fe蛋白　　B. Fe–S蛋白、Fd

C. Mo–Fe蛋白、Cytc　　D. Cytc、Fd

33. NO^-_3被根部吸收后（　　）。

A. 全部运输到叶片内还原　　B. 全部在根部还原

C. 在根内和叶片内均可还原　　D. 在植物的地上部叶片和茎秆中还原

34. 苹果树顶芽迟发，嫩枝长期不长，叶片狭小呈簇生状，严重时新梢由上向下枯死，是缺少（　　）元素。

A. 钙　　B. 硼　　C. 钾　　D. 锌

35. 油菜心叶卷曲，下部叶片出现紫红色斑块，渐变为黄褐色而枯萎。生长点死亡，花蕾易脱落，主花序萎缩，开花期延长，花而不实，是缺少（　　）元素。

A. 钙　　B. 硼　　C. 钾　　D. 锌

36. 玉米下部叶脉间出现淡黄色条纹，后变为白色条纹，极度缺乏时脉间组织干枯死亡，这是缺少（　　）元素的缘故。

A. N　　B. S　　C. K　　D. Mg

37. 水稻植株瘦小，分蘖少，叶片直立，细窄，叶色暗绿，有赤褐色斑点，生育期长，这与缺少（　　）有关。

A. N　　B. P　　C. K　　D. Mg

38. 茶树新叶淡黄，老叶叶尖、叶缘焦黄，向下翻卷，这与缺（　　）有关。

A. Zn　　B. P　　C. K　　D. Mg

39. 叶色浓绿，叶片大，茎高节间疏，生育期延迟，易患病，易倒伏。此作物为（　　）。

A. 氮过剩　　B. 磷过剩　　C. 钾过剩　　D. 铁过剩

40. 作物下部叶片脉间出现小褐斑点，斑点从尖端向基部蔓延，叶色暗绿，严重时，

叶色呈紫褐色或褐黄色，根发黑或腐烂。此作物（　　）。

A. 氮过剩　　B. 磷过剩　　C. 钾过剩　　D. 铁过剩

41. 下列哪两种离子间会产生拮抗作用？（　　）

A. Ca^{2+}　Ba^{2+}　　B. K^{+}　Ca^{2+}　　C. K^{+}　Na^{+}　　D. Cl^{-}　Br^{-}

42. 硝酸还原酶与亚硝酸还原酶（　　）。

A. 都是诱导酶

B. 硝酸还原酶不是诱导酶，而亚硝酸还原酶是

C. 都不是诱导酶

D. 硝酸还原酶是诱导酶，而亚硝酸还原酶不是

43. 高等植物的硝酸还原酶总是优先利用下列哪种物质作为电子供体？（　　）

A. $FADH_2$　　B. $NADPH+H^{+}$　　C. $FMNH_2$　　D. $NADH+H^{+}$

七、是非题

1. 在植物体内大量积累的元素必定是植物必需元素。（　　）
2. 植物必需的矿质元素在植物营养生理上产生的是间接效果。（　　）
3. 与植物光合作用密切相关的矿质元素是钠、钼、钴等。（　　）
4. 硅对水稻有良好的生理效应，属于植物必需元素。（　　）
5. 植物对镁的需要是极微的，稍多即发生毒害。所以，镁属于微量元素。（　　）
6. 缺氮时，植物幼叶首先变黄；缺硫时，植物老叶叶脉失绿。（　　）
7. 在元素周期表中，不同族的元素之间，不存在拮抗作用。（　　）
8. 当达到杜南平衡时，细胞内外阴、阳离子的浓度相等。（　　）
9. 植物细胞内 ATP 酶活性与吸收无机离子呈负相关。（　　）
10. 胞饮作用是选择性吸收，即在吸收水分的同时，把水分中的物质一起吸收进来。（　　）
11. 植物吸水量和吸盐量，不存在直接的依赖关系。（　　）
12. 植物吸收矿质元素最活跃的区域是根尖分生区。（　　）
13. 植物根部进行离子交换吸附速度很快，是需要消耗代谢能的。（　　）
14. 在外界溶液浓度较低的情况下，根部对离子的吸收速率与溶液浓度无关。（　　）
15. 在一定范围内，氧气供应越好，根系吸收的矿质元素就越多。（　　）
16. 硝酸盐还原成亚硝酸盐的过程，是由叶绿体中的硝酸还原酶催化的。（　　）
17. 亚硝酸盐还原成氨的过程，是由细胞质中的亚硝酸还原酶催化的。（　　）
18. 根部吸收的氮的运输形式，主要以有机物的形式向上运输。（　　）

19. 叶片吸收的离子是沿着木质部向下运输的。（ ）

20. 水稻和小麦的营养最大效率期是在拔节期。（ ）

21. 施肥增产原因是间接的，施肥通过增强光合作用来增加干物质积累、提高产量。（ ）

22. 作物体内养分缺乏都是由于土壤中养分不足。（ ）

23. 一般植物在白天对氮的同化慢于夜晚。（ ）

24. 硝酸还原酶和亚硝酸还原酶都是诱导酶。（ ）

25. 作物的耐肥性与硝酸还原酶关系不密切。（ ）

26. 植物的微量元素包括氯、铁、硼、锰、钠、锌、铜、镍和钼9种元素。（ ）

27. 膜上的载体运输一定需要能量。（ ）

28. 氮不是矿质元素，而是灰分元素。（ ）

29. 根系吸收各种离子数量不与溶液中的离子量成正比。（ ）

30. 缺氮时植物幼叶首先变黄。（ ）

31. 植物吸收的硝酸盐由硝酸还原酶和亚硝酸还原酶在细胞质中还原。（ ）

32. 植物体内的钾一般不形成稳定的结构物质。（ ）

33. 植物对养分的吸收是依靠水分吸收时由水分带入植物体内的。（ ）

34. 水稻在15 ℃以下的低温时，吸收的NH_4^+比NO_3^-多。（ ）

35. 普遍认为植物吸收的NO_3^-经代谢还原后产生的NH_3，首先被同化为谷酰胺，然后再进一步转化为谷氨酸。（ ）

36. 水培的营养液是一种浓度很低的溶液，为了避免离子间相互作用而发生沉淀，常常加入螯合剂。（ ）

37. 用水培法培养植物的过程中，营养液的浓度和pH值不会发生改变。（ ）

38. 被种在同一培养液中的不同植物，其灰分中各种元素的含量不一定相同。（ ）

39. 钙离子与绿色植物的光合作用有密切关系。（ ）

40. 质膜上的离子通道运输属于被动运输。（ ）

41. 植物从环境中吸收离子时具有选择性，但对同一种盐的阴离子和阳离子的吸收上无差异。（ ）

42. 单盐毒害现象中对植物起有害作用的金属离子不只一种。（ ）

43. 交换吸附作用与细胞的呼吸作用有密切关系。（ ）

44. 温度是影响根部吸收矿质元素的重要条件，温度增高，吸收矿质的速率加快，因此，温度越高越好。（ ）

45.$NaNO_3$和（NH_4）$_2SO_4$都是生理碱性盐。（ ）

46. 诱导酶是一种植物本来就具有的酶。（ ）

47. 植物缺磷时，叶小且深绿色。 (　　)
48. 载体运输离子的速度比离子通道运输离子的速度要快。 (　　)
49. 质子泵运输 H^+需要 ATP 提供能量。 (　　)

八、问答题

1. 植物体内灰分含量与植物种类、器官及环境条件关系如何？
2. 植物必需的矿质元素需要具备哪些条件？
3. 简述植物必需矿质元素在植物体内的生理作用。
4. 为什么把氮称为生命元素？
5. 植物细胞吸收矿质元素的方式有哪些？
6. Levitt 提出的植物矿质元素主动吸收的 4 条标准是什么？
7. 设计两个实验，证明植物根系吸收矿质元素是主动的生理过程。
8. 简述植物吸收矿质元素的特点。
9. 简述根部吸收矿质元素的过程。
10. 外界溶液的 pH 值对矿质元素吸收有何影响？
11. 为什么土壤温度过低，植物吸收矿质元素的速率会下降？
12. 举出 8 种元素的任一生理作用。
13. 白天和夜晚硝酸还原速度是否相同？为什么？
14. 硝态氮进入植物体之后是怎样被运输、如何被还原及合成氨基酸的？
15. 固氮酶有哪些特性？简述生物固氮的机制。
16. 合理施肥增产的原因是什么？
17. 根外施肥有哪些优点？
18. 提高肥效的措施有哪些？
19. 植物缺素病症有的出现在顶枝幼嫩枝叶上，有的出现在下部老叶上，为什么？举例加以说明。
20. 试述植物失绿的可能原因。
21. 为什么在叶菜类植物的栽培中常施氮肥，而栽马铃薯和甘薯则较多施钾肥？
22. 为什么水稻秧苗在栽插后有一个叶色先落黄后返青的过程？
23. 生物膜有哪些结构特点？
24. 植物体内的铵如何转化为氨基酸？
25. 钾在植物体内的生理作用如何？
26. 试用离子交换吸附作用解释根系对矿质元素的吸收。
27. 植物缺镁和缺铁表现症状有何异同？为什么？
28. 在含有 Fe、Mg、P、Ca、B、Mn、Cu、S 等营养元素的培养液中培养棉花，当棉苗第四片叶（新生叶）展开时，在第一片叶（老叶）上出现了缺绿症，该缺乏症是由上述元素中哪种元素不足引起的？为什么？

29. 举出 10 种矿质元素，说明它们在光合作用中的生理作用。
30. 光照如何影响根系对矿质元素的吸收？
31. 试述固氮酶复合物的特性并说明生物固氮的原理。
32. 试述离子通道运输的机理。
33. 试述载体运输的机理。
34. 试述质子泵运输的机理。
35. 试述胞饮作用的机理。
36. 支持矿质元素主动吸收的载体学说有哪些实验证据？并加以解释。
37. 为什么将 N、P、K 称为肥料的三要素？
38. 是谁在哪一年发明了溶液培养法？它的发明有何意义？
39. 设计一个实验证明植物根系对离子的交换吸附。
40. 影响植物根部吸收矿质元素的主要因素有哪些？
41. 试述盐分吸收与水分吸收的关系。
42. 为了确切地证实某种元素是植物必需的微量元素，应做哪些实验？
43. 为什么说施肥增产的原因是间接的？主要表现在哪些方面？

Ⅲ 植物的光合作用

一、名词解释

1. 原初反应 2. 磷光现象 3. 荧光现象 4. 红降现象 5. 量子效率 6. 量子需要量 7. 爱默生效应 8. PQ 穿梭 9. 光合色素 10. 光合作用 11. 光合单位 12. 作用中心色素 13. 聚光色素 14. 希尔反应 15. 光合磷酸化 16. 同化力 17. 共振传递 18. 光抑制 19. 光合“午睡”现象 20. 光呼吸 21. 光补偿点 22. CO_2 补偿点 23. 光饱和点 24. 光能利用率 25. 复种指数 26. 光合速率 27. 叶面积系数 28. 碳素同化作用 29. 光合细菌 30. 光反应 31. 暗反应 32. 叶绿体 33. 光合链 34. 放氧复合体 35. 腺苷三磷酸酶 36. C_3 途径和 C_3 植物 37. 维管束细胞 38. 光饱和现象 39. 光合效率（量子产额） 40. 假环式光合磷酸化 41. C_4 途径与 C_4 植物 42. Pi 运转器 43. 荧光产额 44. 光合生产率

二、中译英

1. 异养植物 2. 自养植物 3. 光合作用 4. 叶绿体 5. 类囊体 6. 光合膜 7. 叶绿素 8. 类胡萝卜素 9. 胡萝卜素 10. 叶黄素 11. 吸收光谱 12. 黄化现象 13. 光反应 14. 碳反应 15. 原初反应 16. 光合单位 17. 爱默生效应 18. 电子传递 19. 光合链 20. 光合磷酸化 21. 偶联因子 22. 化学渗透假说 23. 卡尔文循环 24. 还原戊糖磷酸途径 25. 磷酸烯醇式丙酮酸 26. 光呼吸 27. 暗呼吸 28. 过氧化物酶体 29. 光合产物 30. 光合速率 31. 光补偿点 32. 光饱和现象 33. 阴生植物 34. 光抑制 35. 类囊体腔 36. CO_2 补偿点 37. 天线色素 38. CO_2 同化 39. 荧光 40. 聚光色素 41. 反应中心 42. 光系统 I 43. 放氧复合体 44. 水裂解 45. 水氧化钟 46. 核心复合物 47. 同化力

三、英译中

1. heterophyte 2. autophyte 3. photosynthesis 4. chloroplast 5. thylakoid 6. Photosynthetic membrane 7. chlorophyll 8. carotenoid 9. carotene 10. xanthophyll 11. absorption spectrum 12. etiolation 13. light reaction 14. carbon reaction 15. primary reaction 16. photosynthetic unit 17. Emerson effect 18. electron transport 19. photosynthetic chain 20. photophosphorylation 21. coupling factor 22. chemiosmotic hypothesis 23. the Calvin cycle 24. reductive pentose phosphate pathway 25. phosphoenol pyruvate 26. photorespiration 27. dark respiration 28. peroxisome 29. photosynthetic product 30. Photosynthetic rate 31. light compensation 32. light saturation 33. shade plant 34. photoinhibition 35. greenhouse effect 36. solar constant 37. thylakoid lumen 38. Rubisco 39. antenna pigment 40. light – harvesting pigment 41. reaction center 42. photosystem I 43. oxygen – evolving complex 44. water splitting 45. water oxidizing clock 46. core complex 47. assimilatory power 48. CO_2 assimilation 49. Fluorescence

四、写出下列符号的中文名称

1. ATP 2. BSC 3. CAM 4. CF1 – CFo 5. Chl 6. CoI（NAD^+） 7. Co II（$NADP^+$） 8. DM 9. EPR 10. Fd 11. Fe – S 12. FNR 13. Mal 14. NAR 15. OAA 16. PC 17. PEP 18. PEPCase 19. PGA 20. PGAld 21. P_{680} 22. Pn 23. PQ 24. Pheo 25. PSI II 26. PCA 27. PSP 28. Q 29. RuBP 30. RubisC（RuBPC） 31. RubisCO（RuBPCO） 32. RuBPO 33. X 34. LHC 35. $Cytb_6/f$ 36. Eu 37. F6P 38. FBP 39. LAI 40. LCP 41. LSP 42. pmf 43. GAP 44. DHAP 45. G6P 46. E4P 47. SBP 48. S7P 49. R5P 50. Xu5P 51. Ru5P 52. TP 53. HP 54. BSC

五、填空题

1. 光合作用是一种氧化还原反应，在反应中________被还原，________被氧化。
2. 叶绿体色素提取液在反射光下观察呈________色，在透射光下观察呈________色。
3. 影响叶绿素生物合成的因素主要有________、________、________和________。
4. P_{700} 的原初电子供体是________，原初电子受体是________。P_{680} 的原初电子供体是________，原初电子受体是________。
5. 双光增益效应说明________。
6. 根据需光与否，笼统地把光合作用分为两个反应：________和________。
7. 暗反应是在________中进行的，由若干酶所催化的化学反应，光反应是在________中进行的。
8. 在光合电子传递中最终电子供体是________，最终电子受体是________。
9. 进行光合作用的主要场所是________。
10. 光合作用的能量转换功能是在类囊体膜上进行的，所以类囊体亦称为________。
11. 早春寒潮过后，水稻秧苗变白，与________有关。
12. 光合作用中释放的 O_2，来自________。
13. ________离子在光合放氧中起活化作用。
14. 水的光解是由________于 1937 年发现的。
15. 被称为同化能力的物质是________和________。
16. 类胡萝素除了收集光能外，还有________功能。
17. 光子的能量与波长成________。
18. 叶绿素吸收光谱最强的吸收区有两个：一个在________；另一个在________。
19. 类胡萝卜素吸收光谱最强的吸收区在________。
20. 一般来说，正常叶子叶绿素和类胡萝卜素的分子比例为________；正常叶子叶黄素和胡萝卜素的分子比例为________。
21. 与叶绿素 b 相比，叶绿素 a 在红光部分的吸收带偏向________方向，在蓝紫部分的吸收带偏向________方向。
22. 光合磷酸化有 3 个类型：________、________和________。
23. 卡尔文循环中 CO_2 的受体是________；最初产物是________；催化羧化反应的酶是________。
24. PS Ⅱ的光反应是短波光反应，其主要特征是________；PS Ⅰ的光反应是长波光反应，其主要特征是________。
25. 光合作用中，淀粉的形成是在________中，蔗糖的形成是在________中。
26. C_4 途径中 CO_2 的受体是________；C_4 途径的最初产物是________，C_3 途径是

在________中进行的，卡尔文循环是在________中进行的；C_4 植物进行光合作用时，只有在________细胞中形成淀粉；C_4 途径的羧化反应首先在________细胞中进行；C_4 植物的 CO_2 补偿点比 C_3 植物________；C_4 途径的酶活性受光、效应剂和________价金属离子的调节。

27. 仙人掌、菠萝都属于________植物。

28. 光呼吸的底物乙醇酸是 RuBP 在________酶催化下形成的；光呼吸的底物是________，底物乙醇酸是在________中形成的；光呼吸过程中 CO_2 的释放是在________中进行的，乙醇酸的氧化是在________中进行的；光呼吸的全过程是在叶绿体、________和线粒体 3 种细胞器中进行的。

29. 群体植物的光饱和点比单株________。

30. 维持植物正常生长所需的最低日照强度是________。

31. 农作物中主要的 C_3 植物有________、________、________等，C_4 植物有________、________、________等。

32. 绿色植物和光合细菌都能利用光能将________合成有机物，它们都属于光养生物。从广义上讲，所谓光合作用，是指光养生物利用________把________合成有机物的过程。

33. 1954 年美国科学家 D.I.Arnon 等在给叶绿体照光时发现，当向体系中供给无机磷、ATP 和 NADP 时，体系中就会有________和________两种高能物质产生。同时发现，只要供给了这两种高能物质，即使在黑暗中，叶绿体也可将________转变为糖。所以这两种高能物质被称为________。

34. 由于 ATP 和 NADPH 是光能转化产物，具有在黑暗中使光合作用将 CO_2 转变为有机物的能力，所以被称为________。光反应的实质在于产生________去推动暗反应的进行，而暗反应的实质在于利用________将________转化为有机碳（CH_2O）。

35. 类囊体膜上主要含有四类蛋白复合体，即______、______、______和______。由于光合作用的光反应是在类囊体膜上进行的，所以称类囊体膜为________膜。

36. 一个光合单位包含多少个叶绿素分子？这要依据其执行的功能而定。就 O_2 的释放和 CO_2 的同化而言，光合单位为________；就吸收一个光子而言，光合单位为________；就传递一个电子而言，光合单位为________。

37. 叶绿体由被膜、________和________三部分组成。叶绿体被膜上________叶绿素，外膜为非选择透性膜，内膜为________性膜。叶绿体中起吸收作用并转化光能的部位是________膜，而固定和同化 CO_2 的部位是________。

38. 叶绿素对光最强的吸收区有两处：波长 600 ~ 660 nm 的________光部分和 430 ~ 450 nm 的________光部分。叶绿素对________光的吸收最少。

39. 叶绿体色素吸收光能后，其光能在色素分子之间传递。在传递过程中，其波长逐渐________，能量逐渐________。

40. 根据电子传递到 Fd 后的去向，将光合电子传递分为________式电子传递、________式电子传递和________式电子传递 3 种类型。

41. 叶绿体的 ATP 酶由两个蛋白复合体组成：一个是突出膜表面亲水性的________；另一个是埋置域膜中疏水性的________。后者是________转移的主要通道。

42. C_4 植物的光合细胞有________细胞和________细胞两类。C_4 植物的磷酸烯醇式丙酮酸羧化酶主要存在于________细胞的细胞质中；而 Rubisco 等参与碳同化的酶主要存在于________细胞中。

43. CAM 途径的特点是：晚上气孔________，在叶肉细胞中由________固定 CO_2 形成的苹果酸贮藏于液泡，使液泡的 pH 值________；白天气孔________，苹果酸脱羧，释放的 CO_2 由________羧化。

44. 在炎热的中午叶片因水势下降，引起气孔开度下降，这时气孔导度________，胞间 CO_2 浓度________，利于________酶的加氧反应，导致________呼吸上升，从而使植物光合速率下降。

45. 在生产上缓和植物“午睡”程度的措施有________和________等。（试举两例）

46. 光合作用分为________反应和________反应两大步骤，从能量角度看，第一步完成了________的转变，第二步完成了________的转变。

47. 光反应包括________和________，暗反应是指________。

48. 光反应是需光的过程，其实只有________过程需要光。

49. 小麦和玉米同化 CO_2 的途径分别是________和________途径。玉米最初固定 CO_2 的受体是________，催化该反应的酶是________，第一个产物是________，进行的部位是在________细胞。小麦固定 CO_2 受体是________，催化该反应的酶是________，第一个产物是________，进行的部位是在________细胞。

50. 20 世纪 50 年代由________等，利用________和________等方法，经过 10 年研究，提出了光合碳循环途径。

51. 光合作用中心包括________、________和________。

52. 光合作用同化一分子二氧化碳，需要________个 $NADPH^+H^+$，需要________个 ATP；形成一分子葡萄糖，需要________个 $NADPH^+H^+$，需要________个 ATP。

53. 光反应形成的同化力是________和________。

54. CAM 植物光合碳代谢的特点是夜间进行________途径，白天进行________途径。鉴别 CAM 植物的方法有________和________。

55. 许多植物之所以发生光呼吸是因为__________酶，既是____________酶，又是________酶。

56. 光呼吸的底物是在________细胞器中合成的，消耗 O_2 发生在________和两种细胞器中，而 CO_2 的释放发生在________和________两种细胞器中。

57. 高等植物同化 CO_2 的途径有________、________和________，其中________途

径最基本最普遍。因为只有此途径能产生________。

58. 影响光合作用的外界因素主要有__________、__________、__________、________和________等。

59. 发生光饱和现象的可能原因是________和________。

60. 光合作用 3 个最突出的特点是________、________、________。

61. 用红外线 CO_2 分析仪测定光合速率时，如果采用开放式气路，就需要测定气路中气体的________，如果采用封闭式气路，则需要测定气路中气体的________。

62. 用红外线 CO_2 分析仪以开放式气路测定光合速率时，除了测定 CO_2 浓度下降值外，还需要测定________、________和________。

63. 用红外线 CO_2 分析仪测定光合速率的叶室，按照其结构大致可分为 3 种：_______、________和________。

64. 光合作用的重要性主要体现在 3 个方面：__________、____________和________。

65. 光合单位由________________和________________两大部分构成。

66. 光合作用时 C_3 植物 CO_2 固定酶主要有________，而 C_4 植物固定 CO_2 的酶有________。

67. 在光合作用电子传递链中既传递电子又传递 H^+ 的传递体是________________。

六、选择题

1. 磷素营养是植物的生命基础，约占有机化合物重量的（　　）。

A. 10%　　B. 45%　　C. 60%

2. 光合产物主要以什么形式运出叶绿体？（　　）

A. 蔗糖　　B. 淀粉　　C. 磷酸丙糖

3. C_3 途径是由哪位植物生理学家发现的？（　　）

A. Mitchell　　B. Hill　　C. Calvin

4. 从进化角度看，在能够进行碳素同化作用的 3 种类型中，在地球中最早出现的是（　　）。

A. 细菌光合作用　　B. 绿色植物光合作用

C. 化能合成作用

5. 地球上的自养生物每年约同化 2×10^{11} 吨碳素，主要靠（　　）。

A. 陆生绿色植物　　B. 水生植物

C. 光合细菌

6. 叶绿素 a 和叶绿素 b 对可见光的吸收峰主要是在（　　）。

A. 红光区　　B. 绿光区　　C. 蓝紫光区

7. 类胡萝卜素对可见光的最大吸收峰在（　　）。

A. 红光区　B. 绿光区　C. 蓝紫光区

8. 提取叶绿素时，一般可用（　　）。

A. 丙酮　B. 乙醇　C. 蒸馏水

9. 引起植物发生红降现象的光是（　　）。

A. 450 nm 的蓝光　B. 650 nm 的红光　C. 大于 685 nm 的远红光

10. 引起植物发生双光增益效应的两种光的波长是（　　）。

A. 450 nm　B. 650 nm　C. 大于 685 nm

11. 在光合作用中被称为同化能力的物质是指（　　）。

A. ATP　B. NADH　C. NADPH

12. 高等植物碳同化的 3 条途径中，能形成淀粉等产物的是（　　）。

A. 卡尔文循环　B. C_4 途径　C. CAM 途径

13. 高等植物碳同化的 3 条途径中，不能形成淀粉等产物的是（　　）。

A. 卡尔文循环　B. C_4 途径　C. CAM 途径

14. 植物不能形成叶绿素，呈现缺绿病，可能是缺乏（　　）。

A. 氮　B. 镁　C. 钠

15. 光合作用光反应发生的部位是（　　）。

A. 叶绿体基粒　B. 叶绿体间质　C. 叶绿体膜

16. 光合作用暗反应发生的部位是（　　）。

A. 叶绿体膜　B. 叶绿体基粒　C. 叶绿体间质

17. 光合作用中释放的氧来源于（　　）。

A. CO_2　B. H_2O　C. RuBP

18. 叶绿体色素中，属于作用中心色素的是（　　）。

A. 少数特殊状态的叶绿素 a　B. 叶绿素 b

C. 类胡萝卜素

19. 在叶绿体色素中，属于聚光色素的是（　　）。

A. 少数特殊状态的叶绿素 a　B. 类胡萝卜素

C. 大部分叶绿素 a、全部叶绿素 b 和类胡萝卜素

20. 在光合作用的放氧反应中不可缺少的元素是（　　）。

A. 铁　B. 锰　C. 氯

21. 卡尔文循环中 CO_2 固定的最初产物是（　　）。

A. 三碳化合物　B. 四碳化合物　C. 五碳化合物

22. 光合产物淀粉的形成和贮藏部位是（　　）。

A. 叶绿体间质　B. 叶绿体基粒　C. 胞基质

23. 光呼吸是一个氧化过程，被氧化的底物是（　　）。

A. 乙醇酸　　B. 丙酮酸　　C. 葡萄糖

24. 光呼吸调节与外界条件密切相关，氧对光呼吸（　　）。

A. 有抑制作用　　B. 有促进作用　　C. 无作用

25. 光合作用吸收的 CO_2 与呼吸作用释放的 CO_2 达到动态平衡时，外界的 CO_2 浓度称为（　　）。

A. CO_2 饱和点　　B. O_2 饱和点　　C. CO_2 补偿点

26. 在高光强、高温及相对湿度较低的条件下，C_4 植物的光合速率（　　）。

A. 稍高于 C_3 植物　　B. 远高于 C_3 植物

C. 低于 C_3 植物

27. 在提取叶绿素时，研磨叶片时加入少许 $CaCO_3$，其目的是（　　）。

A. 使研磨更充分　　B. 加速叶绿素溶解

C. 保护叶绿素

28. 夜间，CAM 植物细胞的液泡内积累大量的（　　）。

A. 氨基酸　　B. 糖类　　C. 有机酸

29. 半叶法是测定单位时间单位面积（　　）。

A. O_2 的产生量　　B. 干物质的积累量　　C. CO_2 消耗量

30. 作物在抽穗灌浆时，如剪去部分穗，其叶片的光合速率通常会（　　）。

A. 适当增强　　B. 一时减弱　　C. 基本不变

31. 早春，作物叶色常呈浅绿色，通常是由（　　）引起的。

A. 吸收氮肥困难　　B. 光照不足　　C. 气温偏低

32. 在其他条件适宜且温度偏低的情况下，如果提高温度，光合作用的 CO_2 补偿点，光补偿点和光饱和点（　　）。

A. 均上升　　B. 均下降　　C. 不变化

33. 光合链中的 PQ，每次能传递（　　）。

A. 2 个 e　　B. 2 个 e 和 2 个 H^+　　C. 1 个 e 和 1 个 H^+

34. C_4 植物的氮素利用效率比 C_3 植物的（　　）。

A. 低　　B. 高　　C. 不一定

35. 光合作用碳同化的过程是（　　）的过程。

A. 光能转变为电能　　B. 电能变为活跃的化学能

D. 活跃的化学能转变为稳定的化学能

36. 在一定温度范围内，昼夜温差不大，（　　）光合产物的积累。

A. 不利于　　B. 不影响　　C. 有利于

37. C_4 植物光合作用过程中的 OAA 还原为 Mal 一步反应发生在（　　）中。

A. 叶肉细胞的叶绿体间质　　B. 叶肉细胞的细胞质

C. 维管束鞘细胞的叶绿体间质

38. 光合作用电子传递偶联 ATP 形成的方式称为（　　）。
A. C_3 途径　　B. C_4 途径　　C. 化学渗透
39. 下列 3 组物质中，卡尔文循环所必需的是（　　）。
A. 叶绿素、胡萝卜素、O_2　　B. 叶黄素、叶绿素 a、H_2O
C. CO_2、NHDPH + H^+、ATP

七、是非题

1. 光合作用释放的 O_2 使人类及一切需 O_2 生物能够生存。（　　）
2. 光合作用是地球上唯一大规模将太阳能转变成贮存的电能的生物学过程。（　　）
3. 细菌的化能合成作用在地球上出现较早，应发生在绿色植物光合作用之前。（　　）
4. 绿色植物中的叶绿体由质外体发育而来。（　　）
5. 光反应之所以能逆热力学方向发生，是由于吸收了光能。（　　）
6. 叶绿体色素主要集中在叶绿体的间质中。（　　）
7. 叶绿素分子的头部是金属卟啉环，呈极性，因而具有亲水性。（　　）
8. 叶绿体中含有蔗糖合成酶和脂肪酶等几十种酶。（　　）
9. 叶绿素不溶于乙醇，但能溶于丙酮和石油醚等有机溶剂。（　　）
10. 叶绿酸是双羧酸，其羧基中的羟基分别被甲醛和叶绿醇所酯化。（　　）
11. 少数特殊状态的叶绿素 a 分子有将光能转变为电能的作用。（　　）
12. 叶绿体中的叶黄素是胡萝卜素衍生的醛类。（　　）
13. 叶绿素具有荧光现象，即在透射光下呈红色，而在反射光下呈绿色。（　　）
14. 一般来说，正常叶子叶绿素 a 和叶绿素 b 的分子比例约为 4 ∶ 1。（　　）
15. 一般来说，叶绿素形成的最适温度是 30 ℃上下。（　　）
16. 叶绿素 a 在红光部分的吸收带窄些，在蓝紫光部分宽些。（　　）
17. 叶绿素 b 比叶绿素 a 在红光部分吸收带宽些，在蓝紫光部分窄些。（　　）
18. 类胡萝卜素具有收集光能的作用，还有防护温度伤害叶绿素的功能。（　　）
19. 胡萝卜素和叶黄素最大吸收带在蓝紫光部分，也吸收与红光等长光波的光。（　　）
20. 藻胆素和类胡萝卜素一样，可以吸收光能和传递光能。（　　）
21. 叶片是进行光合作用的唯一器官。（　　）
22. 光合作用所有反应都是在叶绿体内完成的。（　　）
23. 光合作用中任何过程都需要光。（　　）
24. 光合作用的作用中心的 基本成分是结构蛋白质和脂类。（　　）

25. 作用中心色素就是指叶绿素 a 分子。（ ）

26. 聚光色素包括大部分叶绿素 a 和全部叶绿素 b 及类胡萝卜素、藻胆素。（ ）

27. 在光合链中最终电子受体是水，最终电子供体为 $NADP^+$。（ ）

28. ATP 和 NADPH 是光反应过程中形成的同化能力。（ ）

29. 卡尔文循环并不是所有植物光合作用碳同化的基本途径。（ ）

30. 植物生活细胞，在光照下吸收氧气、释放 CO_2 的过程，就是光呼吸。（ ）

31. 植物光呼吸是在叶绿体、过氧化物体及乙醛酸体 3 种细胞器中完成的。（ ）

32. 光呼吸的底物乙醇酸是在叶绿体内形成的。（ ）

33. 植物光合作用所需的 CO_2 主要通过叶片水孔进入叶子。（ ）

34. 在弱光下，光合速率降低比呼吸速率显著，所以要求较高的 CO_2 水平，CO_2 补偿点就高。（ ）

35. 光合作用中暗反应是由酶所催化的化学反应，温度影响不大。（ ）

36. 水分缺乏直接影响光合作用下降。（ ）

37. 提高光能利用率，主要通过延长光合时间，增加光合面积和提高光合效率等途径。（ ）

38. 光合作用产生的有机物质主要是脂肪，贮藏着能量。（ ）

39. 光合作用是农业生产中技术措施的核心。（ ）

40. 以光合作用的量子需要量推算，光能利用率可达 10% 左右，作物约为 8%。（ ）

41. 凡是光合细胞都具有类囊体。（ ）

42. C_4 植物仅有 C_4 途径。（ ）

43. PS Ⅰ反应的中心色素分子是 P_{680}。（ ）

44. PS Ⅱ的原初电子供体是 PC。（ ）

45. 叶绿体色素能吸收蓝紫光和红光。（ ）

46. 叶绿素的荧光波长往往比吸收光的波长要长。（ ）

47. 原初反应包括光能的吸收、传递和水的光解。（ ）

48. 所有的叶绿素 a 都是反应中心色素分子。（ ）

49. PC 是含 Fe 的电子传递体。（ ）

50. 高等植物的气孔都是白天张开，夜间关闭。（ ）

51. 光合作用的原初反应是在类囊体膜上进行的，电子传递与光合磷酸化是在间质中进行的。（ ）

52. C_3 植物的维管束鞘细胞具有叶绿体。（ ）

53. Rubisco 在 CO_2 浓度高光照强时，起羧化酶的作用。 (　　)

54. CAM 植物叶肉细胞内的苹果酸含量，夜间高于白天。 (　　)

55. 一般来说，CAM 植物的抗旱能力比 C_3 植物强。 (　　)

56. 红降现象和双光增益效应，证明了植物体内存在两个光系统。 (　　)

57. NAD^+ 是光合链的电子最终受体。 (　　)

58. 植物的光呼吸是在光照下进行的，暗呼吸是在黑暗中进行的。 (　　)

59. 只有非环式光合磷酸化才能引起水的光解放 O_2。 (　　)

60. PEP 羧化酶对 CO_2 的亲和力和 Km 值，均高于 RuBP 羧化酶。 (　　)

61. 植物的光呼吸会消耗碳素和浪费能量，因此，对植物是有害无益的。 (　　)

62. 植物生命活动所需要的能量，都是由光合作用提供的。 (　　)

63. 光补偿点高有利于有机物的积累。 (　　)

64. 测定叶绿素含量通常需要同时做标准曲线。 (　　)

65. 观察荧光观象时用稀释的光合色素提取液，用于皂化反应则要用浓的光合色素提取液。 (　　)

66. 红外线 CO_2 分析仪绝对值零点标定时，通常用纯氮气或通过碱石灰的空气。

(　　)

67. 凡是光合细胞都具有类囊体。 (　　)

68. 所有的叶绿素分子都具备吸收光能和将光能转换为电能的作用。 (　　)

69. 在光合作用的总反应中，来自水的氧被渗入碳水化合物中。 (　　)

70. 光合作用水的裂解过程发生在类囊体膜的外侧。 (　　)

八、问答题

1. 光合作用具有什么重要意义？

2. 简述高等植物光合色素的种类和功能。

3. 植物的叶片为什么是绿色的？秋天树叶为什么会呈现黄色或红色？

4. 简要介绍测定光合速率的 3 种方法及原理。

5. 什么叫希尔反应？其意义如何？

6. 简述叶绿体的结构和功能。

7. 光合作用的全过程大致分为哪三大步骤？

8. 光合作用电子传递中，PQ 有什么重要的生理作用？

9. 如何证明光合电子传递由两个光系统参与？

10. 光合磷酸化有几个类型？其电子传递有什么特点？

11. 应用米切尔的化学渗透学说解释光合磷酸化机理并说明电子传递为何能与光合磷酸化相耦连。

12. 叶绿体具有的片层基粒结构垛叠的生理意义是什么？

13. 高等植物的碳同化途径有几条？哪条途径才具备合成淀粉等光合产物的能力？

14. C_3 途径是谁发现的？分为哪几个阶段？每个阶段的作用是什么？

15. 光合作用卡尔文循环的调节方式有哪几个方面？

16. 在维管束鞘细胞内，C_4 途径的脱羧反应类型有哪几种？

17. 如何解释 C_4 植物比 C_3 植物的光呼吸低？

18. 如何评价光呼吸的生理功能？

19. 简述 CAM 植物同化 CO_2 的特点。

20. 氧抑制光合作用的原因是什么？

21. 作物为什么会出现“午休”现象？

22. 追施 N 肥为什么会提高光合速率？

23. 生产上为什么要注意合理密植？

24. 高温时光合作用下降的原因是什么？

25. 分析植物光能利用率低的原因。

26. 提高植物光能利用率的途径和措施有哪些？

27. 在自然条件下，用红外线 CO_2 分析仪测得大气中的 CO_2 浓度为 0.665 mg/L，水稻叶片光合作用吸收 CO_2 后叶室中的 CO_2 浓度为 0.595 mg/L，空气流速为 1.0 L/min，被测叶面积为 20 cm^2，求该叶片的光合速率是多少？

28. 设武汉地区的日照辐射量为 502 kJ/cm^2，或 33.5×10^8 kJ/hm^2，两季水稻共产稻谷 16 500 kg/hm^2，经济系数按 0.5 计算，稻谷含水量为 13%，干物质含能量为 18 003 kJ/kg，求该水稻的光能利用率是多少？

29. 设光合作用的光反应中，每吸收 10 mol 650 nm 波长下的红光量子可形成 2 mol NADPH 和 3 mol ATP，试求光反应的能量转换率是多少？

30. 经过卡尔文循环，3 mol CO_2 合成 1 mol 磷酸丙糖，其自由能变化 ΔG，为 +1465 kJ。与此同时，光合同化力形成阶段产生的 9 mol ATP 和 6 mol NADPH。H^+ 全部用于磷酸丙糖的形成。请计算光合碳还原阶段的能量转化效率。

31. 如何证明叶绿体是光合作用的细胞器？

32. 在缺乏 CO_2 的情况下，对绿色叶片照光能观察到荧光，然后在供给 CO_2 的情况下，荧光立即被猝灭，试解释其原因。

33. 测定光合作用的方法主要有哪些？

34. 什么叫光反应？什么叫碳反应？它们之间有什么关系？

35. 什么叫荧光现象？活体叶片为什么观察不到荧光现象？

36. 光合作用的光反应和暗反应，是在叶绿体的哪部分进行的？各产生哪些物质？

37. 冬季温室栽培作物为什么应避免高温？

38. 植物的叶片为什么是绿色的？秋季树叶为什么会变黄？

39. 指出 CAM 植物光合碳代谢的特点？怎样鉴别 CAM 植物？

40. 为什么 C_4 植物的光合效率一般比 C_3 植物高？

41. C_3 植物经卡尔文循环固定同化 2 mol CO_2，需要多少同化力？至少需要多少光量子？同时能释放多少 O_2？

42. C_4 植物叶片在结构上有哪些特点？采集一植物样本后，可采用什么方法来鉴别它属于哪类碳同化途径的植物？

43. 试述光、温度、水分、气体与氮素对光合作用的影响？

44. 叶色深浅与光合作用有何关系？为什么？

45. 是谁用什么方法证明光合作用释放的氧来源于水，而不是 CO_2？

46. 简要叙述光呼吸过程中乙醇酸的来源。

47. 在一项试验中要比较两个处理的叶绿素含量。试简述叶绿素的提取和测定方法。尽量减少试验误差，在提取及测定时主要应注意哪些问题？

48. 植物体内水分亏缺使光合速率减弱的原因何在？

49. 比较下列两种概念的异同点：

① 光呼吸和暗呼吸；

② 光合磷酸化和氧化磷酸化。

50. C_3 植物和 C_4 植物有何不同之处？

Ⅳ　植物的呼吸作用

一、名词解释

1. 呼吸作用　2. 生物氧化　3. 有氧呼吸　4. 无氧呼吸　5. 糖酵解　6. 三羧酸循环　7. 戊糖磷酸途径　8. 呼吸链　9. 氧化磷酸化 10. 末端氧化酶　11. 巴斯德效应　12. P/O 比　13. 抗氰呼吸　14. 伤呼吸　15. 盐呼吸　16. 生长呼吸　17. 维持呼吸　18. 硝酸盐呼吸　19. 呼吸效率　20. 呼吸速率　21. 呼吸商　22. 温度系数　23. 呼吸作用氧饱和点　24. 无氧呼吸消失点　25. 呼吸跃变　26. 能荷调节　27. 乙醛酸循环　28. 糖异生　29. 细胞色素　30. 泛醌　31. 底物水平磷酸化　32. 抗氰氧化酶　33. 抗生素　34. 反馈调节　35. 呼吸跃变型果实　36. 非呼吸跃变型果实　37. 安全含水量

二、中译英

1. 巴斯德效应　2. 有氧呼吸　3. 无氧呼吸　4. 呼吸速率　5. 呼吸商　6. 己糖磷酸途径　7. 生物氧化　8. 电子传递链　9. 细胞色素　10. 化学渗透假说　11. 抗氰

呼吸　12.底物水平磷酸化作用　13.呼吸链　14.氧化磷酸化　15.发酵　16.分子内呼吸　17.蛋白复合体　18.交替氧化酶　19.温度系数

三、英译中

1. Respiration　2. aerobic respiration　3. anaerobic respiration　4. Fermentation　5. pentose phosphate pathway　6. biological oxidation　7. respiratory chain　8. Glycolysis　9. oxidative phosphorylation　10. Pasteur effect　11. respiratory rate　12. respiratory quotient　13. cytochrome　14. intramolecular respiration　15. protein complex　16. alternate oxidase　17. ubiquinone　18. uncoupling agent　19. temperature coefficient

四、写出下列符号的中文名称

1. C_6/C_1 ratio　2. Cyt　3. CoQ　4. DNP　5. EMP　6. FAD　7. FMN　8. FP　9. GSSG　10. PAL　11. PPP　12. RPPP　13. RQ（Qco_2/Qo_2）　14. TCA　15. UoQ（UQ）　16. $Cytaa_3$　17. EC　18. FAD　19. GAC　20. GAP　21. HMP　22. Q_{10}　23. SHAM

五、填空题

1. 除了绿色细胞可直接利用太阳能进行光合作用外，一切生命活动所需的能量都依靠________。

2. 有氧呼吸的主要特点是利用________，底物氧化降解________，释放能量________。

3. 无氧呼吸的特征是________，底物氧化降解________，是________的氧化，因而释放的能量________。

4. 高等植物通常以__________呼吸为主，在特定条件下也可进行__________和________等。

5. 呼吸作用包括________和________两大类型。

6. 产生丙酮酸的糖酵解过程是________和________的共同途径。

7. 呼吸作用必须在________细胞中进行。

8. 呼吸作用生成的水中的氧来自________，生成的 CO_2 来自________。

9. 植物组织衰老时，PPP 途径在呼吸代谢途径中占的比例________。

10. EMP 途径是在________中进行的，PPP 途径是在________中进行的，酒精发酵是在________中进行的，TCA 循环是在________中进行的。

11. 三羧酸循环的酶系统集中在线粒体的________中。

12. 电子传递和氧化磷酸化的酶系统集中位于线粒体的________上。

13. 组成呼吸链的传递体可分为________传递体和________传递体。

14. 呼吸链中每氧化一个 $FADH_2$ 到 FAD 生成水，则产生________个 ATP。

15. 呼吸链中每氧化 1 个 NADH 分子到 NDA^+，生成 H_2O，则产生________个 ATP。

16. 植物呼吸作用末端氧化酶有_______、_______、_______、_______和_______等。

17. 细胞色素氧化酶是一种含金属________和________的氧化酶。

18. 苹果削皮后会出现褐色就是________酶作用的结果，该氧化酶中含有金属________。

19. 天南星科海芋属植物开花时放热很多，其原因是它进行________的结果。

20. 真核细胞中 1 mol 葡萄糖完全氧化时，净得________个 ATP。

21. 原核细胞中 1 mol 葡萄糖完全氧化时，净得________个 ATP。

22. 线粒体氧化磷酸化活力功能的一个重要指标是________。

23. PPP 途径主要受________的调节。

24. 如果细胞的腺苷酸全部为 ATP，则能荷为________。

25. 如果细胞的腺苷酸全部为 AMP，则能荷为________。

26. 以葡萄糖为呼吸底物时，则呼吸商是________。

27. 以富含氢的脂肪或蛋白质为呼吸底物时，则呼吸商________。

28. 呼吸作用的最适温度总是比光合作用的最适温度要________。

29. 生殖器官的呼吸作用比营养器官________，花瓣的呼吸比雌雄蕊________，在雄蕊中，以________呼吸最强。

30. 植物组织受伤时，其呼吸速率________。

31. 植物呼吸作用的最适温度一般在________。

32. 细胞色素是通过________元素的变价来传递电子，而 CoQ 是通过________互变来传递电子和质子。

33. 自体保藏法是一种简便的果蔬贮藏法，但容器中 CO_2 浓度不能超过________%。

34. 需要呼吸作用提供能量的生理过程有________、________、________、________等，不需要呼吸作用直接提供能量的生理过程有________、________、________等。

35. 在果实成熟时发生呼吸跃变的果实有________、________、________、________等，在果实成熟时不发生呼吸跃变的果实有________、________、________等。

36. 糖酵解的酶系定位于________内，三羧酸循环酶系定位于________内，呼吸链的组分定位于________上。

37. 抗坏血酸氧化酶是广泛存在于植物体内的一种含金属________的氧化酶，存在于________中或与________结合。

38. 若 2 分子葡萄糖经线粒体彻底氧化，那么，在 EMP 中净生成________分子 ATP，在 TCA 中净生成________分子 ATP，在呼吸链上净生成________分子 ATP。

39.EMP-TCA 中脱氢部位为________、________、________、________、________

和________，催化相应脱氢反应的酶为________、________、________、________、________和________。

40. PPP 中 CO_2 释放部位是________，脱氢部位是________和________，催化两步脱氢的酶分别为________和________，脱氢酶的辅酶为________。

41. 呼吸商的功能在于指出________和________，若底物为局部氧化的有机酸时，RQ 为________。

42. 呼吸链上偶联的 ATP 形成部位为________、________和________。

43. C_1/C_6 比值变化可以反应呼吸途径的发生情况，如果只有 EMP-TCA 途径发生，那么 C_1/C_6 应等于________，假若同时还有 PPP 途径发生，则 C_1/C_6 应比________。

44. 在乙醛酸循环中，有两处乙酰 CoA 参与反应：一是在________酶催化下，乙酰 CoA 与草酰乙酸结合生成________；二是在________酶催化下，乙酰 CoA 与乙醛酸结合生成________。

45. 有两类物质能够破坏氧化磷酸化作用：一类是解偶联剂，如________和________，可使氧化与磷酸化解偶联，造成浪费性的无效呼吸；另一类是电子传递抑制剂，如________可阻断2H 从 NADH 2 向 FMN 传递，________可阻断电子从 Cytb 向 Cytc 传递，________、________、________等可阻断电子从 Cyta 向 Cyta 3 的传递。

46. 通常用 TTC 法测定植物根系或种子活力，TTC 的中文名称是________。

47. 和 TTC 反应后的根尖变成________色，这是由于 TTC 被还原产生了________，可用________将其研磨提取。

48. 用 TTC 比色法测定植物根系活力时，根系活力的单位是________。

49. BTB 为酸碱指示剂，酸性条件下呈________色，碱性条件下呈________色。

50. 快速测定植物种子生活力的方法有________、________和________。

51. 用 TTC 法测定种子生活力时观察到的现象是________。

52. 用 BTB 法测定种子生活力时观察到的现象是________。

53. 戊糖磷酸途径可分为葡萄糖________和分子________两个阶段。若 6 分子 G6P 经过两个阶段的运转，可以释放________分子 CO_2、________分子 NADPH，并再生________分子 G6P。

54. 高等植物的无氧呼吸随环境中 O_2 的增加而________，当无氧呼吸停止时，这时环境中的 O_2 浓度称为无氧呼吸________。

55. 植物细胞内产生 ATP 的方式有 3 种，即________磷酸化、________磷酸化和________磷酸化。

56. 在完全有氧呼吸的条件下 $C_6H_{12}O_6$ 的呼吸商为________。若以脂肪作为呼吸底物时呼吸商则________。

57. 线粒体是进行________的细胞器，在其内膜上进行________过程，衬质内则进行________。

58. 高等植物如果较长时间进行无氧呼吸，由于________的过度消耗，________供应不足，加上________物质的积累，因而对植物是不利的。

59. 种子从吸胀到萌发阶段，由于种皮尚未突破，此时以________呼吸为主，RQ值________，而从萌发到胚部真叶长出，此时转为以________呼吸为主，RQ值降到1。

60. 高等植物在正常呼吸时，主要的呼吸底物是________，最终的电子受体是________。

61. 就同一植物而言，呼吸作用的最适温度总是________于光合作用的最适温度。

62. 制作泡菜时，泡菜坛子必须密封的原因是避免氧对________的抑制。

63. 呼吸传递体中的氢传递体主要有NAD^+、________、________和________等。它们既传递电子，也传递质子；电子传递体主要有________系统，某些________蛋白和________蛋白等。

64. 所谓气调法贮藏粮食，是将粮仓中空气抽出，充入________，达到________呼吸安全贮藏的目的。

65. 6–磷酸果糖激酶的正效应物是________，负效应物是________和________。

66. 生成H_2O时，会产生________ 个ATP。

六、选择题

1. 苹果贮藏久了，组织内部会发生（　　）。

   A. 抗氰呼吸　　B. 酒精发酵　　C. 糖酵解

2. 在植物正常生长的条件下，植物的细胞里葡萄糖降解主要是通过（　　）。

   A. PPP　　B. EMP–TCA　　C. EMP

3. 植物组织衰老时，戊糖磷酸途径在呼吸代谢途径中所占比例（　　）。

   A. 上升　　B. 下降　　C. 维持一定水平

4. 水稻、油菜等种子形成过程中，PPP所占比例（　　）。

   A. 下降　　B. 上升　　C. 不变

5. 植物组织受旱或受伤时，PPP所占比例（　　）。

   A. 下降　　B. 上升　　C. 不变

6. 高等植物的无氧呼吸可以产生（　　）。

   A. 酒精　　B. 苹果酸　　C. 乳酸

7. 种子萌发时，种皮未破裂之前只进行（　　）。

   A. 有氧呼吸　　B. 无氧呼吸　　C. 光呼吸

8. 植物呼吸作用中生物氧化进行的位置是（　　）。

   A. 线粒体　　B. 细胞质　　C. 细胞膜

9. 参与糖酵解各反应的酶都存在于（　　）。

A. 细胞膜上　　B. 细胞质中　　C. 线粒体中

10. 三羧酸循环各反应的全部酶都存在于（　　）。

A. 细胞质　　B. 液泡　　C. 线粒体

11. 戊糖磷酸途径中，各反应的全部酶都存在于（　　）。

A. 细胞质　　B. 线粒体　　C. 乙醛酸体

12. 无氧呼吸中氧化作用所需要的氧来自细胞内（　　）。

A. 水分子　　B. 被氧化的糖分子

C. 乙醇

13. 三羧酸循环释放 CO_2 的氧来源于（　　）。

A. 空气中氧　　B. 水中的氧　　C. 被氧化底物中的氧

14. 在三羧酸循环中，1 分子丙酮酸可以释放（　　）。

A. 3 分子 CO_2　　B. 2 分子 CO_2　　C. 1 分子 CO_2

15. 在呼吸链中的电子传递体是（　　）。

A. 细胞色素系统　　B. NAD^+

C. FAD

16. 在呼吸链中从 NADH 开始，经细胞色素系统至氧，生成 H_2O，其 P/O 比值为（　　）。

A. 1　　B. 2　　C. 3

17. 在呼吸链中从 $FADH_2$ 经泛醌、细胞色素系统至氧，生成 H_2O，其 P/O 比值为（　　）。

A. 1　　B. 2　　C. 3

18. 交替氧化酶途径的 P/O 比值为（　　）。

A. 1　　B. 2　　C. 3

19. 真核细胞中 1 mol 葡萄糖完全氧化时，呼吸生成的 ATP 为（　　）。

A. 34 mol　　B. 36 mol　　C. 38 mol

20. 呼吸作用通过氧化磷酸化形成 ATP 供生命活动用是（　　）。

A. 放能过程　　B. 贮能过程

C. 既是放能过程也是贮能过程

21. 植物体内呼吸过程中末端氧化酶主要有（　　）。

A. 细胞色素氧化酶　　B. 抗氰氧化酶

C. 酯酶

22. 在植物体内多种氧化酶中，不含金属的氧化酶是（　　）。

A. 细胞色素氧化酶　　B. 酚氧化酶

C. 黄素氧化酶

23. 细胞色素氧化酶对氧的亲和力（　　）。

A. 高　　B. 低　　C. 中等

24. 当植物从缺氧环境转移到空气中时糖酵解的速度（　　）。

A. 减慢　　B. 加快　　C. 不变

25. 当植物从缺氧环境转移到空气中时，三羧酸循环则（　　）。

A. 减慢　　B. 加快　　C. 不变

26. 戊糖磷酸途径的主要调节物是（　　）。

A. ATP　　B. ADP　　C. NADPH

27. 当呼吸底物是葡萄糖，完全氧化时，呼吸商是（　　）。

A. 大于 1　　B. 小于 1　　C. 等于 1

28. 从种子萌发到苗期，全部呼吸几乎都是属于（　　）。

A. 生长呼吸　　B. 维持呼吸　　C. 有氧呼吸

29. 如果呼吸途径是通过 EMP－TCA 途径，那么 C_1/C_6 应等于（　　）。

A. 大于 1　　B. 小于 1　　C. 等于 1

30. 淀粉种子安全含水量应在（　　）。

A. 9% ~ 10%　　B. 12% ~ 13%　　C. 15% ~ 16%

31. 呼吸跃变型果实在成熟过程中，与呼吸速率增强密切相关物质是（　　）。

A. 酚类化合物　　B. 糖类化合物　　C. 乙烯

32. 用 TTC 法测定根系活力时，在 37 ℃温箱保温 1 h 后，立即加入 1 mol/L 的 H_2SO_4。其目的是为了（　　）。

A. 终止反应　　B. 便于研磨提取 TTF　　C. 保持适宜 pH 值

33. 以下（　　）物质可以自辅酶 I 至黄素蛋白处打断呼吸链，使氧化磷酸化不能进行。

A. 抗霉素　　B. 安密妥　　C. NAN_3

34. 当植物组织从有氧条件下转放到无氧条件下，糖酵解速度加快，是由于（　　）。

A. 柠檬酸和 ATP 合成减少　　B. ATP 和 Pi 减少

C. $NADH+H^+$合成减少

35. 呼吸跃变型果实在成熟过程中，抗氰呼吸增强，与下列（　　）物质密切相关。

A. 酚类化合物　　B. 糖类化合物　　C. 乙烯

36. 有机酸作为呼吸底物时呼吸商是（　　）。

A. 大于 1　　B. 等于 1　　C. 小于 1

37. 影响贮藏种子呼吸作用的最明显因素是（　　）。

A. 温度　　B. 水分　　C. O_2

38. 苹果和马铃薯等切开后，组织变褐，是由于（　　）作用的结果。

A. 抗坏血酸氧化酶　　B. 细胞色素氧化酶　　C. 多酚氧化酶

39. 当呼吸底物是脂肪时，完全氧化时呼吸商（　　）。
A. 大于 1　　B. 等于 1　　C. 小于 1
40. 水稻、小麦种子的安全含水量为（　　）%。
A. 6 ~ 8　　B. 8 ~ 10　　C. 12 ~ 14
41. 植物在受伤或感病时常常改变呼吸作用途径，使（　　）加强。
A. EMP-TCA 循环　　B. 无氧呼吸
C. PPP
42.（　　）能提高温室蔬菜的产量。
A. 适当降低夜间温度　　B. 适当提高夜间温度
C. 昼夜温度保持一致
43. 在呼吸作用中，三羧酸循环的场所是（　　）。
A. 细胞质　　B. 线粒体基质　　C. 叶绿体
44. EMP 和 PPP 的氧化还原辅酶分别为（　　）。
A. NAD^+、FAD　　B. $NADP^+$、NAD^+　　C. NAD^+、$NADP^+$

七、是非题

1. 在有氧呼吸时，被氧化的底物彻底氧化为 CO_2，O_2 被还原为糖。（　　）
2. 糖酵解是指在线粒体内所发生的，将葡萄糖分解为丙酮酸的过程。（　　）
3. 三羧酸循环的酶类都处于线粒体内膜之上。（　　）
4. 既不耗 O_2 也不释放 CO_2 的呼吸作用是不存在的。（　　）
5. 从发展的观点来看，有氧呼吸是由无氧呼吸进化而来的。（　　）
6. 种皮未破裂之前，种子只进行有氧呼吸。（　　）
7. 戊糖磷酸途径是在线粒体内进行的。（　　）
8. 戊糖磷酸途径在幼嫩组织中所占比例较大，在年老组织中所占比例较小。
（　　）
9. 研究证明，植物组织感病时戊糖磷酸途径所占比例下降。（　　）
10. 有氧呼吸中 O_2 并不直接参加到 TCA 循环中去氧化底物，但 TCA 循环只有在有 O_2 条件下进行。（　　）
11. TCA 循环中不能产生高能磷酸化合物。（　　）
12. 细胞色素氧化酶在植物组织中存在不普遍。（　　）
13. 在制作红茶时，需要抑制多酚氧化酶的作用。（　　）
14. 在制作绿茶时，需要借助多酚氧化酶的作用。（　　）
15. 马铃薯块茎、苹果削皮或受伤后出现褐色，就是多酚氧化酶作用的结果。
（　　）

16. 天南星科海芋属植物开花时，花序呼吸速率迅速升高，这是由于抗坏血酸氧化酶作用的结果。 ( )

17. 生物氧化是在细胞内正常体温和有水的环境下进行，能量是集中释放的。 ( )

18. 细胞色素传递电子的机理，主要是通过铁叶啉辅基中铁离子完成的。 ( )

19. 高等植物细胞将 1 mol 葡萄糖完全氧化时，净生成 38 mol ATP。 ( )

20. 用 2，4 – 二硝基苯酚等药剂可阻碍氧化（电子传递），而不影响磷酸化。 ( )

21. 除了细菌和蓝藻尚未肯定外，所有植物细胞都含有线粒体。 ( )

22. 如果没有呼吸作用，光合作用过程就无法完成。 ( )

23. 光合作用释放 O_2，可供呼吸作用利用，而呼吸作用释放的 CO_2，不能为光合使用所利用。 ( )

24. 提高环境中 O_2 的含量，可以使糖酵解速度加快。 ( )

25. 能荷是细胞中 ATP 合成反应和利用反应的调节因素。 ( )

26. 当植物细胞内 $NADP^+$ 过多时，会对戊糖磷酸途径起反馈抑制作用。 ( )

27. 如果呼吸底物是葡萄糖，又完全氧化，呼吸商会大于 1。 ( )

28. 如果呼吸底物是脂肪则呼吸商会等于 1。 ( )

29. 如果呼吸底物是蛋白质，则呼吸商会小于 1。 ( )

30. 如果呼吸底物是一些有机酸（如苹果酸），则呼吸商会小于 1。 ( )

31. 温度之所以影响呼吸速率，主要是影响蛋白质含量。 ( )

32. 能较长时间维持最快呼吸速率的温度，才算是最适温度。 ( )

33. 呼吸作用的最适温度总是比光合作用的最适温度低。 ( )

34. 呼吸作用的最低温度依植物体的生理状况而有所差异。 ( )

35. 当外界环境中的 CO_2 浓度增加时，呼吸速率便会加快。 ( )

36. 当外界氧气浓度下降时，作物有氧呼吸就会升高。 ( )

37. 如果以糖作为呼吸底物，在缺氧情况下进行酒精发酵，则呼吸商会接近于 1。 ( )

38. 涝害淹死植株，是因为无氧呼吸进行过久累积酒精，而引起中毒。 ( )

39. 干旱和缺钾会使作物的氧化磷酸化加强，导致生长不良甚至死亡。 ( )

40. 作物栽培中有许多生理障碍，与呼吸作用有着间接关系。 ( )

41. 早稻育秧在寒潮之后，适时排水，主要是为了使根系得到充分的养料。 ( )

42. 呼吸跃变的产生是由于果实形成内脱落酸的缘故。 ( )

43. CoQ 是呼吸链的组分之一，其作用就是传递电子。 ( )

44. 小麦感染锈病后，体内酚氧化酶和抗坏血酸氧化酶的活性增高。 ( )

45. 提高外界 CO_2 浓度可以抑制植物呼吸作用，因而在甘薯贮藏期间尽可能提高空气中 CO_2 浓度，并使之处于缺氧环境中，对贮藏是有利的。（　　）

46. 所有的末端氧化酶都位于呼吸链末端。（　　）

47. 抗氰呼吸中能释放出较多的热量而合成的 ATP 却较少。（　　）

48. 有解偶联剂存在时，从电子传递中产生的能量会以热的形式散失。（　　）

49. 呼吸商越高，底物本身的氧化程度越低。（　　）

50. 呼吸作用的电子传递链位于线粒体的基质中。（　　）

51. 由淀粉转变为 G-1-P 时，需要 ATP 作用。（　　）

52. 所有生物的生存都需要 O_2。（　　）

53. 糖酵解过程不能直接产生 ATP。（　　）

54. 氧化磷酸化是氧化作用和磷酸化作用相偶联进行的过程。（　　）

55. 细胞质中 1 mol NADH 电子传递给呼吸链中 O_2 的过程中，可产生 3 mol ATP。（　　）

八、问答题

1. 为什么要研究呼吸作用?
2. 呼吸作用的生理意义是什么?
3. 植物呼吸代谢多条路线论点的内容和意义如何?
4. 戊糖磷酸途径在植物呼吸代谢中具有什么生理意义?
5. 呼吸作用糖的分解代谢途径有几种? 各在细胞的什么部位进行?
6. 糖酵解和戊糖磷酸途径的调节酶各是什么?
7. 三羧酸循环的要点及生理意义如何?
8. 什么叫末端氧化酶? 主要有哪几种?
9. 抗氰呼吸有何特点?
10. 呼吸作用与光合作用有何区别?
11. 呼吸作用与光合作用的辩证关系表现在哪些方面?
12. 举例说明需要由呼吸作用直接提供能量的生理过程和不需要由呼吸作用直接提供能量的生理过程。
13. 氧为何抑制糖酵解和发酵作用?
14. 呼吸作用中代谢调节的主要途径是什么?
15. 测定呼吸速率的主要方法和原理是什么?
16. 长时间无氧呼吸植物为什么会死亡?
17. 植物组织受到损伤时呼吸速率为何加快?
18. 在制作绿茶时，为什么要把采下的茶叶立即焙火杀青?

19. EMP 途径产生的丙酮酸可进入哪些反应途径？

20. 呼吸作用与谷物种子贮藏的关系如何？

21. 呼吸跃变与果实贮藏的关系如何？ 怎样协调温度、湿度及气体的关系，做好果蔬的贮藏？

22. 果实成熟时产生呼吸跃变的原因是什么？

23. 如何判断细胞组织中 EMP－TCA 与 PPP 途径所占比例？

24. 呼吸作用与农作物栽培有何关系？

25. 随着种子成熟呼吸减弱的原因是什么？

26. 一般种子在萌发过程中呼吸商有何变化？ 为什么？

27. 光呼吸与暗呼吸有何区别？

28. 简述如何调节呼吸作用。

29. 春天如果温度过低，就会导致秧苗发烂，这是什么原因？

30. TCA 循环、PPP、GAC 途径各发生在细胞的什么部位？ 各自有何生理意义？

31. 简述氧化磷酸化的机理。

32. 生长旺盛部位与成熟组织或器官在呼吸效率上有何差异？

33. 为什么说油料种子播种时应注意适当浅播？

34. 试述线粒体内膜上电子传递链的组成。

35. 在无氧条件下，单独把丙酮酸加入绿豆提取液中，结果只有少量的乙醇形成。但是，如果在相同条件下加入大量的葡萄糖，则生成大量的乙醇，这是什么原因？

36. 试从不同底物呼吸途径呼吸链和末端氧化举出呼吸代谢途径各 3 条。

37. 线粒体的超微结构是如何适应其呼吸作用这一特定功能的？

38. 磷酸戊糖途径与 EMP－TCA 途径相比有何不同？

39. 呼吸作用是怎样影响植物的水分吸收、矿质营养等生理活动的？

40. 为什么种子入仓时间的含水量不能超过其临界含水量？

41. 白天在实验室测定植物茎叶的呼吸速率会受到什么影响？ 如何解决？

Ⅴ 植物体内有机物质运输、分配及信号的传导

一、名词解释

1. 质外体 2. 共质体 3. 胞间连丝 4. 压力流动学说 5. 收缩蛋白学说 6. 细胞质泵动学说 7. 代谢源 8. 代谢库 9. 比集转运率 10.P 蛋白 11. 转移细胞 12. 源库单位 13. 库强和源强 14. 信号转导 15. 化学信号 16. 物理信号 17. G 蛋白 18. 第

二信使　19. 源细胞　20. 受体　21. 胼胝体　22. 韧皮部装载　23. 韧皮部卸出　24. 对氯汞苯磺酸　25. 果糖-1，6-二磷酸酯酶　26. 果糖-2，6-二磷酸　27. 蔗糖磷酸合成酶　28. 尿二磷葡萄糖　29. ADPG 焦磷酸化酶　30. 动作电波　31. 钙调素　32. 蛋白激酶　33. 蛋白激酶 C　34. 环腺苷酸　35. 运输速度　36. 出胞现象

二、中译英

1. 胞间连丝　2. 连丝微管　3. 共转运　4. 共质体运输　5. 质外体运输　6. 压力流动学说　7. 胞质泵动学说　8. 收缩蛋白学说　9. 环割　10. 代谢库　11. 代谢源　12. 韧皮部

三、英译中

1. plasmodesma　2. co-transport　3. pressure flow theory　4. cytoplasmic pumping theory　5. microfibril　6. receiver cell　7. phloem unloading　8. girdling　9.desmotubule　10. contractile protein theory　11. metabolic source　12. metabolic sink

四、写出下列符号的中文名称

1. SE-CC　2. TPT　3. SC　4. IAA　5. IP_3　6. DG　7. PKC　8. cAMP　9. SMT　10. SMTR　11. UDPG　12. ADPG　13. AP　14. PCMBS　15. FBPase　16. F2，6BP　17. SPS　18. CaM　19. PI　20. PIP　21. PIP_2　22. PK　23. PP　24. cAMP

五、填空题

1. 植物体内有机物质长距离运输的途径是________，而胞内的运输是通过________和________的运输。

2. 筛管内含量最高的有机物质是________，含量最高的无机物质是________。

3. 马铃薯块茎萌发时有机物运输的方向主要是从________运向________，块薯用完后的营养生长主要是从________运向________，而在块茎膨大时，则主要是从________运向________运输。

4. 同化物从绿色细胞向韧皮部装载的途径，由________到________再到________韧皮筛管分子。

5. 支持压力流动学说的实验证据是________、________、________。

6. 从同化物运输与分配的观点看，水稻的结实率取决于________，而子粒的饱满程度则主要取决于________。

7. 胡萝卜素是维生素________的主要来源。

8. 花色素在偏酸的细胞液中呈________。

9. 花色素在偏碱的细胞液中呈________。

10. 烟草中的主要生物碱叫________。

11. 施氮肥多时，烟碱的含量就________。

12. 叶肉细胞中的糖分向韧皮部装入是________浓度梯度进行的。

13. 有机物在筛管中随液流的流动而流动，而这种液流流动的动力，则来自输导系统两端的________。

14. 温度影响体内有机物的运输方向，当土温大于气温时，则有利于光合产物向________运输。

15. 有机物的分配受________、________和________三因素的影响，其中________能力起着较重要的作用。

16. 影响有机物在植物体内运输的外界条件是________、________和________。

17. 关于有机物运输的学说有________、________和________。

18. 就源库关系看，在源大于库时子粒的增重受________的限制；库大于源时，子粒增重受________的限制。

19. 以肌醇磷脂代谢为基础的细胞信号系统，是在胞外信号被膜受体接受后，以G蛋白为中介，由质膜中的磷脂酶C水解PIP_2而产生________和________两种信号分子，因此该系统又称________。

20. 在信号转导中，细胞中重要的一类G蛋白是由3种亚基________、________、________构成的异源三体G蛋白。

21. 一般认为，胞间连丝有3种状态：①________态；②________态；③________态。一般来说，细胞间的胞间连丝多、孔径大，存在的浓度梯度大，则________于共质体的运输。

22. 物质进出质膜的方式有：①顺浓度梯度的________转运；②逆浓度梯度的________转运；③依赖于膜运动的________转运。

23. 以小囊泡方式进出质膜的膜动转运包括________、________和________3种形式。

24. 一个典型的维管束可由四部分组成：①以导管为中心，富有纤维组织的________；②以筛管为中心，周围有薄壁组织伴联的________；③穿插木质部和韧皮部间及四周的多种________；④包围木质部和韧皮部________。

25. 筛管中糖的主要运输形式是________和________。

26. 光合同化物在韧皮部的装载要经过3个区域：①光合同化物________区，指能进行光合作用的叶肉细胞；②同化物________区，指小叶脉末端韧皮部的薄壁细胞；③同化物________区，指叶脉中的SE－CC。

27. 质外体装载是指________细胞输出的蔗糖先进入质外体，然后通过位于SE－CC复合体质膜上的蔗糖载体________蔗糖浓度梯度进入伴胞，最后进入筛管的过程。共质体装载途径是指________细胞输出的蔗糖通过胞间连丝________浓度梯度进入伴胞或中间细胞，最后进入筛管的过程。

28. 转化酶是催化蔗糖________反应的酶。根据催化反应所需的最适pH值，可将转化酶分成两种：一种称为________转化酶，该酶对底物蔗糖的亲和力较高，主要分布在液泡和细胞壁中；另一种称为________转化酶，该酶主要分布在细胞质部分。

29. 光合细胞中蔗糖的合成是在________内进行的。催化蔗糖降解代谢的酶有两种：一种是________，另一种是________。

30. 植物细胞的信号分子按其作用范围可分为________信号分子和________信号分子。对于细胞信号传导的分子途径，可分为4个阶段，即：①________信号传递；②________信号转换；③________信号转导；④________可逆磷酸化。

31. 体内的胞间信号有________、________、________、________等，常见的物理信号有________、________、________、________等。

32. G蛋白的生理活性因依赖于与________的结合及具有________的活性而得名。

33. 植物胞间运输包括________、________，器官间的长距离运输通过________。

34. 植物体内碳水化合物主要以__________的形式运输，此外，还有________糖、________糖和________糖等。

35. 筛管汁液中含量最多的有机物是________，含量最多的无机离子是________。

36. 用________法和________法可以证明，植物体内同化物长距离运输的途径是韧皮部筛管。

37. 有机物总的分配方向是由________到________。

38. 植物体内同化物分配的特点是________、________、________、________。

39. 载体参与和调节有机物质向韧皮部的装载过程，其依据是________；________；________。

40. 无机磷含量对同化物的运转有调节作用，当无机磷含量较高时，Pi与叶绿体内的________进行交换，有利于光合产物从________运转到________，促进细胞内________的合成。

41. 植物在营养生长期，氮肥施用过多，体内________含量增多，________含量减少，不利于同化物在茎秆中积累。

42. 近年来发现，细胞内K^+/Na^+比调节淀粉/蔗糖的比值，K^+/Na^+比高时，有利于________的积累，K^+/Na^+比低时，有利于光合产物向________的转化。

43. 伴细胞与筛管细胞通过胞间连丝相联，伴细胞的作用是为筛管细胞________，________，________和________。

44. 研究表明，________、________和________3种植物激素可以促进植物体内有机物质的运输。

45. 到现在为止，能解释筛管运输机理的学说有 3 种：__________、__________和__________。

46. 韧皮部卸出是指装载在韧皮部的同化物输出到________的过程。

47. 当温度降低时，呼吸作用相应______；导致有机物在机体内运输速率______；但温度如果过高，呼吸增强，也会消耗一定量的有机物质，同时胞质中的酶也可能开始钝化或被破坏，所以有机物运输速度也________。

48. 影响有机物的分配有 3 个因素：_______、_______和_______；其中_______起着较重要的作用。

49. 同化产物在机体内有 3 种去路，分别为：________、________和________。

六、选择题

1. 叶绿体中输出的糖类主要是（　　）。
   A. 磷酸丙糖　　B. 葡萄糖和果糖　　C. 蔗糖
2. 筛管内与筛管外间隙相比，其 H^+浓度与 K^+含量是（　　）。
   A. 胞内的 H^+浓度与 K^+含量均比胞外间隙中的高
   B. 胞内的 H^+浓度与 K^+含量均比胞外间隙中的低
   C. 胞内的 H^+浓度比胞外低，而胞内 K^+含量则比胞外高
3. 植物体内，糖类的含量占植株干重的（　　）。
   A. 90% 以上　　B. 60% ~ 90%　　C. 50% 以上
4. 春天树木发芽时，叶片展开前，茎秆内糖分运输的方向是（　　）。
   A. 从形态学上端运向下端　　B. 形态学下端运向上端
   C. 既不向上也不向下运
5. 植物体内酰胺含量丰富时，说明体内（　　）。
   A. 供氮不足　　B. 供氮充足　　C. 供氮一般
6. 禾谷类作物种子萌发时，游离氨基酸会（　　）。
   A. 减少　　B. 增加　　C. 不变
7. 无数原生质相互联系起来，形成一个连续的整体，是依靠（　　）。
   A. 微纤丝　　B. 胞间连丝　　C. 微管
8. 植物筛管汁液中，占干重 90% 以上的是（　　）。
   A. 蛋白质　　B. 脂肪　　C. 蔗糖
9. 细胞间有机物质运输的主要途径是（　　）。
   A. 质外体运输　　B. 共质体运输　　C. 简单扩散
10. 蔗糖转变中不可缺少的元素是（　　）。

A. 磷　　B. 铁　　C. 锌

11. 植物体内有机物质运输的主要形式是（　　）。

A. 葡萄糖　　B. 果糖　　C. 蔗糖

12. 无论是细胞质泵动学说还是收缩蛋白学说，都认为有机物运输需要（　　）。

A. 充足水分　　B. 适宜的温度　　C. 消耗能量

13. 影响同化物运输的矿质元素主要是（　　）。

A. 氮　　B. 硼　　C. 磷

14. 禾谷类作物拔节期之前，下部叶子的同化物主要供应（　　）。

A. 幼叶　　B. 幼芽　　C. 根部

15. 提高作物产量的有效途径是增加经济系数，增加经济系数的有效途径则是（　　）。

A. 适当地降低株高　　B. 减少氮肥

C. 增施磷肥

16. 植物体内同化物运输速率对光合作用的依赖是间接的，主要起控制作用的是（　　）。

A. 光照的强弱　　B. 叶内蔗糖浓度

C. 温度的高低

17. IAA 对有机物质的运输和分配有（　　）。

A. 抑制作用　　B. 促进作用　　C. 很小的作用

18. 植物体内有机物运输速率一般是白天（　　）。

A. 快于晚上　　B. 慢于晚上　　C. 与晚上相当

19. 低温降低有机物运输速率的原因是（　　）。

A. 减少了光合产物合成　　B. 降低了呼吸速率

C. 增加了筛管汁液的黏度

20. 在植物有机体中，有机物的运输主要依靠（　　）来承担。

A. 韧皮部　　B. 木质部　　C. 微管

21. 以下细胞器中，（　　）不属于胞内钙库。

A. 液泡　　B. 内质网　　C. 细胞核

22. 温度对同化物的运输也会产生影响，当气温高于土温时（　　）。

A. 有利于同化物质向根部输送

B. 有利于同化物质向顶部运输

C. 只影响运输速率，不影响运输方向

23. 正开花结实的作物，其叶片的光合速率比开花之前（　　）。

A. 有所增强　　B. 有所下降　　C. 变化无常

24. 激素对同化物运输有明显的调节作用，其中以（　　）最为显著。

A. CTK　　B. IAA　　C. GA

25. 大部分植物筛管内运输的光合产物是（　　）。

A. 山梨糖醇　　B. 葡萄糖　　C. 蔗糖

26. 在叶肉细胞中合成淀粉的部位是（　　）。

A. 叶绿体间质　　B. 类囊体　　C. 细胞质

27. 蔗糖向筛管的质外体装载是（　　）进行的。

A. 顺浓度梯度　　B. 逆浓度梯度　　C. 等浓度

28. 源库单位的（　　）是整枝、摘心、疏果等栽培技术的生理基础。

A. 区域化　　B. 对应关系　　C. 固定性

29. 稻麦单位土地面积上的颖花数或单个颖果胚乳细胞数等可用来表示（　　）。

A. 库活力　　B. 库强　　C. 库容

30. 韧皮部装载时的特点是（　　）。

A. 逆浓度梯度；需能；具选择性

B. 顺浓度梯度；不需能；具选择性

C. 逆浓度梯度；需能；不具选择性

31. 在筛管运输机理的几种学说中，主张筛管液是靠源端和库端的压力势差建立起来的压力梯度来推动的，是哪一种？（　　）

A. 压力流动学说　　B. 胞质泵动学说

C. 收缩蛋白学说

32. 有机物在植物内运输的最适温度一般为（　　）。

A. 25 ~ 35 ℃　　B. 20 ~ 30 ℃　　C. 10 ~ 20 ℃

33. 温度降低可使有机物在植物体内的运输速度降低的原因是（　　）。

A. 光合作用减弱了　　B. 呼吸速率降低了

C. 筛管黏度减弱了

34. 韧皮部同化产物在植物体内的分配受 3 种能力的综合影响，即（　　）。

A. 供应、竞争和运输能力　　B. 供应、运输和控制能力

C. 运输、竞争和收缩能力

七、是非题

1. 昼夜温差大，可减少有机物呼吸消耗促进同化物运输，使瓜果的含糖量及种子千粒重增加。（　　）

2. 叶片中含量最高的单糖是磷酸丙糖，它是 CO_2 固定还原后的产物。（　　）

3. 去穗后的小麦叶片，由于有机物质供给增多，因而功能期延长，光合速率增加。（　　）

4. 玉米成熟时，如将其连秆带穗收割后堆放，则茎秆中的有机物仍可继续向子粒运输。（ ）

5. 如果将葫芦科植物的茎从地上部切去，从它的切口处会有很多液汁流出，说明筛管内有很大的正压力。（ ）

6. 一般而言，叶肉细胞内蔗糖的浓度比筛管内高。（ ）

7. 有机物运输是决定产量高低和品质好坏的一个重要因素。（ ）

8. 韧皮部中的物质不能同时向相反方向运输。（ ）

9. 筛管汁液干重 90% 以上是葡萄糖，不含无机离子。（ ）

10. 从叶肉细胞把同化物装载到韧皮部的细胞是消耗代谢能的。（ ）

11. 筛管中液流流动是由输导系统两端的衬质势差引起的。（ ）

12. 源叶的光合产物装载入韧皮部的细胞途径可能是“共质体→质外体→共质体→韧皮部筛管分子”。（ ）

13. 随着作物生育时期的不同，源与库的地位也将因时而异。（ ）

14. 源叶内 Pi 含量低时有利于光合产物向外输出。（ ）

15. 胞外信号只有被膜上受体识别后，通过膜上信号转换系统，转变为胞内信号，才能调节细胞代谢及生理功能。（ ）

16. 库强度是库容量和库活力的乘积。（ ）

17. 植物细胞中不具有 G 蛋白连接受体。（ ）

18. 单位时间内被运输溶质的总重量称为溶质运输速度。（ ）

19. 植物体内有机物长距离运输时，一般是有机物质从高浓度区域转移到低浓度区域。（ ）

20. 叶片中的同化物质之所以能向筛管中转移，是因为叶细胞中蔗糖的浓度比筛管内高。（ ）

21. 当水稻去穗后，发现叶片光合速率明显提高。（ ）

22. 筛管细胞内 pH 值比筛管外的 pH 值低。（ ）

23. 硼能促进蔗糖的合成，提高可运态蔗糖所占比例。（ ）

24. 当土温高于气温时，光合产物向根部运输的比例增大。（ ）

25. 韧皮部装载有 2 条途径，即质外体途径和共质体途径。（ ）

26. 解释筛管中运输同化产物的机理学说有 3 种，其中压力流动学说主张筛管液流是由源端和库端的膨压建立起来的压力势梯度来推动的。（ ）

27. 源叶中的光合产物装载入韧皮部的细胞途径可能是“共质体→质外体→共质体→韧皮部筛管分子”。（ ）

28. 在作物的不同生育时期，源与库的地位始终保持不变。（ ）

29. 许多实验证明，有机物的运输途径主要是由木质部担任的。（ ）

八、问答题

1. 有机物质运输在植物生活中有何意义?

2. 如何用实验证明植物体内同化物的运输是一个主动的过程?

3. 同化物是如何装入与卸出筛管的?

4. 蔗糖是植物体内有机物运输的主要形式，缘由何在?

5. 细胞内和细胞间的有机物运输各经过什么途径?

6. 温度对植物体内有机物运输有什么影响?

7. 硼为什么能促进植物体内碳水化合物的运输?

8. 植物体内有机物运输分配规律如何?

9. 请举出说明植物体内同化产物再分配再利用的几个例子。

10. 简述作物产量形成的源库关系。

11. 一株马铃薯在 100 天内块茎增重 250 g，其中有机物质为 24%，地下茎韧皮部横切面积为 0.004 cm^2，求同化物运输的比集运量?

12. 何谓压力流动假说? 实验依据是什么? 该学说还有哪些不足之处?

13. 高等植物体内信号长距离运输的途径有哪些?

14. 植物细胞信号传导可分为哪几个阶段?

15. 维管束系统对植物的生命活动具有哪些功能?

16. 胞间连丝的结构有什么特点? 胞间连丝有什么作用?

17. 跨膜信号转换的意义是什么? 需要什么来实现?

18. 如何证明高等植物同化物长距离运输的通道是韧皮部?

19. 关于韧皮部运输机理的研究应包括哪些内容?

20. 测定韧皮部运输速度有哪些方法?

21. 简述库细胞内淀粉合成的可能途径。

22. 简述植物细胞把环境刺激信号转导为胞内反应的可能途径。

23. 转运细胞在结构上有什么特征? 在同化物运输中有哪些作用?

24. 简述 H^+–蔗糖协同转移的两种机理。

25. 请用实验证明烟碱是由根系合成的，而叶片不能合成烟碱。

26. 请指出构成作物经济产量的主要物质来源? 从光合产物分配的观点分析如何提高作物的经济产量?

27. 有人研究干旱对灌浆期小麦旗叶同化物分配的影响，结果如附表 1–1 所示，你能得出什么结论?

附表 1-1　干旱对灌浆期小麦旗叶同化物分配的影响

测定部位	对照植株 / %	缺水植株 / %
旗叶	26.4 ± 3.8	57.4 ± 4.3
穗	34.7 ± 3.9	33.7 ± 3.5
上部节间	5.2 ± 0.9	3.0 ± 0.9
下部节间	17.5 ± 2.1	2.9 ± 1.2
根	16.3 ± 2.7	3.1 ± 0.6

28. 如何判别同化物韧皮部装载是通过质外体途径还是通过共质体途径的？
29. 解释筛管运输学说有几种？每一种学说的主要观点是什么？
30. 有什么因素影响着有机物的分配？
31. 呼吸作用与有机物代谢有何关系？
32. 果树生产上常利用环剥提高产量，为什么？若在果树主茎下端剥较宽的环能提高果树的产量吗？为什么？

Ⅵ　植物生长物质

一、名词解释

1. 植物生长物质　2. 植物激素　3. 植物生长调节剂　4. 极性运输　5. 激素受体　6. 自由生长素　7. 三重（向）反应　8. 燕麦单位　9. 生长抑制剂　10. 生长延缓剂　11. 油菜素内酯　12. 钙调素　13. 多胺　14. 三十烷醇　15. 靶细胞　16. 生物测定　17. 生长素　18. 燕麦实验　19. 偏上生长　20. 生长素梯度学说　21. 矮壮素　22. 吲哚乙酸　23. 赤霉素　24. 胞分裂素　25. 激动素　26. 乙烯　27. 水杨酸　28. 吲哚丁酸　29. 二甲基氨基琥珀酰胺酸　30. 系统素

二、中译英

1. 植物生长物质　2. 植物生长调节剂　3. 极性运输　4. 激素受体　5. 赤霉素　6. 脱落酸　7. 植物激素　8. 生长素受体　9. 化学渗透性扩散假说　10. 细胞分裂素　11. 乙烯　12. 吲哚丙酮酸途径　13. 生长素输出载体　14. 脱羧降解　15. 生长素结合蛋白　16. 酸生长学说　17. 抗生长素　18. 吲哚丁酸　19. 生长抑制剂　20. 生长

延缓剂 21. 生长素响应元件 22. 葡糖苷酶 23. 独立细胞分裂素 24. 细胞分裂素受体 25. 玉米黄质 26. 新黄质 27. 黄质醛 28. 堇菜黄质 29. 去极化

三、英译中

1. jasmonic acid，JA 2. salicylic，SA 3. chlorocholine chloride，CCC 4. paclobutrazol，PP333 5. polyamine，PA 6. brassinolide，BR 7. kinetin，KT 8. Auxin 9. Gibberellin 10. Cytokinin 11. Abscisic acid 12. Ethylene 13. early gene 14. primary response gene 15. late gene 16. sencondary response gene 17. ubiquitin ligase 18. heterodimer 19. indol acetonitrile 20. Heterodimer 21. arabidopsis histidine phosphotransfer 22. arabidopsis response regulator

四、写出下列符号的中文名称

1. ABA 2. ACC 3. AOA 4. AVG 5. B9 6. 6－BA 7. BR 8. CAMP 9. CaM 10. CCC 11. CTK 12. CEPA 13. 2，4－D 14. Eth 15. FC 16. GA_3 17. GC 18. HPLC 19. IAA 20. IBA 21. JA 22. KT 23. LC 24. MACC 25. MH 26. MS 27. MJ 28. NAA 29. PA 30. PP_{333} 31. SAM 32. 2，4，5－T 33. TIBA 34. ZT

五、填空题

1. 测定植物激素的方法一般有________、________、________。

2. 已经发现植物体中的生长素类物质有________、________和________。

3. 首次进行胚芽鞘向光性实验的人是________。

4. 生长素降解可通过两个方面：________和________。

5. 促进插条生根的植物激素是________。

6. 促进气孔关闭的植物激素是________。

7. 生长素、赤霉素、脱落酸和乙烯的合成前体分别是________、________、________和________。

8. 诱导 α－淀粉酶形成的植物激素是________、延缓叶片衰老的是________、促进休眠的是________、促进瓜类植物多开雌花的是________、促进瓜类植物多开雄花的是________、促进果实成熟的是________、打破土豆休眠的是________、加速橡胶分泌乳汁的是________、维持顶端优势的是________、促进侧芽生长的是________。

9. 组织培养研究中证明：当 CTK/IAA 比值高时，诱导________分化；比值低时，诱导________分化。

10. 赤霉素的基本结构是________。

11. 激动素是________的衍生物。

12. 不同植物激素组合，对输导组织的分化有一定影响，当IAA/GA比值低时促进________分化，比值高时促进________分化。

13. IAA贮藏时必须避光是因为________。

14. 为了解除大豆的顶端优势，应喷洒________。

15. ABA抑制大麦胚乳中________的合成，因此，有抗________的作用。

16. 细胞分裂素主要是在________中合成的。

17. 生长抑制物质包括________和________两类。

18. 缺O_2对乙烯的生物合成有________作用。

19. 矮生玉米之所以长不高，是因为其体内缺少________的缘故。

20. 矮壮素之所以能抑制植物生长是因为它抑制了植物体内________的生物合成。

21. 干旱、淹水对乙烯的生物合成有________作用。

22. 乙烯利在pH值________时分解放出乙烯。

23. 甲瓦龙酸在长日照条件下形成________，在短日照条件下形成________。

24. 生长素生物合成的途径有3条：________、________和________。

25. 多胺生物合成的前体物质是________、________和________。

26. 大家公认的植物激素有__________、__________、__________、__________和________五大类。

27. 生长素有两种存在形式。__________型生长素的生物活性较高，而成熟种子里的生长素则以__________型存在。生长素降解可通过以下两个方面：____________氧化和________氧化。

28. 赤霉素可部分代替____________和________而诱导某些植物开花。

29. 保持离体叶片绿色的是________；促进离层形成及脱落的是________；防止器官脱落的是________；促进小麦、燕麦胚芽鞘切段伸长的是________；促进无核葡萄果粒增大的是____________；促进菠菜、白菜提早抽苔的是________；破坏茎负向地性的是________。

30. 促进侧芽生长、消弱顶端优势的植物激素是________；促进矮生玉米节间生长的是________；降低蒸腾作用的是________；促进马铃薯块茎发芽的是________。

31. 经典生物鉴定生长素的方法是________试法，在一定范围内生长素的含量与去尖胚芽鞘的________成正比。实践中一般不将IAA直接施用在植物上，这是因为IAA在体内受________酶破坏效果不稳定的缘故。IAA储藏时必须避光是因为IAA易被________。

32. 缺氧气对乙烯的生物合成有________作用；干旱、淹水对乙烯的生物合成有________作用。

33. 生长素、赤霉素和细胞分裂素都有促进细胞分裂的效应，但它们各自所起的作用不同。生长素只促进________的分裂，细胞分裂素主要是对________的分裂起作用，而赤霉素促进细胞分裂主要是缩短了________期和________期的时间。

34. 生长抑制剂和生长延缓剂的主要区别在于：前者干扰茎的________分生组织的正常活动，后者则是干扰茎的________分生组织的活动。

35. 生长素最明显的效应就是在外用时可促进________切断和________切断的伸长生长，其原因就是促进了________。

36. 生长素对生长的作用具有 3 个特点：________、________和________。

37. 不同器官对生长素的敏感性不同，通常________>________>________。

38. 研究表明，________、________和________3 种植物激素对植物体内有机物的运转有一定的促进作用。

39. 细胞分裂素延缓衰老是由于细胞分裂素能够延缓____________和________等物质的降解速度，稳定多聚核糖体，抑制________酶、________酶及________酶的活性，保持膜的完整性等。

40. 在秋天的短日条件下，叶中甲瓦龙酸合成的________量减少，而合成的________量不断增加，使芽进入休眠状态以便越冬。

41. 对于具有呼吸跃变的果实，当后熟过程一开始，乙烯就会大量产生，这是由于________合成酶和________氧化酶的活性急剧增加的结果。

42. 常见的生长促进剂有__________、________、__________、__________等，常见的生长抑制剂有__________、__________、__________等。常见的生长延缓剂有__________、__________、__________等。

43. 在种子萌发过程中，由________产生 GA，运输到________诱导 α－淀粉酶的合成。

44. 生长素与农业生产有关的 3 种生理作用是________、________和________。

45. GA 可以________生长素的合成，还可以________生长素的分解。生长素运输的特点是________，地上部分的运输是从________向________运输。

46. 生长素的作用机理主要是它可以增加________，使细胞体积扩大，其次是生长素促进________与________的生物合成，增加新的细胞质。

47. 促进 SAM 合成 ACC 的条件主要有________、________、________和________。

48. 促进植物开花的植物激素有________、________、________和________。

49. 指出两种调节下列生理过程的激素，而且它们之间的作用是相互对抗的：

① 顶端优势________、________；　② 种子萌发________、________；

③ 黄瓜性别分化________、________；　④ 植物生长________、________；

⑤ 器官脱落________、________；　⑥ 植物休眠________、________；

⑦ 延缓衰老________、________。

50. 往植物体上喷洒 IAA 的效果不如 NAA，这是因为在植物体内存在________的缘故。

51. GA 与 ABA 均以________为单位构成，二者合成过程相似，________条件下有利于 GA 的合成，________条件下有利于 ABA 的合成。

六、选择题

1. 最早从植物中分离、纯化 IAA 的人是（　　）。
   A. Went　　B. Kogl　　C. Skoog
2. 发现最早、分布最普遍的天然生长素是（　　）。
   A. 苯乙酸　　B. 4－氯－3－吲哚乙酸
   C. 3－吲哚乙酸
3. IAA 生物合成的直接前体物质是（　　）。
   A. 色胺　　B. 吲哚丙酮酸　　C. 吲哚乙醛
4. IAA 氧化酶的辅助因子是（　　）。
   A. Mn^{2+}　　B. 一元酚　　C. Mo^{4+}
5. 生长素受体在细胞中的位置可能是（　　）。
   A. 细胞壁　　B. 细胞质（或细胞核）
   C. 质膜
6. 人工合成的生长素类在农业生产上广泛使用的是（　　）。
   A. 2，4－D　　B. NAA　　C. NOA
7. 生长素促进细胞伸长，与促进（　　）合成有关。
   A. 脂肪　　B. RNA　　C. 蛋白质
8. 生长素在植物体内的运输方式是（　　）。
   A. 只有极性运输　　B. 只有非极性运输
   C. 既有极性运输又有非极性运输
9. 叶片中产生的生长素对叶片脱落有（　　）。
   A. 抑制作用　　B. 促进作用　　C. 作用甚微
10. 已发现的赤霉素达 80 多种，其基本结构是（　　）。
   A. 赤霉素烷　　B. 吲哚环　　C. 吡咯环
11. 赤霉素呈酸性，是因为各类赤霉素都含有（　　）。
   A. 酮基　　B. 羧基　　C. 醛基
12. 赤霉素在植物体内的运输（　　）。
   A. 有极性　　B. 无极性　　C. 兼有极性和非极性
13. 赤霉素在细胞中生物合成的部位是（　　）。
   A. 线粒体　　B. 过氧化物体　　C. 质体

14. 赤霉素可以诱导大麦种子糊粉层中形成（　　）。
   A. 果胶酶　　B. α－淀粉酶　　C. β－淀粉酶
15. 细胞分裂素生物合成是在细胞里的（　　）中进行的。
   A. 叶绿体　　B. 线粒体　　C. 微粒体
16. 细胞分裂素主要的生理作用是（　　）。
   A. 促进细胞分裂　　B. 促进细胞伸长
   C. 促进细胞扩大
17. GA 对不定根形成的作用是（　　）。
   A. 抑制作用　　B. 促进作用　　C. 既抑制又促进
18. 向农作物喷施 B9 等生长延缓剂，可以（　　）。
   A. 增加根冠比　　B. 降低根冠比　　C. 不改变根冠比
19. 脱落酸的结合位点是（　　）。
   A. 只与细胞质膜专一结合　　B. 只与细胞核专一结合
   C. 只与线粒体专一结合
20. 脱落酸对核酸和蛋白质生物合成具有（　　）。
   A. 促进作用　　B. 抑制作用　　C. 作用甚微
21. 在 IAA 相同条件下，低浓度蔗糖可以诱导（　　）。
   A. 韧皮部分化　　B. 木质部分化　　C. 韧皮部和木质部分化
22. 试验证明与生长素诱导伸长有关的核酸是（　　）。
   A. tRNA　　B. rRNA　　C. mRNA
23. 维管植物中，（　　）常常是单方向运输的。
   A. 生长组织里的生长素　　B. 导管组织中的矿质元素
   C. 筛管中的蔗糖
24. 吲哚乙酸氧化酶需要两个辅基，它们是（　　）。
   A. Mn^{2+}和酚　　B. Mo^{6+}和醛
   C. Fe^{2+}和醌
25. 在维持或消除植物的顶端优势方面，下面（　　）两种激素起关键性作用。
   A. IAA 和 ABA　　B. CTK 和 ABA　　C. IAA 和 CTK
26. （　　）作物在生产上需要利用和保持顶端优势。
   A. 麻类和向日葵　　B. 棉花和瓜类
   C. 茶树和果树
27. 细胞分裂素与细胞分裂有关，其主要作用是（　　）。
   A. 调节胞质分裂　　B. 促进核的有丝分裂与胞质分裂无关
   C. 促进核的无丝分裂

28.（　　）两种激素在气孔开放方面是相互拮抗的。

A. 赤霉素与脱落酸　　B. 生长素与脱落酸

C. 生长素与乙烯

29. 在各种植物激素中分子结构最简单的是（　　）。

A. 赤霉素　　B. 细胞分裂素　　C. 乙烯

30. 可作为细胞分裂素生物鉴定法的是（　　）。

A. 燕麦试法　　B. 萝卜子叶圆片法

C. α－淀粉酶法

31. 气孔关闭与保卫细胞中（　　）的变化无直接关系。

A. IAA　　B. 苹果酸　　C. 钾离子

32. 赤霉素具有促进生长、诱导单性结实和促进形成层活动等生理效应，这是因为赤霉素可使内源（　　）的水平增高。

A. ABA　　B. IAA　　C. CTK

33. 下列叙述中，仅（　　）是没有实验证据的。

A. 乙烯促进鲜果的成熟，也促进叶片的脱落

B. 乙烯抑制根的生长，但刺激不定根的形成

C. 乙烯促进光合磷酸化

34. 下列叙述中，仅（　　）是没有实验证据的。

A. ABA 调节气孔开关

B. ABA 与植物休眠活动有关

C. ABA 促进花粉管生长

35. 抑制乙烯生物合成的因素是（　　）。

A. 逆境　　B. AVG　　C. 成熟

36. 乙烯利的贮存，pH 值要保持在（　　）。

A. 6 ~ 7　　B. > 4.0　　C. < 4.0

七、是非题

1. 植物地上部分可以从根系得到所需的 ABA、GA、CTK 等。（　　）
2. 细胞分裂素防止衰老是在翻译水平上起作用的。（　　）
3. 植物体中生长素类物质以苯乙酸分布最广。（　　）
4. 在高等植物中生长素能进行极性运输，不能进行非极性运输。（　　）
5. 生长素生物合成的前体是蛋氨酸。（　　）
6. 生长素合成的直接前体是吲哚乙醛。（　　）
7. 叶片中产生的生长素，有促进叶片脱落的作用。（　　）

8. 生长素与细胞中的生长素受体结合，是从生长素在细胞中作用的开始。 （ ）
9. 植物体内 GA_{12}－7－醛是各种 GA 的前身。 （ ）
10. 赤霉素可以诱导大麦种子糊粉层产生 β－淀粉酶。 （ ）
11. 赤霉素对根的伸长有显著促进作用。 （ ）
12. 细胞分裂素是一类促进细胞伸长的植物激素。 （ ）
13. 一般认为，细胞分裂素是在植物茎尖合成的。 （ ）
14. 细胞分裂素在植物体中的运输是无极性的。 （ ）
15. 在组织培养中当激动素/生长素的比值低时，有利于芽的分化。 （ ）
16. 在组织培养中当激动素/生长素的比值高时，有利于根的分化。 （ ）
17. 脱落酸主要以游离型的形式运输，不存在极性运输。 （ ）
18. 脱落酸对大麦糊粉层细胞中 α－淀粉酶合成有促进作用。 （ ）
19. 脱落酸具有促进气孔关闭的作用。 （ ）
20. 脱落酸在逆境下有减少脯氨酸含量的效应。 （ ）
21. 甲羟戊酸在长日条件下，经光敏色素诱导，生成脱落酸。 （ ）
22. 乙烯生物合成的前身是色氨酸。 （ ）
23. 乙烯生物合成的直接前体是 ACC。 （ ）
24. 植物器官衰老时，ACC 合成酶活性减弱，生成乙烯少。 （ ）
25. 乙烯能促进两性花中雄花的形成。 （ ）
26. 乙烯利在 pH 值低于 4 时进行分解，释放出乙烯。 （ ）
27. 油菜素内酯是一种甾体物质，与动物激素结构相似。 （ ）
28. 油菜素内酯具有抑制细胞伸长和分裂的作用。 （ ）
29. 生长抑制剂是指对营养生长有抑制作用的化合物。 （ ）
30. 三碘苯甲酸是一种促进生长素运输的物质。 （ ）
31. 矮壮素是一种抗赤霉素剂，可使节间缩短，植株变矮，叶色加深。 （ ）
32. 小麦拔节使用多效唑可以促进快长，降低抗寒性。 （ ）
33. B_9 促进果树顶端分生组织的细胞分裂。 （ ）
34. 生产中将 GA 和 ABA 按比例混合喷施，效果好。 （ ）
35. 高浓度的 IAA 促进乙烯前体 ACC 的生物合成。 （ ）
36. 所有的植物激素都可以成为植物生长物质。 （ ）
37. 赤霉素可以在体内向各方向运输。 （ ）
38. CTK 和 IAA 的主要生理作用是保持顶端优势。 （ ）
39. IAA 维持顶端优势，CTK 解除顶端优势。 （ ）
40. 生长素在植物体内以两种形式存在，其中游离型无生物活性，束缚型活性很高。 （ ）

41. 大麦种子萌发时 GA 扩散到胚乳，诱导胚乳产生 α-淀粉酶，使淀粉水解。 ( )

42. IAA 与 GA 的生理作用有许多相似之处，都能促进坐果和单性结实。 ( )

43. 赤霉素能影响黄瓜的性别分化，它可以使黄瓜的雌花数增多。 ( )

44. 果树缺锌能引起小叶病，原因是锌能影响由色氨酸转变成吲哚乙酸的生物合成过程。 ( )

45. 细胞分裂素和生长素都能促进细胞分裂，即都能加快细胞核的有丝分裂。 ( )

46. 伤流液分析为根尖是细胞分裂素生物合成的主要场所提供了证据。 ( )

47. 当植物缺水时，叶片内 ABA 含量急剧下降。 ( )

48. ABA 带有羧基，故呈酸性。 ( )

八、问答题

1. 束缚态生长素的作用可能有哪些方面?
2. 赤霉素在生产上的应用主要有那些方面?
3. 细胞分裂素为什么能延缓叶片衰老?
4. 人们认为植物的休眠与生长是由哪两种激素调节的? 如何调节?
5. 乙烯利的化学名称叫什么? 在生产上主要应用于哪些方面?
6. 生长抑制剂与生长延缓剂抑制生长的作用方式有何不同?
7. 试述生长素促进生长的作用机理。
8. 试述人工合成的生长素在农业生产上的应用。
9. 证明细胞分裂素是在根尖合成的依据有哪些?
10. 试述细胞分裂素的生理作用和生产应用。
11. 生长素与赤霉素在生理作用方面的相互关系如何?
12. 试述 ETH 的生物合成途径及其调控因素。
13. 乙烯促进果实成熟的原因是什么?
14. 油菜素内酯具有哪些主要生理功能?
15. 多胺有哪些生理功能?
16. 如何用生物测试法来鉴别生长素、赤霉素与细胞分裂素? 怎样鉴别脱落酸和乙烯?
17. 不同种类的生长素（附表 1-2）对培养在含有 BA 的 MS 培养基中的花生子叶分化芽的影响如附表 1-3 所示。表中数据说明了什么问题?

附表 1-2　6-BA+IBA 及 6-BA+NAA 组合中各激素的浓度

单位：mg/L

处理序号	6-BA	NAA	处理序号	6-BA	NAA
1	2.0	0.5	10	2.0	0.1
2	2.0	1.0	11	2.0	0.5
3	2.0	2.0	12	2.0	1.0
4	4.0	0.5	13	4.0	0.1
5	4.0	1.0	14	4.0	0.5
6	4.0	2.0	15	4.0	1.0
7	6.0	0.5	16	6.0	0.1
8	6.0	1.0	17	6.0	0.5
9	6.0	2.0	18	6.0	1.0

附表 1-3　不同激素组合对辣椒子叶不定芽分化的影响

处理序号	外植物数 / 个	分化外植物数 / 个			分化频率 /%			不定芽状态
		10 d	15 d	20 d	10 d	15 d	20 d	
1	20	1	11	16	5	55	80	稀疏
2	20	3	13	19	15	65	95	较密
3	20	2	9	16	10	45	80	稀疏
4	20	0	14	20	0	70	100	浓密
5	20	0	14	20	0	70	100	浓密
6	20	2	12	20	10	60	100	最浓密
7	20	1	15	20	5	75	100	浓密
8	20	0	11	15	0	55	75	稀疏
9	20	1	8	20	0	40	100	浓密
10	20	0	12	16	0	60	80	稀疏
11	20	2	15	20	10	75	100	浓密
12	20	1	16	20	5	80	100	浓密

续表

处理序号	外植物数 / 个	分化外植物数 / 个			分化频率 /%			不定芽状态
		10 d	15 d	20 d	10 d	15 d	20 d	
13	20	1	13	18	5	65	90	浓密
14	20	1	13	17	5	65	85	浓密
15	20	1	4	0	5	20	0	褐化
16	20	0	11	16	0	55	80	稀疏
17	20	0	8	15	0	40	75	稀疏
18	20	0	2	0	0	10	0	褐化

18. 将 2 mg IAA 配成 1000 mL 的水溶液，分别处理豌豆的离体根和茎，可能会产生什么结果？
19. 吲哚乙酸的生物合成有哪些途径？
20. 生长素极性运输的机制是什么？
21. 五大类植物激素的主要生理作用是什么？
22. 植物体内有哪些因素决定了特定组织中生长素的含量？
23. 如何用证明实验证明生长素极性运输？
24. 农业上常用的生长调节剂有哪些？在作物生长上有哪些应用？
25. 为什么低浓度的生长素促进植物生长？高浓度的生长素抑制植物生长？
26. 说明产生无籽果实的原因。
27. 生长素为什么能够促进细胞伸长？
28. 解释 GA 促进大麦种子萌发的原因。
29. 茎的切段经赤霉素处理后，为什么 IAA 增多？
30. 说明细胞分裂素能够消除顶端优势的原因。
31. 写出 3 种常用的抑制或延缓植物生长的物质，并说明它们的主要生理作用。
32. M.Venis 在 1985 年提出了激素受体的哪 5 条标准？
33. 用试验证明赤霉素诱导 α－淀粉酶的形成。
34. 如何利用基因工程控制植物体内激素的生物合成以获得新的品种？
35. 五大类植物激素可用什么生物鉴定法加以确定？（每类至少一种方法）
36. 啤酒生产中可用什么方法使不发芽的大麦种子完成糖化过程？为什么？
37. 装箱苹果中只有一只腐烂就会引起整箱苹果变质，甚至腐烂，为什么？

Ⅶ 植物的生长生理

一、名词解释

1. 生命周期 2. 生长 3. 分化 4. 发育 5. 极性 6. 种子寿命 7. 种子活力 8. 种子生活力 9. 温周期现象 10. 顶端优势 11. 相关性 12. 向光性 13. 光敏色素 14. 隐花色素 15. 光形态建成 16. 组织培养 17. 细胞克隆 18. 细胞全能性 19. 外植体 20. 脱分化 21. 再分化 22. 胚状体 23. 人工种子 24. 生长大周期 25. 根冠比 26. 向性运动 27. 感性运动 28. 生物钟 29. 协调最适温度 30. 相生相克 31. 种子萌发 32. 生长曲线 33. 他感化合物 34. 黄化现象 35. 蓝光效应 36. 向重力性 37. 感夜性 38. 相对生长速率 39. 净同化率 40. 光范型作用 41. 种子休眠 42. 需光种子 43. 嫌光种子 44. 中光种子 45. 光受体

二、中译英

1. 生长生理 2. 细胞分化 3. 组织培养 4. 顶端优势 5. 向性运动 6. 向重力性 7. 向化性 8. 生长运动 9. 感夜性 10. 似昼夜节奏 11. 细胞全能性 12. 脱分化 13. 糖的异生作用 14. 细胞周期 15. 向水性 16. 程序性细胞死亡 17. 横向光性 18. 活力 19. 分裂期 20. 微纤丝 21. 同源异型框 22. 同源异型域蛋白

三、英译中

1. light seed 2. seed longevity 3. totipotency 4. correlation 5. phototropism 6. thermonasty 7. physiological clock 8. epinasty 9. nastic movement 10. interphase 11. cyclin 12. polarity 13. redifferentiation 14. grand period of growth 15. thermoperiodicity of growth 16. initiation stage 17. effector stage 18. degradation stage 19. leaf mosaic 20. solar tracking 21. statolith 22. micell 23. expansin

四、写出下列符号的中文名称

1. AGR 2. GI 3. GS 4. LAI 5. LAR 6. MDG 7. OG 8. PNA 9. R/T 10. RGR 11. RG 12. RH 13. SG 14. TTC 15. UV-B 16. PPB 17. NAR

五、填空题

1. 按种子吸水的速度变化，可将种子吸水分为 3 个阶段，即________、________、________。

2. 为使果树种子完成其生理上的后熟作用，在其贮藏期可采用________法处理种子。

3. 检验种子死活的方法主要有 3 种：________、________和________。

4. 植物细胞的生长通常分为 3 个时期：________、________和________。

5. 种子休眠的原因有：①________；②________；③________；④________。

6. 有些种子的萌发除了需要水分、氧气和温度外，还受________的影响。

7. 在种子吸水的第 1 ~ 2 阶段，其呼吸作用主要是以________呼吸为主。

8. 组织培养的理论依据是________。

9. 植物组织培养基一般由无机营养、碳源、________、________和有机附加物 5 类物质组成。

10. 蓝紫光对植物茎的生长有________作用。

11. 烟草叶子中的烟碱是在________中合成的。

12. 光之所以抑制多种作物根的生长，是因为光促进了根内形成________的缘故。

13. 土壤中水分不足时，使根冠比值________；土壤中水分充足时，使根冠比值________；土壤中缺氮时，使根冠比值________；土壤中氮肥充足时，使根冠比值________。

14. 高等植物的运动可分为________运动和________运动。

15. 向光性的光受体是存在于质膜上的________。

16. 关于植物向光性反应的原因有两种对立的看法：一是________分布不均匀；二是____________________________分布不均匀。

17. 感性运动的方向与外界刺激的方向________。

18. 植物生长的相关性，主要表现在 3 个方面：________、________和________。

19. 植物借助于生理钟准确地进行________。

20. 任何一种生物个体，总是要有序地经历发生、发展和死亡等时期，人们把一个生物体从发生到死亡所经历的过程称为________。种子植物的生命周期，要经过________形成、________萌发、幼苗生长、________形成、生殖体形成、________结实、衰老和死亡等阶段。习惯上把生命周期中呈现的个体及器官的形态结构的形成过程，称为________发生或________建成。

21. 在分生组织内，细胞分裂的方向，即分裂面的位置对组织的生长和器官的形态建成就显得十分重要。当进行________分裂时，就会促进植物器官增粗；而进行________分裂时，就会促进植株长高，叶面扩大，根系扩展。

22. 根据外植体的分类，可将组织培养分为：________培养、________培养、________培养、________培养及原生质体培养等。按组织培养的方式可将其分为________培养和________培养两种。

23. 植物组织培养在科研和生产上有很多应用，如进行：①________的快速繁殖；②________种苗培育；③________的选育；④人工种子和________保存；⑤________的工业化生产等。

24. 在自然环境中，对植物生长影响显著的物理因子有温度、________、机械刺激与________等；对植物生长影响显著的化学因子有水分、________、________与生长调节物质；对植物生长影响显著的生物因子有动物、________和________。

25. 植物中除含有大量的叶绿素、类胡萝卜素和花青素外，还含有一些微量色素，已知的有________色素、________色素和________受体。这些微量色素因能接受光________、光________、光照时间、光照方向等信号的变化，进而影响植物的光形态建成，故被称为光敏受体。

26. 关于光敏色素作用于光形态建成的机理，主要有两种假说：________作用假说与________调节假说。

27. 将柳树枝条挂在潮湿的空气，无论如何挂法，其形态学________端总是长芽，而形态学________端总是长根。扦插时枝条不能倒插，否则不会成活，这是________现象在生产上的应用。

28. 生产上要消除顶端优势的例子有________、________、________；保持顶端优势的例子有________、________。

29. 组织培养过程中常用的植物材料表面消毒剂是________、________。

30. ________是细胞或器官的两个极端在生理上的差异。

31. 种子萌发时，贮藏的生物大分子经历________、________和________3个步骤的变化。

32. 大豆种子萌发时要求最低的吸水量为其干重的______%，而小麦为______%、水稻为______%。

33. 根系除主要供给地上部分__________和__________之外，还向地上部分输送________、________和________等。

34. IAA和蔗糖的浓度影响木质部和韧皮部的分化，增加IAA浓度，导致________形成，而增加蔗糖浓度则诱导________形成。

35. 植物向光性的作用光谱中最有效的光是________光，其光的接受体可能是________或________。

36. 种子休眠包括________休眠和________休眠。

37. 种子萌发对光的反应可分为3种类型，即________种子、________种子和________种子。

38. 一般用生长曲线描绘植物的生长状况，当用生长积累表示时，则生长曲线为________；当用绝对生长量表示时，则生长曲线为________。

39. 种子萌发时，脂肪在脂肪酶的作用下，水解生成________和________。蛋白质在蛋白酶和肽酶的作用下生成________。

40. 控制茎生长最重要的组织是________和________。

41. 光之所以抑制多种作物根的生长，是因为光促进了根内形成________的缘故。

六、选择题

1. 水稻种子中贮藏的磷化合物主要是（　　）。
   A. ATP　　B. 磷脂　　C. 肌醇六磷酸
2. 促进莴苣种子萌发的光是（　　）。
   A. 蓝紫色　　B. 红光　　C. 远红光
3. 促进植物生长发育的植物激素对细胞发生影响的顺序是（　　）。
   A. 先是 GA，然后是 CTK，晚期是 IAA
   B. 先是 CTK，然后是 IAA，晚期是 GA
   C. 先是 IAA，然后是 GA，晚期是 CTK
4. 花生、棉花种子含油较多，萌发时较其他种子需要更多的（　　）。
   A. 水　　B. 矿质元素　　C. 氧气
5. 不同作物种子萌发时需要温度的高低，取决于（　　）。
   A. 原产地　　B. 生育期　　C. 光周期类型
6. 种子萌发需要光的植物有（　　）。
   A. 烟草　　B. 莴苣　　C. 番茄
7. 红光促进种子萌发的主要原因是（　　）。
   A. GA 的形成　　B. ABA 含量降低　　C. 乙烯的形成
8. 种子萌发初期，胚根长出之前，呼吸类型是（　　）。
   A. 无氧呼吸　　B. 有氧呼吸　　C. 有氧呼吸兼无氧呼吸
9. 细胞分裂过程中最显著的变化是（　　）。
   A. 蛋白质的变化　　B. DNA 变化　　C. 激素变化
10. 在组织培养的培养基中糖的浓度较低（<2.5%）时，有利于（　　）。
    A. 木质部形成　　B. 韧皮部形成　　C. 形成层分裂
11. 在茎的整个生长过程中生长速率都表现出（　　）。
    A. 慢—快—慢　　B. 慢—慢—快　　C. 快—慢—快
12. 土壤中氮素供应不足，会使植物根冠比（　　）。
    A. 增加　　B. 降低　　C. 不变

13. 多种试验表明，植物向光性反应的光受体是（　　）。

A. 核黄素　　B. 花色素　　C. 光敏色素

14. 黄化幼苗被照射（　　）时，不利于其形态建成。

A. 红光　　B. 远红光　　C. 绿光

15. 感性运动方向与外界刺激方向（　　）。

A. 有关　　B. 无关　　C. 关系不大

16. 菜豆叶的昼夜运动，即使在不变化的环境条件中，在一定天数内仍显示周期性和节奏性的变化，每一周期接近（　　）。

A. 20 h　　B. 24 h　　C. 30 h

17. 愈伤组织在适宜的培养条件下形成的根、芽、胚状或完整植株的过程称为（　　）。

A. 分化　　B. 脱分化　　C. 再分化

18. 增施 P、K 肥通常能（　　）根冠比。

A. 增加　　B. 降低　　C. 不影响

19. 植物形态学上端长芽，下端长根，这种现象称为（　　）现象。

A. 再生　　B. 再分化　　C. 极性

20. 目前认为 蓝光效应的光受体是（　　）。

A. 光敏色素　　B. 隐花色素　　C. 紫色素

21. 种子萌发过程中吸水速率呈（　　）变化。

A. 快慢快　　B. 慢快快　　C. 快快慢

22. 花粉管向珠孔方向生长，属于（　　）运动。

A. 向化性　　B. 向心性　　C. 感性

23. 下列哪种种子能通过吸水的 3 个阶段，即急剧吸水阶段、滞缓吸水阶段、重新迅速吸水阶段？（　　）

A. 休眠的活种子　　B. 非休眠的活种子

C. 任何有生活力的种子

24. 花生、大豆等植物的小叶片夜间闭合、白天张开，含羞草叶片受到机械刺激时成对合拢。外部的无定向刺激引起植物的运动称为（　　）运动。

A. 向性　　B. 感性　　C. 趋性

25. 曼陀罗的花夜开昼闭，南瓜的花昼开夜闭，这种现象属于（　　）。

A. 光周期现象　　B. 感光运动　　C. 睡眠运动

26. 风干种子的萌发吸水主要靠（　　）。

A. 吸涨作用　　B. 代谢性吸水　　C. 渗透性吸水

七、是非题

1.IAA 促进根的生长，CTK 促进茎、芽生长。（ ）

2. 根系生长的最适温度，一般低于地上部生长的最适温度。（ ）

3. 对向光性最有效的光是短波光，红光是无效的。（ ）

4. 植物的光形态建成中，温度是体外最重要的调节因子。（ ）

5. 植物的光形态建成中，植物激素可能是最重要的体内调节因子。（ ）

6. 植物界存在的第二类光形态建成是受紫外光调节的反应。（ ）

7. 豆科植物种子吸水量较禾谷类大，因为豆类种子含蛋白质丰富。（ ）

8. 禾谷类作物种子在发芽前仅含有淀粉酶，发芽后才形成 β－淀粉酶。（ ）

9. 凡是有生活力的种子，遇到 TTC 后，其胚即呈红色。（ ）

10. 在细胞分裂时，当细胞核体积增到最大体积时，DNA 含量才急剧增加。（ ）

11. 许多试验证实，生长素影响分裂间期的蛋白质合成。（ ）

12. 植物体的每一个生活细胞携带着一套完整的基因组，并保持着潜在的全能性。（ ）

13. 生长的最适温度是指生长最快的温度，对于健壮生长来说，也是最适宜的。（ ）

14. 光对植物茎的生长有促进作用。（ ）

15. 实验证明，细胞分裂素有解除主茎对侧芽的抑制作用。（ ）

16. 根的生长部位有顶端分生组织，根没有顶端优势。（ ）

17. 当土壤水分含量降低时，其根/冠比会降低。（ ）

18. 植物营养器官的生长过旺对生殖器官的生长有抑制作用。（ ）

19. 向光性的光受体是存在于质膜上的花色素。（ ）

20. 许多学者提出，向光性的产生是由于抑制物质分布不均匀的缘故。（ ）

21. 偏上性运动是一种可逆的细胞伸长运动。（ ）

22. 植物不仅具有对环境中空间条件的适应问题，同时还具有对时间条件的适应（如生理钟）。（ ）

23. 生物钟是植物（生物）内源节律调控的近似 24 h 的周期反应。（ ）

24. 细胞分裂过程中最显著的变化是激素变化。（ ）

25. 用不同波长的光照射黑暗中生长的黄化幼苗，对叶的扩展转绿最有效的光是蓝紫光，红光根本无效。（ ）

26. 在植物生长的昼夜周期中，由于中午光照较强，同化量大，所以此时伸长生长最快。（ ）

27. 极性不只是表现在整体植株上，一个单细胞同样有极性的存在。 (　　)

28. 光形态建成需要高能量的光，它与植物体内光敏素系统密切相关。 (　　)

29. 在光形态建成中，有效光是蓝紫光，接受光的受体是光敏素。 (　　)

30. 红光与远红光对黄化幼苗的形态建成具有可逆效应，红光促进形态建成，可被随后照射的远红光所逆转。 (　　)

31. 目前认为对蓝光效应负责的色素系统是隐花色素。 (　　)

32. 红光处理可以使植物体内自由型生长素含量减少。 (　　)

八、问答题

1. 种子萌发必需的外界条件有哪些？种子萌发时吸水可分为哪 3 个阶段？第一、第三阶段细胞靠什么方式吸水？

2. 种子萌发时，有机物质发生哪些生理生化变化？

3. TTC 染色法检查种子生活力的原理是什么？

4. 试述光对植物生长的影响。

5. 高山上的树木为什么比平地生长的矮小？

6. 土壤中缺氮时为什么根/冠比会增大？

7. 常言道“根深叶茂”是何道理？

8. 简述根和地上部分生长的相关性。如何调节植物的根冠比？

9. 简述植物组织培养的意义、特点及组织培养的一般步骤？

10. 解释植物向光性和向重性运动的机理。

11. 植物产生向光性弯曲的原因是什么？

12. 生物钟有何特征？

13. 植物极性产生的原因有哪些？

14. 简述植物分化的内部调控机理。

15. 简述外界条件对植物细胞分化的调节作用。

16. 试述环境因素、遗传信息、生理功能代谢对植物生长发育的控制。

17. 产生顶端优势的可能原因是什么？举出实践中利用或抑制顶端优势的 2 ~ 3 个例子。

18. 营养生长和生殖生长的相关性表现在哪些方面？如何协调以达到栽培上的目的？

19. 为什么光有抑制茎伸长的作用？

20. 简述生长、分化和发育三者之间的区别与联系。

21. 细胞的分化受哪些因素控制？

22. 生长芽菜实验，相同的种子、相同的温度和供水，一组放在光下，一组放在暗中，经过一段时间后，两组芽菜在干重和形态上有什么不同？

23. 干旱地区植物矮小的原因是什么？

24. 水稻种子萌发时表现出“旱长根、水长苗”现象的原因何在？

25. 举例证明植物极性的存在。

26. 春天栽培容易成活，请从植物生理学的角度给予解释。

27. 稻麦倒伏后，为何以能恢复直立？

28. 温室栽培植物时，为什么要保持一定的昼夜温差植物生长才健壮？

29. 为什么植物在生长的最适温度下，反而长得不健壮？

30. 附表 1-4 实验结果说明什么？为什么会出现表内的这种现象？

附表 1-4　红墨水染色法和 TTC 法鉴定种子活力

鉴定方法	种子活力鉴定结果
红墨水染色法（处理 15’）	85% 种胚白色，15% 种胚红色，胚乳均红色
TTC（处理 1）	85% 种胚红色，15% 种胚白色，胚乳均未着色

31. 一株水稻生长矮小，叶色发黄，叶片窄面短，无分蘖、生长不长，有人建议施用生长调节剂来促进其生长，你认为行吗？为什么？

32. 丰产田里的小麦，在拔节期多阴雨，常易引起倒伏，这是什么原因？

33. 俗话说“树怕剥皮，不怕烂心”是否真有道理？

34. 园林栽培中常用扦插枝条来繁殖花木，但若将枝条倒插后却又难以成活，为什么？

Ⅷ　植物生殖生理

一、名词解释

1. 春化作用　2. 光周期现象　3. 光周期诱导　4. 临界日长　5. 临界暗期　6. 长日植物　7. 短日植物　8. 日中性植物　9. 春化处理　10. 花熟状态　11. 光敏色素　13. 去春化作用　14. 春化素　15. 成花决定态　16. 同源异型突变　17. 幼年期　18. 长—短日植物　19. 成花素　20. 育性转化　21. 同源异型　22. 花粉的集体效应　23. 雄性不育

二、中译英

1. 幼年期 2. 单性结实 3. 光周期诱导 4. 受精作用 5. 识别 6. 感受 7. 决定 8. 脱春化作用 9. 春化素 10. 长日植物 11. 花形成 12. 成花素 13. 同源异型 14. 化学杀雄 15. 群体效应 16. 夜间断 17. 泛酸 18. 干性柱头 19. 花粉外衣 20. 黄酮醇 21. 雌蕊类伸展蛋白 22. 引导组织特异糖蛋白 23. 自交不亲和性 24. 复等位基因 25. 配子体（型）不亲和性

三、英译中

1. vernalization 2. floral induction 3. short-day plant 4. sex differentiation 5. mentor pollen 6. expressed 7. photoperiodism 8. anthesin 9. recognition 10. electrotropism 11. pantothenic 12. nonphotoinductive cycle 13. critical dark period 14. long-night plant 15. demethylation 16. transmitting tissue 17. slocus glycoprotein 18. receptor-like protein kinase

四、写出下列符号的中文名称

1. 5-FU 2. LD 3. LDP 4. DNP 5. Pr 6. Pfr 7. phy 8. SD 9. SDP 10. IDP 11. SLDP

五、填空题

1. 植物光形态建成的光受体是________。

2. 植物界存在的第二类光形态建成是受________光调节的反应，这种光受体叫________。

3. 红光处理使植物体自由生长素含量减少的原因可能是：①________；②________；③________。

4. 光敏色素分布于除________以外的低等植物和高等植物中。光敏色素由________和________两部分组成。________部分具有独特的吸光特性。

5. 光敏色素有两种类型：________和________，其中________型是生理激活型，________型是生理失活型。

6. 黄化幼苗的光敏色素含量比绿色幼苗________，光敏色素是一种易溶于水的________。

7. 当 Pr 型吸收________nm 红光后转变为 Pfr 型，当 Pfr 型吸收________nm 远红光后就转变为 Pr 型。Pfr 型会被破坏，可能是由于________降解所致。

8. 红光处理可使植物体内自由生长素含量________。红光处理可使植物体内细胞分裂素含量________。

9. 关于光敏色素的作用机理有两种假说：________和________。

10. 许多酶的光调节是通过________为媒介的。

11. 光敏色素的生色团是一长链状的 4 个________。

12. 影响花诱导的主要外界条件是________和________。

13. 小麦的冬性愈强要求春化的温度愈________。

14. 植物接受低温春化的部位是________。

15. 植物光周期的反应类型可分为 3 种：________、________和________。

16. 光周期现象是________和________在研究日照时数对美洲烟草（*Maryland mammoth*）开花的影响时发现的。

17. 春化现象最早是由________发现。提出成花素学说的学者是________。

18. 根据成花素学说，SDP 在长日下由于缺乏________而不能开花，LDP 在短日下由于缺乏________而不能开花。

19. 根据 C/N 比理论，C/N 比值小时，植物就________开花；C/N 比值大时，植物就________开花。

20. 要想使菊花提前开花可对菊花进行________处理，要想使菊花延迟开花可对菊花进行________处理。

21. SDP 南种北引，则生育期________，故应引用________种；LDP 南种北引，则生育期________，故应引用________种。

22. 在雌雄异株植物中，雄株组织的呼吸速率比雌株________。

23. 在雌雄异株植物中，C/N 比值低时，将提高________花分化的百分数。

24. 一般来说，短日照促使短日植物多开________花，长日植物多开________花；长日照促使长日植物多开________花，短日植物多开________花。

25. 土壤干燥 N 肥少，可促进________花的分化。土壤中 N 肥多，水充足，可促进________花分化。

26. 矮壮素能抑制________花的分化。三碘苯甲酸抑制________花的分化。

27. 我国处于北半球，夏天越向北越是日________夜________。

28. 暗期后半段，高比例的 Pfr/Pr 促进________植物成花，抑制________植物成花。

29. 要想使梅花提早开花，可提前对正常生长的梅花进行________处理。

30. 在光周期诱导中 3 个最主要的因素是：________、________、________。

31. 在暗期诱导过程中，叶内主要发生 3 种类型的反应：________、________和________。

32. 用不同波长的光间断暗期的实验表明，无论是抑制 SDP 开花或是促进 LDP 开花都是________光最有效。

33. 据成花素假说，成花素是由________和________两组活性物质组成的。

34. 植物在达到花熟状态之前的生长阶段称为________期，一般以________作为植物生殖生长开始的标志。

35. 低温是春化作用的主要条件。除了低温外，春化作用还需要充足的________、适量的________和作为呼吸底物的________等条件。

36. 在黄瓜、丝瓜等瓜类的植株上，通常________花着生在较高的节位上，而________花着生在较低的节位上。

37. 植物体内光受体有光合色素、________色素、________受体、________受体等。

38. 较大的昼夜温差条件对许多植物的________花发育有利。

39. 高等植物从营养生长过渡到生殖生长的明显标志是________和________，起主导作用的环境因素是________和________。

40. 冬小麦春天播种，仍能开花结实，需要进行________处理。

41. 某种植物的临界日长为 10 h，在日照 13 h 条件下能诱导开花，日照长度 8 h，则不能开花，此种植物属于________植物。

42. 大多数植物春化作用最有效的温度是________，去春化作用的温度是________。

43. 植物感受光周期刺激的器官是________，发生光周期反应的部位是________。

44. 暗期中断最有效的光是________，结果是抑制________开花，而诱导________开花，暗期中断可被________光所抵消。由这两种光影响植物的成花过程，推测出________参与成花过程。

45. 在引种时需注意引进的作物对光周期的要求，一般来说，长日植物向北移生育期会________，开花会________，向南移生育期会________，开花情况是________。短日植物向北移生育期________，开花会________，向南移生育期会________，开花________。

46. 南方的大豆品种移到北方种植，会延迟成熟，原因是________，北方的冬小麦移到南方种植不能抽穗开花，是因为________和________。

47. 根据不同类型的小麦品种通过春化作用所需温度和天数的不同，可分为________、________和________3 种类型。

48. 用闪光间断长暗期，此时________植物不能开花，而________植物开花。

49. 如果将玉米的黄化幼苗组织用 660 nm 波长的红光照射后，对红光的吸收会________，而对远红光的吸收就会________。

50. 玉米是雌雄同株异花植物，一般是先开________花，后开________花。

51. 植物通过春化作用需要以下条件：________、________、________和________。

52. 诱导植物成花的因素有________、________、________、________、________、________理论。

53. 植物的花粉可分为两种类型：________和________；前者多为________媒传粉

植物，后者多为________媒传粉植物。

54. 花粉中含量最高的维生素是________，含量最高的游离氨基酸是________。

55. 经研究证明矿质元素当中的________和________，对花粉管的生长具有明显的促进作用。

56. 被子植物通常有 3 种受精方式，即________、________和________。

57. 克服自交不亲和的方法有________、________、________、________、________、________。

六、选择题

1. 冬小麦经过春化作用后，对日照要求是（ ）。
   A. 在长日照下才能开花　　B. 在短日照下才能开花
   C. 在任何日照下都能开花
2. 将北方冬小麦引种到广东栽培，结果不能抽穗结实，主要原因是（ ）。
   A. 日照短　　B. 气温高　　C. 光照强
3. 禾本科植物体内光敏色素含量较多的部位是（ ）。
   A. 胚芽鞘末端　　B. 根尖　　C. 叶片
4. 黄化植物幼苗光敏色素含量比绿色幼苗（ ）。
   A. 少　　B. 多许多倍　　C. 差不多
5. 光敏色素是一种色素蛋白，其溶解性是（ ）。
   A. 易溶于酒精　　B. 易溶于丙酮　　C. 易溶于水
6. 光敏色素有两个组成部分，它们是（ ）。
   A. 酚和蛋白质　　B. 生色团和蛋白质
   C. 吲哚和蛋白质
7. 光敏色素按照生色团类型可分为 Pr 和 Pfr，其中 Pfr 是（ ）。
   A. 生理激活型　　B. 生理失活型　　C. 生理中间型
8. 光敏色素 Pr 型的吸收高峰在（ ）。
   A. 730 nm　　B. 660 nm　　C. 450 nm
9. 光敏色素 Pfr 型的吸收高峰在（ ）。
   A. 730 nm　　B. 660 nm　　C. 450 nm
10. 促进莴苣种子萌发和诱导白芥幼苗弯钩张开的光是（ ）。
    A. 蓝光　　B. 绿光　　C. 红光
11. 受光敏色素调控的生理反应有（ ）。
    A. 种子萌发　　B. 光周期　　C. 杜南平衡

12. 受光敏色素调控的酶有许多，如（　　）。
A. 乳酸脱氢酸　B. NAD 激酶　C. 硝酸还原酶
13. 红光处理可以使体内自由生长素含量（　　）。
A. 增强　B. 减少　C. 变化很小
14. 目前认为对蓝光效应负责的色素系统是（　　）。
A. 光敏色素　B. 隐花色素　C. 紫色素
15. 为了使小麦完成春化的低温诱导，需要有（　　）。
A. 适量的水　B. 光照　C. 氧气
16. 植物通过春化接受低温影响的部位是（　　）。
A. 根尖　B. 茎尖生长点　C. 幼叶
17. 春化处理的冬小麦种子的呼吸速率比未处理的要（　　）。
A. 低　B. 高　C. 相差不多
18. 小麦、油菜等经过春化处理后体内赤霉素含量会（　　）。
A. 减少　B. 增加　C. 不变
19. 以 12 小时作为短日植物和长日植物临界日长的假定是（　　）。
A. 正确的　B. 可以的　C. 不正确的
20. 如果将短日植物苍耳，放在 14 小时日照下将（　　）。
A. 不能开花　B. 能开花　C. 不一定开花
21. 菊花临界日长为 15 小时，为使它提早开花需进行日照处理，必须（　　）。
A. >15 h　B. <15 h　C. =15 h
22. 植物对光周期表现最敏感的年龄不同，水稻在（　　）。
A. 3 叶期　B. 5 ~ 7 叶期　C. 幼胚
23. 植物接受光周期的部位是（　　）。
A. 茎尖生长点　B. 腋芽　C. 叶片
24. 植物发生光周期反应诱导开花的部位是（　　）。
A. 茎尖生长点　B. 腋芽　C. 叶片
25. 用不同波长的光来间断暗期的实验表明，最有效的光是（　　）。
A. 蓝光　B. 红光　C. 绿光
26. 用红光间断短日植物苍耳的暗期，则会（　　）。
A. 促进开花　B. 抑制开花　C. 无影响
27. 用远红光间断长日植物冬小麦暗期，则会（　　）。
A. 抑制开花　B. 促进开花　C. 无影响
28. 对短日植物大豆来说，南种北引，生育期延迟，要引种（　　）。
A. 早熟种　B. 迟熟种　C. 中熟种

29. 一般来说，短日照促使短日植物（　　）。

A. 多开雄花　　B. 多开雌花　　C. 影响不大

30. 一般来说，氮肥少，土壤干燥，则会使植物（　　）。

A. 多开雄花　　B. 多开雌花　　C. 影响不大

31.（　　）植物开花无须经历低温春化作用。

A. 油菜　　B. 胡萝卜　　C. 棉花

32. 多数植物感受低温诱导后产生的春化效应，可通过（　　）传递下去。

A. 细胞分裂　　B. 嫁接　　C. 分蘖

33. 多数植物通过光周期诱导后产生的成花效应，可通过（　　）传递下去。

A. 细胞分裂　　B. 嫁接　　C. 分蘖

34. 利用暗期间断抑制短日植物开花，选择下列（　　）光最有效。

A. 红光　　B. 蓝紫光　　C. 远红光

35. 用环割处理证明，光周期诱导产生的开花刺激物质主要是通（　　）向茎生长点运输的。

A. 木质部　　B. 胞间连丝　　C. 韧皮部

36. 在赤道附近地区能开花的植物一般是（　　）植物。

A. 中日　　B. 长日　　C. 短日

37. 长日植物南种北移时，其生育期（　　）。

A. 延长　　B. 缩短　　C. 不变

38. 南方的大豆放在北京地区栽培，开花期会（　　）。

A. 延长　　B. 不变　　C. 推迟

39. 夏季的适度干旱可提高果树的 C/N 比，（　　）花芽分化。

A. 有利于　　B. 不利于　　C. 推迟

40. 氮肥过多，枝叶旺长，花芽分化（　　）。

A. 增加　　B. 不影响　　C. 受影响

41. 氮肥较少，土壤较干对雌雄同株异花植物花性别分化的影响是（　　）。

A. 促进雌花分化　　B. 促进雄花分化

C. 促进雌雄花的分化

42. 苍耳的临界日长是 15.5 h，天仙子的临界日长是 11 h，如果将二者都放在 13 h 的日照条件下，它们开花的情况是（　　）。

A. 苍耳不能开花　　B. 天仙子不能开花

C. 二者都能开花

43. 花粉和柱头相互识别的物质基础是（　　）。

A. RNA　　B. 蛋白质　　C. 激素

44. 光敏素的化学结构中具有的物质是（　　）。

A. 脂肪　　B. 叶绿素　　C. 生色团

45. 与春化作用有关的植物激素是（　　）。

A. IAA　　B. GA　　C. CTK

46. 在金鱼草的研究中，引导花粉管定向伸长的无机离子可能是（　　）。

A. 铁　　B. 锌　　C. 钙

七、是非题

1. 一般来说，蛋白质丰富的分生组织中，含有较少的光敏色素。（　　）
2. 光量子通过光敏色素调节植物生长发育的速度，反应迅速。（　　）
3. 从吸收光量子到诱导出形态变化，反应速度缓慢。（　　）
4. 光敏色素通过酶的活动，影响植物的生长和分化。（　　）
5. 植物体内硝酸还原酶的形成，不受光敏色素控制。（　　）
6. 在短日照条件下，长日植物不可能成花。（　　）
7. 在昼夜周期条件下，光期越短，越能促进短日植物成花。（　　）
8. 甜菜是长日作物，如果春化时间延长；它能在短日照条件下开花。（　　）
9. 小麦品种冬性越强，所需春化温度越低，春化天数越短。（　　）
10. 糖在花芽分化中的作用既是代谢性的，又是渗透性的。（　　）
11. 干种子中也有光敏色素活性。（　　）
12. 长日植物在连续光照条件下，不利于成花。（　　）
13. 春化处理过的冬小麦种子的呼吸速率比未处理的要高。（　　）
14. 小麦、油菜等经过春化处理后，体内赤霉素含量会减少。（　　）
15. 赤霉素可以某种方式代替高温的作用。（　　）
16. 风铃草花的诱导是在短日照条件下完成的，而器官的形成，则要求长日照。（　　）
17. 临界暗期比临界日长对植物开花来说更为重要。（　　）
18. 感受光周期的部位是茎尖生长点。（　　）
19. 发生光周期反应诱导成花的部位是叶片。（　　）
20. 一般植物花的分化不出现在适宜的光周期处理的当时，而是在处理后若干天。（　　）
21. 短日植物苍耳的临界日长为 15.5 h，故在 14 h 日照条件下，不能开花。（　　）
22. 短日植物苍耳开花，只需要一个光诱导周期。（　　）

23. 将短日植物放在人工光照室中，只要暗期长度短于临界夜长，就可开花。（　　）
24. 按照开花的 C/N 比理论，当 C/N 比较大时则开花。（　　）
25. 暗期光间断实验中，最有效的光是蓝光。（　　）
26. 赤霉素可以代替低温和长日照，但它并不是成花激素。（　　）
27. 将广东的水稻移至武汉栽种时，生育期延迟，应当引种晚熟种。（　　）
28. 一般来说，氮肥多、水分充足的土壤，可以促进雄花的分化。（　　）
29. 乙烯可以促进黄瓜雌花的分化。（　　）
30. 甘蓝可以在萌发种子状态进行春化。（　　）
31. 冬小麦的春化可以在母体正在发育的幼胚中进行。（　　）
32. 植物开花的 ABC 模型中，认为单独的 A 基因是控制心皮分化。（　　）
33. 短日植物开花所需的临界日长，一定要短于长日植物开花所需的临界日长。（　　）
34. 春化过程中产生的开花刺激物，通过细胞分裂由母细胞传递给子细胞。（　　）
35. 光敏素只在植物的成花诱导中起重要作用。（　　）
36. 北方水稻品种南移，开花会提前。（　　）
37. 用红光间断短日植物苍耳的暗期，则会抑制开花。（　　）
38. 临界夜长比临界日长对植物开花更为重要。（　　）
39. 异常的不育花粉中脯氨酸含量很高。（　　）
40. 水稻、高粱等淀粉型花粉，如呈球形且遇碘变蓝为正常可育花粉。（　　）
41. 柱头较耐高温而不耐低温，花粉较耐低温而不耐高温。（　　）

八、问答题

1. 植物通过春化需要哪些外界条件？用实验证明茎尖生长点是感受低温刺激的部位。
2. 一般认为光敏色素分布在细胞的什么地方？ Pr 型和 Pfr 型的吸光特性有何不同？
3. 试述关于光敏色素作用机理的基因调节假说？
4. 请举出 5 种由光敏色素控制的生理反应。
5. 试述光敏色素与植物花诱导的关系。
6. 如何用实验证明植物的某一生理过程与光敏色素有关？
7. 用实验证明植物感受光周期的部位，并证明植物可以通过某种物质来传递光周期刺激。
8. 柴拉轩提出的成花素假说的主要内容是什么？
9. 光对植物体内 IAA、GA、CTK 有何影响？

10. 简述光周期反应类型与植物原产地的关系。

11. 如果你发现一种尚未确定光周期特性的新植物种，怎样确定它是短日植物、长日植物或日中性植物?

12. 用实验说明暗期和光期在植物的成花诱导中的作用。

13. 光周期理论在农业生产中的应用有哪些方面?

14. 南麻北种有何利弊? 为什么?

15. 烟熏植物（如黄瓜）为什么能增加雌花?

16. 试述外界条件对植物性别分化的影响。

17. 如何使菊花提前在6—7月开花? 又如何使菊花延迟开花?

18. 试述花发育时决定花器官特征的ABC模型的主要特点。

19. 植物的成花包括哪3个阶段?

20. 春化作用的可能机理是什么?

21. 如何证明暗期长度比光期长度对植物开花的影响更重要?

22. 简要说明GA不是春化素的理由。

23. 春化作用在农业生产实践中有何应用价值?

24. 花芽分化初期茎生长点发生哪些生理变化?

25. 诱导黄瓜多开雌花应该采取哪些措施?

26. 根据所学生理知识，简要说明从远方引种要考虑哪些因素才能成功?

27. 简述授粉受精过程。

28. 克服自交和远缘杂交不亲和的途径有哪些?

29. 用实验证明光敏色素存在，说明其在植物生产活动中的作用。

Ⅸ 植物成熟衰老生理

一、名词解释

1. 无融合生殖 2. 自交不亲和性 3. 雄性不育 4. 双受精现象 5. 单性结实 6. 群体效应 7. 识别反应 8. 后熟 9. 衰老 10. 脱落 11. 休眠 12. 强迫休眠 13. 生理休眠 14. 层积处理 15. 种子劣变 16. 正常性种子 17. 顽拗性种子 18. 离区与离层 19. 活性氧 20. 生物自由基 21. 呼吸聚变 22. 雄性生殖单位 23. 偏向受精 24. 种子寿命 25. 种子生活力 26. 种子活力 27. 胁迫脱落 28. 生理脱落 29. 程序性细胞死亡 30. 一稔植物 31. 多稔植物

二、中译英

1. 单性结实　2. 休眠　3. 脱落　4. 层积处理　5. 纤维素酶　6. 等电点　7. 生长素梯度学说　8. 呼吸骤变　9. 后熟　10. 衰老　11. 果胶酶

三、英译中

1. vesicle　2. pectinase　3. deterioration　4. dormin　5. senescence phase　6. respiratory climacteric　7. initiation phase　8. degeneration phase　9. terminal phase

四、写出下列符号的中文名称

1. CMS　2. GSH－R　3. GSH－PX　4. GSl　5. IMS　6. MS　7. NMS　8. SI　9. SSI　10. CAT　11. MDA　12. $O_2 \cdot^-$　13. $^1O_2$　14. $\cdot OH$　15. POD　16. SOD　17. MJ　18. PCD

五、填空题

1. 可育花粉和不育花粉在内含物上的主要区别是________、________和________的多少或有无。

2. 花粉的识别物质是________。

3. 雌蕊的识别感受器是柱头表面的________。

4. 油料种子成熟过程中，脂肪是由________转化来的。

5. 风旱不实的种子中蛋白质的相对含量________。

6. 籽粒成熟期 ABA 的含量________。

7. 北方小麦的蛋白质含量比南方的________。北方油料种子的含油量比南方的________。

8. 昼夜温差大时有利于________脂肪酸的形成。

9. 同一种植物，无籽种的子房中生长素含量比有籽种的________。

10. 人们认为果实发生呼吸骤变的原因是由于果实中产生________的结果。

11. 核果的生长曲线呈________形。

12. 未成熟柿子之所以有涩味是由于细胞内含有________。

13. 果实成熟后变甜是由于________的缘故。

14. 用________破除土豆休眠是当前最有效的方法。

15. 叶片衰老时，蛋白质含量下降的原因有两种可能：一是蛋白质________；二是蛋白质________。

16. 叶片衰老过程中，光合作用和呼吸作用都________。

17. 一般来说，细胞分裂素可________叶片衰老，而脱落酸可________叶片衰老。

18. 花粉中的酶共有 80 多种，但含量最丰富的酶是________。

19. 叶片和花果的脱落都是由于________细胞分离的结果。

20. 种子成熟时，累积的磷酸化合物主要是________。

21. 花粉中含量最多的酶是________。

22. 引导花粉管定向生长的无机离子是________。

23. 多数种子的发育可分为________、________和________3 个时期。

24. 昼夜温差大，有机物呼吸消耗________，瓜果含糖量________，禾谷类作物千粒重________。

25. 引起芽休眠的主要原因是________、________。

26. 植物在衰老过程中，内源激素的含量会发生变化，其中含量增加的激素有________、________；含量下降的激素有________、________、________。

27. 与脱落有关的酶类较多，其中________和________与脱落关系最密切。

28. 细胞的保护酶主要有________、________、________等。

29. 植物衰老的最基本特征是________。

30. 叶片衰老最明显的标志是________，叶片衰老的顺序是从________开始，逐渐过渡到________。

31. 在植物细胞内自由基产生的部位主要有________、________、________、________、________。

32. 日照长短对植物营养体休眠有不同影响，对于冬休眠植物来说，短日照________休眠，长日照________休眠。对于夏休眠的植物来说，长日照________休眠，短日照________休眠。

33. 植物通过休眠期对低温有量上的要求，长期适应北方寒冷地区的植物休眠期对低温的需要量________，而适应南方温度地区的植物对低温的需要量________。

34. 种子成熟时，P、Ca、Mg 等营养元素结合在________上，该化合物称为________。

35. 在果实的果皮中存在的主要色素是________、________和________。

36. 果实成熟后涩味消失是因为________。

37. 果实成熟后变软是主要是因为________。

38. 使果实致香的物质主要是________类和________类物质。

39. 跃变型果实在成熟过程中释放________。

40. 一般来说，在低温干旱条件下，小麦籽粒内蛋白质含量较________，而在温暖潮湿条件下，则淀粉含量较________。

41. 引起禾谷类作物籽粒空秕的两个主要生理过程是________、________。

六、选择题

1. 实验证明，在空气中氧浓度升高时，对棉花叶柄脱落产生的影响是（　　）。
   A. 促进脱落　　B. 抑制脱落　　C. 没影响
2. 花粉中的识别蛋白是（　　）。
   A. 色素蛋白　　B. 脂蛋白　　C. 糖蛋白
3. 植物花粉生活力有很大的差异，水稻花粉寿命很短，只有（　　）。
   A. 5 ~ 10 min　　B. 1 ~ 2 h　　C. 1 ~ 2 天
4. 水稻柱头的生活力一般情况下能维持（　　）。
   A. 几小时　　B. 1 ~ 2 天　　C. 6 ~ 7 天
5. 在淀粉种子成熟过程中，可溶性糖的含量是（　　）。
   A. 逐渐降低　　B. 逐渐增高　　C. 变化不大
6. 在水稻种子成熟过程中，对淀粉合成起主导催化作用的是（　　）。
   A. 淀粉合成酶　　B. 淀粉磷酸化酶　　C. Q 酶
7. 油粒种子在成熟过程中糖类总含量是（　　）。
   A. 不断下降　　B. 不断上升　　C. 变化不大
8. 在豌豆种子成熟过程中，种子最先积累的是（　　）。
   A. 以蔗糖为主的糖分　　B. 蛋白质　　C. 脂肪
9. 小麦籽粒成熟时，脱落酸的含量是（　　）。
   A. 大大增加　　B. 大大减少　　C. 变化不大
10. 在生产上，可以用作诱导果实单性结实的植物生长物质有（　　）。
    A. 生长素类　　B. 赤霉素类　　C. 细胞分裂素类
11. 在果实呼吸跃变正要开始之前，果实内含量明显升高的植物激素是（　　）。
    A. 生长素　　B. 乙烯　　C. 赤霉素
12. 苹果、梨的种子胚已经发育完全，但在适宜条件下仍不能萌发，这是因为（　　）。
    A. 种皮限制　　B. 抑制物质　　C. 未完成后熟
13. 破除马铃薯块茎休眠最有效的方法是使用（　　）。
    A. 赤霉素　　B. 2, 4-D　　C. 乙烯利
14. 叶片衰老时，植物体内发生一系列生理生化变化，其中蛋白质和RNA含量（　　）。
    A. 显著下降　　B. 显著上升　　C. 变化不大
15. 在叶片衰老过程中，光合速率会（　　）。
    A. 上升　　B. 下降　　C. 变化不大
16. 叶片脱落与生长素有关，把生长素施于离区的近基一侧，则会（　　）。
    A. 加速脱落　　B. 抑制脱落　　C. 无影响

17. 油粒种子成熟时，脂肪的碘值（　　）。

A. 逐渐减小　　B. 逐渐升高　　C. 没有变化

18. 用呼吸抑制剂碘乙酸、氟化钠和丙二酸处理叶柄时，则（　　）。

A. 促进脱落　　B. 抑制脱落　　C. 无影响

19. 可育花粉比不育花粉含量高的可溶性糖是（　　）。

A. 葡萄糖　　B. 果糖　　C. 蔗糖

20. 油料种子发育过程中，最先累积的贮藏物质是（　　）。

A. 淀粉　　B. 油脂　　C. 脂肪酸

21. 下面水果中（　　）是呼吸聚变型的果实。

A. 橙　　B. 香蕉　　C. 葡萄

22. 淀粉型可育花粉中含量最多的可溶性糖是（　　）。

A. 蔗糖　　B. 葡萄糖　　C. 果糖

23. 对花粉萌发具有显著促进效应的元素是（　　）。

A. K　　B. Si　　C. B

24. 下列（　　）果实具有呼吸跃变现象，且其生长曲线为单 S 曲线。

A. 番茄　　B. 李　　C. 橙

25. 有些木本植物的种子要求在（　　）条件下解除休眠，因此通常用层积处理来促进其萌发。

A. 低温、湿润　　B. 温暖、湿润

C. 湿润、光照

26.（　　）能加速植物的衰老。

A. 干旱　　B. 施 N　　C. CTK 处理

27.（　　）作物不会产生离层，因而不会发生叶片脱落。

A. 棉花　　B. 大豆　　C. 小麦

28.（　　）能抑制或延缓脱落。

A. 弱光　　B. 高氧　　C. 施 N

29. 松树衰老的类型应属于（　　）。

A. 地上部分衰老　　B. 脱落衰老　　C. 渐进衰老

30. 种子休眠的原因很多，有些种子因为种皮不透气或不透水，另外一些则是种子内或与种子有关的部位存在抑制萌发的物质，还有一些种子则是由于（　　）。

A. 胚未完全成熟　　B. 种子中的营养成分低

C. 种子含水量过高

七、是非题

1. 衰老的最早信号表现在叶绿体的解体上，但衰老并不是叶绿体启动的。 （ ）

2. 苹果成熟时，乙烯的含量达到最低峰。 （ ）

3. 银杏、人参的果实或种子已完全成熟，但不能萌发，这是因为胚的发育尚未完成之故。 （ ）

4. 叶片衰老过程中，蛋白质和 RNA 含量都明显下降。 （ ）

5. 红光能加速叶片衰老。 （ ）

6. 缺钙植株的营养器官很容易脱落，而 $CaCl_2$ 处理可延缓或抑制脱落。 （ ）

7. 幼果和幼叶的脱落酸含量高。 （ ）

8. 水稻空壳是由于完成受精作用后营养不良所致。 （ ）

9. 花粉落在雌蕊柱头上能否正常萌发，导致受精，决定于双方的亲和性。 （ ）

10. 授粉后，雌蕊中的生长素含量明显减少。 （ ）

11. 一般柱头维持授粉能力的时间比花粉的寿命要长一些。 （ ）

12. 在纯氧中贮存的花粉，可延长花粉的寿命。 （ ）

13. 花粉的识别物质是内壁蛋白。 （ ）

14. 花粉管在雌蕊中的定向生长，是由于花粉管尖端朝着雌蕊中“向化物质”浓度递增方向延伸的缘故。 （ ）

15. 在淀粉种子成熟过程中，不溶性有机化合物是不断减少的。 （ ）

16. 油料种子成熟时最先形成的脂肪酸是饱和脂肪酸。 （ ）

17. 随着小麦籽粒成熟度的提高，非蛋白态氮不断增加。 （ ）

18. 油菜种子成熟过程中，糖类总含量不断下降。 （ ）

19. 小麦籽粒成熟时，脱落酸含量大大减少。 （ ）

20. 果实生长与受精后子房生长素含量增多有关。 （ ）

21. 果实发生的呼吸跃变是由于果实形成生长素的结果。 （ ）

22. 适当降低温度和氧的浓度可以延迟呼吸跃变的出现。 （ ）

23. 未成熟果实有酸味，是因为果肉中含有很多抗坏血酸的缘故。 （ ）

24. 未成熟的柿子、杏子等果实有涩味，是由于细胞液内含有单宁。 （ ）

25. 香蕉成熟时产生的特殊香味是乙酸戊酯。 （ ）

26. 苹果、梨等果实成熟时，RNA 含量明显下降。 （ ）

27. 油菜种子成熟过程中，糖类总含量不断下降。 （ ）

28. 衰老的组织内所含的内含物大量向幼嫩部分或子代转移的再分配是生物学中的一个普遍规律。 （ ）

29. 叶片中 SOD 活性和 O_2 等随衰老而呈增加趋势。 ( )
30. SOD、CAT 和 POD 是植物体内重要的保护酶，一般称为自由基清除剂。 ( )
31. 缺水和 N 素供应不足均能促进植物休眠。 ( )
32. 休眠芽在整个休眠期间，呼吸速率的变化呈倒置的单峰曲线。 ( )
33. 茉莉酸甲酯能显著地促进衰老进程。 ( )
34. 植物细胞内多胺类物质的存在会加速植物的衰老进程。 ( )
35. 干旱地区生长的小麦种子，其蛋白质含量较高。 ( )
36. 对于淀粉种子来说，氮肥可提高蛋白质含量，磷钾肥可增加淀粉含量。 ( )
37. 高温促进油料种子不饱和脂肪酸的合成，因而碘值升高。 ( )

八、问答题

1. 植物受精后，花器官的主要生理生化变化有哪些？
2. 试述钙在花粉萌发与花粉管伸长中的主要作用。
3. 禾谷类种子成熟过程中发生哪些生理生化变化？
4. 肉质果实成熟时有哪些生理生化变化？
5. 油料种子的油脂形成有何特点？
6. 北方小麦与南方小麦相比，哪个蛋白质含量高？为什么？
7. 试述乙烯与果实成熟的关系及其作用机理。
8. 导致脱落的外界因素有哪些？
9. 植物器官脱落时的生物化学变化如何？
10. 植物器官脱落与植物激素的关系如何？
11. 植物衰老时发生了哪些生理生化变化？
12. 到了深秋，树木的芽为什么会进入休眠状态？
13. 引起植物衰老的可能因素有哪些？
14. 如何调控器官的衰老与脱落？
15. 水稻种子从灌浆到黄熟期有机物质是怎样转变的？
16. 采收后的甜玉米其甜度越来越低，为什么？
17. 影响果实着色的因素有哪些？
18. 引起芽休眠的主要原因是什么？常用的解除芽休眠和延长芽休眠的方法有哪些？
19. 衰老的生物学意义如何？
20. 导致脱落的外界因素有哪些？

21. 自由基通过哪几种方式伤害蛋白质？
22. 何谓呼吸跃变？出现呼吸跃变的原因是什么？

X 植物的逆境生理

一、名词解释

1. 逆境 2. 抗性 3. 抗寒锻炼 4. 逆境逃避 5. 逆境忍耐 6. 冻害 7. 冷害 8. 过冷作用 9. 植保素 10. 大气干旱 11. 土壤干旱 12. 生理干旱 13. 渗透调节 14. 逆境蛋白 15. 盐碱土 16. 光化学烟雾 17. 交叉适应 18. 温度补偿点 19. 萎蔫 20. 胁变 21. 冷激蛋白 22. 渗调蛋白 23. 水合补偿点 24. 湿害 25. 抗病性 26. 抗虫性 27. 膜脂过氧化作用 28. 巯基假说 29. 旱害

二、中译英

1. 抗性 2. 冻害 3. 干旱 4. 盐胁迫 5. 避逆性 6. 渗透调节 7. 暂时萎蔫 8. 盐生植物 9. 植物防御素 10. 冷害 11. 抗冻基因 12. 热害 13. 热激蛋白 14. 过氧化氢酶 15. 过氧化物酶 16. 分子伴侣 17. 交叉保护 18. 抗蒸腾剂 19. 厌氧多肽 20. 区域化 21. 过敏响应 22. 系统获得性抗性

三、英译中

1. stress tolerance 2. permanent wilting 3. heat-shock protein 4. antifreeze protein 5. osmotin 6. temperature compensation point 7. glycophyte 8. lectin 9. active oxygen 10. pathogenesis-related protein, PR 11. antifreeze gene 12. heat injury 13. hardiness physiology 14. superoxide dismutase 15. protective enzyme system 16. cross adaptation 17. c-repeat/drought respone element 18. heat shock element 19. permanent wilting 20. late embryo genesis abundant 21. transition polypeptides

四、写出下列符号的中文名称

1. PRs 2. HSPs 3. HF 4. O_3 5. UFAI 6. PEG 7. O_2^- 8. $^1O_2$ 9. ·OH 10. PAN 11. Pro

五、填空题

1. 实验证明，细胞膜蛋白在结冰脱水时，其分子间的________很容易形成，使蛋白质发生________。

2. 零上低温对喜温植物的伤害首先是引起膜的相变，即由________态转变为________态。

3. 小麦对干旱最敏感的时期是________和________。

4. 大气中的污染物主要有下列种类：________、________、________、________、________、________。

5. 任何逆境都会使光合速率________。

6. 膜脂不饱和脂肪酸含量越高，植物抗冷性就越________。

7. 干旱时，抗旱性强的小麦品种叶表皮细胞的饱和脂肪酸较不抗旱的________。

8. 在逆境下，植体内最主要的渗透调节物质是________。

9. 干旱时，不抗旱品种体内累积脯氨酸较抗旱的________。

10. 干旱时，植体内甜菜碱的累积速度比脯氨酸________。

11. 解除水分胁迫后，甜菜碱降解速度比脯氨酸________。

12. 交叉适应的作用是________。

13. 逆境下，抗性强的品种脱落酸含量比抗性弱的________。

14. 低温对植物的危害，按低温程度和危害情况可分为________和________两种。

15. 细胞内结冰伤害的主要原因是________。

16. 植物的抗冻性与细胞的硫氢基含量高低成________关系。

17. 干旱可分为________干旱和________干旱。

18. ________是植物抗寒性的主要保护物质。

19. 靠降低蒸腾即可消除水分亏缺以恢复原状的萎蔫叫________。

20. C_3 植物抗 SO_2 的能力比 C_4 植物________。

21. 木本植物抗 SO_2 的能力比草本植物________。

22. 氟化物中，排放量最大、毒性最强的是________。

23. 气态氟化物主要是从________进入植物体的。

24. 小麦抗氟化物的能力比玉米________。

25. 土壤污染主要来自________污染和________污染。

26. 常见的有机渗透调节物质有________、________和________等。

27. 高温、低温、干旱、病菌体、化学物质、缺氧、紫外线等逆境条件下诱导形成的蛋白质（或酶），统称为________蛋白，它具有多样性，如________蛋白、________蛋白、________蛋白、________蛋白、________蛋白、____________蛋白、________蛋白等。

28. 植物对高温胁迫的适应性称为________性。高温对植物的危害首先是蛋白质的

________，其次是________的液化。

29. 植物在受到盐胁迫时发生的危害主要表现在：①________胁迫；②________失调与________毒害；③________透性改变；④________紊乱。

30. 病害对植物的生理生化有以下影响：①________平衡失调；②________作用加强；③________作用抑制；④________发生变化；⑤________运输受到干扰。

31. 植物抗病的途径很多，主要有：①形态上产生________结构；②使________坏死；③产生________制物；④诱导________蛋白。

32. 解释冻害对植物造成伤害的原因，有两种理论：________理论和________理论。

33. 冻害对植物的伤害主要是结冰伤害，当温度缓慢降低时会引起________结冰，温度急剧降低时会引起________结冰。

34. 水分胁迫条件下，参与渗透调节的可溶性物质可分为两类：一类是________；另一类是________。

35. 能够提高植物抗性的激素有________和________。

36. 干旱时植物体内游离氨基酸增多，其中积累最多的氨基酸是________，其主要生理意义是________。

37. 在干旱条件下脯氨酸积累可能是以下3个方面原因所致：________、________和________。

38. 抗旱能力强的植物在生理生化方面，具有下列特征：________、________、________和________。

39. 植物对逆境的抵抗有两种可能方式：________和________。

40. 实验表明，细胞间隙结冰时，造成细胞质发生严重脱水，此时蛋白质分子间很容易形成________键，使蛋白质发生________。

41. 植物耐盐的常见方式，一是通过________以适应盐渍而产生的水分逆境；二是消除________产生的毒害作用。

六、选择题

1. 在植物受旱情况下，有的氨基酸会发生累积，它是（　　）。
   A. 天冬氨酸　　B. 精氨酸　　C. 脯氨酸

2. 植物感染病菌后，病叶内碳同化产物与健叶相比（　　）。
   A. 降低　　B. 升高　　C. 变化不大

3. 植物受到干旱胁迫时，光合速率会（　　）。
   A. 上升　　B. 下降　　C. 变化不大

4. 植物感染病菌时，其呼吸速率是（　　）。
   A. 显著升高　　B. 显著下降　　C. 变化不大

5. 实验证实，膜脂不饱和脂肪酸越多，抗性（　　）。

A. 增强　　B. 减弱　　C. 保持稳定

6. 抗旱性强的小麦品种在灌浆期干旱时，叶表皮细胞的饱和脂肪酸（　　）。

A. 较多　　B. 较少　　C. 中等水平

7. 在逆境条件下植物体内脱落酸含量会（　　）。

A. 减少　　B. 增多　　C. 变化不大

8. 细胞间结冰伤害的主要原因是（　　）。

A. 原生质过度脱水　　B. 机械损伤

C. 膜伤害

9. 越冬作物体内可溶性糖的含量（　　）。

A. 增多　　B. 减少　　C. 变化不大

10. 植物适应干旱条件的形态特征之一是根/冠比（　　）。

A. 大　　B. 小　　C. 中等

11. 高温导致蛋白质生化损害，表现在（　　）。

A. 合成速度减慢　　B. 降解加剧

C. 酶失活

12. 水稻恶苗病就是由于感染赤霉菌后产生了大量的（　　）。

A. 赤霉素　　B. 生长素　　C. 脱落酸

13. 我国当前最主要的大气污染物是（　　）。

A. 氟化物　　B. 二氧化硫　　C. 氯化物

14. 大气中的污染物能否危害植物，决定于多种因素，其中主要是（　　）。

A. 气体的浓度　　B. 延续时间　　C. 气体成分

15. 氰化物对植物的最大危害是（　　）。

A. 抑制呼吸　　B. 损伤细胞膜　　C. 破坏了水分平衡

16. 大气污染除有毒气体以外主要污染物之一是（　　）。

A. 粉尘　　B. 有刺激性气体　　C. 乙烯

17. 甘薯感染黑斑病菌后产生的植保素是（　　）。

A. 草酸　　B. 水杨酸　　C. 甘薯酮

18. 逆境下植物的呼吸速率变化有 3 种类型：（　　）。

A. ①降低；②先升高后降低；③明显增强

B. ①降低；②先升高后降低；③不变化

C. ①不变化；②先升高后降低；③明显增强

D. ①降低；②不变化；③明显增强

19.（　　）是一种胁迫激素，它在植物激素调节植物对逆境的适应中显得最为重要。

A. 细胞分裂素　　B. 乙烯　　C. 脱落酸

20. 缺水不会诱发植物的（　　）。
A. 气孔关闭　　B. ABA 含量增加　　C. 地上部分生长
21. 当植物细胞遭受寒害时，随着寒害伤害程度的增加，质膜电阻（　　）。
A. 不变　　B. 变小　　C. 变大
22. 经过低温锻炼后，植物组织内（　　）降低。
A. 可溶性糖含量　　B. 自由水/束缚水的比值
C. 不饱和脂肪酸的含量
23. 干旱伤害植物的根本原因是（　　）。
A. 原生质脱水　　B. 机械损伤　　C. 膜透性改变
24. 涝害的根源是细胞（　　）。
A. 乙烯含量增加　　B. 缺氧　　C. 营养失调
25. 造成盐害的主要原因是（　　）。
A. 渗透胁迫　　B. 膜透性改变　　C. 机械损伤
26. 植物组织受伤时，受伤处往往迅速呈褐色，其主要原因是（　　）。
A. 醌类化合物的聚合作用　　B. 产生褐色素　　C. 细胞死亡

七、是非题

1. 抗寒的植物，在低温下合成饱和脂肪酸较多。（　　）
2. 逆境诱导糖类和蛋白质转变成可溶性化合物的过程加强，这与合成酶作用下降、水解酶活性增强有关。（　　）
3. 小麦的抗冻性和膜脂的不饱和脂肪酸呈负相关。（　　）
4. 抗旱性强的小麦品种在灌浆期干旱时，叶表皮细胞的饱和脂肪酸较多。（　　）
5. 无论什么逆境条件，植物体内的内源脱落酸总是减少，抗逆性增强。（　　）
6. 外施脱落酸可改变体内代谢，使脯氨酸含量减少。（　　）
7. 外施脱落酸可以增加植物体内可溶性糖和可溶性蛋白的含量，提高抗逆性。（　　）
8. 冻害对植物的影响，主要是由结冰引起的。（　　）
9. 细胞间结冰伤害的主要原因是原生质的过度膨胀。（　　）
10. 在 0 ℃以下时，喜温植物受伤甚至死亡的现象就是冷害。（　　）
11. 在播种前，对萌动种子进行干旱锻炼，可以提高抗旱性。（　　）
12. 干旱条件下，光合产物从同化组织运输出去的速度加快。（　　）
13. 高温会抑制氮化合物的合成，积累氨过多，会毒害细胞。（　　）
14. 仙人掌原生质黏性大，束缚水含量高，耐热性差。（　　）

15. 涝害使作物致死的原因与缺氧程度有关。 ( )
16. 盐分过多，可使棉花、小麦等的呼吸速率上升。 ( )
17. 大气中污染物能否危害植物，主要与气体的浓度和延续时间有关。 ( )
18. 不同植物对二氧化硫的敏感性相差很大。总体来说，草本植物比木本植物钝感。 ( )
19. 汞可引起植物光合速率下降，叶子黄化，植株变矮。 ( )
20. 环境污染中的五毒是酚、氰、铬、砷、铁。 ( )
21. 大气污染除有毒气体之外，粉尘也是重要污染物之一。 ( )
22. 环境监测中一般是选用对某一污染物极不敏感的植物作为指示植物。 ( )
23. 冻害使植物致死的机理，主要用硫氢基假说和膜损伤理论解释。 ( )
24. 冻害与干旱使植物致死的机理都用硫氢基假说和膜损伤理论解释。 ( )
25. 解释冻害造成植物死亡的硫氢基假说是由马克西莫夫提出来的。 ( )
26. 休眠种子含水量少，所以抗寒性较强，抗热性较弱。 ( )
27. 抗寒的植物在低温下合成不饱和脂肪酸较多。 ( )
28. 低温引起线粒体膜发生固化，于是无氧呼吸受到抑制，有氧呼吸不受影响。 ( )
29. 干旱时植物体内蛋白质减少而游离氨基酸增多。 ( )
30. 根冠比越大，越有利于抗旱。 ( )
31. ABA 能抑制植物的生长，因此，外施 ABA 降低了植物的抗逆性。 ( )

八、问答题

1. 植物的抗性有哪几种方式？
2. 逆境对植物代谢有何影响？
3. 在逆境中，植物体内累积的脯氨酸有什么作用？
4. 试述逆境条件下植物激素水平的变化与抗逆性的关系。
5. 零上低温对植物组织的伤害大致分为几个步骤？
6. 膜脂与植物的抗冷性有何关系？
7. 在冷害过程中，植物体内发生了哪些生理生化变化？
8. 抗寒锻炼为什么能提高植物的抗寒性？
9. 写出植物体内能消除自由基的抗氧化物质与抗氧化酶类。
10. 植物抗旱的生理基础表现在哪些方面？如何提高植物的抗旱性？
11. O_3 对植物的伤害主要表现在哪些方面？
12. 病害对植物生理生化有何影响？作物抗病的生理基础如何？
13. SO_2 危害植物的原因是什么？

14. 什么叫作植物的交叉适应？交叉适应有哪些特点？
15. 植物在环境保护中可起什么作用？
16. 为什么在晴天中午不能给农作物浇水？
17. 冰点以上低温对植物细胞的生理生化变化有哪些影响？
18. 植物耐盐的生理基础表现在哪些方面？如何提高植物的抗盐性？
19. 什么叫大气污染？主要污染物有哪些？有哪几种方式？
20. 抗旱植物在形态及生理上具有哪些特点？
21. 干旱时植物体内脯氨酸含量增加的原因及其生理意义是什么？
22. 涝害对植物的影响如何？如何提高植物的抗涝性？
23. 抗盐植物以什么方式来避免盐分过多的伤害？
24. 耐盐植物忍受盐胁迫有哪几种方式？

附录 2　化学品标志符号

符号	说明
E	易爆
T	有毒
O	氧化剂
Xn	有害
F	易燃
F^{+}	很易燃
F^{++}	极易燃
Xi	刺激
F+C	易燃、腐蚀
N	危害环境
T^{+}	极毒

附录 3 常用酸碱的浓度

化合物	相对分子质量	相对密度	质量分数/%	物质的量浓度/(mol/L)	配制 1 mol/L 所需体积/mL
HCl	36.46	1.19	36.0	11.7	85.5
HNO_3	63.02	1.42	69.5	15.6	64.0
H_2SO_4	98.08	1.84	96. 0	17.95	55.7
H_3PO_4	98.00	1.69	85.0	14.7	68.0
$HClO_4$	100.50	1.67	70. 0	11.65	85.7
CH_3COOH	60.03	1.06	99.5	17.6	56.9
NH_4OH	35.04	0.90	58.6	15.1	66.5

附录 4 常用固态酸、碱、盐的物质的量浓度配制参考

名称	化学式	相对分子质量	物质的量浓度/(mol/L)	配 1 L 1 mol/L 溶液所需量/g
草酸	$H_2C_2O_4 \cdot 2H_2O$	126.08	1.0	63.04
柠檬酸	$H_3C_6H_5O_7 \cdot H_2O$	210.14	0.1	7.00
氢氧化钾	KOH	56.10	5.0	280.50
氢氧化钠	NaOH	40.00	1.0	40.00
碳酸钠	Na_2CO_3	106.00	0.5	53.00
磷酸氢二钠	$Na_2HPO_4 \cdot 12H_2O$	358.20	1.0	358.20
磷酸二氢钾	KH_2PO_4	136.10	1/15	9.08
重铬酸钾	$K_2Cr_2O_7$	294.20	1/60	4.9035
碘化钾	KI	166.00	0.5	83.00
高锰酸钾	$KMnO_4$	158.00	0.05	3.16
醋酸钠	$NaC_2H_3O_2$	82.04	1.0	82.04
硫代硫酸钠	$Na_2S_2O_3 \cdot 5H_2O$	248.20	0.1	24.82

附录 5　常用缓冲液的配制

1. 甘氨酸－盐酸缓冲溶液（附表 5-1）

贮备液 A：0.2 mol/L 甘氨酸溶液（15.01 g 配成 1000 mL）

贮备液 B：0.2 mol/L 盐酸（浓盐酸 17.1 mL 稀释至 1000 mL）。

甘氨酸相对分子质量：75.07。

附表 5-1　不同 pH 值甘氨酸－盐酸缓冲液配制

pH 值	x	pH 值	x
2.2	44.0	3.0	11.4
2.4	32.4	3.2	8.2
2.6	24.2	3.4	6.4
2.8	16.8	3.6	5.0

注：50 mL A+x mL B，稀释至 200 mL。

2. 盐酸－氯化钾缓冲溶液（附表 5-2）

贮备液 A：0.2 mol/L 氯化钾溶液（KCl 14.91 g 配成 1000 mL）。

贮备液 B：0.2 mol/L 盐酸（浓盐酸 17.1 mL 稀释至 1000 mL）。

氯化钾相对分子质量：74.56。

附表 5-2　不同 pH 值盐酸－氯化钾缓冲溶液配制

pH 值	x	pH 值	x
1.0	97.0	1.7	20.6
1.1	78.0	1.8	16.6
1.2	64.5	1.9	13.2
1.3	51.0	2.0	10.6
1.4	41.5	2.1	8.4
1.5	33.3	2.2	6.7
1.6	26.3		

注：50 mL A+x mL B，稀释至 200 mL。

3. 酞酸氢钾－盐酸缓冲溶液（附表 5–3）

贮备液 A：0.2 mol/L 酞酸氢钾（$KHC_8H_4O_4$ 40.84 g 配成 1000 mL）。

贮备液 B：0.2 mol/L 盐酸（浓盐酸 17.1 mL 稀释至 1000 mL）。

酞酸氢钾相对分子质量：204.22。

附表 5–3　不同 pH 值酞酸氢钾－盐酸缓冲溶液配制

pH 值	x	pH 值	x
2.2	46.7	3.2	14.7
2.4	39.6	3.4	9.9
2.6	33.0	3.6	6.0
2.8	26.4	3.8	2.63
3.0	20.3		

注：50 mL A + x mL B，稀释至 200 mL。

4. 乌头酸－氢氧化钠缓冲溶液（附表 5–4）

贮备液 A：0.5 mol/L 乌头酸［$C_3H_3(COOH)_3$ 87.05 g 配成 1000 mL］。

贮备液 B：0.2 mol/L 氢氧化钠（NaOH 8.0 g 配成 1000 mL）。

乌头酸相对分子质量：174.11，氢氧化钠相对分子质量：40.00。

附表 5–4　不同 pH 值乌头酸－氢氧化钠缓冲溶液配制

pH 值	x	pH 值	x
2.5	15.0	4.3	83.0
2.7	21.0	4.5	90.0
2.9	28.0	4.7	97.0
3.1	36.0	4.9	103.0
3.3	44.0	5.1	108.0
3.5	52.0	5.3	113.0
3.7	60.0	5.5	119.0
3.9	68.0	5.7	126.0
4.1	76.0		

注：20 mL A + x mL B，稀释至 200 mL。

5. 柠檬酸缓冲溶液（附表 5-5）

贮备液 A：0.1 mol/L 柠檬酸（$C_6H_8O_7$ 19.21 g 配成 1000 mL）。

贮备液 B：0.1 mol/L 柠檬酸三钠（$C_6H_8O_7Na_3 \cdot 2H_2O$ 29.41 g 配成 1000 mL）。

柠檬酸相对分子质量：192.12，柠檬酸三钠 · 2 H_2O 相对分子质量：294.10。

附表 5-5　不同 pH 值柠檬酸缓冲溶液配制

pH 值	*x*	*y*	pH 值	*x*	*y*
3.0	46.5	3.5	4.8	23.0	27.0
3.2	43.7	6.3	5.0	20.5	29.5
3.4	40.0	10.0	5.2	18.0	32.0
3.6	37.0	13.0	5.4	16.0	34.0
3.8	35.0	15.0	5.6	13.7	36.3
4.0	33.0	17.0	5.8	11.8	38.2
4.2	31.5	18.5	6.0	9.5	40.5
4.4	28.0	22.0	6.2	7.2	42.8
4.6	25.5	24.5			

注：x mL A+y mL B，稀释成 100 mL。

6. 磷酸盐缓冲溶液（附表 5-6）

贮备液 A：0.2 mol/L 磷酸二氢钠（$NaH_2PO_4 \cdot H_2O$ 27.6 g 配成 1000 mL）

贮备液 B：0.2 mol/L 磷酸氢二钠（$Na_2HPO_4 \cdot 7H_2O$ 53.65 g 7 g 配成 1000 mL）

磷酸二氢钠 · H_2O 相对分子质量：137.99，磷酸氢二钠 · 7 H_2O 相对分子质量：268. 25。

附表 5-6　不同 pH 值磷酸盐缓冲溶液配制

pH 值	*x*	*y*	pH 值	*x*	*y*
5.7	93.5	6.5	6.3	77.5	22.5
5.8	92.0	8.0	6.4	73.5	26.5
5.9	90.0	10.0	6.5	68.5	31.5
6.0	87.7	12.3	6.6	62.5	37.5
6.1	85.0	15.0	6.7	56.5	43.5
6.2	81.5	18.5	6.8	51.0	49.0

续表

pH 值	x	y	pH 值	x	y
6.9	45.0	55.0	7.5	16.0	84.0
7.0	39.0	61.0	7.6	13.0	87.0
7.1	33.0	67.0	7.7	10.5	89.5
7.2	28.0	72.0	7.8	8.5	91.5
7.3	23.0	77.0	7.9	7.0	93.0
7.4	19.0	81.0	8.0	5.3	94.7

注：x mL A+y mL B，稀释至 200 mL。

7. Tris 缓冲溶液（附表 5-7）

贮备液 A：0.2 mol/L 三羟甲基氨基甲烷溶液（Tris）（24.2 g 溶至 1000 mL）。

贮备液 B：0.2 mol/L HCl 溶液。

附表 5-7　不同 pH 值 Tris 缓冲溶液配制

pH 值	x	pH 值	x
9.0	5.0	8.0	26.8
8.8	8.1	7.8	32.5
8.6	12.2	7.6	38.4
8.4	16.5	7.4	41.4
8.2	21.9	7.2	44. 2

注：50 mL A+x mL B，稀释至 200 mL。

8. 醋酸缓冲溶液（附表 5-8）

贮备液 A：0.2 mol/L 醋酸（冰乙酸 11.55 mL 稀释至 1000 mL）。

贮备液 B：0.2 mol/L 醋酸钠（$C_2H_3O_2Na$ 16.4 g 配成 1000 mL）。

醋酸钠相对分子质量：82.03。

附表 5-8　不同 pH 值醋酸缓冲溶液配制

pH 值	x	y	pH 值	x	y
3.6	46.3	3.7	4.0	41.0	9.0
3.8	44.0	6.0	4.2	36.8	13.2

续表

pH 值	*x*	*y*	pH 值	*x*	*y*
4.4	30.5	19.5	5.2	10.5	39.5
4.6	25.5	24.5	5.4	8.8	41.2
4.8	20.0	30.0	5.6	4.8	45.2
5.0	14.8	35.2			

注：*x* mL A+*y* mL B，稀释成 100 mL。

9. 柠檬酸－磷酸缓冲溶液（附表 5–9）

贮备液 A：0.1 mol/L 柠檬酸（$C_6H_8O_7$ 19.21 g 配成 1000 mL）。

贮备液 B：0.2 mol/L 磷酸氢二钠（$Na_2HPO_4 \cdot 7H_2O$ 53.65 g 配成 1000 mL）。

柠檬酸相对分子质量：192.12，磷酸氢二钠 · $7H_2O$ 相对分子质量：268.25。

附表 5–9　不同 pH 值柠檬酸－磷酸缓冲溶液配制

pH 值	*x*	*y*	pH 值	*x*	y
2.6	44.6	5.4	5.0	24.3	25.7
2.8	42.2	7.8	5.2	23.3	26.7
3.0	39.8	10.2	5.4	22.2	27.8
3.2	37.7	12.3	5.6	21.0	29.0
3.4	35.9	14.1	5.8	19.7	30.3
3.6	33.9	16.1	6.0	17.9	32.1
3.8	32.3	17.7	6.2	16.9	33.1
4.0	30.7	19.3	6.4	15.4	34.6
4.2	29.4	20.6	6.6	13.6	36.4
4.4	27.8	22.2	6.8	9.1	40.9
4.6	26.7	23.3	7.0	6.5	43.5
4.8	25.2	24.8			

注：*x* mL A+*y* mL B，稀释成 100 mL。

附录 6 常用酸碱指示剂

中文名	英文名	变色 pH 值范围	酸性色	碱性色	质量百分浓度	溶剂	100 mL 指示剂需 0.1 mol/LNaOH 量/mL
间甲酚紫	m-cresol purple	1.2 ~ 2.8	红	黄	0.04%	稀碱	1.05
麝香草酚蓝	thymol blue	1.2 ~ 2.8	红	黄	0.04%	稀碱	0.86
溴酚蓝	bromophenol blue	3.0 ~ 4.6	黄	紫	0.04%	稀碱	0.6
甲基橙	methyl orange	3.1 ~ 4.4	红	黄	0.02%	水	—
溴甲酚绿	bromocresol green	3.8 ~ 5.4	黄	蓝	0.04%	稀碱	0.58
甲基红	methyl red	4.2 ~ 6.2	粉红	黄	0.10%	50% 乙醇	—
氯酚红	chlorophenol red	4.8 ~ 6.4	黄	红	0.04%	稀碱	0.94
溴酚红	bromophenol red	5.2 ~ 6.8	黄	红	0.04%	稀碱	0.78
溴甲酚紫	bromocresol purple	5.2 ~ 6.8	黄	紫	0.04%	稀碱	0.74
溴麝香草酚蓝	bromothymol blue	6.0 ~ 7.6	黄	蓝	0.04%	稀碱	0.64
酚红	phenol red	6.4 ~ 8.2	黄	红	0.02%	稀碱	1.13
中性红	neutral red	6.8 ~ 8.0	红	黄	0.01%	50% 乙醇	—
甲酚红	cresol red	7.2 ~ 8.8	黄	红	0.04%	稀碱	1.05
间甲酚紫	m-cresol purple	7.4 ~ 9.0	黄	紫	0.04%	稀碱	1.05
麝香草酚蓝	thymol blue	8.0 ~ 9.2	黄	蓝	0.04%	稀碱	0.86
酚酞	phenolphthalein	8.2 ~ 10.0	无色	红	0.10%	50% 乙醇	—
麝香草酚酞	thymolphthalein	8.8 ~ 10.5	无色	蓝	0.10%	50% 乙醇	—
茜素黄 R	alizarin yellow R	10.0 ~ 12.1	淡黄	棕红	0.10%	50% 乙醇	—
金莲橙 Q	tropaeolin Q	11.1 ~ 12.7	黄	红棕	0.10%	水	—

附录 7　标准计量单位

附表 7-1　国际单位制的基本单位

量的名称	单位名称	单位符号
长度	米	m
质量	千克（公斤）	kg
时间	秒	s
电流	安（培）	A
热力学温度	开（尔文）	K
物质的量	摩（尔）	mol
发光强度	坎（德拉）	cd

附表 7-2　用基本单位表示的国际制导出单位

量的名称	单位名称	单位符号
面积	平方米	m^2
体积	立方米	m^3
速度	米每秒	m/s
密度	千克每立方米	kg/m^3
（物质的量）浓度	摩尔每立方米，摩尔每升	mol/m^3，mol/L
光亮度	坎德拉每平方米	cd/m^2

附表 7-3　国际单位中具有专门名称的导出单位

量的名称	单位名称	单位符号
频率	赫［兹］	Hz
力，重力	牛［顿］	N
压力，压强，应力	帕［斯卡］	Pa
能［量］，功，热量	焦［耳］	J
功率，辐［射能］通量	瓦［特］	W

续表

量的名称	单位名称	单位符号
电位，电压，电动势	伏[特]	V
电阻	欧[姆]	Ω
电导	西[门子]	S
光通量	流[明]	lm
[光]照度	勒[克斯]	lx
光照强度	微摩尔每平方米每秒	$\mu mol/m^2 \cdot s^{-1}$

附表 7-4 国家选定的非国际单位制单位

量的名称	单位名称	单位符号	关系式
时间	分	min	1 min = 60 s
	[小]时	h	1 h = 60 min = 3600 s
	天（日）	d	1 d = 24 h = 86 400 s
体积	升	L（l）	$1\ L = 1\ dm^3 = 10^{-3}\ m^3$

附表 7-5 常用国际制词冠

表示的因数	词冠名称	中文代号	国际代号
10^6	兆（mega）	兆	M
10^3	千（kilo）	千	k
10^2	百（hecto）	百	h
10^1	十（deca）	十	da
10^{-1}	分（deci）	分	d
10^{-2}	厘（centi）	厘	c
10^{-3}	毫（milli）	毫	m
10^{-6}	微（micro）	微	μ
10^{-9}	纳诺（nano）	纳[诺]	n
10^{-12}	皮可（pico）	皮[可]	P
10^{-15}	飞母托（femto）	飞[母托]	f

附录 8　常用植物生长物质的一些化学特性

名称	简称	相对分子质量	溶剂	贮存
脱落酸	ABA	264.32	NaOH	0 ℃以下
6-苄基氨基嘌呤	6-BA	225.26	NaOH/HCl	室温
2，4-二氯苯氧乙酸	2，4-D	221.04	NaOH/乙醇	室温
赤霉酸（素）	GA，GB	346.38	乙醇	0 ℃
吲哚乙酸	IAA	175.19	NaOH/乙醇	0 ~ 5 ℃
吲哚丁酸	IBA	203.24	NaOH/乙醇	0 ~ 5 ℃
激动素	KT	215.22	NaOH/HCl	0 ℃以下
萘乙酸	NAA	186.21	NaOH	0 ℃

参考文献

［1］陈刚，李胜．植物生理学实验［M］．北京：高等教育出版社，2016.

［2］樊佳，王雨昊，陶成秋，等．植物生理实验教学中开设综合性实验探索［J］．实验科学与技术，2015，13（3）：101－104.

［3］侯福林．植物生理学实验教程［M］.3 版．北京：科学出版社，2015.

［4］李玲．植物生理学模块实验指导［M］．北京：科学出版社，2009.

［5］李小方，张志良．植物生理学实验指导［M］.5 版．北京：高等教育出版社，2015.

［6］李忠光，龚明．植物生理学综合性和设计性实验教程［M］．武汉：华中科技大学出版社，2013.

［7］刘新亮，戴小英，章挺，等．大量元素缺乏对樟树幼苗生长的影响［J］．南方林业科学，2021，49（5）：16－20.

［8］罗永忠，李广，闫丽娟，等．水分胁迫下新疆大叶苜蓿水分代谢指标变化及相互关系研究［J］．草地学报，2016，24（5）：981－987.

［9］施海涛．植物逆境生理学实验指导［M］．北京：科学出版社，2016.

［10］唐燕，周自云，曹翠玲，等．适应大学生科研训练的植物生理实验教学改革探索［J］．科技创新导报，2016，26：153－155.

［11］吴殿星，胡繁荣．植物组织培养［M］．北京：化学工业出版社，2011.

［12］张永生，秦旭，李国栋．不同催芽处理对‘红灵’西瓜种子发芽的影响［J］．中国果菜，2022，42（3）：67－71.

［13］张玉霞，杜晓艳，贾俊英，等．植物逆境生理的综合设计性实验方案的设计与实践［J］．内蒙古民族大学学报（自然科学版），2013，28（4）：446－447，449.

英文篇

Chapter 1 Experimental Basis of Plant Physiology

1.1 Plant physiology laboratory rules

① The laboratory is an important place for teaching activities. Students should strictly abide by the regulations and operating procedures of the laboratory.

② Students should enter the laboratory 5 – 10 minutes in advance to prepare for the experiment.

③ All people should wear laboratory work clothes when entering the laboratory. Barefoot and slippers are strictly prohibited.

④ No sleeping in the laboratory, and no cooking, eating and storing food and cosmetics in the laboratory.

⑤ The laboratory should be kept quiet and tidy. Smoking, laughing loudly and paper littering are not allowed. After each experiment, the students on duty are responsible for cleasing, cleaning and dumping the garbage into the trash can.

⑥ Before the experiment, students should write down the experimental design plan, clarify the purpose, requirements, methods and steps of the experiment, be familiar with the preparation method of reagent and the use method of equipment involved in the implementation of the experiment, and observe carefully and record in detail during the experiment.

⑦ Take good care of all the apparatus and equipment in the laboratory, check them before and after use, and report the damaged items to the instructor in time. Register them in time and make compensation according to the regulations. Save water, electricity and medicine, reagent, etc.

⑧ In the laboratory, it is not allowed to use the apparatus, equipment, tools and materials unrelated to the experiment at will, and it is not allowed to do other experiments unrelated at will.

⑨ Carefully understand the characteristics of various drugs and reagent; When using acid, alkali, ether, acetone and other toxic and injurious chemicals, strictly observe the experimental operation procedures and relevant safety management regulations. Violators must be responsible for all consequences.

⑩ In case of an emergency, the power supply and fire source should be cut off immediately and effective measures should be taken immediately.

⑪ When leaving the laboratory, attention should be paid to check the door, window, water, electricity and gas, and close or cut off them all.

⑫ For the teachers and students who violate the rules, the management personnel have the right to complain to the college or the experimental teaching center. At the same time, teachers and students also have the right to complain to the college or the experimental teaching center about the management personnel who violate the rules. After the college or experimental teaching center find out the situation, appropriate fine or punishment will be implemented according to the severity of the violation.

1.2 Classification and preparation methods of chemical reagent

1.2.1 Classification of chemical reagent

Chemical reagent is generally divided into 4 grades according to their purity and impurity content.

① Guaranteed grade pure reagent (GR), also known as the first grade reagent or guaranteed reagent, is of high purity, 99.8%, with few impurities. It is mainly used for precision analysis and scientific research, using green bottle label.

② Analytical pure reagent (AR), also known as the secondary grade reagent or analytical reagent. Its purity is very high, 99.7%, slightly inferior to the superior grade, suitable for important analysis and general research work, using red label.

③ Chemical pure reagent (CP), also known as the third-grade reagent. Its purity is worse than analysis pure, 99.5%, but higher than experimental reagent, suitable for general analysis work for factories, schools, using blue (dark blue) label.

④ Laboratory reagent (LR), also known as the fourth-grade reagent, is inferior in purity than chemical purity, but higher in purity than industrial products, and are mainly used in general chemical experiments, not in analytical work.

In addition to the above 4 grades, there are primary reagent, spectral pure reagent and ultra - pure reagent.

Primary reagent (PT) is equivalent to or higher than the pure reagent of superior grade, which is specially used as reference material. For example, it is used to determine the exact concentration of unknown solution in titration analysis or directly prepare standard solution. Its principal component content is generally 99.95% - 100%, and the total impurity is not more than 0.05%.

Spectral pure reagent (SP) is used for spectral analysis as a reference material, its impurities can not be measured by spectral analysis or impurities below a certain limit, so sometimes when the principal component can not reach more than 99.9%, spectral attention must be paid, especially when it is used as the reference material, it must be calibrated.

Ultra pure reagent also known as high purity reagent, whose purity is much higher than the purity of GR, up to 99.99%.

Chinese chemical reagent belonging to the national standard has GB codes, and those belonging to the Ministry of chemical industry standard have HG or HGB codes.

At present, the specifications of chemical reagent produced by foreign reagent factories tend to be divided by use, commonly used are as follows: biochemical reagent, biological reagent, biological stains, complexometric titration, chromatography (chromatography, electrophoresis, spectroscopy, etc.) .

According to the research content and requirements, before purchasing and preparing chemical reagent, it is necessary to understand the physical and chemical properties of the chemical reagent used, including purity, solubility solubleness, etc.

1.2.2 Expression of reagent concentration and preparation method

1.2.2.1 Expression of reagent concentration

There are many ways to express the concentration of reagent, commonly used are the percentage concentration and the molarity of the substance.

(1) Percentile concentration

Percentile concentration (%) represents the amount of solute contained in 100 g or 100 mL solution. Since the amount of solution can be calculated by mass or volume, it is further divided into mass percentage concentration and volume percentage concentration.

① Mass percentage concentration represents the mass (g) of solute contained in 100 g solution. For example, a 10% NaCl solution means that 100 g of solution contains 10 g of NaCl. When preparing, 10 g NaCl and 90 g distilled water can be added.

② Volume percentage concentration refers to the volume (mL) containing solute in 100 mL of solution, usually liquid solute is expressed in this way. For example, a 50% ethanol solution means that 100 mL of the solution contains 50 mL of ethanol. When preparing, take 50 mL of ethanol, dilute it with distilled water and set the volume to 100 mL.

③ Mass volume percentage concentration represents the mass (g) of solute contained in 100 mL solution. Generally, percentage concentration is prepared by this method, which is often used to prepare dilute solution with solid solute. For example, a 1% NaOH solution means that 100 mL of the solution contains 1 g of NaOH. When preparing, take 1 g of NaOH, dissolve it with distilled water and adjust the volume to 100 mL.

(2) Molarity of substance

Molarity of substance refers to the amount of substance containing in the solution per unit volume, usually expressed in mol/L. In addition, there are some smaller units, such as mmol/L and μmol/L.

1.2.2.2 Preparation method of mixed liquid

In the presence of two solutions or solutions & reagent, to obtain the desired concentration of the solution, the following method can be used to calculate:

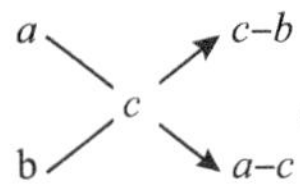

$$\begin{array}{ccccc} a & \searrow & & \nearrow & c-b \\ & & c & & \\ b & \nearrow & & \searrow & a-c \end{array} , \qquad (1\text{-}1)$$

In this formula, c is the concentration of the mixture to get; a and $a-c$ are the concentration and mass of the solution with higher concentration; b and $c-b$ are the concentration and mass of the solution with lower concentration; The density of the solution (d) must be calculated when converting to volume V, that is, $V \times d$ is used instead of a.

For example, if you have 96% and 70% solutions and need to use them to make an 80% solution, mix 10 parts of 96% solution and 16 parts of 70% solution namely.

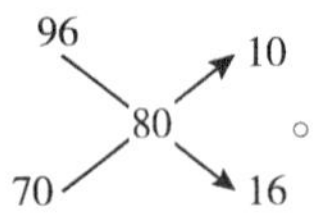

$$\begin{array}{ccccc} 96 & \searrow & & \nearrow & 10 \\ & & 80 & & \\ 70 & \nearrow & & \searrow & 16 \end{array} 。$$

1.3 Collection, processing and preservation of experimental material

There are a wide range of materials used in plant physiological experiments, which can be divided into natural plant materials (such as plant seedlings, roots, stems, leaves, flowers and other organs or tissues) and artificially cultured and selected plant materials (such as hybrids seeds, induced mutant seeds, plant tissue culture mutant cells, callus, etc.) . According to their water status and physiological status, they can be divided into fresh plant materials (such as plant leaves, roots, fruit pulp, pollen, etc.) and dry materials (wheat flour, root, stem, leaf dry powder, dry yeast, etc.), which should be selected according to different experimental purposes and conditions. The proper collection, treatment and preservation of plant materials is one of the most important steps in the study of plant physiology. The reliability or accuracy of the results and conclusions of plant physiology research depends largely on the selection, treatment and preservation of materials.

1.3.1 Collection of experimental material

If the sampling method is not scientific, the sample is not widely representative, even if the analysis of the results is accurate, it is impossible to draw a correct conclusion. In order to ensure the representativeness of plant materials, it is necessary to use scientific methods to take materials. In addition to the general principles of sampling techniques in field experiments, the required experimental materials should be correctly collected according to the specific requirements of different measurement items.

The sample plants must be fully representative and are usually collected like collecting soil samples in a certain route to form an average sample. The number of plants that comprise each average sample depends on the type of crop, planting density, plant size, plant age or growth period, and the required accuracy. When selecting sample plants from field or experimental area, attention should be paid to the population density, the consistency of plant appearance, plant growth and growth period, and the plants should not be collected, which are too large or too small, suffer from pests and diseases or mechanical damage, and those grow too strong due to marginal effect. If samples are taken for a specific purpose, such as deficiency diagnosis, the typicality of plants should be paid attention to, and at the same time, normal typical plants with comparative significance should be selected from nearby plots, so that the results of analysis can be compared with each other to explain the problem.

After the plant is selected, the sampling position and tissue organ should be decided. The important principle is that the tissue organ of the selected position should have the maximum indicative significance, that is to say, the plant is the most sensitive tissue organ to the nutrient abundance or lack in the growth period. At the beginning of growth, for the field crops we should usually select the robust leaves or functional leaves newly matured at the top of main stem or main branch. The nutrient composition of young tissue changes rapidly and is generally unsuitable for sampling. For seedling stage diagnosis, the whole aboveground part is collected. After field crops begin to fruit, the nutrient transformation in the nutrient body is rapid, which is not suitable for leaf analysis. Therefore, the diagnostic samples of cereal crops are not taken after pollination. If in order to study the effects of fertilization measures to product quality, then, of course, in the mature period we should collect the stem, seeds, fruits, tuber, root, ect as samples. For nutrition diagnosis of the fruit trees and perennial plant, we usually adopt "leaf analysis" or leaf analysis without petioles, and adopt "petiole analysis" for specific fruits such as grapes or cotton.

When analyzing all kinds of substances in plants, especially active components such as nitrate nitrogen, amino nitrogen and reducing sugar, are under constant metabolic change. Not only the content of plants varies greatly in different growth stages, but also has significant periodic changes within a day. Therefore, when sampling by stages, the sampling time should be consistent, usually between 8 and 10 a.m., because at this time, the physiological activities of plants have become more active, and the root uptake rate of underground parts is close to the dynamic balance with the photosynthetic intensity of aboveground parts, which is increasing. At this time, the nutrient storage in plant tissues can best reflect the relative relationship between root nutrient uptake and plant assimilation needs, so it has the biggest significance of nutritional diagnosis. The particularity of each element in plant nutrition should also be considered in the sampling of the nutrient status of crops such as nitrogen, phosphorus, potassium, calcium etc .

If the collected plant samples need to be separated into different organs (e.g. leaves, leaf sheaths or petioles, stems, fruits, etc.), they should be cut open immediately to prevent nutrient movement.

In many physiological measurement of crop in the seedling stage we need to collect the whole plant as material samples. In the middle and latter period of some crop physiological measurement projects, such as research on the population material production, we also need to collect the whole plant as material samples, although sometimes it is to test part of the plant organs, in order to maintain the normal physiological state of organs, we also need to take the whole plant as samples. In addition to the study of population material production, for the study of crop physiological process, the whole plant sampling in the test of many physiological indicators refers to only the aboveground part of the sampling. It is not necessary to collect the root as sampling, of course, the root study is an exception. The sampling time varies with the purpose of the study, such as during the reproductive period or at a time of special need. Apart from the special needs of stress physiology research, the plants taken should be healthy plants that can represent the normal growth of the experimental plot without damage.

1.3.1.1 Sampling method of original samples

Plant materials taken from fields or experimental sites or experimental vessels are called "original samples" .

(1) Random sampling

Select representative sampling points in the experimental area (or field) . The number of sampling points depends on the size of the field. After selecting the points, a certain number of samples were taken randomly, or samples were taken from each sampling point according to the specified area.

(2) Diagonal sampling

In the experimental area (or field), 5 sampling points can be selected according to the diagonal, and then a certain number of sample plants can be randomly selected from each point, or sample plants can be taken from each sampling point according to the specified area.

1.3.1.2 Average sample sampling method

"Average samples" are selected out according to the type of original samples (such as roots, stems, leaves, flowers, fruits, seeds, etc.) . Then, according to the purpose and requirements of analysis and the characteristics of sample types, the appropriate method is adopted to select the "analysis sample" for analysis from the "average sample" .

(1) Mixed sampling method

Generally granular samples (such as seeds, etc.) or those ground into powder can take the mixed sampling method. The specific practice is: the material for taking samples is evenly spread into a layer, and according to the diagonal 4 equal parts are divided. The diagonal two parts are taken as the material for further sampling, and the remaining diagonal two parts are eliminated. Then the two samples taken are thoroughly mixed and the sampling method described above is repeated. Repeat this operation once again, each time eliminate 50% of the sample, until the samples reach the required amount. This method of sampling is called the quartering method.

In general, cereals, beans and oil crops can be used to take the average sample, but the sample should not be mixed with immature seeds or other mixed things.

(2) Proportional sampling method

For some crops, fruits and other materials, in the case of unequal growth, the original samples should be selected according to the proportion of different types of average samples. For example, when selecting average samples of root and tuber materials such as sweet potato, sugar beet and potato, samples should be taken according to the proportion of different types of samples, and then a single sample is cut vertically, with 1 / 4, 1 / 8 or 1 / 16 of each, and mixed together to form the average sample.

When taking the average sample of fruits (peach, pear, apple, citrus and other fruits), even sampling from the same fruit trees, we should consider the difference of the branches in the canopy of the different orientation and position, and volume and maturity of large, medium and small fruit. So according to the related proportion we select the samples, and mix into the average sample again.

1.3.1.3 Sampling Attention

① Sampling points: Generally, sampling is done at a certain distance from the ridge or edge of the field, or sampling is done in a specific sampling area. There should be no missing plants around the sampling point.

② After sampling, they are divided into various parts (such as roots, stems, leaves, fruits, etc.) according to the purpose of analysis, and then bundled together, with labels attached, and put into paper bags. When sampling some juicy fruits, we should use a sharp stainless steel knife to cut, and be careful not to make the juice lose.

③ For juicy melons, fruits, vegetables and young organs and other samples, because they contain more water, and are easy to deteriorate or mildew, they should be refrigerated, or sterilized or dried for analysis.

④ The average number of samples selected should not be less than twice the number of samples used for analysis.

⑤ In order to dynamically understand the physiological status of plants for test at different growth stages, samples are often taken for analysis according to different growth stages of plants. The sampling method is to investigate the growth status of plants at different growth stages, divide them into several types, calculate the percentage of each type of plants, and then take the corresponding number of sample plants as the average sample according to this proportion.

1.3.2 Processing and preservation of analysis samples

For plant samples taken from the field or organ tissue samples taken from the plant, it is very important to properly store and handle them before the formal test, which is also related to the accuracy of the test results.

In general, the plant samples should be healthy materials with normal growth and no damage. Plant samples or organ tissue samples must be placed in a prepared moisturizing container to maintain the moisture status of the sample as before. Otherwise, due to the water loss after sampling, especially in the process of taking field samples back to the room, due to strong water loss, many physiological processes of the isolated materials have obvious changes, and it is impossible to get correct and reliable results with such test materials. In order to maintain the normal water condition, plant samples should be inserted into a bucket with water immediately after cutting. For branches, a second cut should be made immediately in water, that is, at a point above the first cut we should cut it in water to prevent the water column in the transport tissue from being pulled off to affect the normal water transport. Organ tissue samples, such as leaves or leaf tissue, should be placed immediately after sampling in a porcelain plate covered with wet gauze or a culture (petri) dish covered with wet filter paper. The original moisture condition should be maintained as far as possible for the test materials in drought research.

The fresh samples (average samples) taken back are usually purified, de-enzymed, dried (or air-dried) before being analyzed.

(1) Purge

When fresh samples are taken back from the field or the experimental site, they are often stained with soil and other impurities. They should be wiped clean with a soft wet cloth instead of being rinsed with water.

(2) Fixation

In order to keep the chemical composition of the sample from changing and loss, the sample should be placed in the oven at 105 ℃ for 15 min to terminate the enzyme activity in the sample.

(3) Drying

After the samples are de-enzymed, we should immediately reduce the temperature of the oven, maintain at 70–80 ℃ , until baking them to constant weight. The time required for drying depends on the number of samples & water content, the volume of the oven, and the ventilation performance.When drying we should pay attention to the temperature being not too high, otherwise it will scorch the sample. Especially for the sample with more sugar, it is easier to be carbonized at high temperature. For more precise analysis and to avoid the loss of certain components (e.g. proteins, vitamins, sugars, etc.), vacuum drying is preferable when conditions permit.

In addition, fresh samples are needed to determine the activity of enzymes or the content of certain components (e.g. vitamin C, DNA, RNA, etc.) in plant materials. When taking samples, pay attention to keeping them fresh. The components to be tested should be extracted immediately after taking samples. Fresh samples which can not be tested immediately can be frozen in liquid nitrogen or frozen vacuum drying method to get dry products, stored in –80 ℃ refrigerator. In special cases where fresh samples have been homogenized, but extraction and purification have not been completed, and analysis and test cannot be carried out, preservatives (toluene and benzoic acid) can also be added, and stored in liquid buffer in the refrigerator at 0 – 4 ℃ . However, the storage time should not be too long.

The samples that have been dried (or air-dried) can be processed as follows according to the types and characteristics of the samples:

(1) The seed sample processing

The average sample of the general seeds (such as cereal seeds) should be ground after removing the impurities. The grinding machine shall be completely cleaned before and after grinding, in order to avoid the mechanical mixing between different samples. We can also remove the small amount of samples ground at the beginning, and then begin to grind formally. Finally, the samples are passed through the 1 mm sieve without damage, mixed evenly and stored as analytical samples in a wide-mouth bottle with a ground glass plug. Labels were affixed, indicating the place where the samples were taken, the test treatment, the sampling date and the name of the sampler, etc. For long-term samples, the label on the storage bottle also needs to be waxed. To prevent the sample from becoming infested during storage, a little camphor or p-dichlorotoluene can be placed in the bottle.

When the oil content of oil crop seeds (such as sesame, flax, peanut, castor, etc.) needs to be measured, it should not be ground with a mill, otherwise the oil content contained in the sample adsorbed on the mill will obviously affect the accuracy of the analysis. Therefore, for oil seeds, a small amount of samples should be crushed in a mortar or cut into thin slices with a slicer as analysis samples.

(2) Processing of stem samples

Dried (or air-dried) stem samples should be ground. The electric mill used for grinding stems is different from the mill used for grinding seeds, so it is not suitable to use the electric mill for grinding seeds to grind stem. If the moisture content of the stem sample is too high for grinding, it should be further dried before grinding.

(3) Processing of juicy samples

The components (such as proteins, soluble sugars, vitamins, pigments, etc.) of tender and juicy samples (such as berries, melons, vegetables, roots, tubers, bulbs, etc.) are easy to undergo metabolic changes and losses, so fresh samples are often used for direct test and analysis. Generally, the fresh average sample should be cut into small pieces and mashed in the glass cylinder of an electric masher. If the sample water content is not enough (such as beet, sweet potato, etc.), 0.1 – 1 times of distilled water can be added according to the sample weight. Fully mashed samples should be slurry, from which evenly mixed samples are taken for analysis. If there is no timely analysis, it is best not to rush to mash it, in order to avoid the chemical composition changes and difficult to determine accurately.

The average sample of some vegetables (such as leafy vegetables, beans, dried vegetables, etc.) can be dried and ground, or can be directly analyzed with fresh samples. If a fresh sample is used, it can be mashed in an electric masher using the above method, or a mortar (add a little clean quartz sand if necessary) can be used to fully grind into a homogenate, and then analyzed.

In the determination of active ingredients (e.g. enzyme activity) of fresh materials, the homogenization and grinding of samples must be performed on an ice bath basis or in a cryogenic chamber. Fresh samples collected but cannot be immediately tested can be put into liquid nitrogen flash frozen, and then stored in − 80 °C refrigerator.

Test samples should generally be stored in the dark, but for the determination of photosynthesis, transpiration, stomatal resistance, etc., it is more reasonable to store samples in the light. Generally, these samples can be kept in the room under the light intensity, but from 0.5 to 1.0 hour before the determination these materials should be pretreated with light before the determination, also known as light pretreatment. This is not only to make the stomas open normally, but also to make some photozymes be activated in advance, so that the normal level of value can be obtained in the determination, and also to shorten the determination time. The light intensity of pretreatment should generally be the same as the light condition at the time of measurement.

Test material after sampling, generally should be used and measured in the day, and should not be stored overnight. If overnight preservation is needed, the material should also be stored at a lower temperature, but the temperature of the material should be restored to the temperature of the assay conditions before the test.

For the collected grain samples, after removing impurities and damaged grain, generally they can be dried by air drying. But sometimes, according to the requirements of the research, they can also be dried immediately. Leaves and other tissue samples should be dried immediately after sampling. In order to speed up drying, organs and tissues such as stalks and fruit ears should be cut into thin strips or pieces in advance.

1.4 Basic methods of experimental studies on plant physiology

1.4.1 Counting analysis method

Counting analysis method is a simple and practical method, which directly observes and measures the response of plants under different growth states, different life activities or different treatments. Counting is used to describe the results, or statistical analysis to draw a suitable conclusion. For example, the influence of temperature before flower bud formation on cucumber fruit development was studied by counting the size and shape of the fruits under three cultivation conditions of 25 ℃ , 30 ℃ and 35 ℃ . This method is widely used in plant growth and development, biological testing of plant hormones, vernalization, photoperiod induction and so on.

1.4.2 Instrument test analysis

The instrument test analysis method is to analyze and test with various analysis and test apparatus as the main means, and to study with techniques and methods. It is the integration and combination of macroscopic and microscopic, composition and structure, physical and chemical, inorganic and organic analysis of samples.

Instrument test method can be used on most of the plant physiology research, including gravimetric analysis, titration analysis, extraction technology, membrane separation technology, centrifugal technology, isotope tracer technique, optical analysis, electrochemical analysis, immunochemistry technique, chromatography, electrophoresis technology and infrared CO_2 gas analysis, etc. With the development of science and technology, not only the accuracy and sensitivity of analysis are required to be high, but also the speed of testing is required higher.

Instrumental test analysis is essentially physical and physicochemical analysis. According to the relationship between some physical characteristics of the measured substance and its components, the analytical method of direct identification or determination without chemical reaction is called physical analysis method. The analytical method of identifying or determining the relationship between certain physical properties and components of the measured substance in the chemical change is called physicochemical analysis method. Among them, the optical analysis technology of spectrophotometry, especially visible light spectrophotometry (or colorimetric method) is the most widely used, it is mostly in the process of chemical change to measure the component and reagent reaction color fluctuation, through the instrument the content of a component can be known. This method can be used to quantitatively determine the activities of various components in plant tissues, such as sugars, soluble proteins, fats, vitamins, nutrients and enzymes. Nuclear magnetic resonance technology, flame spectrophotometry, fluorescence spectroscopy, ultraviolet spectroscopy, infrared spectroscopy and optical rotation analysis, etc. are based on the components to be measured in a specific physical state with the corresponding physical characteristics of the test. Optically active sugars, enzymes that catalyze optically active substrates or produce optically active products such as sucrase and lactate dehydrogenase can also be determined by optically active analysis.

There are many kinds of test analysis methods, the measurement of the same substance can often use a variety of methods, for example the catalase activity determination can have potassium permanganate titration method, oxygen electrode method and UV spectrophotometry, which can be selected in practical application.

1.4.3 Cytological methods

Cells are the basic units of life. Therefore, the study of plant life activities cannot be separated from the application of cytological methods, which include the following aspects.

(1) Observation method of cell morphology and structure

The methods of observing cell morphology and structure include light microscopy (stereography, light microscopy, polarization, phase difference, differential interference difference, fluorescence, dark field, laser confocal microscopy, microphotography) and electron microscopy techniques (transmission electron microscopy, scanning electron microscopy, scanning electron microscopy and scanning tunneling effect microscope) .

(2) Cytochemical methods

Cytochemical methods include a variety of biological slice - making techniques (freehand slicing, monolithic slicing, smear slicing, compression slicing, frozen slicing, slide slicing, paraffin slicing, ultrathin slicing, electron microscopy slicing technique), electron microscopy negative staining method, frozen fracture electron microscopy technique, metal projection electron microscopy, cytochemical visualization of various structures and components in cells, the specific staining method of proteins and nucleic acids, staining method of organelles (mitochondria, lysosomes, chloroplasts, nuclei, etc.), qualitative and quantitative methods cytochemical analysis (microspectrophotometer and flow cytometry) .

(3) Methods for biochemical separation and analysis of cell components

The biochemical separation and analysis of cell fractions included differential centrifugation and density gradient centrifugation, chromatography (paper chromatography, polyamide film chromatography, cellulose column chromatography), electrophoresis (agarose electrophoresis, PAGE and two-dimensional electrophoresis), and molecular hybridization (in situ hybidization, Southern and Northern hybridization).

(4) Labeling and tracing technology

Labeling and tracing techniques include isotope autoradiography, immunofluorescence antibody, enzyme-linked immunoreaction and enzyme-conjugation, colloidal gold and colloidal gold and silver labeling.

(5) Cell bioengineering technology

Cell bioengineering techniques include cell engineering techniques (cell culture, cell fusion, cell cloning and cell mutants screening) and chromosome engineering technology (chromosome specimen preparation, chromosome banding, chromosome ploidy modification).

Microscopic observation and cell engineering are two important methods in cytological study. To adopt the traditional cytological method we can observe the growth and development of plants. Plant cell culture is the base for plant cell engineering and plant gene engineering, which is indispensable in the study of theoretical issues such as cell growth, differentiation, cell signal transduction, apoptosis and application such as genetic breeding, transgene plant.

1.4.4 Molecular biological methods

Molecular biology gets rapid development since the 1980s, new experimental techniques and methods progressed quickly, and molecular biology has become one of the basic subjects of life science, whose basic theory and experiment technology has penetrated into every field of biology and promote the rise and development of a batch of new disciplines, and has become the essential professional foundation for a life science worker. Gene cloning and recombination based on molecular biology is the core of modern biotechnology. Its main contents include localization, cloning, expression, isolation and purification of target genes. The related conventional technologies include: isolation and purification of nucleic acids; the use of restriction enzymes; nucleic acid gel electrophoresis technology; construction of carrier; in vitro ligation of nucleic acids; target gene transformation; nucleic acid probe labeling technology; molecular hybridization; PCR technology and DNA sequence analysis, etc.

The application of molecular biology technology has made the research methods and contents of plant physiology deeper and broader, and it has yielded fruitful results including the structure and function of plant cell wall, photosynthesis, respiration, the occurrence of crown gall, the mechanism of plant hormones, seed development, maturation, aging and stress tolerance. For example by using plant gene engineering technology, we can improve plant protein components, improve the essential amino acid content in crops, cultivate anti-virus pest-resistant, herbicide-resistant plants and salt resistance, drought-resistant plants.

1.4.5 Other Methods

In recent years, many new technologies and methods have been applied in the field of plant physiology, which has greatly enriched the method and content of plant physiology research.

Computer and information technology is widely used in experimental data processing and statistical analysis, and it is widely used in many other research field in plant physiology, for example, computer expert system technology has been widely used in the simulation of plant growth and metabolic processes. A plant nutrition diagnosis and fertilization expert system has been developed which can determine the vegetative deficiency and predict the fertilization plan according to the symptoms, and a virtual cell which can determine the metabolic process according to the substrate concentration and time. Computer image processing techniques have also been used to perform related measurements, such as leaf area scanning and root length measurement systems, as well as visualization of biological macromolecular structures such as proteins and nucleic acids. Many methods of bioinformatics are widely used in sequence alignment, gene cloning and many other aspects.

Satellite remote sensing technology can realize the collection, analysis and prediction of crop disease and pest information, nutritional status, growth period and yield of crops planted in a large area.

In short, methods of studying plant physiology must evolve with the times. We should pay attention to the cross-disciplines, draw lessons from, learn from and absorb other new methods and techniques to advance the study of plant physiology.

Chapter 2 Plant Seed Germination

【 Chapter Background 】

The growth of plants starts from seed germination. The quality of seeds greatly affects the healthy growth of seedlings and ultimately the yield. The quality of the mature seeds after harvest would be changed, due to the difference of the genetic factors and environmental conditions (such as salt stress, high temperature, low temperature, damp and exogenous hormone treatment, etc.) The different genetic basis and the external environment condition will affect the structure and physiological function of seed cells. The quality of seeds and the influence of different environmental conditions on plant seed germination can be measured by seed viability, seed vigor and the conversion of starch, fat and protein during seed germination.

【 Chapter Objective 】

The same plant seed with different treatment were used as experimental materials, including different storage conditions and periods; different genetic basis; different circumstances; different exogenous substances. The effects of different environmental conditions on seed germination were analyzed and compared by measuring seed viability, germination rate, germination potential, qermination index, amylase activity, fatty acid content and amino acid content during seed germination.

【 Cultivation and treatment of experimental material 】

One of the four groups of seeds with different treatment conditions was selected for material treatment and sampling.

(1) Seeds of the same plant in different storage conditions and periods

Seeds can be selected according to the actual situation, such as barley, wheat, japonica rice, corn and other crop seeds; the seeds of cruciferae plants such as oilseed rape, cabbage etc. We should select intact and uniform seeds for determination, and compare the effects of different storage conditions and different storage time on seed germination.

(2) Seeds of the same plant with different genetic bases

The seeds of the same plant with different genetic basis were selected for determination, and the influence of genetic factors on seed germination was analyzed and compared.

(3) Seeds of the same plant treated with different stresses

Students independently choose the plant seeds they are interested in to be treated with high temperature, low temperature, humidity, salinity and other stresses. Through the determination of seed vigor and other indicators, the influence of different stresses on plant seed germination is analyzed and compared.

(4) Seeds of the same plant treated with different exogenous substances

Students choose the seeds they are interested in for treatment with different exogenous substances (such as gibberellin and other growth regulating substances, NaOH solution and other saline solutions, etc.) . They usually choose seeds that need manually break dormancy or skin breaking, such as lettuce seeds, brassica vegetable seeds, carnation seeds, etc. The effects of different exogenous substances on plant seed germination were compared by index measurement.

【Measurement index and method】

2.1 Determination of seed germination rate, germination potential and germination index

(1) Experimental purpose

To determine the germination ability of seeds, and grasp the quality of seeds.

(2) Experimental principle

The seeds with germinating ability can absorb the water in the germinating bed and give birth to buds under suitable external conditions, while the seeds without germinating ability cannot give birth to buds.

(3) Equipment and reagent

① Experimental apparatus: Constant temperature incubator, culture dish, gauze 2–4 layers, tweezers, etc.

② Test reagent: Water.

③ Experimental material: 100 seeds of wheat and other plants with uniform size and full grains.

(4) Experimental steps

① Seed soaking: Soak the seeds to be tested in 30–35 °C warm water for 1 hour.

② Prepare a culture dish with a diameter of 10 cm, spread 2 to 4 layers of gauze, and add appropriate amount of water to moisten the gauze.

③ Place 100 soaked wheat seeds evenly on the gauze.

④ Place the culture dish in a constant temperature incubator at 20 °C for culturing. The radicle grows out of the seed coat for 2 mm, which was taken as the germination standard, and the number of wheat seeds germinated was observed and recorded every day, during which the gauze was kept moist until the end of germination.

⑤ The calculation formula of germination rate, germination potential and germination index is as follows:

Germination rate = (number of germinated seeds / total number of seeds tested) × 100% (2-1)

Germination potential = (number of germinated seeds during peak germination period / total number of seeds tested) × 100% (2-2)

Germination index = $\sum (Gt/Dt)$, where Gt is the number of newly germinated daily, and Dt is the corresponding days. (2-3)

(5) Attention

① The germination temperature is generally 18–25 °C. The number of days for germination will vary according to the temperature.

② Pay attention to maintaining appropriate humidity during germination to prevent excessive drying or mildew of seeds.

2.2 Rapid determination of seed viability

After the seed is mature and harvested, the quality of the seed often deteriorates due to the inappropriate storage conditions, which will affect the germination of the seed, influence the robust growth of the seedling, and ultimately affect the yield. This is caused by damage to the structure and physiological function of the cell. The following methods can quickly determine whether the normal physiological metabolic function of the seed is damaged and whether the embryo is alive, so as to know whether the seed still has the potential of germination.

2.2.1 Triphenyltetrazolium chloride method (TTC method)

(1) Experimental principle

In the process of respiration, there is redox reaction in the seed embryo with vitality, but there is no such reaction in the seed embryo without vitality. When TTC infiltrates into the living cells of the seed embryo and is reduced by hydrogen on the dehydrogenase coenzyme ($NADH_2$ or $NADPH_2$) as a hydrogen receptor, the colorless TTC becomes red TTF.

(2) Equipment and reagent

① Experimental instrument: Thermostat, balance, beaker, culture dish, tweezers, blades.

② Experimental reagent: 5g/L TTC solution (weigh 0.5g TTC in a beaker, add a little 95% ethanol to dissolve it and then dilute it with distilled water to 100 mL. Keep the solution away from light. If it turns red, it will not be used).

③ Experimental material: Seeds of plants such as barley, wheat or japonica rice.

(3) Experimental steps

① Seed soaking: The seeds to be tested were soaked in 30–35 °C warm water (barley, wheat, indica rice for 6–8 h, corn for 5 h, japonica rice for 2 h) to enhance the respiration intensity of seed embryos and make the color appear quickly.

② Color development: 200 imbibed seeds were taken and cut in half longitudinally along the center line of the seed embryo with a blade. Half of the seeds were placed in two culture dishes with 100 half seeds in each dish, and an appropriate amount of 5 g/L TTC was added to cover the seeds. Then it was placed in a 30 °C incubator for 0.5–1.0 h. As a result, all embryos dyed red are living seeds. The other half was boiled in boiling water for 5 min to kill the embryos and treated with the same staining as the reference for observation.

③ Calculating the percentage of live seeds.

2.2.2 Bromothymol blue method (BTB method)

(1) Experimental principle

Every living cell must breathe, absorbing O_2 in the air and releasing CO_2, which is dissolved in water to become H_2CO_3, and H_2CO_3 is dissociated into $H^+$and HCO_3^-, thus increasing the acidity of the environment around the embryo. Bromothymol blue method (BTB method) can be used to measure the acidity change. The color change of BTB ranges from pH 6.0 to 7.6, with acid being yellow, alkaline being blue and intermediate being green (color change point is pH 7.1) . Color difference is significant, easy to observe.

(2) Equipment and reagent

① Experimental instrument: Thermostat, balance, culture dish, beaker, tweezers, funnel, filter paper, agar, etc.

② Experimental reagent:

1 g/L BTB solution: weigh BTB 0.1 g, dissolved in boiled tap water (the water of preparation indicator should be slightly alkaline, so that the solution is blue or blue-green. Distilled water is slightly acidic and should not be used), and then remove the residue with filter paper. If the filtrate is yellow, add a few drops of dilute ammonia to make it blue or

blue-green. The liquid can be stored in a brown bottle for a long time.

1 g/L BTB agar gel: Take 100 mL of 1 g/L BTB solution and put it in a beaker. Cut up 1 g agar and add it in. Heat it over low heat and stir constantly. When the agar is completely dissolved, pour it hot into several clean, dry culture dishes to form an even thin layer. Make them ready to use until cool .

③ Experimental material: Seeds of plants such as barley, wheat or japonica rice.

(3) Experimental steps

① Seed soaking: It is the same as the TTC method mentioned above.

② Color development: Take 200 imbibed seeds and bury them neatly in the agar gel dish. Lay the seeds flat with at least 1 cm apart. Then, the dishes were incubated at 30 – 35 ℃ for 2 – 4 h. And observe them against the blue background. If the dark yellow halo is around the seed embryo, it means the seeds are alive, otherwise it is dead seed. The seeds killed by boiling water were treated in the same way to make a comparative observation.

③ Count the number of viable seeds with yellow halo near the seed embryo, and calculate the percentage of viable seeds.

2.3 Determination of seed vigor

Seed vigor refers to seed robustness, including germination potential of the rapid and orderly germination, and growth potential. The vigor of seeds depends on the genetic basis and development state. When the seed is mature, the vigor level reaches the peak, and then in the process of harvesting, processing and storage, the seed will have different degrees of deterioration, causing the vigor decline, and then in the sowing, directly affect the yield of crops. The determination of seed vigor can identify seed robustness in time and make a practical judgment of its use value as far as possible. The key is to have a reliable estimate of seedling emergence rate and seedling growth potential. At present, there are dozens of methods to determine seed vigor, commonly used are: cold resistance method, sand pressure method, low temperature method, conductance method and accelerated senescence method.

2.3.1 Cold resistance method

(1) Experimental principle

In production practice, often because of early spring sowing in low temperature and moist soil, the germination of seeds is blocked. The bacteria in the soil or seeds themselves invaded, which results in mildew for the low vitality of the seeds in the germination, so normal seedlings must be robust and strong seeds. Artificial simulation of field stress conditions can be used to select seeds with strong vigor.

(2) Equipment and reagent

① Experimental instrument: Thermostat, plastic box (7 cm × 10 cm × 4 cm or 30 cm × 40 cm × 20 cm), balance, tillage soil or pastoral soil, sand.

② Experimental material: Corn, soybean, pea and other crop seeds.

(3) Experimental steps

① Mix the soil and sand evenly (according to 1 : 1, mass ratio), quantitatively put them into a plastic box of special specification (7 cm × 10 cm × 4 cm or 30 cm × 40 cm × 20 cm), and then smooth and compact them.

② Sow the seeds to be measured directly in the plastic box (quantitative, fixed interval), lightly press the seeds into the soil, and then add a quantitative cover soil, smooth and press, and then shower the appropriate amount of water. 70% water content in the soil hold is appropriate. After covering, the box is placed in the pre-regulated low temperature condition (10 °C , relative humidity 95%) for 7 days. A reference group (25 °C , relative humidity 95%) is set.

③ Take out the seeds and transfer them intact to promote their germination under suitable temperature conditions (tropical seeds 30 °C , temperate and general crops 25 °C) . After 1 – 2 weeks, the seedling rate is counted, and compared with the reference group, the percentage is calculated. Seed vigor level was judged by seedling emergence rate and seedling height. Under the condition of low temperature, the seed with high emergence rate and strong growth is better.

2.3.2 Sand pressure

(1) Experimental principle

In the process of seed germination, it is often necessary to overcome the gravity stress of soil and gravel. Artificially simulate field conditions, and use brick and sand particles as mulch soil. The seeds that can germinate normally and unearth in the test are the seeds with strong vitality.

(2) Equipment and reagent

① Experimental instrument: Thermostat, plastic box (9 cm × 9 cm × 4.5 cm), sand bed, coarse brick sand or brick sand particles (diameter 3 – 5 mm) .

② Experimental material: A variety of cereals or cruciferae and other crops, such as wheat, rice, corn and seeds of sugar beet, peanut, carrot.

(3) Experimental steps

① Disinfect the brick sand particles (Figure 2 – 1).

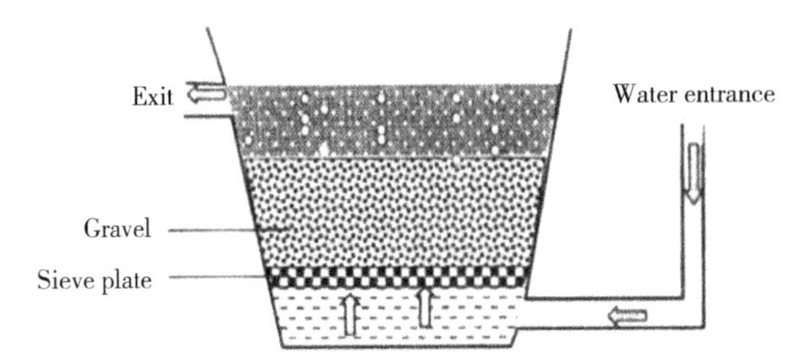

Figure 2 – 1 Gravel disinfection devices

② Put the brick sand after disinfection in the rectangular plastic case, moist the soil and sow in 100 seeds. When laying the seeds we should maintain a certain interval to avoid germs infect each other. Then cover with 3 cm thick brick sand particles.

③ Keep the seed box under constant temperature (20 ℃) for 10 – 14 days, and remove the cover after the seedlings are unearthed.

④ Record the percentage of unearthed seedlings, and then divide the normal seedlings into strong seedlings and weak seedlings according to the seedling length, and record the percentage of strong seedlings and weak seedlings respectively. Then the brick sand in the seed box was poured out, and all seedlings were taken out. The percentage of malformed seedlings and infected seedlings in the seedlings were counted, and the seed quality was comprehensively evaluated, so as to judge the seed vigor.

2.4 The formation and determination of the amylase activity during seed germination

(1) Experimental purpose

To know the most simple and intuitive method to determine amylase formation during seed germination.

(2) Experimental principle

When seeds germinate, the activity of hydrolytic enzymes is greatly enhanced, and the organic matter stored in cotyledons or endosperm is reduced to simple compounds for seedling growth. Amylase is formed during germination to hydrolyze starch to sugar. The presence of amylase can be detected by the blue reaction of starch to I_2-KI.

(3) Equipment and reagent

① Experimental instrument: Culture dish, beaker, water bath pot, mortar, writing brush, blade

② Experimental reagent: Starch, agar, I_2-KI solution

③ Experimental material: Seeds of plants such as wheat and rice

(4) Experimental steps

① Take some wheat seeds for germination and set them aside.

② Weigh 2 g agar and put it in a beaker, add 100 mL distilled water and heat it over low heat. Stir constantly until the agar is dissolved. Another 1 g of starch in a small beaker, add a little water to mix well. Until the agar is dissolved, pour the starch suspension into the agar, stir well. While the agar is hot, pour it into a dish to form a thin layer, till being cool and solidified for later use.

③ Take 20 germinated and ungerminated wheat seeds respectively, grind them in a mortar with 5 mL distilled water, and then use 5 mL distilled water to wash all the crushed products in a small beaker and let stand for 15 min. Pour the upper layer into another beaker, which is amylase extract.

④ Take a little extract (germinated and ungerminated seed extract) with a brush, respectively draw a word on the starch agar plates in the culture dish, cover the dish, put them in a 25 ℃ temperature box, after 20 – 30 minutes, soak the whole plate with dilute I_2-KI solution, and try to compare the color of the place where the words are drawn with the extract on the two dishes.

⑤ Germinated and ungerminated seeds can also be cut directly, wet the incision with water, and placed directly on a plate, incision facing down, for the same comparison.

(5) Attention

The thinner the starch agar plate, the more obvious the effect.

(6) Questions

To compare the amylase activity of wheat seeds with different days of germination.

2.5 Changes in fatty acid content of oil seeds during germination

(1) Experimental purpose

To understand the breakdown of lipid matters into fatty acids during seed germination and to grasp to method of determination of fatty acid content.

(2) Experimental principle

When rapeseed and other oily seeds germinate, the stored fat is hydrolyzed into fatty acids and glycerol under the action of lipase. The resulting fatty acids can be titrated with alkali.

(3) Equipment and reagent

① Experimental instrument: Small mill, table balance, water bath pot, mortar, funnel, large test tube and rubber stopper, culture dish, triangle flask, pipette, alkali burette.

② Experimental reagent: 95% ethanol, 0.05 mol/L NaOH, 10 g/L phenolphthalein reagent.

③ Experimental material: Air-dried rapeseed and other oily seeds.

(4) Experimental steps

① First, the air-dried rapeseed was ground into powder for later use. Another 1 g of rapeseed was germinated on wet filter paper in a culture dish, and when the radicle was 0.5-1 cm long they can be used in the experiment.

② Weigh 1 g rapeseed powder into a test tube, add 25 mL of 95% ethanol, and cover it; In addition, take the germinated rapeseed and put it in a mortar, add a little quartz sand, add 3 mL of 95% ethanol, grind the material into a homogenate, then pour it into another test tube, then take 22 mL of ethanol to wash the mortar, put the lotion and excess ethanol both into the test tube, and cover it.

③ The two test tubes were kept at 70 °C in a water bath pot for 30 min.

④ After taking it out, let it stand for several minutes, then filter and decolorize the supernatant in filter paper with a small amount of activated carbon for 1–2 times.

⑤ 10 mL of each filtrate was absorbed and placed in a triangular flask, 2 drops of phenolphthalein reagent was added, and titrated with 0.05 mol/L NaOH to produce a reddish color, which did not fade within 1 min. The NaOH mL used in the experiment was recorded to show the total number of fatty acids.

2.6 Changes in amino acid content during seed germination

(1) Experimental purpose

To understand that proteins break down into amino acids during seed germination and to grasp the method at determination of amino acid content.

(2) Experimental principle

Soybean seeds are rich in protein, which can be hydrolyzed into amino acids under the action of proteolytic enzymes during germination, and the resulting amino acids can react with ninhydrin to produce purple compounds, which can be coloritized by colorimetric method.

(3) Equipment and reagent

① Experimental apparatus: Spectrophotometer, table balance, water bath pot, mortar, large test tube, 25 mL volumetric bottle.

② Experimental reagent: 100 g/L acetic acid, 95% ethanol, 10 g/L ascorbic acid, 100 μg/mL leucine (10 mg leucine in 100 mL 95% ethanol), 1 g/L ninhydrin (0.1 g ninhydrin in 100 mL 95% ethanol).

③ Experimental material: Dried soybean seeds and other seeds rich in protein.

(4) Experimental steps

① Grind dried soybean seeds for later use. Other soybean seeds were first imbibed and then planted in wet sand until the radicle length was 2 – 4 cm for experiment.

② Put 0.1 g of soybean flour into a large test tube, add 20 mL of 95% ethanol, and cover it. In addition, take 1 g of germinated soybean in a mortar, add a little quartz sand and 5 mL 95% ethanol to grind into a homogenate, then pour into another large test tube, take 15 mL 95% ethanol to wash the mortar, and put the washing liquid into a large test tube, and cover it. The two test tubes were kept at 70 °C in water bath pot for 30 min, and finally the volume was set to 25 mL.

③ After the heat preservation, take out the large test tube and let it cool. Filter the supernatant with filter paper, and the filtrate can be used for determination.

④ Another soybean flour and germinated soybean were dried in an oven at 105 °C respectively to determine the water content.

⑤ Absorb 1 mL of filtrate, add 3 mL of ninhydrin reagent and 0.1 mL of ascorbic acid respectively, and put them in a boiling water bath for 15 min. Make up the lost volume with 95% ethanol, and measure the absorbance value spec spectrophofometer reaches at 580 nm.

⑥ The standard curve was made, and leucine with concentrations of 0.1, 5, 10, 15, 20, 25 μg/mL was prepared. The absorbance value was measured according to the above method, and then the relationship curve between concentration and absorbance value was drawn.

⑦ According to the absorbance value of the sample, the amino acid content of the sample was obtained from the standard curve, and then the amino acid content of germinated and ungerminated soybeans (μg/g dry weight) was calculated according to the following equation.

$$C=\frac{c\times V}{m\times D} \tag{2-4}$$

Where, C is the amino acid content per gram dry weight sample, μg/g; c is the amino acid concentration measured in the sample, μg/mL; m is the relative mass of the sample, g; D is dry matter content in the sample, %; V is the volume of the extract, which was 25 mL in this experiment.

(5) Attention

In order to understand the distribution of amino acids, germinated soybean can be divided into cotyledon, cotyl and radicle and measured separately.

Chapter 3 Plant Water Metabolism

【 Chapter Background 】

Water is the main component of protoplasm, accounting for 70 %–90 % of the total protoplasm. Water metabolism has an important influence on plant physiological activities. The water metabolism of plants can be reflected by leaf water content, relative water content, water saturation deficit, free water and bound water, water potential, osmotic potential and transpiration rate. At the same time, soil water metabolism also affects plant photosynthetic performance , carbon and nitrogen metabolism , etc. When water is too much or not enough, it will cause stress to plants . The above indexes of water metabolism are often used in the scientific research of plant water physiology or agricultural production practice. The determination of these indexes is introduced comprehensively.

【 Chapter Objective 】

① By setting experiments with different amount of soil water supply, different ways of water supply (tricle irrigation, sprinkler irrigation, integrated water-fertilizer system, etc.) or different period of water supply, we test plants' response under the condition of different moisture, and analyze the correlation of plant water metabolism and soil moisture (water content, relative water content, water saturation deficit, free water and bound water, water potential, osmotic potential), in order to deepen the understanding of the relationship between plant water metabolism and soil water supply.

② Master the basic principles of the experiment to determine the effect of plant water metabolism, and be familiar with the experimental methods and procedures.

【 Cultivation and Treatment of Experimental Material 】

Students choose the plants they are interested in independently to treat with different water gradients or water supply methods, and then measure the indexes of water metabolism. It is required to select representative plant species that are fast growing and easy to survive, such as wheat, corn, rice, soybean and other crops; cucumber, zucchini, tomato, pepper and other horticultural crops; annual fast-growing flowers and plants.

【 Measurement index and method 】

3.1 Determination of plant leaf water content, relative water content and water saturation deficit

(1) Purpose and significance

All normal plant activities can only be carried out in the presence of a certain amount of cellular water. The water content in different plants is obviously different, and the water content in the same organ of the same plant is also different in different periods. Soil moisture directly affects the water content, relative water content and water saturation deficit of plant leaves. The effects of drought stress and waterlogging on plants are more significant, so it is necessary to measure them in production.

(2) Experimental principle

Plant tissue water content, relative water content and water saturation deficit are important indexes to reflect plant water status, study plant water relationship and test the quality of agricultural products. There are two methods to express tissue water content: one is expressed with dry weight as the base, the other is expressed with fresh weight as the base, which can be divided into dry weight method and fresh weight method:

$$\text{tissue water content (in fresh weight \%)} = \frac{W_f - W_d}{W_f} \times 100\%, \quad (3-1)$$

$$\text{tissue water content (in dry weight \%)} = \frac{W_f - W_d}{W_d} \times 100\%, \quad (3-2)$$

Where, W_f: fresh tissue weight, W_d: dry tissue weight.

Plant tissue relative water content (*RWC*) refers to the percentage of tissue water content in saturated water content:

$$RWC = \frac{W_f - W_d}{W_t - W_d} \times 100\%, \quad (3-3)$$

Where, W_t: weight of tissue after being fully saturated with water.

Water saturation deficit (*WSD*) refers to the difference between the actual relative water content of plant tissues and the saturated relative water content (100%) . It is often expressed as follows:

$$WSD = \frac{\text{saturated water content} - \text{actual water content}}{\text{staurated water content}} \times 100\%。 \quad (3-4)$$

In actual determination, the following formula can be used for calculation:

$$WSD=\frac{\text{fresh weight after saturation}-\text{real fresh weight}}{\text{fresh weight after saturation}-\text{dry weight}}\times 100\%, \quad (3-5)$$

or

$$WST=\frac{W_t-W_f}{W_t-W_d}\times 100\%。 \quad (3-6)$$

or

$$WSD=1-\text{RWC}。 \quad (3-7)$$

(3) Equipment and reagent

① Experimental equipment: Balance (0.1 mg in sensitivity), oven, scissors, beaker, aluminum box, absorbent paper.

② Experimental reagent: Deionized water.

③ Experimental material: Plant leaves.

(4) Methods and steps

① Cut the plant tissue, quickly put it into an aluminum box, and weigh out the fresh weight (W_f) .

② Put in the oven, kill it at 105 ℃ for 0.5 h, then bake at 80 ° C to constant weight, weigh out the dry weight (W_d) .

③ To measure the relative water content, after weighing the fresh weight, immerse the sample in water for several hours, take it out, wipe the surface moisture of the sample with absorbent paper, and weigh it; Then immerse the sample in water for 1 h, take it out, wipe it dry, and weigh it until the saturation weight of the sample is similar, so as to obtain the saturation weight of the sample (W_t) . They were then dried and weighed (W_d) .

④ Put the obtained W_f, W_d and W_t values into formula (1), (2), (3) and (6) to calculate the sample water content, relative water content and water saturation deficit.

(5) Attention

When measuring *RWC*, Wt is difficult to measure accurately, and the differences caused by different plant materials and sample sizes should be paid attention to.

3.2 Determination of free and bound water content in plant leaves (Malincic method)

(1) Purpose and significance

Water content directly affects the physiological functions of plants, and has different effects with the change of water status, namely free water and bound water content. The content of free water and bound water in leaves is an important index of drought resistance of plants. Therefore, by measuring the content of free water and bound water in plant leaves, we can understand the relationship between water status in plant tissues and plant life activities.

(2) Experimental principle

There are two kinds of water in plant leaves: free water and bound water. Bound water in plant tissues is adsorbed by cell colloidal particles and osmotic substances, so it is not easy to move, evaporate and freeze, and cannot be used as solvent. In this method, relatively intact plant leaves were immersed in concentrated sugar solution and dehydrated, and the water that was not captured after a certain time was used as bound water, while the water that entered sucrose solution was used as free water. The free water quantity can be measured from the change of concentration of quantitative sugar solution. Subtracting free water from the total water content of plant tissue, we can obtain bound water content.

(3) Equipment and reagent

① Experimental equipment: Abbe refractometer, oven, hole punch (about 0.5 cm in diameter), balance (0.1mg in sensitivity), weighing bottle, beaker.

② Experimental reagent: Sucrose solution (60%–65%, mass fraction).

③ Experimental material: Plant leaves.

(4) Methods and steps

① Take 6 weighing bottles and weigh them respectively.

② Select some functional leaves of plants with consistent growth.

③ Use a hole punch of about 0.5 cm to make a total of 150 small round pieces (or cut with scissors) on the half side of the leaves, and put them respectively into 3 measuring bottles, cover tightly. From the other half of the leaves, make 150 round pieces and immediately place them in 3 other measuring bottles. Cover tightly to prevent moisture loss.

④ After accurate weighing of 6 bottles of samples, 3 of them were put at 105 °C for 0.5 h, then baked at 80 °C to constant weight, and the tissue water content was calculated. Add 3–5 mL of 60%–65% pure sucrose solution (mass fraction) into the other 3 bottles respectively, and then weigh them accurately to calculate the weight of the sugar solution.

⑤ Put the 3 measuring bottles with sucrose in the dark for 4–6 h, and shake them gently from time to time.

⑥ After the predetermined time, the concentration of sugar solution is measured with a refractometer, and the original concentration of sugar solution is measured at the same time. Then the content of free water and bound water in the tissue (%) is calculated according to the following equation:

$$\text{free water content} = \frac{\text{sugar weight (g)} \times \dfrac{\text{original suger concentration (\%)} - \text{sugar concentration after immersed leaves (\%)}}{\text{suger concentraiton after imersed leaves (\%)}}}{\text{plant tissue fresh weight (g)}} \times 100\%, \tag{3-8}$$

$$\text{Bound water} = \text{tissue water content} - \text{free water}. \tag{3-9}$$

(5) Attention

Each test must be performed in more than three replicates. The weighing must be quick, the lid is sealed as far as possible, in order to reduce the moisture loss, and ensure the accuracy of the determination.

3.3 Determination of plant tissue water potential (Small flow method)

(1) Purpose and significance

Water potential refers to the chemical potential of partial molar volume water, stipulating that the water potential of pure water is zero, and water always flows from the high water potential to the low water potential. According to this principle, the small liquid flow method can be used to determine the water potential of plant tissue. The water potential of a plant represents the transport capacity of water in the plant. In general, the lower a plant' s water potential, the better its ability to transport water to other, less thirsty cells, and the less able it is to do the opposite. The lower the water potential, the stronger the water absorption capacity. The higher the water potential, the weaker the water absorption capacity. Therefore, the measurement of plant water potential can directly reflect plant water deficit and water status.

(2) Experimental principle

The plant tissues were cut into small pieces and immersed in a series of sucrose solutions with different concentrations. Due to the existence of water potential gradient between plant tissues and sucrose solutions, the sucrose solution absorbed water or lost water from the plant tissues or kept in dynamic balance, so that the sucrose solution became dilute, concentrated or kept the concentration unchanged. Thus, the concentration of sucrose solution comparable to the water potential of plant tissue can be found, and the water potential of plant tissue can be calculated.

(3) Equipment and reagent

① Experimental equipment: Large test tube, small test tube, capillary pipette with elbow, single-sided blade, hole punch, dissecting needle, pipette, tweezers.

② Experimental reagent: Sucrose and methyl blue

③ Experimental material: Potato and other plant tissues

(4) Methods and steps

① Prepare a series of sucrose solutions with different concentrations of 0.1 mol/L, 0.2 mol/L, 0.3 mol/L, 0.4 mol/L, 0.5 mol/L and 0.6 mol/L, respectively.

② Take 6 medium test tubes and add 10 mL sucrose solution of different concentrations; At the same time, 6 small test tubes were numbered and added with 1 mL sucrose solution of different concentrations.

③ Take plant material (potato), punch them into small strips with a diameter of about 0.7 cm with the hole punch, cut them into small round slices with a thickness of 2 – 3 mm with a single-side blade, add them into small test tubes with different concentrations of sucrose solution, put 5 slices into each tube (different processing can be done according to different plant materials), plug them, and leave them for 30 min. The solution is shaken several times to accelerate the exchange of water between the solution and the plant tissue.

④ Uncork the bottle, use a dissecting needle to pick a small amount of methyl blue into each tube, shake well to make the solution blue.

⑤ Use a capillary pipette to absorb a small amount of solution from a small test tube, carefully insert it into the middle of the solution of a large test tube with the same concentration of sucrose, gently squeeze out the blue liquid in the pipette, and observe and record the movement direction of the small liquid flow.

⑥ Result analysis:

If the small sap flow rises, it means that the tissue water potential is higher than the sucrose solution water potential, and the tissue drains, and the sucrose concentration becomes lower. If the small sap flow decreases, it indicates that the tissue water potential is lower than that of sucrose solution, and the tissue absorbs water, and the sucrose concentration increases. If the small liquid flow is not moving, it means that the water potential of the tissue is the same as that of the sucrose solution, and there is no exchange of water components between them.

The osmotic potential of sucrose solution with corresponding concentration at 20 ℃ is obtained from Table 3 – 1, which is the tissue water potential.

Table 3-1 Concentration and osmotic potential of sucrose solution

sucrose solution concentration/ (mol/L)	osmotic potential/ atmospheric pressure	sucrose solution concentration/ (mol/L)	osmotic potential/ atmospheric pressure
0.1	-2.64	0.45	-12.69
0.15	-3.96	0.5	-14.31
0.2	-5.29	0.55	-15.99
0.25	-6.70	0.6	-17.77
0.3	-8.13	0.65	-19.61
0.35	-9.58	0.7	-21.49
0.4	-11.11		

(5) Attention

① Shake the sucrose solution well before use. The sucrose solution that has been kept for a long time will stratify and affect the result.

② Each concentration of elbow capillary pipette should be specifically dedicated.

3.4 Determination of plant tissue osmotic potential (Plasma wall separation method)

(1) Purpose and significance

Osmotic potential is one of the components of water potential, which refers to the value which decreases the water potential due to the presence of solute particles in the cell. The osmotic potential of pure water is zero, and the osmotic potential of solution is negative. The osmotic potential of plant cells is an important physiological index of plants, which plays an important role in water metabolism, growth and resistance of plants. Different soil moisture content has different effects on plant leaf osmotic potential. The effect of drought stress and waterlogging on plant leaves is more significant, so it is often necessary to measure in production. The following section describes the plasma wall separation method.

(2) Experimental principle

The plasma membrane of living cells is a selective permeable membrane, which can be regarded as a semi-permeable membrane. It is fully permeable to water, but less permeable to some solutes such as sucrose. Therefore, when the plant tissue is placed in a certain concentration of external fluid, the water inside and outside the tissue can migrate through the plasma membrane according to the direction of the water potential gradient. When the concentration of external fluid is high (hypertonic solution), the water inside the cell will exude outward, causing the separation of the plasma wall. When the concentration of the external fluid is low (hypotonic solution), the water in the external fluid enters the cell. When the cell in a certain concentration of the external fluid has just occurred the plasmic wall separation (the initial plasmic wall separation, only in the corner of the cell), the cell pressure potential is equal to zero, the cell osmotic potential is equal to the cell water potential, which is equal to the osmotic potential of the external fluid. The solution is called isotonic solution of cells or tissues, and its concentration is called isotonic concentration.

(3) Equipment and reagent

① Experimental equipment: Microscope, tweezers, slide glass, cover glass, blade, culture dish, pipette.

② Experimental reagent: Sucrose.

③ Experimental material: Onion.

(4) Methods and steps

① Prepare a series of sucrose solutions with different concentrations of 0.1 mol/L, 0.2 mol/L, 0.3 mol/L, 0.4 mol/L, 0.5 mol/L and 0.6 mol/L, respectively.

② Take 6 culture dishes, number them, absorb 10 mL of sucrose solution of the above concentration respectively, and put them into the dishes.

③ With tweezers, remove the outer skin of the onion and put it into the various concentrations of sucrose solution, so that it is completely submerged. Start with a high concentration and put 2 to 3 pieces of onion skin on the next concentration every 5 min.

④ After the onion epidermis was balanced in sucrose solution at different concentrations for 30 min, it was successively removed from the high concentration and placed under a microscope to observe the separation of the plasma wall (low power microscope is sufficient), and the observation results were recorded.

⑤ Result analysis:

In two adjacent concentrations of sucrose solution, one of them had initial plasmic wall separation for about 50% of the cells, while in the subsequent concentration of sucrose solution, no plasmic wall separation occurred. The average concentration of these two concentrations was taken as the isotonic concentration, and the corresponding osmotic potential was the osmotic potential of the cell.

Check the osmotic potential of onion skin according to Table 4 – 1.) Attention

① During observation, put 1 drop of sucrose solution of the same concentration on the slide.

② In the experiment, the purple onion is the easiest to observe the separation of the plasma wall. Other materials such as purple duckweed and red cabbage can also be used.

3.5 Determination of transpiration rate

Transpiration rate refers to the transpiration of water per unit leaf area per unit time. It is an important indicator to measure the water requirement of plants and is affected by many environmental conditions such as light, temperature and humidity. At present, there are many methods for measuring transpiration rate, such as steady state porometer, which is a conventional instrument for measuring transpiration rate. And the general photosynthometer (Experiment 5.4) can also be used to test the transpiration rate. This experiment introduces two simple methods for measuring transpiration rate of isolated leaves or branches.

3.5.1 Transpiration meter method

(1) Experimental principle

The transpiration meter is a self-made device, made of acid burette, the plant branches are connected with the acid burette containing water through a rubber tube, because transpiration will cause the reduction of water in the burette, so that the transpiration rate can be calculated.

(2) Equipment and reagent

① Experimental equipment: Acid burette, burette clamp, iron platform, rubber tube, scissors, beaker.

② Experimental material: Plant branches.

(3) Methods and steps

① Take the branches of the plant. When taking the branches, pay attention to soak the base of the branches in a plastic bucket filled with water, cut off the plant branches in the water, and trim the cuts at the base of the branches. Transfer the cuttings to a large beaker of water and set aside.

② Set up the iron frame and install the acid burette at one end of the burette clamp. Pour freshly boiled and cooled tap water into an acid burette, taking care that the tip of the drain is also filled, then close the spout and record the liquid level scale.

③ Cut a rubber tube about 30 cm with a diameter slightly thinner than the branch, with one end of the tube connecting one end of the burette, the rubble tube is also filled with tap water. The other end of the tube is connected to the base of the branch, taking care that there is no air in the tube.

④ Fix the branch on the other end of the burette clamp on the iron frame.

⑤ Open the burette and pay attention to the observation that the liquid level in the burette will gradually decrease with the progress of transpiration, meanwhile pay attention to detect the device if there is leakage.

⑥ 0.5 – 1.0 hour later, the plug was closed, and the drop of liquid level was recorded, so that the transpiration of water per unit time could be calculated.

⑦ Cut the leaves and determine the total area of the leaves using a leaf area meter or the method described in Experiment 6.4.

⑧ Calculate the transpiration rate of plant per unit time and per unit leaf area, which can be expressed as g H_2O/ (m^2 · h)

(4) Attention

① Cutting branches must be done in water, and ensure that the base of the branches is not exposed to air during transfer.

② Pay attention to the elimination of residual gas in burette and rubber pipe.

3.5.2 Weighing method

(1) Experimental principle

The base of a plant branch or the petiole of a leaf is sealed in a triangular flask or test tube containing water. The weight of the plant is reduced by transpiration, so the transpiration rate can be measured by continuously monitoring the weight change of the system.

(2) Equipment and reagent

① Experimental equipment: Electronic balance (sensitivity 0.1 – 1.0 mg), triangle bottle (or test tube), scissors, sealing film.

② Experimental material: Plant branches.

(3) Methods and steps

① Select a branch on the plant to be tested, immerse the base of the branch in water and cut it off, and trim the cut at the base of the branch. Transfer the cuttings to a large beaker of water and set aside.

② Prepare a triangle flask (or test tube) and fill it with freshly boiled and cooled tap water.

③ Insert the branch into the triangle bottle and seal it with a sealing film.

④ Put the triangle bottle with branches on the electronic balance, record the initial weight, and continuously observe the weight change. On the electronic balance with higher resolution (e.g. 0.1 mg), a continuous decrease in the reading will be observed.

⑤ After 10 min, record the weight change.

⑥ Calculate the transpiration rate of plants after measuring the leaf area.

(4) Attention

① The sensitivity of the electronic balance determines the accuracy of the experiment, so the balance with higher sensitivity should be used as far as possible.

② This method is especially suitable for measuring the transpiration rate of smaller branches.

(5) Questions

① Measure the transpiration rate of plants under different environmental conditions such as strong light, dark, windy and closed condition to understand the influence of environmental factors on the transpiration rate.

② Consider ways to reduce the transpiration rate of plants.

Chapter 4 Effects of Mineral Element Deficiency on Plant Life Activities

【 Chapter Background 】

In the autotrophic life of plants, in addition to absorbing water from the soil, they must also absorb mineral elements, and transport the absorbed mineral elements to the needed parts for assimilation and utilization, in order to maintain their normal life activities. Nitrogen (N), phosphorus (P) and potassium (K) are essential elements for plants. Calcium (Ca), magnesium (Mg), ferrum (Fe), manganese (Mn), copper (Cu), zinc (Zn), molybdenum (Mo) and boron (B) are essential medium and trace elements for plants. Although plants have different demands for various nutrient elements, each nutrient element has different physiological functions in the life metabolism of plants, which are equally important and irreplaceable. The amount of these elements in the environment will inevitably cause corresponding physiological and biochemical changes in plants and affect their growth and development, resulting in corresponding symptoms. The essential elements of plants can be mixed into culture medium in a certain proportion to cultivate plants, which can make plants grow and develop normally. If a certain essential element is lacking, it will show the corresponding deficiency symptoms and affect its leaf enzyme activity, photosynthetic performance, root activity and other life activities.

【 Chapter Objective 】

In different nutrient solution with some elements deficiency, we cultivate the plants in hydroponic culture, such as nitrogen, for example. By culturing the plant seedlings for hydroponic cultivation in the nitrogen-lacking nutrient solution, we observe the status of plant leaves, nitrate reductase activity, root activity and photosynthetic performance , carbon metabolism , and other life activities on the deficiency of the response. By measuring these indexes, we can investigate the deficiency of elements in plants.

【 Cultivation and Treatment of Experimental Material 】

Select tomato, castor bean, wheat, corn and other plant seeds, sow after being soaked, and cultivate seedlings. When the seedlings grow to 1 or 2 real leaves, we design different degrees of nitrogen deficiency treatment (or different plants under the same degree of nitrogen deficiency) or hydroponic culture in different nutrient deficiency solution. After a period of treatment, the growth and development of leaves, nitrate reductase activity and root activity of plant seedlings were observed.

【 Measurement index and method 】

4.1 Element deficiency symptoms in plants (solution culture)

4.1.1 Purpose and significance

Be familiar with the typical symptoms of various nutritional deficiencies in plants.

4.1.2 Experimental principle

The growth and development of plants, in addition to adequate sunlight and water, also need mineral elements, otherwise the plants can not grow and develop well or even die. The necessity of mineral elements for plant growth can be observed by using solution culture technology. Nutrient experiments on plants grown in solution can avoid all kinds of complicated factors in the soil. In recent years, solution culture has also been used to produce pollution-free vegetables.

4.1.3 Equipment and reagent

① Experimental equipment: Analysis balance, culture cylinder (porcelain or plastic), aquarium pump, measuring cylinder, beaker, pipette.

② Experimental reagent: The preparation solution of experimental reagent was prepared according to Table 4 – 1, and the purity of all drugs used should reach analytical purity.

Table 4 – 1 Drug names and Dosages

Drug Name	Dosage/(g/L)
$Ca(NO_3)_2$	82.07
KNO_3	50.56
$MgSO_4 \cdot 7H_2O$	61.62
KH_2PO_4	27.22
NaH_2PO_4	24.00
$NaNO_3$	42.45

Continned table

Drug Name	Dosage/(g/L)
$MgCl_2$	23.81
Na_2SO_4	35.51
$CaCl_2$	55.50
KCl	37.28
Fe-EDTA	Na_2-EDTA (7.45), $FeSO_4 \cdot 7H_2O$ (5.57)
Microelements	H_3BO_3 (2.860), $MnSO_4$ (1.015), $CuSO_4 \cdot 5H_2O$ (0.079), $ZnSO_4 \cdot 7H_2O$ (0.220), H_2MoO_4 (0.090)

③ Experimental material: Corn (or tomato, castor, wheat) seeds.

4.1.4 Methods and steps

(1) Material

Tomatoes, castor beans, wheat, corn and so on can be used as material. For small seeds, with less nutrients from the seed, deficiency symptom is easy to appear. For large seeds we can remove the endosperm (or cotyledons), which can accelerate the emergence of deficiency symptom, before we begin the seedlings deficiency culture. Seeds were sterilized with bleach solution for 30 minutes, rinsed several times with sterile water, then germinated in washed quartz sand, and distilled water was added to wait for the first real leaf of seedlings.

(2) Preparation of nutrient deficient culture medium

The nutrient deficient culture medium was prepared according to the dosage in Table 4-2.

Table 4-2 Preparation table of nutrient deficient culture medium

Storage solution	Dosage/mL								
	Complete	—N	—P	—K	—Ca	—Mg	—S	—Fe	Lack of microelement
$Ca(NO_3)_2$	10	—	10	10	—	10	10	10	10
KNO_3	10	—	10	—	10	10	10	10	10
$MgSO_4$	10	10	10	10	10	—	—	10	10
KH_2PO_4	10	10	—	—	10	10	10	10	10

Continned table

Storage solution	Dosage/mL								
	Complete	—N	—P	—K	—Ca	—Mg	—S	—Fe	Lack of microelement
NaH_2PO_4	—	—	—	10	—	—	—	—	—
Fe-EDTA	1	1	1	1	1	1	1	—	1
Microelements	1	1	1	1	1	1	1	1	—
$NaNO_3$	—	—	—	10	10	—	—	—	—
$MgCl_2$	—	—	—	—	—	—	10	—	—
Na_2SO_4	—	—	—	—	—	10	—	—	—
$CaCl_2$	—	10	—	—	—	—	—	—	—
KCl	—	10	4	—	—	—	—	—	—

For preparation, 900 mL of distilled water was taken first, then the storage solution was added, and finally 1000 mL was prepared to avoid precipitation. After the culture medium was prepared, the pH was adjusted to 5 – 6 with dilute acid and alkali.

(3) Cultivation and observation

Plants of the same size were selected, the stems were wrapped in styrofoam, and inserted into the holes of the culture cylinder, one plant per hole. The culture tank was moved to the greenhouse, and was carefully managed and observed, with distilled water to replace the lost water of the tank. The culture medium was changed at regular intervals (about a week, depending on the size of the plant), and the pH of the solution was measured. When the plants grow up, it needs to ventilate, which can be pumped. Pay attention to record the growth of plants, various elements deficiency symptoms and the site of the occurrence.

(4) Element deficiency retrieval

1) Old leaves are affected

① The effect spread throughout the whole plant, and the lower leaves dried up and died.

a. N deficiency: Plants were light green, lower leaves became brown and petioles short and weak.

b. P deficiency: Plants were dark green and reddish or purple, lower leaves yellow, petioles short and slender.

② The effect was limited to local areas, there was a lack of green spots, the lower leaves were not dry, and the edge of the leaves was uneven.

a. Mg deficiency: Lack of green spots on leaves, became red sometimes, with necrotic spots, petiole delicate.

b. K deficiency: Lack of green spots on leaves, small necrotic spots on leaf margins and near leaf tips or between veins, slender petiole.

c. Zn deficiency: Lack of green spots on leaves, large necrotic spots on leaves including veins, thickening of leaves, and shortening of petioles.

2) Young leaves were affected

① Terminal bud death, leaf deformation and necrosis.

a. Ca deficiency: Young leaves became hooked, starting to die from the blade tip and the edge

b. B deficiency: The base of leaf became light green, starting to die from the base, leaves distorted

② The terminal bud was still alive, lacking green or withered without necrotic spot.

a. Cu deficiency: Young leaves withered, with no deficiency of green, weak stem tip.

b. Young leaves did not wither, with lack of green.

(a) Mn deficiency: Having small necrosis, veins were green still.

(b) Fe deficiency: Having no necrosis, veins were still green.

(c) S deficiency: Having no necrosis, veins were dead.

(5) Determination of element deficiency

After the plant' s symptoms become obvious, we replace the deficiency culture with complete culture, leaving one to continue the cultivation. Observe it to see if the symptoms of the plant will reduce or even disappear, and as to the rest of the plants we measured the length of the roots, stems, quality, leaf number, size and quality, the section number and internode length, then baking in the oven, used as a measurement of nitrogen, phosphorus, iron, copper content in plant.

4.1.5 Attention

① The drugs used must be analytical pure grade (AR), pay attention to the cleanness of devices.

② During the cultivation period, attention should be paid to supplementing water, changing the culture medium regularly, and having good ventilation.

4.2 Determination of nitrate reductase activity

4.2.1 Purpose and significance

The nitrate reductase activity of roots and leaves is closely related to the content of mineral elements in plants. The nitrate reductase activities of plant roots and leaves often vary greatly with the levels of nitrogen, phosphorus, potassium and other nutrients. Therefore, it is necessary to measure the deficiency after the plant shows symptoms.

4.2.2 Experimental principle

Nitrate reductase is a key enzyme in plant nitrogen metabolism, which is related to the uptake and utilization of nitrogen fertilizer in crops. It acts on NO_3^- to reduce it to NO_2^- :

$$NO_3^- + NADH + H^+ \rightarrow NO_2^- + NAD^+ + H_2O$$

The NO_2^- produced can penetrate into the external solution from the tissue and accumulate in the solution. The content of NO_2^- in the reaction solution can be measured, which indicates the activity of the enzyme. This method is simple and can be done under ordinary conditions.

The content of NO_2^- is determined by the colorimetric method using sulfanil-amide (SAs) . Sulfa and NO_2^- form diazo salt in acid solution, and then coupled with α-naphthalamine to form a purplish red azo dye. The acidity of reaction solution increases the speed of diazotization, but decreases the speed of coupling, and the color is stable. Increasing temperature increases the reaction speed, but decreases the stability of the diazo salt, so the reaction needs to be carried out under the same conditions. This method is very sensitive and can measure 0.5 μg/mL $NaNO_2$.

4.2.3 Equipment and reagent

① Experimental equipment: Spectrophotometer, vacuum pump (or syringe), temperature box, balance, vacuum dryer, drill, triangle bottle, pipette, beaker, test tube.

② Experimental reagent:

0.1 mol/L pH 7.5 phosphate buffer;

0.2 mol/L KNO_3 (20.22 g KNO_3 dissolved in 1000 mL distilled water) ;

Sulfonamide reagent (1 g sulfonamide plus 25 mL concentrated hydrochloric acid, diluted to 100 mL with distilled water) ;

α-naphthylamine reagent (0.2 g α-naphthylamine dissolved in distilled water containing 1 mL concentrated hydrochloric acid, diluted to 100 mL) ;

$NaNO_2$ standard solution (1 g $NaNO_2$ dissolved in distilled water into 1000 mL. Then 5 mL is absorbed and diluted into 1000 mL with distilled water. Each mL of this solution contains 5 μg $NaNO_2$, which is diluted when used) .

③ Experimental material: Leaves of castor bean, sunflower, oilseed rape, wheat or cotton.

4.2.4 Methods and steps

(1) Extraction of the nitrate reductase enzyme

Fresh leaves are washed with water, make them dry with absorbing paper, and then use the hole drill to make round piece about 1 cm in diameter. Wash them 2 – 3 times with distilled water, dry the moisture, and then take two leaf pieces with the same weight on the balance, each being 0.3 – 0.4 g (or take 50 pieces) . Then put them respectively in the 50 mL triangle bottle with a solution containing the following: ① 0.1 mol/L pH 7.5 phosphate buffer 5 mL+distilled water 5 mL; ② 0.1 mol/L pH 7.5 phosphate buffer 5 mL+0.2 mol/L KNO_3 5 mL.

Then put the triangle bottle in the vacuum dryer, connected to a vacuum pump for suction, after deflated wafer is drowned in the solution (if there is no vacuum pump, can replace with 20 mL syringe, the reaction liquid and leaf discs into the syringe, together with finger block syringe exports, then pull syringe vacuum, so drainage gas repeatedly, The leaves can be removed from the air and sink into the solution) . The triangular flask is placed in a temperature chamber at 30 °C and insulated from light for 30 min. Then 1 mL of reaction solution is absorbed to determine the content of NO_2^-.

Note that the leaves need to undergo photosynthesis for a period of time before sampling to accumulate carbohydrates. If the content of carbohydrates in the tissues is low, the enzyme activity will be reduced. In this case, 30 μg glyceraldehyde 3 - phosphate or fructose 1, 6 - diphosphate can be added to the reaction solution to significantly increase the production of NO_2^-.

(2) Determination of NO_2^- content

After holding at a certain temperature for 30 min, absorb 1 mL of reaction solution into the test tube, add 2 mL of sulfonamide reagent, mix and shake well, then add 2 mL of α - naphthalamine reagent, mix and shake well again, stand for 30 min, use spectrophotometer (520 nm) for determination, record the absorption value, read out NO_2^- content from the standard curve, then calculate the enzyme activity, expressed as NO_2^- (μg or μmol) produced per g fresh weight per hour.

(3) Making standard curves

The sulfonamide colorimetric method for the determination of NO_2^- is sensitive and can detect $NaNO_2$ content lower than 1 μg/mL. The standard curve can be drawn in the concentration range of 0 – 5 μg/mL. Since the speed of color reaction is related to diazo reaction and coupling, temperature and pH also affect the color development speed, and affect the sensitivity, but if the standard and sample are measured under the same conditions, the color development speed is the same, and can be compared with each other.

Absorb different concentrations of $NaNO_2$ solution (0.5, 1, 2, 3, 4, 5 μg/mL) 1 mL in the test tube, add sulfanilamide reagent 2 mL and α - naphthalamine reagent 2 mL, mix and shake well, stand for 30 min (or at a certain temperature water bath for 30 min), immediately put it in the spectrophotometer (520 nm) for colorimetric determination. Take absorbance value as ordinate, $NaNO_2$ concentration as abscissa, draw absorbance value - concentration curve.

4.3 Determination of root activity (α - naphthylamine oxidation method)

Root activity is one of the important physiological indicators of plant growth.The functions of plant roots are as follows: supporting and fixing aboveground parts; storing matter; absorbing water and inorganic salts; synthesizing amino acids, hormones and other organic substances.

4.3.1 Experimental principle

Plant roots can oxidize α - naphthylamine adsorbed on the root surface to generate red 2 - hydroxy - 1 - naphthylamine, which precipitates on the surface of the root with strong oxidation power, making this part of the root red. The reaction is as follows:

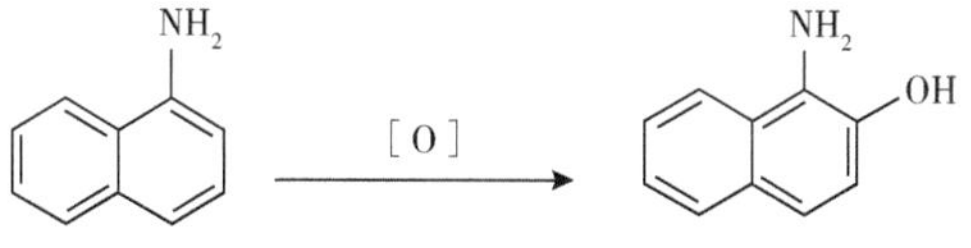

NH_2 NH_2 OH

[O] →

α –naphthylamine 2–hydroxy–1–naphthylamine

The roots' oxidative capacity of α - naphthylamine is closely related to its respiration intensity. The oxidative nature of α - naphthalamine is catalyzed by peroxidase. The stronger the activity of the enzyme, the stronger the oxidation capacity of α - naphthylamine and the deeper the staining. Therefore, the vigor of roots can be determined semi - quantitatively according to the depth of staining, and the amount of α - naphthylamine that is not oxidized in the solution can determine quantitatively the vigor of the roots.

α - naphthylamine in acidic environment with p - aminobenzenesulfonic acid and nitrite interaction will produce red azo dye, which can be used for colorimetric determination of α-naphthylamine content, reaction formula is as follows:

NH_2 O=S=O OH + NO_2 + $2H^+$ → N ≡ N^+ O=S=O OH + H_2O

OH O=S=O N^+ ≡ N + NH_2 → HO—S(=O)(=O)—N=N— —NH_2+H^+

diazonium sact α–naphthylamine rose red azo dye

4.3.2 Equipment and reagent

① Experimental instrument: Spectrophotometer, analytical balance, oven, triangle flask, measuring cylinder, pipette, volumetric bottle.

② Experimental reagent: α-naphthylamine, pH 7.0 phosphate buffer, 10 g/L p-aminobenzene sulfonic acid, sodium nitrite solution.

③ Experimental material: Seedlings.

4.3.3 Methods and steps

(1) Qualitative observation

Take the seedlings from the field, wash the soil attached to the roots with water, and then use filter paper to absorb the water attached to the roots. Immerse the roots in a container with 25 μg/mL α-naphthylamine solution, and the container was wrapped with black paper. After standing for 24 to 36 h, the root color of the seedlings was observed. The root activity of the darker colored group was larger than that of the lighter colored group.

(2) Quantitative determination

1) Oxidation of α-naphthylamine

Dig out the seedlings and wash the soil on the roots with water. Cut off the roots and wash them with water. After washing, absorb the water on the root surface with filter paper, weigh 1–2 g and put it in a 100 mL triangular flask. Then add 50 mL of complete solution with 50 μg/mLα-naphthalamine solution and phosphate buffer pH 7.0, gently shake, and immerse the root in the solution with a glass rod, stand for 10 min, absorb 2 mL of the solution to determine the content of α-naphthalamine [determination method is shown below], as the value at the beginning of the experiment. Then plug the triangle flask and put it in a 25 ℃ incubator. After a certain time, the measurement will be carried out again. In addition, another triangular flask with the same amount of solution, but without root, as a blank for the automatic oxidation of α-naphthalamine, also measured to obtain the value of automatic oxidation.

2) Determination of α-naphthylamine content

Absorb 2 mL of the solution to be tested, add 10 mL of distiued water, and then add 1 mL of 10 g/L p-aminobenzenesulfonic acid and 1 mL of sodium nitrite solution to it. Leave it at room temperature for 5 min until the mixture turns red, and then meter the volume to 25 mL with distilled water. The absorbance value was read by colorimetry at 510 nm within 20-60 min, and the corresponding α-naphthylamine concentration was found on the standard curve. The total amount of α-naphthylamine in the solution was calculated by subtracting the value of automatic oxidation from the value at 10 min after the experiment. The amount of α-naphthylamine oxidized was expressed as μg/(g · h). Therefore, the roots should also be dried to weigh their dry weight.

3) The drawing of the standard curve of α-naphthylamine

A concentration of 50 μg/mL α-naphthylamine solution was taken. A series of solutions with concentrations of 50 μg/mL, 45 μg/mL, 40 μg/mL, 35 μg/mL, 30 μg/mL, 25 μg/mL, 20 μg/mL, 15 μg/mL, 10 μg/mL, 5 μg/mL were prepared. 2 mL of each solution was put into the test tube, and 10 mL of distilled water, 1 mL of 10 g/L p-aminobenesulfonic acid solution and 1 mL of sodim nitrite solution were added. The mixture was placed at room temperature for 5 min until it turned red. Add deionized water to 25 mL. The absorbance value was read by colorimetry at 510 nm within 20-60 min. Then the standard curve was drawn with OD_{510} as the ordinate and α-naphthylamine concentration as the abscissa.

4.4 Determination of nitrate nitrogen in plants

4.4.1 Purpose and significance

To be familiar with and master the colorimetric determination of nitrate nitrogen method.

4.4.2 Experimental principle

Nitrate is one of the main nitrogenous substances absorbed by plants. It must be reduced to NH_3 before it can participate in the synthesis of organic nitrogen compounds. The reduction of nitrate in plants varies from roots to branches and leaves, and varies with plant types and environmental conditions. Therefore, it is important to measure the change of nitrate nitrogen content in plants to understand the mechanism of nitrogen metabolism.

After the nitrate is reduced to nitrite, it is combined with p-aminobenzenesulfonic acid and α-naphthylamine to produce rose red azo dye. The main chemical reactions are as follows:

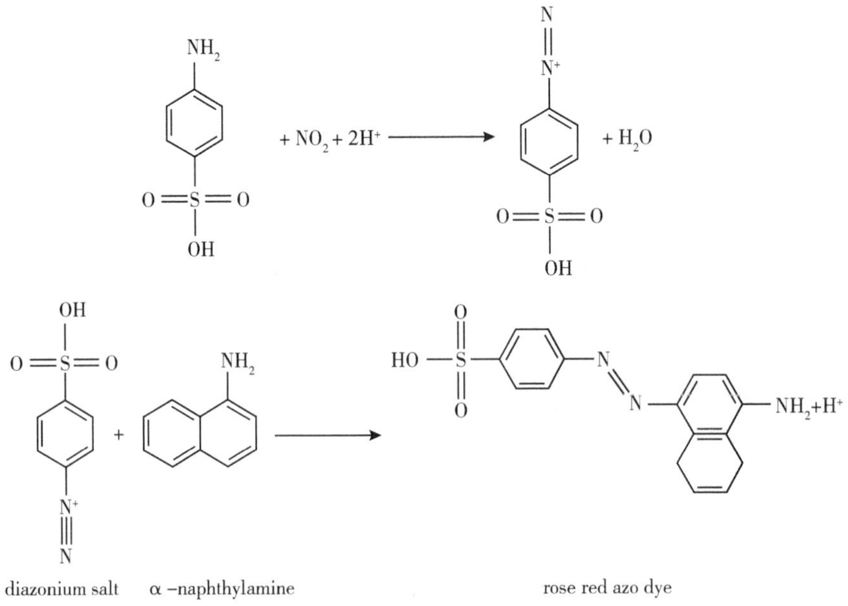

$+ NO_2 + 2H^+ \longrightarrow$ $+ H_2O$

$NH_2 + H^+$

diazonium salt α-naphthylamine rose red azo dye

4.4.3 Equipment and reagent

① Experimental instrument: Spectrophotometer, centrifuge, mortar, volumetric bottle, pipette, centrifuge tube.

② Experimental reagent:

20% acetic acid solution (20 mL AR acetic acid and 80 mL water) ;

KNO_3 standard solution (put 0.1806 g KNO_3 into 1 000 mL flask, add water to scale, mix well, and prepare KNO_3 solution with nitrogen content of 25 μg/mL) ;

Mixed powder (barium sulfate 100 g, α-naphthylamine 2 g, zinc powder 2 g, p-aminobenzene sulfonic acid 4 g, manganese sulfate 10 g, citric acid 75 g) .

③ Experimental material: Fresh plant material.

4.4.4 Methods and steps

(1) Drawing standard curves

Take six 50 mL volumetric bottles, wash them, and number them. 2 mL of KNO_3 standard solution 0 μg/mL, 2.0 μg/mL, 4.0 μg/mL, 6.0 μg/mL, 8.0 μg/mL and 10.0 μg/mL, were placed respectively in No. 1-6 volumetric flask. 18 mL of acetic acid solution was added to each flask, and 0.4 g of mixed powder was added. The suspension in the volumetric flask was violently shaken for 1 min and left for 10 min. The suspension in the volumetric flask was dumped into the centrifuge tube in excess. Make part of the solution outflow the tube, thus the white powder bubble can be removed. It was centrifuged for 5 min (4000 r/min), and take the supernatant and determine the absorbance value by spectrophotometer at 520 nm (colorimetric cup thickness 10 mm).

The standard curve was drawn on graph paper with the concentration of nitrate nitrogen as abscess and the absorbance value as ordinate.

(2) Determination of nitrate nitrogen content in tissue fluid

Take 1 g of fresh plant material, cut it into pieces, add a small amount of distilled water and grind it in a mortar, transfer it to a dry triangular flask, add distilled water to a constant volume of 20 mL, shake for 1-3 min, place to clarify (or centrifuge it), take 2 mL of supernatant, and then determine nitrate nitrogen according to the standard curve preparation method. Calculate nitrogen content according to the following formula:

$$\text{Nitrate content in plant tissue } (\mu g/g) = C \cdot V \tag{4-1}$$

Where: C is the concentration of nitrate nitrogen (μg/mL) in tissue extract obtained from the standard curve;

V is the total volume (mL) of extract prepared from 1 g plant tissue.

4.4.5 Attention

Barium sulfate was washed with deionized water to remove impurities and dried. Each of the above-mentioned drugs was finely ground separately, and then mixed with equal parts of barium sulfate and other drugs to make the mixed powder into a grainless grayish white uniform body. Powder preparation should be carried out in a dry and clean environment. If the air humidity is high, the powder is mixed into a light rose red; If the drug is not pure, it will also cause this phenomenon, which reduce the sensitivity of the determination. The prepared powder should be stored in dark and dry conditions, and can be used after 7 days. In good storage condition, it can be stored for several years, and its determination stability is better than the newly matched powder.

4.5 Determination of plant phosphorus (molybdenum blue method)

4.5.1 Purpose and significance

To master the common molybdenum blue method of phosphorus measurement.

4.5.2 Experimental principle

Under acidic conditions, inorganic phosphorus can react with ammonium molybdate to produce ammonium phosphomolybdate, which is reduced to blue phosphomolybdenum by stannous chloride, and the content of phosphorus can be determined by the depth of blue.

$$H_3PO_4+12(NH_4)_2MoO_4+21HCl \longrightarrow \underset{\text{ammonium phosphomolybdate}}{(NH_4)_3PO_4 \cdot 12MoO_3}+21NH_4Cl+12H_2O$$

$$(NH_4)_3PO_4 \cdot 12MoO_3 \xrightarrow{SnCl_2} \underset{\text{phosphomolybdenum blue}}{(MoO_2 \cdot 4MoO_3)_2 \cdot H_3PO_4 \cdot 4H_2O}$$

The maximum absorption wavelength of phosphomolybdenum blue is 660 nm.

4.5.3 Equipment and reagent

① Experimental equipment: Spectrophotometer, centrifuge, graduated pipette, mortar, volumetric bottle.

② Experimental reagent:

a. 50 μg/mL standard phosphorus solution (weighed 0.2195 g AR KH_2PO_4 dissolved in 400 mL deionized water, added 5 mL concentrated sulfuric acid, and then transferred to a 1 L volumetric flask for constant volume, shaking evenly);

b. Ammonium molybdate-sulfuric acid mixed solution (weighed 25 g ammonium molybdate and put in a large beaker, added 200 mL deionized water to dissolve. Slowly pour 280 mL of concentrated sulfuric acid into 400 mL of deionized water and let cool. Then the above prepared ammonium molybdate solution was added to the sulfuric acid solution and diluted to 1 L with deionized water);

c. Stannous chloride solution (weighed 5.7 g $SnCl_2$ and put in a large beaker, 60 mL of concentrated HC_l was added and heated, and then diluted to 300 mL with deionized water after dissolution. A small amount of tin was added to the solution to prevent Sn^{2+} oxidation. The solution is 0.1 mol/L $SnCl_2$ hydrochloric acid solution, which can be stored for several weeks).

③ Experimental materia: Functional leaf sheaths of wheat, maize or rice.

4.5.4 Methods and steps

(1) Drawing standard curves

The concentration of the above standard phosphorus solution was 0 μg/mL, 5 μg/mL, 10 μg/mL, 20 μg/mL, 25 μg/mL, 30 μg/mL, 35 μg/mL, 40 μg/mL, 45 μg/mL, 50 μg/mL, and 1 mL was respectively put into the test tube, and 3 mL ammonium molybdate-sulfuric acid reagent was added, then 0.1 mL $SnCl_2$ was added, mixed evenly, and stood for 10–15 min.

The absorbance value of each standard solution was measured by using a colorimetric cup with 660 nm wave length, a light diameter of 1 cm and a concentration of 0 as the calibration solution.

The standard curve was drawn with the concentration of phosphorus as abscissa and the absorbance value as ordinate.

(2) Determination of phosphorus content in tissue fluid

Take functional leaf sheaths of crops such as wheat, maize or rice, wash and absorb the surface moisture, weigh 2 g and put it in a mortar, add a little quartz sand and 5 mL distilled water for grinding. Transfer the homogenate to a 25 mL volumetric flask, wash in the residue from the mortar, and add water to the scale. Centrifugate at 3 000 g for 15 min, the supernatant was used for later use. If the color was severe, activated carbon could be used for decolorization.

Two copies of 1 mL tissue extract were absorbed into a clean test tube, and the absorbance value was measured under the same conditions as above.

According to the absorbance value of the test solution, the concentration of the test solution can be found out from the standard curve. The phosphorus content in leaf sheath was calculated according to the following equation.

$$P\ (\mu g/g \text{ fresh weight of leaf sheath}) = C \times (V/W) \qquad (4-2)$$

Where: C is the phosphorus content of the extract (μg/mL) ; V is the volume of extract (mL) ; W is the fresh weight of the sample (g) .

4.5.5 Attention

Color development time should not be too long, otherwise the blue faded, leading to the failure of the experiment. In addition, the absorption pool is easy to be blue in the experiment. After the experiment, it should be soaked in hydrochloric-ethanol (1 : 2) detergent in time, and then cleaned with water.

Chapter 5 Evaluation of Plant Photosynthetic Performance

【 Chapter Background 】

Photosynthesis is a unique physiological function of plants. It is the largest energy conversion process on earth that converts solar energy into chemical energy. It is also a life activity that uses chemical energy to synthesize inorganic matter such as carbon dioxide (CO_2) and water (H_2O) into organic matter and produce oxygen. The photosynthetic performance of plants refers to the ability of plants to absorb light energy, CO_2 and H_2O and convert them into organic matter. The photosynthetic performance of plants can be measured by photosynthetic rate, photochemical efficiency, stomatal conductance, intercellular CO_2 concentration, transpiration rate, water use efficiency and key enzyme activities of carbon assimilation. At the same time, the photosynthetic capacity of plants is affected by the content and composition of chlorophyll and leaf area. The measurement and analysis of plant photosynthetic performance is of great significance for the study of plant photosynthetic physiology and the influence of environment on plant growth.

【 Chapter Objective 】

Take the following plants as experimental material: ① C_3 and C_4 plants; ② Woody and herbaceous plants; ③ Sun and shade plants; ④ The same kind of plants with stress processing or different growth periods. Through the extraction and determination of photosynthetic pigment content (chlorophyll a, chlorophyll b and carotenoids), the determination of photochemical efficiency, photosynthetic rate, stomatal conductance, intercellular CO_2 concentration, transpiration rate, water use efficiency and carbon assimilation key enzyme activity, etc., analyze and compare different plant photosynthetic characteristics.

【 Cultivation and Treatment of Experimental Material 】

One group of the above four types of plant material was selected for material culture and treatment sampling.

(1) C_3 and C_4 plants

C_3 plants can be wheat, rice, soybean, cotton, etc., C_4 plants can be corn, sorghum, millet, barnyard grass, etc. Plump and healthy seeds were selected for routine sowing and cultivation. The cultivation conditions, water and fertilizer management were as consistent as possible, and healthy functional leaves were selected for determination.

(2) Woody and herbal plants

The healthy functional leaves of woody and herbal plants in the same growing environment on campus were selected for determination.

(3) Sun and shade plants

The healthy functional leaves of sun and shade plants growing in the same environment on campus were selected for measurement.

(4) The same plant with different growth periods or stress treatments

Students can independently choose the plant species they are interested in for different growth periods or under adverse conditions such as high temperature, low temperature and drought. They are required to choose representative plant species that grow fast and are easy to survive, such as wheat, corn, rice, soybean and other crops. Cucumber, zucchini, tomato, pepper and other horticultural crops; Annual fast - growing flowers and plants.

【 Measurement index and method 】

5.1 Extraction and physicochemical properties of photosynthetic pigments

(1) Purpose and significance

Photosynthetic pigments in plants are closely related to photosynthesis. To understand the principle of extraction and separation of photosynthetic pigments and the significance of their optical properties in photosynthesis is important.

(2) Experimental principle

Because the four kinds of photosynthetic pigments in high - energy plants are weakly polar molecules, they can only be dissolved in organic solvents with certain polarity, such as acetone and ethanol, according to the principle of similar solubilization, so organic solvents with certain polarity can be used to extract photosynthetic pigments in higher plants.

Secondly, chlorophyll is a kind of ester formed by the esterfication of phytol and methanol, saponification reaction so can occur, namely hydrolysis, and carotenoid is not an ester, which can not lead to saponification reaction. Due to the instability of magnesium atom binding to porphyrin ring, it is easy to be replaced by H^+, Cu^{2+} or Zn^{2+}, etc., resulting in the formation of corresponding pheophytin, copper or zinc chlorophyll. The fluorescence of chlorophyll molecules extracted in vitro could be observed because there is no electron acceptor in the extract. In vitro, chlorophyll molecules lose their highly ordered arrangement characteristics on thylakoid membrane and react easily with oxygen in the air after absorbing light energy, forming oxygenated chlorophyll and turning brown.

(3) Equipment and reagent

① Experimental equipment: Balance, mortar, funnel, capillary tube, alcohol lamp, test tube, test tube holder, filter paper, culture dish, etc.

② Experimental reagent: Acetone or ethanol, calcium carbonate, quartz sand, 20% KOH methanol solution, 50% acetic acid, copper acetate powder.

③ Experimental material: Fresh plant leaves.

(4) Methods and steps

① Photosynthetic pigment extraction: Weigh 2 g of fresh plant leaves, put them into a mortar and add 5 mL of acetone or ethanol and a little of calcium carbonate and quartz sand, grind them into homogenate, then add 5 mL of acetone or ethanol, fully extract them and filter them through a funnel to obtain photosynthetic pigment extract.

② Fluorescence phenomenon observation: Observe the color of pigment extract under reflected light and transmission light perpendicular to the sunlight, and use a flashlight as a light source at night.

③ Photodestruction effect: Place 1 mL of pigment extract indoors and 1 mL of pigment extract outdoors in sunlight for 30 min to observe the color change.

④ Saponification reaction: Take a test tube, add 5 mL pigment extract, add 2 mL 20% KOH methanol solution, shake well, add 5 mL benzene, gently shake, slowly add 2 mL tap water along the wall of the test tube, gently shake and observe, pay attention to the color change during the whole process.

⑤ Substitution reaction: Take a test tube, add 3 mL pigment extract, and add 50% acetic acid drop by drop until the solution turns yellowish brown. Pour out one half, add a little copper acetate powder, heat on alcohol lamp, and compare the color difference with the other half.

(5) Attention

① The amount of calcium carbonate added in the process of chlorophyll extraction should be appropriate, too less can not achieve the purpose of neutralizing organic acids, more may change the pH value of the extract.

② Acetone, methanol and other organic solvents used in the experiment are combustible reagent. When heated with alcohol lamp, combustible reagent should be kept away. And the waste liquid after use is recovered and treated according to the regulations.

(6) Questions

① Why should calcium carbonate and quartz sand be added in the process of pigment extraction? How will the two affect the extraction effect of pigment if added more or less?

② What is fluorescence? The fluorescence of the extracted pigment in vitro can be observed with the naked eye, but why can't the naked eye see it in vivo?

③ What is photodestruction? The photodestruction phenomenon can be observed by the naked eye with the extracted pigment in vitro, but why can't the naked eye see it in vivo?

④ What are the types of photosynthetic pigments in higher plants? What are their physiological functions?

5.2 Separation of photosynthetic pigments and determination of absorption spectra

(1) Purpose and significance

Photosynthetic pigments in plants are closely related to photosynthesis. To understand the types of photosynthetic pigments and the significance of their absorption spectra in photosynthesis is significant.

(2) Experimental principle

Because the relative molecular mass, molecular polarity, molecular structure and solubility of various pigments are not completely the same, their distribution in stationary phase (thin layer aqueous phase adsorbed by filter paper) and mobile phase (layer developing agent) in paper chromatography is different, that is, their distribution coefficients are different, so they can be separated by paper chromatography.

The four kinds of pigments in higher plants all have the same structural features, namely the conjugated system, so they all have a strong ability to capture light energy, but different pigment molecules have different ranges of capturing visible light. Chlorophyll mainly absorbs red and blue-violet light, while carotenoids mainly absorb blue-violet light.

(3) Equipment and reagent

① Experimental equipment: Chromatography cylinder (or specimen cylinder or large test tube), spectrophotometer (the best with spectral scanning), cuvette, test tube, test tube holder, large test tube for chromatography, mortar, capillary, funnel.

② Experimental reagent: Aacetone or ethanol, calcium carbonate, quartz sand, anhydrous sodium sulfate, layer development agent: petroleum ether, acetone, benzene volume ratio of 10 ∶ 2 ∶ 1 mixed solution.

③ Experimental material: Fresh plant leaves.

(4) Methods and steps

① The extraction of photosynthetic pigments: It was the same as in Experiment 5.1.

② Paper chromatography: Cut the two sides of one end of the prepared filter paper strip (2 cm × 22 cm), leave a narrow strip of 1.5 – 2 cm in length and 0.5 cm in width in the middle. Use capillary to take chlorophyll concentrate (extract 1 mL, add appropriate amount of anhydrous sodium sulfate) on the upper end of the narrow strip, noting that a point of the solution should not be too much. If the color is too light, blow dry with hair dryer and then drip points 5 - 7 times, till to dark green. Add 3 – 5 mL of layer developing agent to a large test tube. Then fix the filter paper on the rubber plug, insert into the tube, and immerse the narrow end in the solvent (the pigment point should be slightly higher than the liquid level, the edge of the filter paper strip should not touch the wall of the test tube, and keep the filter paper strip vertical) . Cover the rubber stopper tightly and stand upright in the shade for chromatography. After about 0.5 h (depending on the separation of pigments), observe the distribution of pigment bands. The top is orange - yellow (carotene), followed by bright yellow (lutein), blue - green (chlorophyll a), and finally yellow - green (chlorophyll B) .

③ The photosynthetic pigment dissolving: Cut the pigment band of the paper chromatography with scissors, dissolve them in acetone about 4 mL respectively, transfer to 1 cm colorimetric dishes to scan the absorption spectra of the four kinds of pigment by using spectrophotometer with scanning function or determine the absorbance of the 4 kinds of pigments using ordinary spectrophotometer every 2 nm, and draw out the absorption spectra.

④ Absorption spectrum of the whole pigment: After extracting the photosynthetic pigment according to the method of Experiment 6.1, take about 4 mL of the pigment extract and measure the absorption spectrum of the whole pigment according to the above method.

⑤ Results:

a. Draw the graph related to the separation of pigments by paper chromatography and analyze the reasons for the separation of pigments from each other.

b. Draw or print the absorption spectra of four pure pigments and all pigments, and analyze and compare them.

(5) Attention

① The amount of calcium carbonate added in the process of chlorophyll extraction should be appropriate, too less can not achieve the purpose of neutralizing organic acids, more may change the pH value of the extract.

② If the spectrophotometer without scanning function is used to measure the absorption spectrum of photosynthetic pigments every 2 nm, the "0" and "100" should be adjusted again after each wavelength change.

③ In the experiment of pigment separation, the dotting can be made into dots or into bands, but the width of the ribbon or the diameter of the dots should be controlled; Do not wet the test tube wall when adding the layer developing agent. The layer developing agent should not touch the dot.

(6) Questions

① What is the principle of separating photosynthetic pigments by paper chromatography? Besides paper chromatography, what other methods do you know to separate pigment?

② Compare the absorption spectra of four pure pigments, lutein, carotene, chlorophyll-a and chlorophyll-b. What are the implications of their absorption spectra for understanding photosynthesis?

5.3 Determination of chloroplast pigment content

(1) Purpose and significance

Chloroplast pigments are closely related to photosynthesis in plants. The chloroplast pigment content of plant leaves often varies greatly with different conditions such as cultivation technology, nitrogen nutrition level and plant species. Therefore, it is often needed in the research of fertilizer and water technology, breeding, high yield and plant pathology.

(2) Experimental principle

According to Lambert-Beer law, the optical density D of a colored solution is proportional to the solute concentration C and the liquid layer thickness L, namely: D = kCL.

Where, k is the proportionality constant.

If there are several light-absorbing substances in the solution, the total optical density of the mixture at a certain wavelength is equal to the sum of the optical density of each component at the corresponding wavelength, that is, the additivity of optical density: $D_{\lambda sum}$ total $=d_{\lambda 1}+d_{\lambda 2}+d_{\lambda 3}+\cdots+d_{\lambda n}$.

Accodring to the Figure 5 – 1, Chlorophyll a and b have absorption peaks in the red and blue - violet light regions, and the absorption peaks of carotenoids coincide with the peaks of chlorophyll in the blue - violet light region. Therefore, in order to eliminate the interference of carotenoids in the determination of chlorophyll a and b, the wavelength of monochromatic light used should be selected as the maximum absorption peak of chlorophyll in the red region.

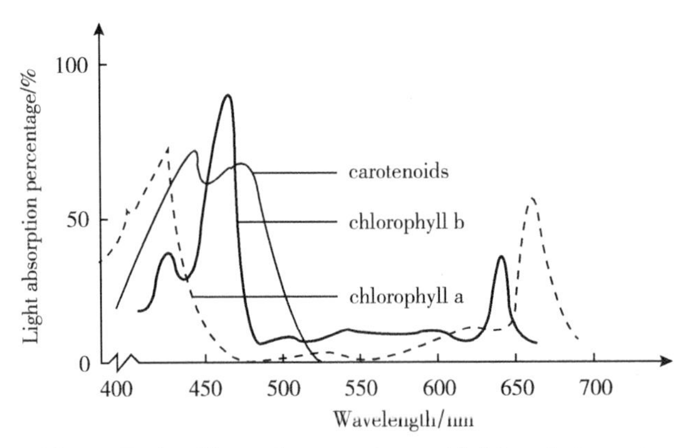

Figure 5 – 1 Absorption spectrum of light and pigment

The absorption spectra of chlorophyll a and chlorophyll b are different, but there is obvious overlap. The concentration of chlorophyll a and chlorophyll b can be measured at 663 nm and 645 nm (the absorption peak of chlorophyll a and chlorophyll b in the red zone respectively) . Then, according to the Lambert - Beer law, the concentrations of chlorophyll a and chlorophyll a in the extract were calculated.

$$A_{663} = 82.04\ C_a + 9.27\ C_b \tag{5-1}$$

$$A_{645} = 16.75\ C_a + 45.60\ C_b \tag{5-2}$$

In the formula, C_a is the concentration of chlorophyll a, C_b is the concentration of chlorophyll b (unit: g/L), 82.04 and 9.27 are the specific absorption coefficients of chlorophyll a and chlorophyll b respectively at 663 nm (absorbance value when the concentration is 1g/L and the optical path width is 1cm) . 16.75 and 45.60 are the specific absorption coefficients of chlorophyll a and chlorophyll b respectively at 645 nm. That is, the optical absorption of the mixture at a certain wavelength is equal to the sum of the optical absorption of the components at this wavelength.

Rearranging the above formula, the following formula can be obtained:

$$C_a = 0.0127\ A_{663} - 0.00269\ A_{645} \tag{5-3}$$

$$C_b = 0.0229\ A_{645} - 0.00468\ A_{663} \tag{5-4}$$

When the concentration of chlorophyll is changed to mg/L, the above equation becomes:

$$C_a = 12.7\ A_{663} - 2.69\ A_{645} \qquad (5-5)$$

$$C_b = 22.9\ A_{645} - 4.68\ A_{663} \qquad (5-6)$$

The maximum absorption peak of carotenoid was 470 nm, and chlorophyll a and b can also absorb at this wavelength. At this point, to calculate the absorbance value of carotenoids we must subtract the absorbance value of chlorophyll a and b.

$$C_{carotenoid} = (1000A_{470} - 3.27C_a - 104C_b)/229 \qquad (5-7)$$

(3) Equipment and reagent

① Experimental equipment: Spectrophotometer, balance, scissors, mortar, funnel, pipette, volumetric bottle (25 mL), filter paper, etc.

② Experimental reagent: Acetone, calcium carbonate, quartz sand.

③ Experimental material: Plant leaves.

(4) Methods and steps

① Extraction of pigment: Take fresh leaves, cut off the thick veins and cut them into pieces, weigh 0.5 g, put it into a mortar, add 3 mL pure acetone, a little calcium carbonate and quartz sand, grind it into homogenate, add 5 mL 80% acetone, continue grinding until the tissue turns white, and filter it into a 10 mL measuring cylinder with a funnel. Note to add a small amount of 80% acetone to the mortar and wash the mortar, and filter all these in the mortar into the measuring cylinder, and adjust the volume to 10 mL. Mix the extract in the cylinder, carefully extract 5 mL into the 25 mL cylinder with a pipette, then add 80% acetone to the volume of 25 mL (the final proportion of plant material and extract is W : V= 0.5 : 50 = 1 : 100, the proportion of plant material with dark leaf color should be diluted to 1 : 200).

Alternatively, 0.5 g leaves can be cut into pieces and placed in a 25 mL volume bottle, and 80% acetone can be added to a fixed volume of 25 mL, sealed and placed in a dark place to avoid light, and then immersed until the leaves turn white.

② Determination of the absorbance value: The absorbance value of the pigment extract was measured at 663 nm, 645 nm and 470 nm with 80% acetone as the reference on the spectrophotometer.

③ Calculation of results:

The concentrations of chlorophyll a, chlorophyll b and carotenoids in pigment extract were calculated according to equations (5), (6) and (7). Then the pigment content per gram of fresh leaf weight was calculated according to the dilution times. Such as

Chlorophyll a content (mg/g FW) $=C_a \times$ 50 mL (total volume) $\times$ 1 mL÷1000 mL/L÷0.5 g

The contents of chlorophyll b and carotenoids were calculated similarly. The total chlorophyll content is the sum of chlorophyll a content and chlorophyll b content.

(5) Attention

① Because the fresh leaves of plants contain water, it is first extracted with pure acetone, so that the final volume percentage of acetone in the pigment extract is approximately 80%.

② The amount of calcium carbonate must be less, much of them may make the filtration slow and the extraction solution turbid.

③ The filter paper should be moistened with acetone instead of water.

④ In order to avoid light decomposition of chlorophyll, extraction should be carried out under low light.

⑤ The pigment must be transferred into the volumetric bottle.

⑥ Chloroplast pigment extract should not be turbid. Turbidity is not for colorimetering, needs refiltering.

⑦ After the determination is finished, the waste liquid should be recovered.

⑧ The absorption spectra of chloroplast pigments in different solvents are different. Therefore, when using other solvents to extract pigments, the empirical formula used will be different.

5.4 Determination of plant leaf photosynthetic rate and gas exchange parameters

(1) Purpose and significance

Plant photosynthetic intensity is measured by photosynthetic rate.

According to the formula of photosynthesis: $CO_2+H_2O \rightarrow CH_2O+O_2$. Photosynthetic rate usually refers to the amount of CO_2 absorbed per unit time and per unit leaf area or the amount of O_2 released or the amount of dry matter accumulated. There are three types of methods for measuring the photosynthetic rate of plants:

① To determine the dry matter accumulation: The common methods include half-leaf method and modified half-leaf method.

② To determine the release rate of O_2: Aerobic electrode method is commonly used.

③ To determine the absorption rate of CO_2: Infrared gas analyzer method.

Among the three methods, method ① is too rough, has large error, poor reliability, and is too time-consuming, so it can only be used for confirmatory experiments. By method ②, the photosynthetic rate is measured by measuring the continuous change of oxygen content in the liquid. Various reagent could be added to the liquid to determine its effect on oxygen release, and it could be used to study the photosynthetic rate of algae with high sensitivity. In method

③ , by directly measuring CO_2 exchange in living leaves, the photosynthetic rate could be measured quickly and accurately without damaging the plant.

In recent years, with the emergence of portable photosynthetic systems, method ③ has been widely used in the field and laboratory. At the same time, the light intensity, CO_2 concentration and humidity of the leaf chamber can be changed by internal or external computers. It can also quickly and conveniently determine the CO_2 compensation point, CO_2 saturation point, light compensation point, light saturation point, carboxylation efficiency, apparent photosynthetic quantum efficiency, transpiration rate and other indicators of plants. It has been widely used in the study of stress physiology and ecological physiology. The following is with infrared gas analyzer method for plant leaf photosynthetic rate determination.

(2) Experimental principle

Gas molecules composed of heteroatoms have infrared absorption in the micron band (such as CO, CO_2, NH_3, NO, NO_2, H_2O, etc.), and each gas has a specific absorption spectrum. The maximum absorption peak of CO_2 is located at $\lambda = 4.26\ \mu m$, and the infrared absorption is linearly related to the concentration of CO_2 in a certain range.

The device used to measure the infrared absorption of CO_2 is called infra-red gas analyzer, referred to as IRGA (Infra-Red Gas Analyzer) . An IRGA includes three parts: IR radiation source, gas path and detector, while an advanced open photosynthetic system may be composed of 2-4 IRGA. The CO_2 concentration of leaf chamber and reference chamber was measured respectively, and then the following formula was used to to calculate the photosynthetic rate:

$$P_n = f(C_e - C_o)/S \qquad (5-8)$$

f is the gas flow rate, C_e is the concentration of CO_2 entering the reference chamber, C_o is the concentration of CO_2 leaving the leaf chamber, and S is the area of the leaf sandwiched into the leaf chamber), accodring to the Figure 5-2.

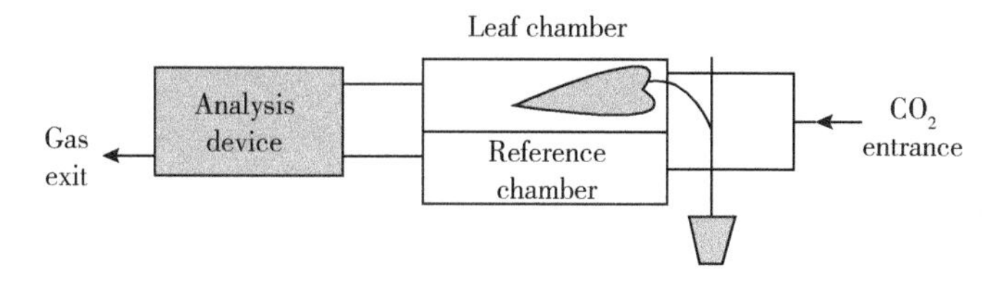

Figure 5-2 Gas path determination of photosynthetic system

The most basic function of portable photosynthesis systems such as Li-6400 series is to study plant photosynthesis, but also has respiration, transpiration, fluorescence and other measurement functions. The physiological indicators of photosynthesis and water that can be measured mainly include: net photosynthesis (respiration) rate, transpiration rate, stomatal conductance, intercellular CO_2 concentration, etc.

(3) Equipment and reagent

① Experimental equipment: Li-6400 portable photosynthesis system.

② Experimental material: Different types of plants.

(4) Methods and steps

① Selection of leaf chamber: According to the measurement object, different leaf chambers are selected for installation. Generally, the opaque leaf chamber with red blue light source or natural light source is selected for determination.

② Instrument connection: The power line is connected to the controller correctly (pipe and line must not be connected wrong), porous plug line and analyzer alignment (red dots) are correctly inserted. The end of the hard plastic tube with the black trap is connected to the analyzer and the other end is connected to the controller "SAMPLE" . Connect the inlet pipe with "Buffer" and connect it to the power supply (remember, except in the state of "Sleep" , do not connect or unload the pipe and line when the power supply is on, otherwise the instrument will be burned) .

③ Startup correction: Plug in the battery and turn on the power switch, the instrument will automatically check the state, and enter the Dir:/user/configs/Userprefs menu to install the OPEN program. Under this menu, select a content that matches the leaf chamber and light source (e.g. "Red Blue Source" means opaque leaf chamber with red blue light source) .

Push < enter>, the instrument shows:

Is the chamber/IRGA connected?

If connected, press "Y" , CO_2 analyzer has "poof ..." sound, the instrument enters the power state. If not connected, press "NO" . Power off or connect again in the "Sleep" state.

Correction. Rotate the soda lime tube and desiccant tube to Scrub, press F_3 (Calibration), close the leaf chamber select "IRGAzero" , and press < enter>; And "Y" . Correction to the |CO_2|<1 μ mol, |H_2O|<0.1 m mol| (about 20 minutes) . Press F_5 (Quit) and escape to return to the determination interface. After correction, the soda lime tube goes to "by Pass" .

④ Data determination: Press F (New MSMNTS), press 2, and press F_2 (FLOW) to set the value of 100 – 500 that can properly control the relative humidity in the leaf room, press< enter>, press F_5 (Lamp OFF) to select Quantum flux < enter> . Choose Saturated light intensity (500 – 1500) according to plant type, < enter>, press 1.

Clamp the leaf, close the leaf chamber, control the humidity when necessary. Desiccant tube was turned the desired RH and temperature (through 2, F4 temp off), immediately press F_5 (Match) and IAGR Match, F_1 (exit) .

Press F_1 "OpenLogfile" , name (plant, treatment, group number, etc.), and add tag < enter> .

To adjust the leaf Area, press 3 and F_1 (Area) to input the Area. Press 1 to return.

Sampling. When △ CO_2 (or photo) is stable, press the sampling key (F_1 or black button) three to five times. Generally, the same leaf should be measured 3 – 5 times.

⑤ Response of photosynthesis to: Light intensity (PN - Light Curve) (measured in automatic instrument measurement mode): Press 5 under the above measurement menu, press F1 (AUTOPROG), find Light curve, name and mark < enter>, press Y (to make the measured data follow the above data) . Set the light intensity, from high to low, separate the light intensities with a space. Under high light intensity, the point interval is large, while under low light intensity, the point interval is small. It is commonly used in 2000, 1500, 1000, 600, 300, 200, 100, 50, 30, 10, 0. When the light intensity is 0, the respiration rate is set. Press Y to start automatic measurement.

⑥ Data storage: After data access and sampling, press <escape> to return to the main menu, press Close File, and press F_5 (end) to enter SLEEP. (Only one file is needed for the same measurement, and <add mark> can be used for different groups) In the SLEEP state, connect to the computer, release SLEEP as prompted, and select File Exchange Mode, press <enter>. Open the computer winPX for 6400 (need special installation), under LI - 6400 / User (determination data automatically saved in this folder), drag their determination file into the special directory.

The photosynthetic system can measure the photosynthetic rate and record more than 20 photosynthetic indicators at the same time, among which the key ones are shown in Table 5 – 1.

Table 5 – 1 Record of experimental results of photosynthetic rate measurement

P_n	net photosynthetic rate	$\mu mol\ CO_2 \cdot m^{-2} \cdot s^{-1}$
T_r	transpiration rate	$mmol\ H_2O \cdot m^{-2} \cdot s^{-1}$
C_i	mesophyll intercellular CO_2 concentration	$\mu L \cdot L^{-1}$
C_{ond}	stomatal conductance	$mmol\ H_2O \cdot m^{-2} \cdot s^{-1}$
C_r	CO_2 concentration in reference chamber	$\mu L \cdot L^{-1}$

⑦ Exit the system, turn off the power, remove the leaf chamber handle and the rechargeable battery of the host.

(5) Experimental results and analysis

① The light-photosynthetic rate response curves of different plants were drawn and the differences were compared.

② Calculate their light compensation point, saturation point and quantum efficiency, and express them with appropriate methods.

③ Find out the effects of light on transpiration rate, stomatal conductance and water use efficiency were plotted, and analyze the relationships among photosynthetic rate, transpiration rate, stomatal conductance and water use efficiency.

(6) Attention

① In the field measurement, the air supplied to the leaf chamber should be taken from the air above 2 m and away from the crowd 5 m away to prevent fluctuations in CO_2 concentration. For indoor measurements, the air must come from outside, or preferably from a compressed gas cylinder providing CO_2 and using a CO_2 controller to control the CO_2 concentration.

② Before measuring the photosynthetic rate of plants, light adaptation should be carried out to make their stomata open.

③ After the experiment, the leaf chamber should be loosened to make the sealing pad of the leaf chamber return to the normal state.

5.5 Determination of chlorophyll fluorescence parameters

(1) Purpose and significance

Chlorophyll fluorescence dynamics technology has a unique role in measuring the absorption, transmission, dissipation and distribution of light energy by the photosystem in the process of leaf photosynthesis. Compared with the "apparent" gas exchange index, Chlorophyll fluorescence parameter has the characteristic of reflecting "endogeneity" , and because it has the advantages of rapid, sensitive and non-destructive measurement, it is more superior and practical than other current detection methods. So it is widely used in plant stress physiology, plant protection and pesticide research, environmental detection and monitoring and other fields.

(2) Experimental principle

When the chlorophyll molecule gains energy, it transitions from the ground state (low energy state) to the excited state (high energy state) . Depending on how much energy is absorbed, chlorophyll molecules can transition to different excited states. If the chlorophyll molecule absorbs blue light, it transitions to a higher excited state. If the chlorophyll molecule absorbs red light, it transitions to the lowest excited state. The chlorophyll molecules in the higher excited state are very unstable and will radiate heat to the surrounding environment through vibrational relaxation within a few hundred femtoseconds (fs, 1 fs = 10^{-15} s), returning to the lowest excited state. However, the lowest excited state of chlorophyll molecules can be stable for a few nanoseconds (ns, 1 ns = 10^{-9} s) .

Chlorophyll molecules in the lowest excited state can release energy back to the ground state by the following way:

① the energy is transferred between a series of chlorophyll molecules, and finally transferred to the reaction center chlorophyll a, which is used for photochemical reactions to form the integration force (ATP and NADPH) for fixing and reducing carbon dioxide;

② Dissipation of energy in the form of heat, that is, non-radiative energy dissipation (thermal dissipation) ;

③ Emit fluorescence.

These three pathways compete with each other, and the one with the highest rate tends to dominate. Generally speaking, chlorophyll fluorescence occurs at nanosecond level, while photochemical reactions are emitted at picosecond level (PS, 1 ps = 10^{-12}s) . Therefore, under normal physiological conditions (at room temperature), the energy absorbed by light-trapping pigments is mainly used for photochemical reactions, and fluorescence only accounts for about 3%-5%. In vivo, the quantum yield (quantum efficiency) of chlorophyll a fluorescence is only 0.03-0.06, because most of the absorbed light energy is used for photosynthesis. However, in vitro, the yield increases to 0.25-0.30 because the absorbed light energy cannot be used for photosynthesis.

In living cells, chlorophyll b fluorescence is almost undetectable because the excitation energy transfer from chlorophyll b to chlorophyll a is almost 100% efficient. Under normal temperature and pressure, the fluorescence of chlorophyll a of photosystem Ⅰ is very weak and can be ignored basically. The study of chlorophyll a fluorescence of photosystem Ⅰ should be carried out at the low temperature of 77 K. So when we talk about chlorophyll fluorescence in vivo, we're really talking about the fluorescence of chlorophyll a from photosystem Ⅱ .

German scientists Kautsky found that when a leave after fully dark adaptation is transferred from darkness into light, fluorescence yield will be changing regularly with time, namely, Kautsky effect, recorded on the typical fluorescence induction kinetics curve of several characteristic points have been named O, I, D, P, S, M and T. Within the first second of illumination, the fluorescence level rises from O to P, a period known as the fast phase; Over the next few minutes, the fluorescence level drops from P to T, a period known as the slow phase. The fast phase is related to the primary process of PS Ⅱ , while the slow phase is mainly related to the interaction between some reaction processes on thylakoid membrane and interstitium, including carbon metabolism(Figure 5-3).

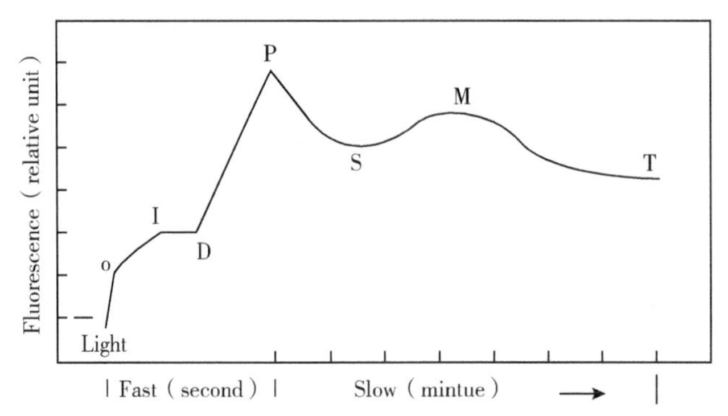

Figure 5-3 Kinetics curve of chlorophyll fluorescence

The fluorescence kinetic curve measurement apparatus can be divided into two types: modulated fluorometer and non-modulated fluorometer. The non-modulated fluorometer (such as PEA and Handy PEA) has only one continuous excitation light source, and the signal is detected by photoelectric direct current amplification system, which is suitable for measuring the fast phase of chlorophyll fluorescence kinetics. Modulated fluorometers (e.g. PAM2000, PAM2100, FMS-1, FMS-2) include at least a very weak modulated detection light source, an unmodulated acting light source of moderate light intensity, and a saturated pulse light source whose signals are detected by frequency selective amplification or phase-locked amplification techniques. The light source used to measure fluorescence is modulated, that is, the light source is switched on and off at a very high frequency. In such systems, the detector is selectively amplified to detect only the fluorescence excited by the modulated light, and the relative fluorescence yield can be determined in the field even in the presence of sunlight. Commonly used fluorescence parameters are shown in Table 5-2.

Table 5-2 Fluorescence parameters measured by modulation chlorophyll fluorometer

Parameter	Abbreviated	Biological meaning
minimum fluorescence	F_o	Fo is the fluorescence intensity when all PS Ⅱ centers of the dark adapted photosynthetic apparatus are open
Maximum fluorescence	F_m	The fluorescence intensity when all PS Ⅱ centers of the dark adapted photosynthetic apparatus are closed

Continned table

Parameter	Abbreviated	Biological meaning
Steady - state fluorescence	F_s	It is also written as F_t, fluorescence induced kinetic curve O - I - D - P - T fluorescence intensity at T level
Maximum variable fluorescence intensity	F_v	Maximum variable fluorescence intensity in the dark $F_v = F_M - F_o$
Fluorescence intensity of the maximal fluorescence under light	F'_m	Fluorescence intensity of the maximal fluorescence under light when all PS Ⅱ centers are turned off under light - adapted state
Fluorescence intensity of the minimum fluorescence under light	F'_o	Fluorescence intensity of the minimum fluorescence under light when all PS Ⅱ centers are open in the light - adapted state
Maximum variable fluorescence intensity under light	F'_v	Maximum variable fluorescence intensity under light $F'_v = F'_m - F'_O$
The maximum photosynthetic efficiency of photosystem II	F_v/F_m	It is the maximum or potential quantum efficiency index of PS Ⅱ in leaves that are not subjected to environmental stress and fully dark adapted. It is relatively constant, generally between 0.80 and 0.85. Also known as the energy capture efficiency of the open PSII reaction center.
The actual photosynthetic efficiency of photosystem II	ΦPS Ⅱ , Y(Ⅱ)	The actual quantum efficiency of PS Ⅱ in the presence of light, that is, the actual quantum efficiency of the charge separation of PS Ⅱ reaction center
Relative electron transport rate	ETR	Relative electron transport rate of PS Ⅱ measured at different light or radiation levels
Photochemical quenching	qP	The proportion of energy absorbed by photosystem II for photochemical reactions and the proportion of reaction centers in open photosystem Ⅱ, which reflect the level of photosynthetic activity
	qL	
Non - photochemically quenched	qN	The proportion of energy absorbed by photosystem II to be dissipated into heat, which is the ability of plants to dissipate the surplus light energy into heat, that is, the photoprotection ability
	NPQ	

(3) Equipment and reagent

① Experimental equipment: Modulated fluorometer such as PAM2100 (Walz, Germany).

② Experimental material: Plant leaves.

(4) Methods and steps

1) Instrument installation connection

Connect the optical fiber to the main control unit and leaf clip 2030-B. One end of the optical fiber must be connected to the main control unit through a three-hole optical connector on the front panel, and the other end of the optical fiber is fixed to the leaf clip 2030-B. At the same time, the leaf clip 2030-B should also be connected to the main control unit through the leaf clip jack.

2) Startup

Press the "POWER ON" button to open the built-in computer, and the green indicator light starts to blink, indicating that the instrument is working normally. An instruction of "PAM-2100" will then appear on the display of the main control unit. It takes about 40 seconds from the start of the instrument to the interface of the main control unit.

3) Keyboard of PAM-2100

The PAM-2100 main control unit has 20 buttons. The main functions of the buttons are as follows:

Esc: Exits the menu or reports file

Edit: Opens the report file

Pulse: Turns on/stops a saturation pulse at a fixed interval

F_m: Turns on the saturation pulse to measure F_o, F_m and F_v/F_m after leaf dark adaptation

Menu: Opens the main Menu of the dynamics window

Shift: This key works only when combined with other keys

+: Increases the value (parameter) setting of the selected area

−: Reduces the value (parameter) setting of the selected area

Store: Keeps the Kinetic curves records

Com: Opens the command menu

<: Pointer shifts to the left

>: Pointer shifts to the right

Λ: Pointer moves up

V: Pointer moves down

Act: Turns on the actinic light

Yield: To turn on a saturation pulse to determine the effective quantum Yield △ F/F'm of photosystem II in the illuminated state.

4) Data measuring

① Adjust the F_o between 200 – 400 mV by selecting the appropriate light intensity, gain, and distance between the sample & the fiber. At the same time, in order to avoid human error and get the best results, it is suggested to set the reasonable saturation pulse intensity and duration by the fluorescence kinetics change curve obtained when checking the saturation pulse, which can be realized by pressing the Pulse kinetics function of Com menu.

② Acquisition of F_o, F_m and $F_v/_{Fm}$. F_o can be determined by pressing the "Shift + return" key to bring up the menu and perform F_o-determination. F_o can also be measured by pressing the "T" key externally connected to the keyboard.

The F_m can be measured by pressing the "F_m" key or pressing the "M" key on the external keyboard, and the F_v/F_m will also be automatically obtained.

③ The quantum yield is obtained.Simply press the "Yield" key. Or move the pointer to "RUN" to activate "RUN1" , simply press the red remote control button on the leaf clip 2030-B.

5) Data output

① Connect the RS-232 data cable to the PAM-2100 main control unit.

② Enter the dynamics window, press "Menu" key, enter the Data submenu, select Transfer Files and press Enter key.

③ Open a window to select COM-port of RS-232 data line. After selecting and activating COM-port, another window appears, which shows the data file stored in PAM-2100. Double-click the file to transfer it.

6) Close the instrument

Press "Com" key, a command selection menu will appear, press "V" , select "Quit program" , and press Enter key to close the instrument. Remove and arrange the optical fiber and leaf clip 2030-B, and put them into a special box for the fluorometer.

(5) Attention

① Do not connect the external power supply when the device is started.

② The light source and optical signal of the fluorometer are transmitted through optical cables. The optical cables must be protected during use and cannot be folded and put.

③ The light intensity has a great influence on the measurement results, so it is necessary to ensure that the light intensity and angle of the leaf are consistent.

5.6 Determination of ribulose diphosphate carboxylase (RuBPCase) activity

(1) Purpose and meaning

RuBPCase (rubisco, RuBPco,) is a bifunctive enzyme, which can catalyze the carboxylation of ribulose diphosphate (RuBP) and oxygenation. RuBP carboxylase/oxygenase is the full name of Rubisco. Rubisco ubiquitously exists in autotrophs and is abundant in C_3 plants, accounting for more than 50% of leaf soluble protein, which is the most abundant protein in nature. The concentration was 300 mg/mL in the chlorophyll interstitium. Rubisco is also an important storage form of organic nitrogen in higher plants. Rubisco is a key enzyme in photosynthetic carbon assimilation, catalyzing the first major carbon fixation reaction in the Calvin cycle of photosynthesis. By measuring the carboxylation capacity of Rubisco, the net photosynthetic rate of plant leaves can be reflected.

(2) Experimental principle

The spectrophotometric enzyme coupling method was designed based on the principle that phosphoglycerate (PGA) produced by the reaction of RuBP with CO_2 catalyzed by rubisco was coupled to the oxidation of reduced coenzyme I (NADH) . Under the catalysis of bubisco, 1 molecule of RuBP combines with 1 molecule of CO_2 to produce 2 molecules of PGA, which can produce glyceraldehyde 3-phosphate through the action of additional 3-phosphoglycerate kinase and glyceraldehyde 3-phosphate dehydrogenase, and oxidize NADH.

For every 1 mol of RuBP to be carboxylated, 2 mol NADH is oxidized, and NADH has light absorption at 340 nm. According to the change of optical density of the reaction system at 340 nm, the activity of rubisco was expressed by the decrease of optical absorption at 340 nm for a certain period of time.

(3) Equipment and reagent

① Experimental equipment: UV spectrophotometer, high-speed refrigerated centrifuge, mortar, test tube, pipette, colorimetric cup, stopwatch.

② Experimental reagent: 5 mmol/L NADH; 25 mmol/L RuBP; 200 mmol/ L $NaHCO_3$; Extraction medium: 40 mmol/L Tris-HCl buffer (pH 7.6), containing 10 mmol/L MgCl, 0.25 mmol/L EDTA-Na, 5 mmol/L glutathione; Reaction medium: 100 mmol/L Tris-HCl buffer (pH 7.8), containing 12 mmol/L $MgCl_2$, 0.4 mmol/L.EDTA-Na_2; 160 μg/mL phosphocreatine kinase solution; 160 μg/mL glyceraldehyde 3-phosphate dehydrogenase solution; 50 mmol/L ATP; 50 mmol/L phosphocreatine; 160 μg/mL phosphoglycerate kinase solution.

③ Experimental material: Fresh plant leaves.

(4) Methods and steps

1) Preparation of crude enzyme extract

1.0 g fresh plant leaves were taken, washed and dried, and placed in a mortar precooled at 4 ℃ . 10 mL extraction buffer was added and ground on ice (extraction buffer was added in 3 times, 2 mL for the first time, 4 mL for the remaining two times respectively, and the mortar was washed clean) . The prepared samples were transferred into a 15 mL centrifuge tube. Place in the ice box. Centrifugation was performed at 12 000 g at 4 ℃ for 10 min. Take the supernatant and set aside for use. The supernatant was the crude extract of enzyme, which was stored at 0 ℃ for later use.

2) Determination of rubisco activity

The enzyme reaction system was prepared according to the following Table5-3: the total volume was 3 mL.

Table 5-3 The enzyme reaction system of RuBPCase

Reagent	Amount added/mL
5 mmol/L NADH	0.2
50 mmol/L ATP	0.2
Enzyme extract	0.1
50 mmol/L inositol phosphate	0.2
0.2 mol/L $NaHCO_3$	0.2
Reaction medium	1.4
160 μg/mL phosphocreatine kinase	0.1
160 μg/mL phosphoglycerate kinase	0.1
160 μg/mL glyceraldehyde 3-phosphate dehydrogenase	0.1
Distilled water	0.3

The prepared reaction system was shaken well and poured into a colorimetric cup with distilled water as a blank. The absorbance of the reaction system at 340 nm on the UV spectrophotometer was taken as the zero point. 0.1 mL Rubisco was added into the colorimetric cup and mixed quickly, and the absorbance was measured every 30 s for 3 min. Enzyme activity was calculated as the absolute value of the decrease in absorbance from zero to the first minute.

Because PGA may exist in enzyme extract, which will cause error in enzyme activity determination, a reference without Rubisco should be made in addition to the above determination. The reference reaction system was exactly the same as the above enzyme reaction system, except that the enzyme extract was added at the end, and the absorbance of the reaction system at 340 nm was measured immediately after the addition, and the change of absorbance in the first 1 min was recorded, which should be subtracted when calculating the enzyme activity.

3) Calculation of Rubisco activity

$$\text{Enzyme activity} = \frac{\Delta OD \times N \times 10}{6.22 \times 2d\Delta t}, \tag{5-9}$$

Where: ΔOD is the absolute value of the change in absorbance value at 340 nm within the first 1 min of reaction (minus the change in the first 1 min of control solution) ;

6.22 is the absorption coefficient perμmol NADH at 340 nm;

N is dilution ratio;

2 means that for every mole of CO_2 to be fixed, 2 moles of NADH is oxidized;

d is colorimetric cup optical path (cm) ;

Δt is the determination time, being 1 min.

The unit of enzyme activity is μmol CO_2/mL (enzyme) · min.

(5) Attention

① The enzyme extraction was carried out at low temperature.

② RuBP is very unstable, especially under alkaline conditions, so it should not be used for more than 4 weeks, and should be stored in pH 5.0–6.5, at –20° C, preferably to use immediately after preperation.

③ The amount of Rubisco in vivo is very high, but only part of it is activated, and the initial activity is measured above. The enzyme solution was mixed with the reaction solution, held at 25° C for 10–20 min, and then fully activated. RuBP was added to start the reaction, and its activity was measured according to the above method, which was the total activity of RuBPCase. The activation rate of Rubisco = initial activity/total activity × 100%.

5.7 Determination of phosphoenolpyruvate carboxylase (PEPCase) activity

(1) Purpose and significance

PEPCase (Phosphoenolpyruvate carboxylation) is a key enzyme in photosynthetic carbon metabolism in C_4 plants and CAM plants. It catalyzes the carboxylation of PEP and HCO_3^- to form OAA (oxaloacetate), which plays a role in fixing primary CO_2. The activity of PEPCase is positively correlated with the photosynthetic performance of plants.

(2) Experimental principle

In the presence of Mg^{2+}, PEPCase catalyzes the PEP and HCO_3^- to form OAA. In the presence of reduced coenzyme I (NADH), OAA forms malate (Mal) and NAD^+in response to malate dehydrogenase (MDH) . The consumption rate of NADH was measured with a spectrophotometer at 340 nm, and the enzyme activity was calculated as μmol of NADH oxygenated per minute per milliliter of enzyme liquid.

(3) Equipment and reagent

① Experimental equipment: Mortar, electronic balance, frozen centrifuge, UV spectrophotometry, etc.

② Experimental reagent: Extraction buffer: 0.1 mol/L Tris-HCl buffer (pH=8.3), containing 7 mmol/L mercaptoethanol, 1 mmol/L EDTA-Na, 5% glycerol; Reaction buffer: 0.1 mol/L Tris-HCl buffer (pH 9.2), containing 0.1 mol/L MgCl; 0.1 mol/L $NaHCO_3$; 40 mmol/L PEP; 1 mg/mL NADH; 1 mg/mL malate dehydrogenase.

③ Experimental material: Leaves of C_4 plants such as maize and sorghum or CAM plants such as pineapple.

(4) Methods and steps

1) Enzyme extraction

Fresh leaves were washed to remove the main vein, and surface moisture was absorbed. 25 g was weighed and cut into pieces and put into a mortar, and 100 mL extraction buffer was added. The mixture was homogenized at 20 000 r/min for 2 min (run for 30 s intermittently for 10 s, and homogenize repeatedly), and the residue was filtered with 4 layers of gauze. The filtrate was centrifuged at 11 000 g for 10 min in a refrigerated centrifuge, the residue was discarded, and the supernatant was the enzyme extract.

2) Determination of enzyme activity

Take a tube, and added successively 1 mL of reaction buffer, 40 mmol/L PEP, 0.1 mL

1 mg/mL NADH, 0.1 mL of malate dehydrogenase, 0.1 mL enzyme extract, and 1.5 mL distilled water. After holding at the measured temperature for 10 min, the optical density was measured at 340 nm. Then add 0.1 mL 0.1 mol/L $NaHCO_3$ to start the reaction. The time was immediately recorded, and the optical density value was measured every 30 s to record the change of optical density.

3) Calculation of results

$$\text{PEPCase activity}/\mu\text{mol} \cdot \text{min}^{-1} \cdot \text{g}^{-1}FW = \frac{\Delta OD \times V \times 3}{6.22 \times 0.1 \times d \times \Delta t \times FW}, \quad (5-10)$$

Where: ΔOD: absolute value of absorbance change at 340 mm within the first 1 min of reaction (minus the change of control solution within the first 1 min) ;

V: Total volume of enzyme extract;

3: Determination of the total volume of the mixture;

6.22: Extinction coefficient per micromole of NADH at 340 nm;

0.1: Amount of enzyme solution in reaction solution;

Δt: Determination time 1 min;

d: Colorimetric cup optical path (1 cm) ;

FW: Fresh weight of material (25 g) .

(5) Attention

① The enzyme extraction was carried out at low temperature.

② Pre-experiment is needed to determine the amount or concentration of enzyme solution during measurement. The amount of malate dehydrogenase is excessive, and the optimal amount is determined according to the activity of PEPCase.

Chapter 6 Plant Carbon and Nitrogen Metabolism

【Chapter Background】

Carbon metabolism, a general term for a series of physiological and biochemical processes in which plants assimilate inorganic carbon dioxide into organic compounds and carbohydrates during photosynthesis, and in which organic carbon dissimilate into carbon dioxide during respiration and photorespiration. It includes the synthesis, degradation and transformation of photosynthate starch and sucrose, as well as glycolysis, tricarboxylic acid cycle, pentose phosphate pathway, glycolic acid oxidation pathway and glyoxylate cycle during respiration. Carbon metabolism is the most important basic metabolism in plants, which provides the necessary carbon frame and energy for the synthesis of amino acids, proteins and nucleic acids in nitrogen metabolism.

Nitrogen metabolism is one of the basic physiological processes in plants. The main way of nitrogen assimilation in plants is directly involved in the synthesis and transformation of amino acids after the reduction of nitrate to ammonium, during which key enzymes such as nitrate reductase (NR), glutamine synthetase (GS) and glutamic oxoglutarate aminotransferase (GOGAT) are involved in the catalysis and regulation. The synthesis of proteins in cells with amino acids as the main substrate, and then through the modification, classification, transport and storage of proteins, they become the components of plant organisms. At the same time, they coordinate and unify with the carbon metabolism of plants and become the basic process of plant life activities. Therefore, it is of great significance to study the role of carbon and nitrogen metabolism in plant growth.

【Chapter Objective】

The following plants are used as the experimental material, ① C_3 and C_4 plants; ② Woody and herbaceous plants; ③ Sun and shade plants; ④ The same plant with different growth periods or stress treatments. By extracting and measuring the content of carbon and nitrogen metabolites (fructose, sucrose, glucose, nitrate nitrogen, ammonium nitrogen, free amino acid) and related enzyme activities [sucrose synthase (SS), sucrose phosphate synthase (SPS), nitrate reductase

(NR), glutamate synthase (GOGAT), glutamine synthase (GS)], etc. The differences of carbon and nitrogen metabolism in different plants were analyzed and compared.

【 Cultivation and Treatment of Experimental Material 】

One group of the above four types of plant material was selected for material culture and treatment sampling.

(1) C_3 and C_4 plants

C_3 plants can choose wheat, rice, soybean, cotton, etc., C_4 plants can choose corn, sorghum, millet, barnyard grass, etc. Plump and healthy seeds were selected for routine sowing and cultivation. The cultivation conditions, water and fertilizer management were as consistent as possible, and healthy functional leaves were selected for determination.

(2) Woody and herbal plants

The healthy functional leaves of woody and herbaceous plants in the same growing environment on campus were selected for determination.

(3) Sun and shade plants

The healthy functional leaves of Sun and shade plants growing in the same environment on campus were selected for measurement.

(4) The same plant with different growth periods or stress treatments

Students can independently choose the plant species they are interested in for different growth periods or under stress conditions such as high temperature, low temperature and drought. They are required to choose representative plant species that grow fast and are easy to survive, such as wheat, corn, rice, soybean and other crops; cucumber, zucchini, tomato, pepper and other horticultural crops; annual fast-growing flowers and plants.

【 Measurement Index and Method 】

6.1 Determination of sucrose, glucose and fructose content

(1) Purpose and significance

To be familiar with the method of simultaneous determination of glucose, fructose and sucrose in samples; to master the analytical method of high performance liquid chromatography for simultaneous determination of these three sugars.

(2) Experimental principle

Glucose, fructose, and sucrose are the main constituents of water-soluble sugars in plant samples; It is an important carbohydrate in various organs and tissues of plants.

At present, the main methods for determination of sugar include Fehling's reagent method, near infrared spectrophotometry, continuous flow analysis, capillary electrophoresis, gas chromatography and high performance liquid chromatography (HPLC) . Among them, high performance liquid chromatoid-refractive index detection (RID) is a fast and direct method for sugar analysis. However, based on the change of the optical refractive index of chromatographic effluents, RID continuously detects the concentration of samples which requires constant temperature and constant current, and has harsh requirements on the working environment, so it cannot perform gradient elution and has low detection sensitivity. The evaporative light scattering detector (ELSD) is a mass detector based on the fact that non-volatile sample particles scatter light in proportion to their mass. It responds to substances that have no UV absorption, fluorescence, or electroactivity, as well as substances that produce terminal UV absorption. ELSD has good stability and high sensitivity, and is suitable for the analysis of subtance with low sugar content.

(3) Equipment and reagent

① Experimental equipment: Conical flask, centrifuge, electronic balance, water bath pot, pipette, ultrasonic cleaning tank; Waters 2695 Alliance HPLC system, including quaternary gradient pump, Empower chromatographic workstation, ELSD 2000 evaporative light scattering detector (ELSD) ; Mili-q50 high pure water processor; Waters SPE vacuum extraction device, Waters SEP-PAK-C18 SPE column (solid phase extraction column) .

② Experimental reagent: D-fructose, D-glucose, sucrose and various sugar standards greater than 99%. Acetonitrile and methanol were pure chromatographic reagent, and the experimental water was highly pure water.

Standard reserve aqueous solutions of glucose, fructose and sucrose with mass concentrations of 5 g/L were prepared and diluted with water to standard working solutions of required concentrations before use.

③ Experimental material: Plant tissue.

(4) Methods and steps

① Take 0.2 grams of sample, accurately weigh it to 0.0001 g, add 25 mL water to dissolve and treat with ultrasonic for 10 min, take 5 mL solution and pass the preactivated SEP-PAK C18 SPE column at a flow rate of 10 mL/min, discard the first 2 mL and collect the following 3 mL. Then the filtrate was filtered with 0.45 μm filter membrane, and the filtrate was used for analysis.

② Chromatographic conditions: The analytical column was Waters carbohydrate high-efficiency sugar column (WXT 044355, 250 mm × 4.6 mm i. d., 4 μm), with a pre-column (WAT046895, 12.5 mm × 4.6 mm i. d., 4 μm), Waters products. The mobile phase was acetonitrile ∶ water=70 ∶ 30 (volume ratio) ; The flow rate was 1.0 mL/min. The column temperature was 25 ℃ ; Injection volume 10/μL; The drift tube temperature of ELSD was 80 ℃ , nitrogen was used as carrier gas, and the flow rate was 2.00 L/min.

③ Drawing the standard curve: The series of standard sugar solutions with mass concentration of 10 mg/L, 40 mg/L, 120 mg/L, 800 mg/L, 1600 mg/L, 4000 mg/L were added with the sample under the determination condition, and the absolute amount of sugar was 0.1 μg, 0.4 μg, 1.2 μg, 8.0 μg, 16.0 μg, and 40.0 μg respectively. The curve equation was obtained by linear regression according to the peak area A (unit: mV/S) measured by ELSD corresponding to the sugar injection volume M (unit: μg) .

④ 10 μL of sample extract was taken, and the peak area was measured by the same method as above. The contents of glucose, fructose and sucrose in the extract (mg/L) were calculated from the regression equation, and then the contents of glucose, fructose and sucrose in the tobacco sample were calculated according to the following equation:

$$\text{Sugar content (mg/g)} = C \times (V \div 0.2), \tag{6-1}$$

Where: C is the sugar content in the extract, mg/L;

V is the volume of extraction liquid prepared from 0.2 g sample, which is 25 mL in this experiment.

(5) Questions

① Describe the characteristics of the evaporative light scattering detector.

② State the basic principle of HPLC.

6.2 Determination of free amino acid content

(1) Purpose and significance

Amino acids are the basic units of protein and the breakdown products of protein. Nitrogen absorbed and assimilated by plant roots is mainly transported in the form of amino acids and amides. Therefore, the determination of the content of free amino acids in different parts of plant tissues at different periods is of certain significance for the study of root physiology and nitrogen metabolism.

(2) Experimental principle

The free amino group of free amino acid can act with ninhydrin hydrate to produce blue and purple compound diketone indene-diketone indamine. The color of the product is directly proportional to the content of free amino acid. The content of the product is measured by spectrophotometer at 570 nm. Since the free amino acids in the protein will also produce the same reaction, they must be removed with a protein precipitant before determination.

(3) Equipment and reagent

1) Experimental equipment

100 mL volumetric bottle; Funnel, triangle flask, mortar; Graduated pipette: 0.1 mL × 1, 1 mL × 2, 2 mL × 2, 5 mL × 1; Boiling water device; Tube with stoppered, 20 mL × 10; Spectrophotometer.

2) The experimental reagent

Ninhydrin hydrate: Weigh 0.6 g of crystallized ninhydrin, put it into a beaker, add 15 mL n-propanol, dissolve it, add 30 mL of n-butanol, 60 mL ethylene glycol, and 9 mL acetic acid-sodium acetate buffer (pH=5.4), mix it well, and store it in a brown bottle in the refrigerator, which is effective within 10 days.

Acetic acid-sodium acetate buffer (pH=5.4) : Weigh 54.4 g of chemically pure sodium acetate, add 100 mL ammonium-free distilled water, heat to boiling in an electric furnace, reduce its volume by half. After cooling, add 30 mL ice-cold acetic acid, and add distilled water to constant volume to 100 ml.

Amino acid standard solution: Accurately weigh 0.0234 g leucine dried to constant weight at 80 °C, dissolved in 10% isopropyl alcohol and fixed volume to 50 mL. Take 5 mL of this solution and dilute to 50 mL in distilled water, which was 5 μg/ mL amino acid standard solution.

0.1% ascorbic acid: Weigh 0.050 g ascorbic acid and dissolve it in 50 mL distilled water, ready for use.

10 % acetic acid.

3) Experimental material

Plant tissue.

(4) Methods and steps

① Drawing of standard curve:

Take the test tube and add the reagent according to the above Table 6–1, seal the test tube with a stopper and heat it in boiling water for 15 minutes. After taking it out, cool it quickly with cold water and shake it from time to time to make the red color formed during heating gradually oxidized to fade by air and faded. When the color was blue and purple, the test tube was fixed to 20 mL with 60% ethanol, shaken well and colormetered at a wavelength of 570 nm. The absorbance was used as the ordinate, and the nitrogen content, μg, was used as the abscissa to draw the standard curve.

Table 6-1 The amout of different reagents added to each tube

Reagent	Tube number					
	1	2	3	4	5	6
Amino acid standard solution 5 μg/mL	0	0.2	0.4	0.6	0.8	1.0
Ammonia-free distilled water	2.0	1.8	1.6	1.4	1.2	1.0
Ninhydrin hyrate	3.0	3.0	3.0	3.0	3.0	3.0
Ascorbic acid	0.1	0.1	0.1	0.1	0.1	0.1
Nitrogen content per tub (μg)	0	1	2	3	4	5

② Add 0.5 g plant tissue sample into the mortar and add 5 mL 10% acetic acid, grind the homogenate and then fix the volume to 100 mL with distilled water Filter it into a triangle bottle with filter paper for later use.

③ Add 1 mL filtrate to 20 mL dry test tube, add 1 mL distilled water, 3 mL ninhydrin hydrate, 0.1 mL 0.1% ascorbic acid, add a plug seal in boiling water and heat for 15 minutes. After taking it out, cool it quickly with cold water and shake it from time to time so that the red color formed during heating is gradually oxidized by air and fades away. When it appears blue purple, the mixture was fixed to 20 mL in 60% ethanol, and the mixture was shaken at 570 nm for colorimetry.

④ Calculation: The average value of three replicates was calculated, and the μg number of various amino acids was obtained from the standard curve, and then substituted into the formula for calculation.

$$\text{Amino acid content (mg/g dry sample)} = \{\text{Amino acid content μg} \times (\text{total volume of extract/determination volume})\}/(\text{g number of sample} \times 1000) \quad (6\text{–}2)$$

(5) Questions

① How to prepare the solution of ninhydrind hydrate?

② What is the role of free amino acids in plant stress response?

6.3 Determination of sucrose synthase and sucrose phosphatase activities

(1) Purpose and significance

Sucrose is an important photosynthate, the main substance of plant transport, and one of the temporary forms of sugar. The enzymes that catalyze sucrose synthesis in plants are sucrose synthase and sucrose phosphate synthase (sucrose phsosphatase) . Sucrose synthase uses free fructose as its receptor, and sucrose phosphatase uses fructose-6-phosphate (F-6-P) as its receptor. The formed sucrose phosphate turns into sucrose by the role of sucrose phosphatase. Generally, the sucrose synthase-sucrose phosphatase system is regarded as the main pathway of sucrose synthesis, while the sucrose synthase is regarded as the system of sucrose decomposition or formation of nucleotide glucose. To master the methods for determining the activities of sucrose synthase and sucrose phosphatase is needed.

(2) Experimental principle

The products of sucrose synthase and sucrose phosphatase reactions are sucrose and sucrose phosphate, respectively. They react with resorcinol to change color, and their concentration can be measured by the change in absorbance value of the solution.

(3) Equipment and reagent

1) Experimental equipment

Spectrophotometer, constant temperature water bath device, refrigerated centrifuge.

2) Experimental reagent

① 300 g/L HCl, 2 mol/L NaOH (80 g/L), 100 mmol/L UDPG (61 g/L), 100 mmol/L fructose (18.025 g/L), 50 mmol/L $MgCl_2$ (4.75 g/L), 1 g/L resorcinol (prepared with 95% ethanol), 100 mmol/L F-6-P (26.5 g/L) .

② Buffer A: [50 mmol/L HEPES-NaOH, pH 7.5, 10 mmol/L $MgCl_2$ (0.95 g/L), 20 g/L ethylene glycol, 5 mmol/L-Mercaptoethanol (ME, MCH, 0.39 g/L), 2 mmol/L EDTA (0.585 g/L)]

③ Buffer B: [50 mmol/L HEPES-NaOH, pH 7.5, 10 mmol/L $MgCl_2$ (0.95 g/L), 100 g/L ethylene glycol, 5 mmol/L ME (0.39 g/L), 2 mmol/L EDTA. (0.585 g/L)] .

3) Experimental material

Plant tissue.

(4) Methods and steps

1) Preparation of crude enzyme solution

0.5 g plant leaves with main veins removed were weighed, washed and cut into pieces, placed in a pre-cooled mortar, and 3 mL (4–6 times the volume) buffer A was added. After extraction in an ice bath, the residue was removed after filtration with 4 layers of gauze, and the supernatant, the crude enzyme solution, was taken by freezing centrifugation at 1 000 g for 20 min. All operations were performed at 4 °C .

2) Determination of enzyme activity

Sucrose synthase In the 110 μL reaction system (containing 50 μL HEPES-NaOH, pH 7.5; 20 μL 50 mmol/L $MgCl_2$; 20 μL 100 mmol/L fructose; 20 μL 100 mmol/L UDPG), 90 μL crude enzyme solution was added and mixed evenly. It was kept in the water bath at 30 ℃ for 30 min. Add 0.2 mL 2 mol/L NaOH, boil it in boiling water for 10 min, then cool it with running water. If flocculent matter appears, centrifuge it at 1 000 g for 10 min to remove impurities. Then 1.5 mL 300 g/L HCl and 0.5 mL 1 g/L resorcinol were added, shaken well, and kept in a water bath at 80 ℃ for 10 min. After cooling, colorimetry at 480 nm, absorbance values were recorded, and the amount of sucrose after enzymatic reaction was calculated according to standard curves.

At the same time, 90 μL crude enzyme solution was taken and kept in 100 ℃ water for 10 min, 0.20 mL 2 mol/L NaOH was added to inactivate the enzyme, and then 110 μL reaction system as described above was added and mixed evenly. If flocculent appears, centrifuge at 1 000 g for 10 min to remove impurities, then add 1.5 mL 300 g/L HCl and 0.5 mL 1 g/L resorcinol, shake well, and hold in 80 ℃ water bath for 10 min. After cooling, colorimeter at 480 nm, absorbance values were recorded, and the amount of sucrose in the extract before enzymatic reaction was calculated according to standard curves. The difference before and after the enzyme reaction is the amount of sucrose catalyzed by the enzyme.

Sucrose phosphatase: 100 mmol/L fructose was replaced by 100 mmol/L F-6-P in the sucrose synthase reaction system, and the rest were determined according to the method of sucrose synthase.

Standard curves were drawn: 90 μL of sucrose solution with different concentrations (0 μg/mL, 20 μg/mL, 40 μg/mL, 60 μg/mL, 80 μg/mL, 100 μg/mL) were taken, and the absorbance value was measured in the same way as above, and the standard curve of sucrose was drawn.

The activities of sucrose synthase and sucrose phosphaase were expressed as sucrose (mg) formed/leaf fresh weight (g) × h.

(5) Questions

What is the role of sucrose synthase and sucrose phosphatase in sugar metabolism?

6.4 Determination of α-amylase and β-amylase activities

(1) Purpose and signifcance

Amylase exists in almost all plants, and its activity varies with the growth and development of plants, especially in the germinated cereal seeds. To master the methods of amylase extraction and activity determination is required.

(2) Experimental principle

Amylase consists of several members with different catalytic characteristics. Among them, α-amylase acts randomly on the α-1, 4 glycosidic bond of starch to produce maltose and dextrin. β-amylase acts on the α-1, 4-glycosidic bond of starch to cut one molecule of maltose from the non-reducing end of starch at a time, also known as glycosylase. Glucose-amylase cuts off glucose one at a time from the non-reducing end of the starch. These reducing sugars produced by amylase reduce 3, 5-dinitrosalicylic acid to form the brown-red 3-amino-5-nitrosalicylic acid. The amount of amylase activity is proportional to the amount of reducing sugar produced. The standard curve can be made with maltose, and the amount of reducing sugar produced by starch can be measured by colorimetric method. The enzyme activity is expressed by the amount of reducing sugar produced by unit mass sample in a certain time.

α-amylase is not acid resistant and is rapidly passivated below pH 3.6. However, β-amylase is not heat resistant and is passivated at 70 °C for 15 min. According to this characteristic, the total activity of amylase (α+β) can be measured first, and then the activity of the other can be measured by passivation of one of them. In this experiment, the activity of α-amylase was measured by heating passivation of β-amylase, and then the activity of β-amylase was calculated by comparing with the total enzyme activity under non-passivation condition.

(3) Equipment and reagent

1) Experimental instrument

Spectrophotometer, constant temperature water bath, centrifuge, scale test tube with plug (stopper), scale pipette, volumetric bottle.

2) Experimental reagent

① Standard maltose solution (100 μg/mL) : accurately weigh 100 mg maltose, dissolve in distilled water and adjust the volume to 100 mL, 10 mL of which, adjust the volume to 100 mL with distilled water.

② 3, 5-dinitrosalicylic acid reagent: accurately weigh 1 g of 3, 5-dinitrosalicylic acid, dissolve it in 20 mL 2 mol/L NaOH solution, add 50 mL distilled water, and then add 30 g potassium sodium tartrate, and adjust and set the volume to 100 mL with distilled water after dissolving. Plug tightly to prevent CO_2 from entering the bottle. If the solution is cloudy, it can be filtered and used.

③ 0.1 mol/L pH 5.6 citric acid buffer: 0.1 mol/L citric acid: 21.01 g of analytically pure citric acid was weighed and dissolved in distilled water and the volume was fixed to 1 L; 0.1 mol/L sodium citrate: 29.41 g sodium citrate was weighed and dissolved in distilled water and the volume was fixed to 1 L; Then take 55 mL of 0.1 mol/L citrate solution and 145 mL of 0.1 mol/L sodium citrate solution to mix.

④ 10 g/L starch solution: weigh 1 g starch and dissolve it in 100 mL citrate buffer of 0.1 mol/L pH 5.6.

⑤ 0.4 mol/L NaOH solution.

3) Experimental material

Germinated wheat seeds.

(4) Experimental steps

1) Preparation of crude enzyme solution

1.0 g of wheat seeds germinated for 2-3 days were weighed, 1 mL distilled water and a small amount of quartz sand were added into a mortar, ground into homogenate, and then transferred to a centrifuge tube. The residue was washed into the centrifuge tube with 5 mL distilled water for several times, and the extract was placed at room temperature for 15-20 min, during which it was shaken for ful extraction. Then, the liquid was centrifuged for 10 min at the speed of 3000 r/min, and the supernatant was poured into a 50 mL volumetric flask, and distilled water was added to the volume until the scale was reached, and the liquid was shaken to form the primary amylase solution. Absorb 1 mL of amylase solution, put it into a 50 mL volumetric bottle, and adjust the volume with distilled water to scale and shake well, that is, amylase dilution.

2) Drawing of the standard maltose curve

Take 7 clean test tubes with plug scale, numbered 1-7, and dilute the standard maltose solution (100 μg/mL) into the standard solution 0-100 μg/mL (0 μg/mL, 10 μg/mL, 20 μg/mL, 40 μg/mL, 60 μg/mL, 80 μg/mL, 100 μg/mL) according to the following table (Table 6-2) . Add 2 mL 3, 5-dinitrosalicylic acid into each tube successively. It was shaken well and boiled in a boiling water bath for 5 min. Then it was cooled by running water. The zero point was adjusted with No. 1 tube as a blank and the colorimetric measurement was performed at 540 nm wavelength. The standard curve or regression equation was drawn with the concentration of maltose as the horizontal coordinate and the absorption value as the vertical coordinate.

Table 6-2 Preparation of standard maltose solution

Tube number	1	2	3	4	5	6	7
Standard maltose solution/mL	0	0.2	0.4	0.8	1.2	1.6	2.0
Distilled water/mL	2.0	1.8	1.6	1.2	0.8	0.4	0
Maltose concentration/(μg/mL)	0	10	20	40	60	80	100

3) Determination of α-amylase activity

① Take 6 clean scale test tubes with stoppers numbered 1-6, 1-3 as the reference, 4-6 as the measurement tube;

② 1 mL primary amylase solution was added to each tube and heated accurately at 70 ± 0.5 °C for 15 min to passivate β-amylase;

③ 1 mL 0.1 mol/ LpH 5.6 citrate buffer was added to each test tube;

④ Add 4 mL 0.4 mol/L NaOH solution to inactivate the enzyme activity, then add 2 mL 10 g/L starch solution and mix well;

⑤ After preheating the No. 4–6 measuring tubes in 40 °C constant temperature water bath for 15 min, add 2 mL of 10 g/L starch solution preheated in 40 °C water bath, mix it well and immediately put it back in 40 °C water bath for 5 min, then add 4 mL 0.4 mol/L NaOH solution into the test tube quickly. Prepare for the next step of measuring sugar content;

⑥ Take 2 mL of the solution in the above tubes into the 10 mL tube with plug, and add 2 mL of citrate buffer to another tube as the blank zeroing tube for colorimetric determination, then add 2 mL 3, 5-dinitrosalicylic acid, shake well, and boil it in the boiling water bath for 5 min. After taking it out, cool it with water. The colorimetric measurement was performed at 540 nm wavelength, and the recorded data were shown in Table 6–2. The maltose concentration was calculated according to the standard curve, and the average value of maltose concentration in three reference tubes was calculated, and so was the measurement tubes, denoted as A' and A respectively.

4) Determination of the total activities of α-amylase and β-amylase

① Take 6 clean scale test tubes with stopper, numbered 7–12, 7–9 as the reference, and 10–12 as the measurement tube; ② Add 1 mL amylase diluent to each tube.

The following steps were carried out according to the ③–⑥ steps in α-amylase activity determination, and the recorded data were written in Table 6–3. The average values of maltose concentration in three reference and measurement tubes were calculated, denoted as B′ and B respectively.

Table 6–3 Preparation table of standard maltose solution

Test tube number and group	α-amylase						β-amylase					
	reference			measurement			reference			measurement		
	1	2	3	4	5	6	7	8	9	10	11	12
OD_{540} maltose concentration/(μg/mL)												
Average maltose concentration/(μg/mL)	A′			A			B′			B		

5) Amylase activity calculation

The amylase activity was calculated and expressed as micrograms of maltose produced per minute per gram fresh weight [μg/(g*FW* · min)].

$$\alpha\text{-amylase activity} = (A - A') \times \text{Total volume of sample} \div (\text{sample weight} \times 5) \quad (6-3)$$

$$(\alpha+\beta)\text{-amylase total activity} = (B - B') \times \text{Total volume of sample} \div (\text{sample weight} \times 5) \quad (6-4)$$

$$\beta\text{-amylase activity} = (\alpha+\beta)\text{-amylase activity} - \alpha\text{-amylase activity} \quad (6-5)$$

Where: A is the maltose concentration in the measurement tubes (4–6) of the α-amylase activity;

A′ is the maltose concentration in the reference tubes (1–3) of the α-amylase activity;

B is the maltose concentration in the measurement tubes (10–12) of the total amylase activity;

B′ is the maltose concentration in the reference tubes (7–9) ot the total amylase activity.

(5) Questions

① What is the difference in the action of α-amylase, β-amylase on soluble starch?

② Why should a strict 15 min limit of 70 ℃ be ensured in the determination of A-amylase activity? Why should the ice bath be suddenly cooled immediately after heat preservation?

6.5 Determination of glutamine synthetase activity

(1) Purpose and significance

Glutamine synthetase (GS) is one of the key enzymes for ammonia assimilation in plants. In the presence of ATP and Mg^{2+}, GS catalyzes the glutamate in plants to become glutamine. Glutamine synthetase activity plays an important role in the catabolism and anabolism of amino acids.

(2) Experimental principle

In the reaction system, glutamine is converted to γ-glutamyl-isohydroxamic acid, and then forms a red complex with iron under acidic conditions. The complex has a maximum absorption peak at 540 nm, which can be determined by spectrophotometer. Glutamine synthetase activity can be expressed by the production output of γ-glutamyl-isohydroxamic acid and iron complex, unit p mol/(mg · protein · h). It can also be expressed indirectly by the absorbance value at 540 nm, in A/(mg · protein · h).

(3) Equipment and reagent

1) Experimental equipment

Refrigerated centrifuge, spectrophotometer, balance, mortar, constant temperature water bath, scissors, pipette.

2) Experimental reagent

① Extraction buffer: 0.05 mol/L Tris-HCl, pH 8.0, containing 2 mmol/L Mg^{2+}, 2 mmol/L DTT, 0.4 mol/L sucrose. 1.5295 g tris, 0.1245 g $MgSO_4-7H_2O$, 0.1543 g dithiothreitol (DTT) and 34.25 g sucrose were weighed and dissolved in deionized water, then adjusted to pH 8.0 with 0.05 mol/L HCl, and finally the volume was fixed to 250 mL.

② Reaction mixture A: 0.1 mol/L Tris-HCl buffer, pH 7.4, containing 80 mmol/L Mg^{2+}, 20 mmol/L sodium glutamate, 20 mmol/L cysteine and 2 mmol/L EGTA. 3.0590 g Tris, 4.9795 g $MgSO_4-7H_2O$, 0.8628 g sodium glutamate, 0.6057 g cysteine and 0.1920 g EGTA were weighed and dissolved in deionized water, then adjusted to pH 7.4 with 0.1 mol/L HCl, and the volume was fixed to 250 mL.

③ Reaction mixture B: containing hydroxylamine hydrochloride, pH 7.4: the composition of reaction mixture A is then added with 80 mmol/L hydroxylamine hydrochloride, pH 7.4.

④ Chromogenic agent: 0.2 mol/L TCA, 0.37 mol/L $FeCl_3$ and 0.6 mol/L HCl mixture: 3.3176 g trichloroacetic acid (TCA) was weighed, and the 10.1021 g $feCL_3-6H_2O$ was dissolved in deionized water and then 5 mL concentrated hydrochloric acid was added to 100 ml.

⑤ 40 mmol/L ATP solution: 0.1210 g ATP dissolved in 5 mL deionized water (prepared before use).

⑥ Buffer A: 50 mmol/L HEPES-NaOH, pH 7.5, containing 10 mmol/L $MgCl_2$ (0.95 g/L), 20 g/L ethylene glycol, 5 mmol/L MCH (0.39 g/L), 2 mmol/L EDTA (0.585 g/L).

⑦ Buffer B: 50 mmol/L HEPES-NaOH, pH 7.5, containing 10 mmol/L $MgCl_2$ (0.95 g/L), 100 g/L ethylene glycol, 5 mmol/L MCH (0.39 g/L), 2 mmol/L EDTA (0.585 g/L).

3) Experimental material

Plant tissue.

(4) Methods and steps

1) Crude enzyme liquid extraction

Plant material 1 g was weighed in a mortar, 3 mL extraction buffer was added, the homogenate was ground on an ice bath, and transferred to a centrifuge tube. The supernatant was the crude enzyme liquid after centrifugation at 15 000 g for 20 min at 4 ℃.

2) Reaction

1.6 mL reaction mixture B, add 0.7 mL crude enzyme solution and 0.7 mL ATP solution, mix well, hold at 37 ℃ for half an hour, add 1 mL chromogenic agent, shake well and place for a while, centrifuge at 5000 g for 10 min, take the supernatant to measure the absorbance value at 540 nm. Adding 1.6 mL of reaction mixture A was used as reference.

3) Determination of soluble protein in the crude enzyme solution

Take 0.5 mL crude enzyme solution, fix the volume 100 mL with water. Take 2 mL crude enzyme solution to determine the soluble protein with Coomassie brilliant Blue G-250 (referring to experiment test 6.6) .

4) Calculation of results

$$\text{GS activity}\ [A/(\text{mg protein} \cdot \text{h})] = \frac{A}{P \times V \times t}, \qquad (6-6)$$

Where: A is the light absorption value at 540 nm;

P is soluble protein content in crude enzyme solution (mg/mL) ;

V is the liquid volume (mL) of crude enzyme extraction added to the reaction system;

t is reaction time (h) .

(5) Questions

What is the role of glutamine synthetase in nitrogen metabolism?

6.6 Determination of soluble protein content

(1) Purpose and significance

Most of the soluble proteins in plants are enzymes involved in various metabolism. Measuring the content of soluble proteins is an important index to understand the total metabolism of plants. In the study of the action of each enzyme, the specific activity (enzyme activity units/mg protein) is often expressed as the enzyme activity and the purity of enzyme preparation. Therefore, the determination of soluble protein in plants is an important project in the study of enzyme activity.

(2) Experimental principle

Coomassie Brilliant Blue G-250 determination of protein content belongs to a dye binding method. Coomassie brilliant blue G-250 is red in the free state, and turns cyan when it is combined with the hydrophobic region of the protein. The maximum light absorption of the former is at 465 nm, and the latter is at 595 nm. Within a certain protein concentration range (0–100 μg/mL), the light absorption of the protein-pigment conjugate at 595 nm is proportional to the protein content. Therefore, it can be used for the quantitative determination of protein. The protein reached equilibrium with the Coomassie brilliant blue G-250 conjugate in about 2 min, which completed the reaction very quickly, and the conjugate remained stable within 1 h at room temperature. The reaction is very sensitive, which can measure the microgram level protein content, so it is a better protein quantification method.

(3) Equipment and reagent

1) Experimental equipment

Spectrophotometer, high-speed refrigerated centrifuge, microsampler, analytical balance, mortar, measuring cylinder, pipette, graduated test tube, test tube holder, volumetric bottle, etc.

2) Experimental reagent

① 1000 μg/mL and 100 μg/mL bovine serum albumin (BSA).

② Coomassie brilliant blue G-250. Weigh 100 mg Coomassie brilliant blue G-250, dissolve it in 50 mL 95% ethanol, add 100 mL 85% phosphoric acid, and finally set the volume to 1000 mL with distilled water. This solution can be placed for one month at room temperature.

③ Enzyme extract. 50 mmol/L Tris-HCl buffer solution, pH 7.0, containing 1 mmol/L EDTA, 1% polyethylene pirolidone (PVP), 5 mmol/L $MgCl_2$.

④ 95% ethanol.

⑤ 85% phosphoric acid.

3) Experimental material

Plant tissue.

(4) Methods and steps

1) Drawing of standard curve

① Drawing of the standard curve 0–100 μg/mL: 1 mL of each 0–100 μg/mL serum albumin solution was prepared in 6 calibrated test tubes according to the data in Table 6-4. 0.1 mL of each tube solution was accurately absorbed and put into 10 mL calibrated test tubes respectively. 5 mL of Coomassie brilliant blue G-250 reagent was added, plugged and mixed several times. After placing for 2 min, the standard curve was drawn by colorimetry at 595 nm.

Table 6-4 Preparation of 0–100 μg/mL serum protein solution

Tube number	1	2	3	4	5	6
100 μg/mL BSA/mL	0	0.2	0.4	0.6	0.8	1.0
Distilled water volume/mL	1.0	0.8	0.6	0.4	0.2	0
Protein content/mg	0	0.02	0.04	0.06	0.08	0.10

② Drawing of the standard curve 0–1000 μg/mL: Six graduated tubes were used to prepare 1 mL of each 0–100 μg/mL serum albumin solution according to the data in Table 6-5. The standard curve from 0 to 1000 μg/mL was drawn as described in the previous step.

Table 6-5 Preparation of 0-1000 μg/mL serum protein solution

Tube number	1	2	3	4	5	6
1000 μg/mL BSA/mL	0	0.2	0.4	0.6	0.8	1.0
Distilled water volume/mL	1.0	0.8	0.6	0.4	0.2	0
Protein content/mg	0	0.2	0.4	0.6	0.8	1.0

2) Sample extraction

0.5 g of plant tissue was weighed, 3 mL of pre-cooled enzyme extract and a little quartz sand were added, ground in a full ice bath, and transferred into a centrifuge tube. Then, the mortar was washed with 2 mL enzyme extract, and the extract was combined and centrifuged at 10 000 g for 20 min at 4 ℃, and the supernatant was fixed to 5 mL.

3) Determination of protein concentration

0.1 mL of sample extract was absorbed into the calibrated test tube (two duplicate tubes were set), 5 mL of Coomassie brilliant blue G-250 reagent was added, and the mixture was fully mixed. After 2 min, colorimetry at 595 nm was done, the absorbance value was recorded, and the protein content was checked through the standard curve.

4) The calculation

The results are calculated according to the following formula:

$$\text{Protein content in the sample (mg/g)} = \frac{C \times V_t / V_s}{w}, \qquad (6-7)$$

Where: C is the protein content (mg) in each tube obtained from the standard curve;

V_t is the total volume of extract (mL);

V_s is the volume of extraction liquid (mL) taken for determination;

w is the sampling volume (g).

(5) Attention

① In the experiment, the corresponding standard curve and determination method should be selected according to the protein content in the sample.

② The G-250 reagent after constant volume can be used after filtration to reduce the interference of suspended particles in the determination.

Notes: For the determination of nitrate reductase activity, see 4.2; For the determination of nitrate nitrogen in plants, see 4.4.

Chapter 7 The Physiological Effects of Plant Growth Substances and Their Effects on Plant Development

【 Chapter Background 】

Plant growth substance refers to some trace physiological active substances that regulate plant growth and development, including plant hormones and plant growth regulators. Phytohormone refers to some trace physiological active substances synthesized in plants, usually transported from the synthetic site to the site of action, which have significant effects on plant growth and development. Plant growth regulators are artificial synthetic (produced) compounds with plant hormone activity.

The in-depth study of plant growth substances not only helps people understand the regulatory mechanism of plant growth and development, but also provides new ideas and new means for plant genetic improvement and chemical regulation, so as to promote the progress of agricultural production technology. Over the years, many plant growth regulators have been synthesized and screened, which have been widely used in agriculture, forestry, fruit trees and flowers. It is of great significance to explore the effects of plant growth substances on plant growth and development, water metabolism, photosynthetic performance, carbon and nitrogen metabolism and stress response.

【 Chapter Objective 】

To master the effects of hormone-type regulators such as auxin, gibberellin, ethylene and abscisic acid on plant growth and development, to explore the internal physiological mechanism, to be familiar with the basic knowledge and performance of various growth regulators, to master the application strategy of growth regulators, to achieve reasonable use of plant growth regulators.

【Cultivation and Treatment of Experimental Material】

Wheat seeds, tomato with the same maturity and with color from green to white, cotton seedlings, carnation, rape seeds, etc.

【Measurement Index and Method】

7.1 Effects of auxin on the growth of wheat root and shoot

(1) Experimental purpose

Auxin was the first plant hormone to be discovered. Auxin has a wide range of physiological functions, including promoting cell elongation, promoting rooting, causing apical dominance, inducing flower bud differentiation, and promoting photosynthate transport. Among them, naphthalene acetic acid (NAA) is a synthetic auxin substance, and its effects on root and shoot growth are consistent with auxin. It has been widely used in fruit trees, vegetables, flower, and other aspects, and has achieved remarkable economic benefits. It is mainly used to promote the rooting and stem cuttings, prevent organ shedding, promote the development of female flowers, and induce unisexual fruiting.

(2) Experimental principle

The effect of auxin on plant growth is reflected in the concentration effect: for a certain organ, low concentration shows the promoting effect, high concentration shows the inhibitory effect. Therefore, there is an optimal concentration of auxin for organ growth. Different plants, or different organs of the same plant, respond differently to auxin concentrations. In general, the root is much more sensitive to auxin than the bud, and the stem is least sensitive. Therefore, the optimum concentration of auxin required by roots is much lower than that of shoots. This experiment is to observe the different effects of different concentrations of NAA (naphthalene acetic acid) on the growth of wheat root and shoot by using the concentration effect of auxin, so as to provide a theoretical basis for the rational use of auxin.

(3) Equipment and reagent

① Experimental equipment: 7 sets of φ9 cm culture dishes, filter paper, pipettes (two 10 mL, one 1 mL), tweezers, thermostat, etc.

② Experimental reagent: 10 mg/L NAA solution (10 mg naphthalene acetic acid was first dissolved in a small amount of ethanol, then fixed volume to 100 mL with distilled water, stored in the refrigerator, diluted 10 times when used), 0.1% mercuric solution.

③ Experimental material: Wheat and other plant seeds.

(4) Methods and steps

1) Preparation of NAA concentration gradient solution

Wash and dry the culture dish, numbered ①- ⑦ . 10 mL of 10 mg/L NAA solution was added to the No.1 dish. 1 mL was taken from No. ① and added to No. ② , and 9 mL of distilled water was added, mixed, and prepared into 1 mg/L NAA solution, which was successively diluted to No. ⑥, then 10, 1.0, 0.1, 0.01, 0.001, 0.0001 mg/L of six concentrations respectively, and 1 mL was taken from No. ⑥ and discarded. 9 mL distilled water was added to the seventh dish without NAA as reference. Then add a circular filter paper to each dish.

2) Seed germination and seedling culture

140 wheat grains with high germination rate were selected and disinfected with 0.1% mercuric solution or saturated bleach solution supernatant for 15 – 20 min, then washed with tap water and distilled water for 3 times each. Dry the water attached to the seeds with filter paper. In the above culture dishes with different concentrations of NAA solution and filter paper, neatly place 20 seeds evenly on and around the dish, and make the seed embryo toward the center of the dish, cover the dish and put them into 20 – 25 °C temperature box. 24 – 36 h later, observe the germinating situation of seeds, discard the seeds without germination. 10 germinated seeds with uniform growth were left and incubated for another three days.

3) Growth measurement

Take out the seedlings in each dish, write down the number of roots, root length and shoot length of each seed in different treatments, record them in the table below and calculate the average value Table 7–1.

Table 7 – 1 Record of the effects of different concentrations of NAA on root and shoot growth (cm)

NAA concentration (mg/L)	Average root number per grain	Average root length of each seed (cm)			Average bud length (cm)
		1	2	3	
10					
1.0					
0.1					
0.01					
0.001					
0.0001					
0					

4) The number of roots, root length and shoot (bud) length on NAA concentration were plotted to analyze the different effects of NAA on the growth of wheat root and shoot (this experiment only required to determine the concentration of NAA that could promote or inhibit the growth of root and shoot) .

(5) Attention

1) 1 mL NAA solution must be taken from No. ⑥ dish.

2) The lid of the culture dish should be tightly covered.

3) Pay attention to the use of pipettes.

7.2 Effects of gibberellin on the growth of wheat seedlings

(1) Purpose and significance

Through this experiment to understand the promoting effect of GA (gibberellin acid) on the growth of wheat stem and leaf.

(2) Experimental principle

Gibberellins promote longitudinal elongation of cells and promote plant height.

(3) Equipment and reagent

① Experimental equipment: Culture cylinder, measuring cylinder, pipette.

② Experimental reagent: Complete culture medium, low concentration gibberellin solution, distilled water.

③ Experimental material: Wheat seedlings.

(4) Methods and steps

① The 20 wheat seedlings were equally divided into two groups: group A and group B.

② Group A was placed in the culture cylinder with complete culture medium and an appropriate amount of gibberellin solution. Group B was placed in complete culture medium and distilled water with the same amount as gibberellin solution in group A.

③ The statistical average of plant height of the two groups was measured.

④ Group A and B were incubated in the same suitable environment for about 20 days.

⑤ Plant height was measured every day and the average value was calculated.

7.3 Effect of ethephon on the fruit ripening

(1) Purpose and significance

Through this experiment to understand the promotion effect of ethylene on fruit ripening.

(2) Experimental principle

Ethylene is the product of normal plant metabolism, is an endogenous hormone in the plant body, has a variety of physiological effects, and can also promote fruit ripening. Ethephon is a synthetic plant hormone. In the pH condition of plant cell fluid, it decomposes slowly and releases ethylene, which has the same physiological effect as ethylene.

(3). Equipment and reagent

① Experimental equipment: Chromatography cylinder, volumetric bottle, measuring cylinder, pipette, beaker, plastic bag, etc.

② Experimental reagent: Ethephon solution.

③ Experimental material: The tomato whose skin changed from green to white.

(4) Methods and steps

① Thirty tomatoes with the same maturity and the skin changed from green to white were selected and divided into three groups, each group having 10 tomatoes. The first and second groups were immersed in ethephon solution at different concentrations (500 and 200 mg/L) for 1 minute, and 0.1% tween-80 was added to the solution as wetting agent. The third group was immersed in distilled water for 1 minute.

② The treated tomatoes were placed in 3 chromatography tanks, covered, or placed in a plastic bag, tied tightly to the mouth of the bag, and placed in the shade of 25-30 ℃. Observe the discoloration and ripening process of the tomatoes day by day, and note the number of ripening until all the tomatoes are ripe.

(5) Attention

① The period of processing material with plant growth regulators must be well grasped.

② Different concentrations of hormones can be used to screen out the optimal concentration of hormones.

7.4 Abscissive effects of abscisic acid (ABA) on plant petioles

(1) Purpose and significance

Through this experiment to understand the role of abscisic acid in promoting senescence and abscission of plant organs.

(2) Experimental principle

Abscisic acid was originally isolated and purified as a abscisic inducing factor. Abscisic acid plays an important regulatory role in the senescence process of leaves, and plays a role of initiation and induction in the early stage of the senescence process.

(3) Equipment and reagent

① Experimental equipment: Scissors, tweezers, culture dish, small beaker, absorbent cotton, etc.

② Experimental reagent: Abscisic acid.

③ Experimental material: Cotton and other plant seedlings.

(4) Methods and steps

① Take 15 cotton seedling plants, cut leaves and have petiole, and cut the petiole into short part, as shown in the Figure 7-1, wrap with absorbent cotton on the left and right sides of the petioles incision. And drip one drop of abscisic acid solution on the right side incision, 1 drop of distilled water on the left side incision. The abscisic acid concentration was 10, 5, 1, 0.5, 0.05 mg/L. Each treatment was performed in triplicate. All the processed materials were inserted in wet sand in the culture dish. After 24 hours, the petioles were gently touched with tweezers to see if they fell off. Every morning and evening, check for shedding with tweezers, and note the time it takes for each petiole to fall off and compare the results.

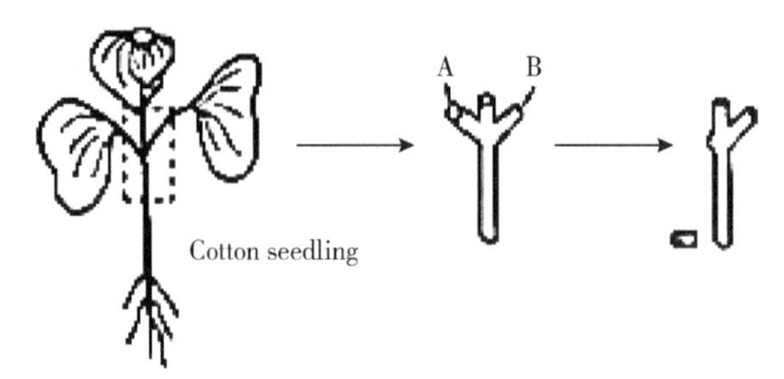

Figure 7-1 Methods for treating cotton seedlings with abscisic acid

② Take the leaves opposite the plant branches, leaving three nodes, and cut off the rest. For the leaves on the three nodes, cut off the leaf body, only leaving the petiole. A small amount of absorbent cotton was wrapped on the middle two petiole incisions, and abscisic acid was dropped on the right incision, and distilled water was dropped on the left incision. The concentration of abscisic acid was 10, 5, 1, 0.5, 0.05 mg/L, and repeated three times. The material was inserted into a small beaker of distilled water, and then the three pairs of petioles were checked daily with tweezers to compare the results.

(5) Attention

Abscisic acid was dissolved in a small amount of sodium bicarbonate and diluted with distilled water.

7.5 Effects of gibberellin (GA_3) and abscisic acid (ABA) on seed germination

(1) Purpose and significance

Seed dormancy is a self-protective biological adaptation of plant formation, which is of great significance for plant survival. Seeds that enter dormancy need specific environmental conditions to maintain dormancy or germinate. In production practice, we need to regulate seed dormancy by some artificial means. Through this experiment, we understand the role of gibberellin in promoting seed germination and the role of abscisic acid in inhibiting seed germination.

(2) Experimental principle

In the process of plant development, the growth and metabolism of individual plants are temporarily in a state of very little activity, which is called dormancy. Dormancy can be divided into bud dormancy and organ dormancy. The main cause of bud dormancy and storage organ dormancy is the presence of inhibitor. Gibberellin (GA_3) can induce the synthesis of amylase, which can break dormancy and promote germination. Abscisic acid (ABA) inhibits protein and nucleic acid synthesis, inhibits germination and promotes dormancy. Vegetable seeds and other storage organs also have dormant habits. For example, GA_3 is commonly used to break dormancy in the production of brassica vegetable seeds, lettuce seeds and potato tubers.

(3) Equipment and reagent

① Experimental equipment: Ruler, filter paper, culture dish, incubator, etc.

② Experimental reagent: 100 mg/L GA_3 mother liquor, 250 mg/L ABA mother liquor.

③ Experimental material: Oilseed rape and other plant seeds.

(4) Methods and steps

① Solutions with different concentrations were prepared with GA_3 and ABA mother liquor. The GA_3 concentrations were 0 mg/L, 10 mg/L, 25 mg/L, 50 mg/L and 100 mg/L respectively. And the concentrations of ABA solutions were 0 mg/L, 0.25 mg/L, 2.5 mg/L, 25 mg/L and 250 mg/L, respectively.

② The effect of GA_3 on seed germination: Rape seeds were selected and divided into 5 groups, 100 seeds in each group, and placed in a culture dish filled with water and different concentrations of GA_3 solution (5 mL is appropriate) . Then the seeds were evenly distributed on wet filter paper with tweezers, covered with the lid of the dish, and incubated in the dark at 25 ℃ for 48 h. Note that more than 3 groups of repetitions must be set in the actual experiment (Table 7–2).

③ The effect of ABA on seed germination: The operation method was the same as step ② (Table 7–3).

④ The germination rate of seeds under different treatments was counted, and the experimental results were recorded and analyzed.

⑤ Germination rate was calculated: radicle > seed radius was taken as the standard.

Table 7–2 Statistics table of GA_3 experimental measurement

Measurement items	GA_3 concetration/(mg/L)				
	100	50	25	10	0 (CK)
Total number of seed					
Number of germinated seeds					
Germination rate/%					

Table 7–3 Statistical table of ABA experimental measurement

Measurement items	ABA concetration/(mg/L)				
	250	25	2.5	0.25	0 (CK)
Total number of seed					
Number of germinated seeds					
Germination rate/%					

(5) Attention

① When making the concentration gradient, shake well and then measure and dilute from high to low.

② Lay flat a filter paper in the culture dish.

7.6 Synthesis of α-amylase in seed induced by gibberellin (GA_3)

(1) Experimental principle

When barley (or wheat) seeds germinate, the seed embryo produces GA_3 that diffuses into the aleurone cells of the endosperm (known as "target cell" reactioned by GA_3), which is stimulated to synthesize or activate α-amylase, which then enters the endosperm and hydrolyzes the stored starch to reducing sugar. Seeds without endosperm cannot release GA_3, nor can they form and activate amylase. Added GA_3 can also replace the release of embryos and induce α-amylase synthesis. In a certain range, the amount of reducing sugar produced by deembryogenic aspirated barley is proportional to the logarithm of the added GA_3 concentration, which indicates the formation of α-amylase induced by GA_3.

(2) Equipment and reagent

1) Experimental equipment

Spectrophotometer, superclean table (or sterilization box), temperature box, shaker, constant temperature water bath, autoclaved pot, cotton plug, kraft paper, knife blade, tweezers, beaker, culture dish, test tube, pipette, glass rod, etc.

2) Experimental reagent

① 10^{-3} mol/L acetate buffer (pH=4.8) containing 1 mg streptomycin sulfate (or 40 μg chloramphenicol) per mL.

② 10 mg/L GA_3: 10 mg GA_3 dissolved in a small amount of 95% ethanol, and the volume was fixed to 1000 mL with distilled water.

③ starch solution: Weigh 0.67 g of soluble starch and 0.82 g of KH_2PO_4 in 20 mL distilled in water and add them to 70 mL boiling water under constant stirring, and finally add water to a constant volume of 100 mL.

④ KI-I_2 solution: I_2 0.06 g and KI 0.6 g were weighed and dissolved in 1000 mL of 0.05 mol/L HCl solution.

⑤ 5% bleach solution (W/V), 5% H_2SO_4 solution (V/V), sterilized water, quartz sand.

3) Experimental material

Barley (or wheat) seeds.

(3) Methods and steps

1) Material

Select barley seeds which are sensitive to GA_3, with high germination rate and the uniform size. Soak them in 50% H_2SO_4 solution for 2 h. Then rinse the barley seeds with tap water for about 20 times, and then rub and remove the glume shells. Cut the seeds crosswise into two halves of equal length with a blade to make the half without embryo and the half with embryo. Divide the 150 seeds of each into two small beakers, sterilize with 5% bleach solution for 15 min, pour out the bleach solution under sterile conditions, and wash with sterile water for 5 times. Then, put the half seeds without embryos and with embryos in sterile dishes filled with a layer of quartz sand, and pour the sterile water just immersing the seeds into the culture dishes. Place the culture dishes in a temperature box at 25 °C for 24 – 48 h.

2) Preparation of GA_3 series concentration standard solution

Take 5 dry cleaning tubes and number them. Add 9 mL distilled water to each tube, add 1 mL mother liquor of GA_3 to tube 1, mix well and suck out 1 mL and add it to tube 2; Mix with tube No. 2 and then suck out 1 mL and add it to tube No. 3; The standard solution of GA_3 series concentration of 1, 10^{-1}, 10^{-2}, 10^{-3}, 10^{-4}, 10^{-5} mg/L was prepared by the dilution successively. Then take 8 dry cleaning tubes (No. 0 – 7), add various test liquids and materials (half barley seeds aspirated in beaker) according to Table 7 – 4, shake and hold at 25° C for 24 h, filter (or centrifuge), and filtrate (or supernatant) for later use.

Table 7 – 4 Effects of GA_3 on α – amylase activity

Tube number	GA_3 solution		H_2O/mL	Acetic acid buffer/ (10^{-3} mol/L)	Half seed (5 grain)	Absorbance value (620 nm)
	concentration/ (mg/L)	volume/mL				
0	0	0	1	1	With embryo	
1	0	0	1	1	No embryo	
2	10^{-5}	1	0	1	No embryo	
3	10^{-4}	1	0	1	No embryo	
4	10^{-3}	1	0	1	No embryo	
5	10^{-2}	1	0	1	No embryo	
6	10^{-1}	1	0	1	No embryo	
7	1.0	1	0	1	No embryo	

3) Determination of α - amylase activity

8 dry cleaning tubes (No. 0 – 7) were taken, 0.8 mL distilled water and 1 mL starch solution were added respectively, and 0.2 mL of half seed insulation filtrate (or supernatant) was added according to the number. The mixture was mixed and kept in 25 °C constant temperature water bath for 10 min (the appropriate time was determined by the preliminary test. That is, the reaction solution of 1 mg/L GA_3 was used to react with iodine reagent, and the reaction time when the absorbance value reached 0.4 – 0.5 was appropriate) . Immediately take out the test tube and put it into cold water, add 1 mL of KI - I_2 reagent to terminate the reaction, and add 2 mL of distilled water. After mixing, the absorbance value was measured at 620 nm (Table

7-4) . The relative activity of amylase was expressed as absorbance value (distilled water was used as blank calibration instrument) . Standard curves were drawn using the negative logarithm of GA_3 concentration as abscissa and absorbance value as ordinate.

7.7 Effects of abscisic acid (ABA) on stomatal movement

(1) Purpose and significance

Stomata are the main channel and regulating mechanism for land plants to exchange water and gas with the external environment. It not only allows CO_2 needed for photosynthesis to pass through, but also prevents excessive water loss. Therefore, the distribution, density, shape, size and opening and closing of stomata on leaves significantly affect the rate of physiological metabolism such as photosynthesis and transpiration of leaves. Abscisic acid (ABA) affects stomatal movement. The purpose of this study was to investigate the ABA-induced stomatal movement.

(2) Experimental principle

As a plant hormone, ABA can inhibit the activity of K^+-H^+pump, which guards the cell membrane, inhibit the influx of K^+, thus improving the osmotic potential of guard cells, leading to water outflow and stomatal closure.

(3) Equipment and reagent

① Experimental equipment: Light incubator, electronic balance, microscope (with micrometer) or photographic microscope, pointed tweezers, glass slides, cover slides, etc.

② Experimental reagent: Basic culture medium (10 mol/L Tris-HCl buffer solution, pH 5.6, containing 50mmol/L KNO_3) and 10 μmol/L ABA.

③ Experimental material: Mature leaves of broad bean etc.

(4) Methods and steps

① Put 15 mL of basic culture medium and 10 μmol/L ABA in each culture dish.

② Tear a number of epidermis on the same broad bean leaf and put them in the above two dishes respectively.

③ The dish was exposed to artificial light for about 1 h, the light intensity was about 200 μmol/ (m^2 · s), and the temperature was about 25 ℃ .

④ Results The temporary slides were made, and the size of the hole opening was measured by the microscope or the camera.

(5) Attention

① In order to ensure the temperature of the culture medium, the culture medium can be preheated in a water bath at 25 ℃ in advance.

② It is better to conduct the experiment in the morning or afternoon, not at noon or at night.

7.8 Determination of phytohormones by liquid chromatography

(1) Purpose and significance

To study and master the principle and method of liquid chromatography for determination of plant hormones.

(2) Experimental principle

In this experiment, isopropanol/water/hydrochloric acid extraction method was used to extract plant endogenous hormones in the sample, and Agilent 1290 HPLC with Qtrap6500 mass spectrometer was used to determine plant endogenous hormones IAA, ABA, IBA, GA1/3/4/7, Z, TZR, IP, IPA, SA, MESA, MEJA, JA. In this experiment, the method of isop ropanol/water/hydrochloric acid solution was adopted, and acid was added to the extract to improve the solubility of hormone in organic solvent and to passivate some enzymes in the tissue. After that, the sample was extracted by methylene chloride (dichloromethane, DCM) and concentrated by nitrogen purging. The process of this method is relatively simple and the loss of the substance to be measured is small. At the same time, due to the sensitivity of Qtrap6500 instrument, most of the trace substances to be measured can be accurately detected without too many complicated purification steps.

(3) Equipment and reagent

① Experimental equipment: Table high speed centrifuge, electronic balance, Aglient1290 high performance liquid chromatograph (HPLC), SCIEX-6500QTRAP (MSMS), UYC-200 full temperature culture shaker, nitrogen purging instrument, etc.

② Experimental reagent: Isopropanol/hydrochloric acid extraction buffer, methylene chloride, methanol, 0.1% formic acid (methane acid) .

③ Experimental material: Plant tissue.

(4) Methods and steps

1) Take fresh samples, cut them into pieces and mix thoroughly, then put them into sample bottles and refrigerate at 4 ℃ for later use.

2) Hormone extraction

① Accurately weigh about 1 g of fresh plant samples and grind them in liquid nitrogen until they are crushed;

② Add 10 mL isopropanol/hydrochloric acid extraction buffer to the powder, and shake at 4 ℃ for 30 min;

③ Add 20 mL methy lene chloride and shock at 4 ℃ for 30 min;

④ Centrifugate at 13 000 r/min for 5 min at 4 ℃ to take the lower organic phase;

⑤ The organic phase was purged dry with nitrogen and dissolved in 400 μL methanol (0.1 % formic acid) ;

⑥ Filter with 0.22 μm filter membrane, into HPLC-MS/MS detection.

3) Liquid quality detection

① Standard solution preparation.

Methanol (0.1% formic acid) was used as the solvent to prepare the gradient of 0.1 ng/mL, 0.2 ng/mL, 0.5 ng/mL, 2 ng/mL, 5 ng/mL, 20 ng/mL, 50 ng/mL, 200 ng/mL of IAA, IBA, ABA, GA1/3/4/7, Z, TZR, IP, IPA, JA, MEJA, SA, MESA standard solutions. Two replicates were performed for each concentration, and the points with bad linearity were removed in the actual drawing of the scaling equation.

② Liquid phase condition.

Chromatographic column: Poroshell 120 SB-C18 reverse-phase column (2.1 mm × 150 mm, 2.7 μm) ;

Column temperature: 30 ℃ ;

Mobile phase: A: B= (methanol/0.1% formic acid) : (water/0.1% formic acid) ;

Elution gradient: 0-1 min, A=20%; 1 to 9 min, A was increased to 80%; 9-10 min, A= 80%; 10-10.1 min, A decreased to 20%; 10.1-15 min, A= 20%;

Injection volume: 2 μL.

③ Mass spectrum conditions.

Air curtain gas: 15 psi

Spray voltage: 4500 V

Atomizing gas pressure: 65 psi

Auxiliary air pressure: 70 psi

Atomization temperature: 400 ℃

Chapter 8 Plant Tissue Culture

【 ChapterBackground 】

Plant tissue culture refers to the process in which any organ, tissue or cell of a plant is placed in a culture medium containing nutrients and plant growth regulating substances under artificial control to make it grow and differentiate into a complete plant. Plant tissue culture in the broad sense includes organ culture, embryo culture, tissue culture, cell culture and protoplast culture, etc. Plant tissue culture technology can play an important role in the agricultural and forestry crops such as rapid propagation, deviralization, distant hybridization, mutant breeding, haploid breeding, artificial seed breeding, germplasm preservation & gene bank establishment, industrial production of useful compounds and genetic engineering .

Plant tissue culture is a demanding and technical task. In order to ensure the success and smooth progress of tissue culture, it is necessary to have the most basic experimental equipment and conditions, and master the basic techniques of plant in vitro culture, including the preparation of culture medium, the selection and treatment of explants, aseptic operation, and the control of environmental conditions. At the same time, the basic theoretical knowledge of plant cell dedifferentiation and redifferentiation, in vitro morphogenesis and development, and the mechanism of plant growth regulation substances is also required.

【 Chapter Objective 】

To master the method of plant tissue culture for aseptic operation; through the preparation of MS medium mother liquor, to master the preparation and preservation method of mother liquor; to understand the process of plant cell division, proliferation, differentiation and development, and final growing into a complete regenerative plant, and to deepen the understanding of plant cell totipotency.

【 Cultivation and Treatment of Experimental Material 】

The tips, segments, leaves, fruits, seeds, anthers, roots, and subterranean organs of plants.

【 Measurement Index and Method 】

8.1 Preparation of culture medium

The main components of the culture medium are all kinds of nutrient elements necessary for plant growth and development, and are growth regulating substances that can regulate plant in vitro culture. In addition to the culture material itself, the second factor in the success of plant cell and tissue culture is the medium. Medium is the material basis of plant tissue culture, and also one of the important factors for the success of plant tissue culture.

8.1.1 Preparation of mother liquor of medium

(1) Experimental principle

In order to avoid the inconvenience and error in culture medium preparation of weighing so many kinds of chemicals every time, some of the necessary chemicals in the culture medium are often weighed 10 times, 100 times or 1000 times compared with the concentration of the original amount, and a concentrated liquid is made, and this concentrated liquid is called mother liquid. The mother liquor consisting of all kinds of macroelements & inorganic salt is called macroelement mother liquor, and that of the trace elements& the inorganic salt is called trace elements mother liquor. The less used amino acids and vitamins should also be prepared into mixed mother liquor, while plant growth regulatory substances, such as IAA, NAA, 2, 4-D, kinetin (KT) and 6-BA, need to be used flexibly, usually formulated into a single 0.1-2 mg/mL mother liquor.

(2) Equipment and reagent

① Experimental equipment: Electro-optical analysis balance or electronic balance (sensitive to 0.0001 g), torque balance (sensitive to 0.01 g), platform scale (sensitive to 0.2 g), large beaker, small beaker, volumetric flask, reagent bottle, medicine spoon, glass rod, electric furnace.

② Various reagent: All kinds of reagent needed for MS medium and common regulating substances for plant growth

(3) Methods and steps

The water used to prepare the medium is preferably deionized water distilled in a glass container. All the chemicals need should be, as far as possible, reagent of analytically pure or chemically pure grade to avoid adverse effects of impurities on the culture.

Now take MS medium preparation as an example to explain the preparation method of mother liquor. In order to reduce the workload and error in the preparation of mother liquor, several drugs (such as a macroelements or trace elements in the medium) can be mixed in the same mother liquor (Table 8-1), but attention should be paid to the combination of various compounds and the order of addition to avoid precipitation. Each reagent is usually dissolved separately and then mixed with other drugs that have also been dissolved completely, or the latter compound is added after the former has been dissolved completely. When mixing dissolved mineral salts, attention should also be paid to the staggering of Ca^{2+} and SO_4^{2-} and PO_4^{3-}, so as to avoid the formation of $CaSO_4$ or $Ca_3(PO_4)_2$ insoluble. At the same time, mix slowly, and stir all the time.

Table 8-1 Preparation of MS medium mother liquor

Mother liquor	Composition	Prescribed amount/ (mg/L)	Mother liquor			Amount for preparing 1L MS culture medium/ mL
			Weighed amount/mg	Constant volume/ mL	Expansion multiple	
Macroelement	KNO_3	1900	19000	500	20	50
	NH_4NO_3	1650	16500			
	$MgSO_4 \cdot 7H_2O$	370	3700			
	KH_2PO_4	170	1700			
	$CaCl_2 \cdot 2H_2O$	440	4400			
Microelement	$MnSO_4 \cdot 4H_2O$	22.3	1115	500	100	10
	$ZnSO_4 \cdot 7H_2O$	8.6	430			
	H_3BO_3	6.2	310			
	KI	0. 83	41.5			
	$Na_2MoO_4 \cdot H_2O$	0.25	12.5			
	$CuSO_4 \cdot 5H_2O$	0.025	1.25			
	$CoCl_2 \cdot 6H_2O$	0.025	1.25			
Ferric salt	EDTA-Na_2	37.3	1865	250	200	5
	$FeSO_4 \cdot 7H_2O$	27.8	1390			

Continned table

Mother liquor	Composition	Prescribed amount/ (mg/L)	Mother liquor			Amount for preparing 1L MS culture medium/ mL
			Weighed amount/ mg	Constant volume/ mL	Expansion multiple	
Vitamins and amino acids	glycine	2.0	100	500	100	10
	Thiamine hydrochloride (VB_1)	0.4	20			
	Pyridoxine hydrochloride (VB_6)	0.5	25			
	Nicotinic acid (VB_3)	0.5	25			
	inositol	100	5000			

Ferric salt should be prepared separately, and its preparation method is as follows: 1.865 g EDTA-Na_2 and 1.39 g $FeSO_4 \cdot 7H_2O$ were weighed and dissolved in distilled water, respectively, and the volume was fixed to 250 mL (to prevent crystallization and precipitation of the ferric salt solution when stored at 2–4 ℃ in the refrigerator, the mixture of the two solutions could be boiled for a while before the volume was fixed, and then the volume was fixed after cooling) .

Generally, plant growth regulating substances should be prepared alone into 0.1–2 mg/mL mother liquor. Since most growth regulating substances are insoluble in water, the preparation method is different: auxin substances (such as IAA, NAA, 2, 4-D, IBA, etc.) can be dissolved with 1–2 mL 0.1 mol/L or 1 mol/L NaOH, and then add water to fix the volume. If you use a small amount of 95% ethanol to help the solution, then add water to fix the volume, but sometimes the effect is not as good as NaOH to help the solution. When preparing cytokinins (such as KT, BA, etc.), it is advisable to dissolve them with a small amount of 0.5 mol/L or 1 mol/L hydrochloric acid first, and then add water for constant volume. When preparing GA_3, it can be dissolved in a small amount of 95% ethanol and then added with water for constant volume. When preparing ABA, it is advisable to dissolve 0.5 mol/L $NaHCO_3$ and then add water to fix the volume.

The prepared mother liquor shall be labeled, indicating the name of the mother liquor, the concentration or concentration multiple, and the date. Mother liquor is best stored in 2–4 ℃ refrigerator, storage time should not be too long. If it is found that there is precipitation or mildew in the mother liquor, it can not be used any more.

(4) Attention

① During each weighing of drugs, special attention should be paid to prevent cross-contamination of drugs caused by the drug spoons.

② When weighing the drugs and fixing the volume we should be especially careful and accurate, especially for the growth regulating substances and microelements.

③ The prepared mother liquor should be stored in appropriate plastic bottles or glass bottles in time, and the mother liquor of ferric salts and hormones (such as IAA, ABA, etc.) should be stored in brown bottles.

8.1.2 Preparation of culture medium

(1) Experimental principle

The type of culture medium and additional components directly affect the growth and development of culture materials. Moreover, errors in the preparation of medium in plant cell and tissue culture experiments will cause more problems than any other technical errors, and therefore the preparation of medium must be carried out strictly and carefully according to the regulations.

(2) Equipment and reagent

① Experimental equipment: Platform scale (sensitivity 0.2 g), large beaker, small beaker, triangular flask (50 mL or 100 mL) or other culture containers, measuring cylinder (500 mL, 50 mL, 25 mL), pipette, glass rod, glass pencil, glass funnel, pH meter or precision pH test paper, rubber suction ball, string or rubber band, wrapped paper, asbestos mesh, electric stove.

② Experimental reagent: Sucrose, agar, 1 mol/L NaOH, 1 mol/L hydrochloric acid, various medium mother liquor.

(3) Methods and steps

① According to the volume of medium to be prepared, a certain amount of sucrose is weighed and dissolved in water in A beaker (liquid A) .

② Absorb a certain amount of various mother liquor according to the formula of the medium and mix it with liquid A.

The amount of macroelements, microelements, vitamins and amino acids of the mother liquor absorbed is as follows:

$$\text{Absorption of mother liquor/mL} = \frac{\text{Amount for preperationof culture medium/mL}}{\text{Expansion multiple of mother liquor}} \quad (8-1)$$

The mother liquor in take of plant growth regulating substances is:

$$\text{Absorption of mother liquor/mL} = \frac{\text{Amount required by culture medium per liter/mg}}{\text{Content per mml/mg}} \quad (8-2)$$

③ Weigh a certain amount of agar, add distilled water, heat to dissolve it into a transparent shape, and mix with liquid A.

④ Add distilled water to the final volume, continue to heat, and stir continuously until the agar is completely dissolved.

⑤ Test the pH value with pH meter or precision pH test paper, adjust the pH value of the medium to the specified value (generally pH 5.0 – 6.0) with 1 mol/L NaOH or 1 mol/L HCl.

⑥ When hot, the prepared medium is divided into triangle flask or other culture container with glass funnel or splicer (the agar is solidified at about 40 °C). Generally, the amount of medium should be 1/4 – 1/3 of the culture container.

⑦ Seal the medium container with cotton plug, aluminum foil or other appropriate sealing film as soon as possible, wrap it with wrapping paper, tie string or rubber band, and mark different media in time.

(4) Attention

According to the formula of the medium, the expansion multiple of the mother liquor and the volume of the medium to be prepared, the amount of all kinds of mother liquor and other add-ons required shall be calculated and recorded to avoid less or excess usage.

8.2 Sterilization, disinfection and inoculation

Plant tissue culture must be carried out in a sterile environment; therefore, it is very important to have sterilizing performance on the explant material, the medium used as the growth medium for the explants, and the various appliances required in the experiments.

8.2.1 Sterilization of culture medium

(1) Experimental principle

Since the unsterilized medium contains various bacteria, and the medium is a good place for the growth and reproduction of various bacteria, the sealed medium after subpacked (partitioned) should be sterilized in time. If the sterilization is not timely, the whole medium will be contaminated, and the bacteria will multiply in large numbers, so that the medium will lose its effectiveness. There are many methods to sterilize culture medium, and the high pressure steam sterilization method is the main one.

(2) Equipment and reagent

① Experimental equipment: High-pressure steam sterilization pot.

② Experiment reagent: Medium have been partitioned but not sterilized.

(3) Methods and steps

Before sterilization, an appropriate amount of water should be added to the sterilization pot to make the water level height reach the height of the pillar. Put the partitioned medium and all kinds of utensils needed to sterilize into the sterilizing bucket of the sterilizing pot, cover the pot, and tighten the screws. Heat till the water in the sterilized pot begins to boil, when steam is produced.

In order to ensure complete sterilization, the cold air in the steam sterilization pot should be drained before pressurization. There are two ways to exhaust: you can open the air valve in advance, and after boiling water with a large amount of hot steam discharged close the vent valve for heating and pressure ; You can also close the vent valve first. When the pressure rises to 0.5 kg/cm^2 or 0.05 MPa, open the vent valve to discharge the air, and then close the vent valve for heating. Sterilization is achieved when the pressure gauge reading is 1.1 kg/cm^2 or 0.1 MPa at 121℃ for 15 to 20 min.

In the process of maintaining pressure, the time should be strictly observed. If the time is too long, the organic substances in the medium will be destroyed and the composition of the medium will be affected. If the time is too short, the sterilization effect will not be achieved.

After completion of sterilization, cut off the power or heat source, and when the pot pressure is close to "0", we can open air valve, drain the residual steam. Open the pot and take out medium (do not hastily open the air valve to take out medium, otherwise the pot pressure drop too fast, which will cause reduced pressure boiling and make the liquid overflow, thus cause waste or pollution, and even endanger personal safety) .

Sterilized medium with high pressure should not be used immediately after solidification, and should be precultured in the culture chamber for 2-3 days. If there is no contamination of bacteria, it can be used at ease. Medium not used for the time being should be best stored at 10° C, while medium containing growth regulators should be better stored at 4-5 ℃ . Media containing IAA or GA_3 should be used up within 7 days after preparation, and other media should be used up within 14 days after sterilization, not more than 1 month, to avoid drying and deterioration of the media.

8.2.2 Disinfection and inoculation of culture material

(1) Experimental principle

Explant, which is the material used for plant tissue culture, is mostly taken from the field, either above ground or below ground, and has various microorganisms on its surface. Therefore, thorough surface disinfection of the explant material must be performed before inoculation into the culture medium to prevent contamination of the culture (explants that have been internally infected with bacteria or fungi are generally eliminated from tissue culture) . Sterile explant material is the most basic prerequisite and important guarantee for successful plant tissue culture.

(2) Equipment and reagent

① Experimental equipment: Super clean table, tweezers, dissecting scissors, scalpel, dissecting needle, alcohol lamp, hand-held sprayer, wide-mouth bottle, culture dish.

② Experimental reagent: Mercuric, bleaching powder (saturated supernatant), NaClO, 70% alcohol, sterilized distilled water, (kill bacteria) medium.

③ Experimental material: Stem tips, stem segments, leaves, fruits, seeds, anthers, roots and underground organs.

(3) Methods and steps

1) Preparation before vaccination

① Preparation of culture medium: According to the requirements of culture material, prepare the culture medium. The commonly used media for plant organ and tissue culture include MS, LS, Miller, Nitsch, H, T, White, B_5, N_6, etc.

② Preparation of inoculation room: First, put the inoculation tools, sterile distilled water and medium on the ultra-clean table, open the ultra-clean table switch, and let the air current blow for 10 minutes. Then, spray 70% alcohol into the table to remove dust or irradiate with ultraviolet light for 15 min for sterilization.

2) Surface disinfection of explants

The general steps for explants disinfection are as follows:

Sampling of explants → rinsing with tap water → surface disinfection with 70% alcohol (20-60 s) → rinsing with sterile water → disinfectant treatment → rinsing fully with sterile water → reserve.

Surface disinfection of explants is an important part of tissue culture technology. The basic requirement of surface disinfection is to effectively kill all the microorganisms on the surface of the material already, and do not harm the material again, because surface disinfectant is harmful to plant tissue. This should be based on different materials, the selection of appropriate disinfectant, appropriate concentration and processing time, flexible use.

① Stem tip, stem segments and leaves of disinfection: the plant stem and leaf part exposed to the air and often have more hairs or thorns etc, which are vulnerable to bacterial contamination of soil, fertilizer, need to be washed by tap water for a long time before disinfection, especially for some perennial woody plant material. After washing with water we should use soft scrub with soap powder or detergent (or Tween) to brush them. During disinfecting, first soak the material in 70% alcohol for 10 – 30 s, rinse with sterile water for 2 – 3 times, and then soaked them in 2% – 10% NaClO solution or 0.1% mercury dichloride for 10 – 15 min according to the old, young degree of the material and hard degree of the branches. If the surface of the material has tomentum or is fuzz or uneven, it is best to add a few drops of Tween 80 to the disinfectant. After disinfection, rinse 3 – 4 times with sterile water before inoculation.

② Disinfection of fruits and seeds: Depending on the degree of cleanliness of fruits and seeds, rinse with tap water for 10 – 20 minutes, or even longer. Rinse again quickly with 70% alcohol. After soaking the fruit in 2% NaClO solution for 10 min and rinsing it with sterile water for 2 – 3 times, we can take the seeds or tissues in the fruit for inoculation. Seeds should be soaked in 10% NaClO solution for 20 – 30 min, even a few hours, the duration depends on the hardness of seed coat. For the seeds difficult to be disinfected thoroughly, we can use 0.1% mercury dichloride or 1% – 2% bromine water to disinfect for 5 min. For the seeds used for embryo or endosperm culture, sometimes the seed coat is too hard to be dissected during inoculation, we can remove the seed coat before disinfection (the hard shell is mostly the outer seed coat), and then soak them in 4% – 8% NaClO solution for 8 – 10 min. After rinsing with sterile water, we can dissect the embryo or endosperm for inoculation.

③ Root and underground organ disinfection: Due to this kind of material grows in the soil, the materials are often damaged and adsorbed with soil, disinfection is more difficult. It can be washed with tap water in advance, and brushed with soft hair brush. Its damaged and seriously contaminated parts can be cut off, blotted dry and then soaked in 70% alcohol. Then it is soaked in 0.1% – 0.2% mercuric solution for 5 – 10 min or soaked in 2% NaClO solution for 10 – 15 min, and rinsed with sterile water for 3 – 4 times, and blotted dry with sterile filter paper before inoculation. If the above methods still cannot get rid of contamination, the material can be immersed in the disinfectant for gas decompression to help the disinfectant infiltrate and achieve the purpose of thorough disinfection.

④ Disinfection of anthers: Anthers for culture, in fact, are more immature, because its exterior is protected by calyx, petals or glumes, usually in a sterile state, so it is ok to disinfect only the whole bud or young panicle. Generally, it is soaked in 70% alcohol for a few seconds, rinsed 2 – 3 times with sterile water, soaked in saturated bleaching powder (supernatant) for 10 min, rinsed 2 – 3 times with sterile water, and inoculated.

3) Inoculation of explants

The process of separating sterilized explants on an ultra - clean table, cutting them to the desired material size, and transferring them to the medium is known as explant inoculation. The specific steps are as follows.

① Wear work uniforms, wash hands with soap. It is best to soak in the solution of Xinjieermie (chemical name: benzalkonium bromide) for 10 min. Scrub hands with 70% alcohol (especially fingers and fingertips) before inoculation.

② Remove the string or rubber band binding the wrapping paper from the culture container, and arrange them neatly on the left side of the inoculation platform; Dip the knife, tweezers and other inoculation tools in 70% (or 95%) alcohol, burn and sterilize them on the flame of the alcohol lamp, then put them on the bracket and cool them for later use.

③ Cut the sterilized explants on the sterile dish or sterile filter paper: larger materials can be operated and separated by naked eye observation, and smaller material need to be operated under a double - barrel solid dissecting microscope.

④ Take the test tube or triangle bottle in your left hand, gently open the wrapping paper with your right hand, put the bottle mouth close to the alcohol lamp flame and tilt, burn on the flame outside for a few seconds, slowly remove the cork or sealing film; after rotating and burning the bottle mouth on the flame, use tweezers to quickly connect the explants to the culture medium in the culture container and make it evenly distributed. After rotating and burning the sealing material on the flame for a few seconds, seal the bottle mouth.

⑤ After all the materials are inoculated, wrap the wrapping paper and make marks, indicating the name of the material, the code of the medium and the date of inoculation. Then, the inoculum material is transferred to the culture room and cultured under suitable environmental conditions.

(4) Attention

① Theoretically speaking, plant cells are totipotent, and can be regenerated into complete plants if conditions are suitable, any tissue or organ can be used as explants. But in fact, for different plant species, different organs of the same plant, different physiological states of the same organ, their ability to respond to external induction and the ability of differentiation & regeneration are different. The selection of suitable explants should be considered from the aspects of plant genotype, origin of explants, size of explants, season of sampling, physiological status and developmental age of explants.

② The tools for cutting explants should be sharp, and the cutting action should be fast to prevent extrusion, so as not to damage the material and lead to culture failure.

③ To prevent the occurrence of cross contamination during inoculation, knives and tweezers and other inoculation tools should be soaked in 70% (or 95%) alcohol after used, and then burned and cooled for later use.

④ In general, the critical size of stem tip culture survival should be 1 stem tip meristem with 1 – 2 leaf primordia, about 0.2 – 0.3 mm in size; The leaves and petals are about 0.5 cm^2, and the stem is about 0.5 cm long.

⑤ During inoculation, explants should be evenly distributed in the culture container to ensure the necessary nutrient area and light conditions. The base of the stem tip and stem segments with buds should be inserted into the solid medium, and the internodes without buds placed on the surface of the medium. For leaves usually put the back of the leaf on the medium, because there are many stomata on the back of the leaf, which is conducive for them to absorb water and nutrients (When anthers of different plants are cultured in vitro, attention should be paid to the development period of pollen, and no filament should be taken when anthers are removed and inoculated. Several anthers can be inserted into one bottle, and the specific number depends on the size of the anthers).

⑥ When inoculating at the ultra-clean workbench, try to avoid actions that obviously disturb the airflow (such as laughing and sneezing), so as to avoid airflow disorder and pollution.

8.3 Subculture and propagation

In vitro rapid propagation of plants is a means of improving varieties and breeding new varieties. It is also an effective method of rapid propagation of good seed to obtain a large number of high quality seedlings. In terms of production practice, tissue culture as a propgation method has more important practical value and economic benefits. Because in vitro rapid propagation of plants not only maintains all the advantages of the conventional vegetative propagation method, but also has the advantages of fast propagation speed, wide application, factory production and getting non-toxic & clonal seedlings.

8.3.1 Operation techniques for subculture of in vitro plant cultures

(1) Basic Principles

In the plant tissue culture, the cultured matters (cells, callus, organ, tube seedlings, etc.) after a period of time, should be timely inoculated into fresh medium for successive subculture, in order to prevent the aging of the cells, the malnutrition caused by the medium nutrient utilization and the too much poison caused by the metabolite accumulation etc. Subculture can be divided into solid culture and liquid culture. Solid culture can be used in various stages of tissue culture, such as callus proliferation, organ differentiation and intact plant regeneration, while liquid culture is mainly used in the early induction stage of plant material regeneration culture, such as callus proliferation and differentiation. In this experiment, solid culture of African violet and jonquile (longevity flower) was taken as an example to learn the operation techniques of subculture.

(2) Equipment and reagent

① Experimental equipment: Ultra-clean table, inoculation apparatus (mainly refers to the scalpel, tweezers, etc.), alcohol lamp, sterile paper.

② The experimental reagent: 70% ethanol, 95% ethanol, culture medium.

③ Test material: Tube seedlings or callus.

(3) Methods and steps

① The culture medium MS+6-BA 2 mg/L+NAA 0.1 mg/L+sucrose 3%+agar 0.7 %, pH 5.8, was used to induce the proliferation of tube seedlings. The culture container used for subculture also depends on the material. Generally, it is advisable to choose a larger container.

② Place the inoculation utensils, alcohol lamp, beaker, sterile culture dish, medium, etc. on the ultra-clean table; Turn on the power switch of the super clean table, turn on the air blow switch (adjust the air supply), and turn on the UV lamp for disinfection for 20 min, then turn off the UV lamp, continue to supply air for 5-10 min, turn on the fluorescent lamp switch, and prepare for inoculation.

③ Wash hands with water and soap, put on sterilized special laboratory clothes and shoes, wear a mask and hat, and enter the sterile operation room.

④ Before aseptic operation, hands should be wiped and disinfected with 70% ethanol cotton balls, and the table surface and four walls of the ultra-clean workbench should be wiped with alcohol cotton balls. Metal tools such as scalpels, scissors and tweezers should be dipped in 95% alcohol after wiping with alcohol cotton balls, and then sterilized by external flame of alcohol lamp, and then placed on the bracket for cooling.

⑤ Wipe the culture medium bottle with an alcohol cotton ball and put it on the left side.

⑥ The sterile paper is placed on the super clean table, open the paper, take out the sterile filter paper with tweezers, and place it in front of the operator.

⑦ Open the flask of explants material at the flame of the alcohol lamp, and take out the plant material with the sterilized tweezers and place it on the sterile filter paper.

⑧ One hand with the tweezer, the other hand with the scalpel, cut the plant material as required. When cutting, the brown parts and roots need to be cut off and discarded. According to the way of proliferation, the seedlings are cut into single plants, or seedling clusters, or small segments (each segment has buds) and inoculated in the subculture medium. Different from the primary culture, the inoculum materials in each bottle can be properly inoculated more, and the materials should be evenly distributed.

⑨ Write the plant number (that is, the number on the original culture bottle, if there is no number, do not write), date, class and student number on the label. After all was done, put them all in the incubator and other places for cultivation.

⑩ After inoculation, close and clean the ultra-clean table, and clean the used glassware.

⑪ Two weeks after inoculation, observe the results and calculate the contamination rate.

(4) Attention

Generally, subculture should not exceed one month at a time.

8.3.2 Root culture operation techniques of in vitro plant cultures

(1) Experimental principle

In the proliferation stage of tube seedlings, more cytokinins are used. The tube seedlings have no roots or roots, but the roots are not functional. Therefore, the proliferating shoots should be carried out for culturing stronger seedlings and roots. Generally, low mineral elements are conducive to rooting, so the medium with low concentration of inorganic salts is generally selected as the basic medium. The medium with higher concentration of inorganic salts should be diluted by a certain multiple. For example, in MS medium, when rooting and strengthening seedlings, 1/2 MS or 1/4 MS should be used. In general, in the root culture medium cytokinin should be completely removed or only low cytokinin is used, and add appropriate amount of auxin, the most commonly used being NAA. Some plants can also root on auxin-free medium because the shoots of themselves are rich in auxin.

(2) Equipment and reagent

① Experimental equipment: Ultra-clean table, inoculation apparatus (mainly refers to the scalpel, tweezers, etc.), culture bottle, alcohol lamp, sterile paper.

② Experimental reagent: 70% ethanol, 95% ethanol, culture medium.

③ Test material: Tube seedlings.

(3) Methods and steps

① Prepare rooting medium. It is 1/2 MS+NAA 0.05 mg/L+sucrose 3%+agar 0.7 %, pH 5.8. The culture container used for rooting culture also depends on the material. Generally, it is advisable to choose a larger container, and the bottle mouth should be large, which is easy to take out the tube seedlings from the bottle.

② Place disinfectants, inoculation utensils, alcohol lamps, beakers, sterile water, sterile culture dishes and culture media needed for inoculation on the table of the ultra-clean workbench; Turn on the power switch of the table, turn on the air blow switch (adjust the air supply), and turn on the UV lamp for disinfection for 20 min, then turn off the UV lamp, continue to supply air for 5 – 10 min, turn on the fluorescent lamp switch, and prepare for inoculation.

③ Wash hands with water and soap, put on sterilized special laboratory coat, hat and shoes, and enter the sterile operation room.

④ Before aseptic operation, wipe hands with alcohol cotton ball to disinfect, and wipe the super clean table surface with alcohol cotton ball. Metal tools such as scalpels, scissors and tweezers are wiped with an alcohol cotton ball, dipped in 95% ethanol, burned and sterilized with an alcohol lamp, and then placed on a support (bracket) to cool for later use.

⑤ The culture medium bottle shall be wiped with an alcohol cotton ball, placed on the ultra-clean table, and placed on the left (or right) side.

⑥ The sterile paper is placed on the super clean table, open the paper, take out the sterile paper with a tweezer, and put in front of the operator.

⑦ Open the flask of explant material at the flame of the alcohol lamp, and take out the plant material with sterile a tweezer and place it on sterile paper.

⑧ One hand with a tweezer, the other hand with a scalpel, cut the plant material as required. When cutting, we should make the stem and leaf of an individual plant as far as possible to keep intact, cut off the original brown roots, leaving only the white, young root. According to the principle of morphology top up, morphology bottom down, the material was inoculated in the rooting medium, each bottle can be properly inoculated with more materials, the distribution should be uniform. At the same time, it is advisable to inoculate the material of the same size in the same bottle, so that when transplanting, the material in each bottle is of the same size.

⑨ Put the inoculated culture bottle on the ultra-clean workbench temporarily, and take out the bottles together after the material is finished. Write the plant number on the label (the number printed on the original flask, do not write if there is no number), date, class, student number, and stick it on the flask.

⑩ After inoculation, close and clean the ultra-clean table, and clean the used glassware.

⑪ Two weeks after inoculation, the contamination rate was calculated.

8.4 Acclimation, transplanting and management of tube seedlings

(1) Experimental principle

As for the test tube seedlings because of its life in the tube environment, the cuticle on the leaves and stems is very thin, stomatal regulation ability is weak, water retention ability is very poor, and the root has no ability to absorb water. After transplanting, we should pay attention to the moisturizing, heat preservation, asepsis, low light and other aspects, so that the seedlings get exercise and gradually adapt to the external environment.

(2) Equipment and reagent

① Experimental equipment: Acclimation room, scalpel, tweezers, alcohol lamp.

② Experimental reagent: Peat, perlite, coconut shell powder, garden soil and other cultivation medium.

③ Experimental material: Rooting tube seedlings to be transplanted.

(3) Methods and steps

① Open the bottle cap of the test-tube seedlings to be transplanted, inject a small amount of tap water, and place them in the acclimation room for 3–5 days for seedling hardening.

② Before the use of peat, sterilization should be carried out at a temperature of 60 ℃ for 30 min. Then, the peat and perlite should be prepared according to the ratio of 1 ∶ 1 (or other substrates), and the pH should be measured. If the pH is low, $CaCO_3$ should be added to adjust the pH to 5–6.

③ Fill the substrate into the plug tray, shake gently, and punch 1 hole in each plug with a glass rod.

④ Take the test-tube seedlings out of the culture bottle and wash the adhering medium off the seedlings with clean water. Separate the test-tube seedlings one by one, cut off the browning parts on the seedlings with a scalpel on the glass plate, plant into the plug tray, and gently press the culture substrates to make the seedlings close contact with the substrates.

⑤ With a hand - held small sprayer, spray some low - toxicity bactericide on the transplanted test - tube seedlings.

⑥ The plug tray planted with test tube seedlings is moved to the seedling rack, and the plastic film is covered for seedlings hardening.

⑦ A small amount of spray was applied to the transplanted seedlings every day for 5 – 7 days after transplantation to maintain sufficient humidity. Then gradually reduce the humidity, you can open the plastic film every day to leave a small gap to increase the ventilation, reduce the humidity.

⑧ After the seedlings were transplanted for 3 weeks, choose the living transplanted seedlings and move them into the nutrient bowl, which was placed in a basin with water, so that the water can infiltrate by the bottom of the nutrient bowl.

⑨ The survival rate was counted.

(4) Attention

① When transplanting, seedlings should be carefully taken out from the culture bottle, and the medium should be washed with clean water, and the roots, stems and leaves should not be damaged.

② In the initial 3 – 5 days of transplanting, appropriate shade should be provided to prevent direct sunlight.

Chapter 9 Plant Stress Physiology

【 Chapter Background 】

Under the condition of global climate change, the rise of temperature and the change of precipitation pattern, the stress of various environmental factors alone or in combination will lead to a large reduction in crop production and the degradation of natural ecosystem, which has become an important problem restricting the development of modern agriculture. Plant stress leads to various harm to the plants, for example plant stress can lead to a series of metabolic poisons, mainly as follows. ① Stress reduces the activities of the rubisco (RuBP, ribulose 1, 5-bishosphate carboxylase) and PEPCK (phosphoenolpyruvate carboxykinase), destroys the chlorophyll and hinders its biosynthesis, making the chlorophyll and total carotenoid content in leaf reduced; ② all kinds of abiotic stress will cause the toxicity of reactive oxygen species, and the accumulation of these reactive oxygen species will start the peroxidation chain reaction, resulting in membrane dysfunction and even cell death; ③ stress will promote the breakdown of protein, but inhibit its synthesis; ④ stress also reduces the lipid content of plants, and since lipids are the structural components of the inner membrane of most cells, a decrease in lipid content will affect the permeability of cell membranes and produce other metabolic harms. Therefore, plant stress test is of great significance for studying the effects of plant stress physiology on plant growth.

【 Chapter Objective 】

Taking the same plant species under different stress treatments as experimental material, through the extraction and determination contents of antioxidants [ascorbic acid (AsA), glutathione (GsH), proline, flavonoids] and active oxygen metabolism related substances [malondialdehyde, hydrogen peroxide (H_2O_2), the content of superoxide anion (O_2^-)] and enzyme activity (superoxide dismutase SOD, peroxidase POD, catalase CAT), etc., the differences of antioxidant substances and reactive oxygen species in plants under different stress conditions were analyzed and compared.

【 Cultivation and Treatment of Experimental Material 】

Students can choose the plant species they are interested in to simulate drought, salt stress, temperature and other stresses. They are required to select representative plant species that grow fast and are easy to survive, such as wheat, corn, rice, soybean and other crops; cucumber, zucchini, tomato, pepper and other horticultural crops; annual fast-growing flowers and plants. After soaking, the seeds were sown in nutrient medium, and the seedlings were treated with stress when they reached 4–5 true leaves, as follows.

Drought simulation: PEG 6000 was used to prepare 0, 10%, 20%, 30% solution, and irrigated regularly and quantitatively every day.

Salt stress: Different concentrations of NaCl (0, 100, 200, 300 mmol/L) were prepared. Treat plants at regular times and quantitatively throughout the day.

【 Measurement Index and Method 】

9.1 Determination of proline content

(1) Purpose and significance

When plants suffer from osmotic stress, resulting in physiological water shortage, a large amount of proline (Pro) accumulates in the plant body. Therefore, the content of proline in the plant body reflects the water status in the plant body to a certain extent, and can be used as a reference index for water shortage. The regulation roles of proline are as follows. First, it maintains the osmotic pressure balance between the internal cells and the external environment, preventing water extravasation; Second, it has dipolarity, which can protect the spatial structure of biological macromolecules and stabilize the characteristics of proteins. Third, it can form polymers with some compounds in the cell, similar to hydration colloid, play a protective role in osmosis. Therefore, proline content is a very important physiological index to measure osmoregulators in plants under stress.

To understand the relationship between proline and plant stress; to master the principle and routine method of proline determination.

(2) Experimental principle

When SSA (sulfosalicylic acid) is used to extract plant samples, proline is free in the SSA solution. Under acidic conditions, ninhydrin and proline react to form a stable red compound, which has a maximum absorption peak at 520 nm. Acidic amino acids and neutral amino acids cannot react with acidic ninhydrin. Because the content of basic amino acids is very small, especially in plants under osmotic stress, proline is accumulated in a large amount, and the influence of amino acids is negligible, so this method can avoid the interference of other amino acids.

(3) Equipment and reagent

① Experimental equipment: Glass containers and EP tube, oven, balance, grinder, water bath pot, frozen centrifuge, pipette (matching head), UV spectrophotometer, etc.

② Experimental reagent: L-proline, acetic acid, phosphoric acid, artificial zeolite, toluene, liquid nitrogen, 3% SSA (W/V) sulfosalicylic acid, acid ninhydrin solution: 5 g ninhydrin was added to 120 mL acetic acid and 80 mL 2 mol/L phosphoric acid, heated and dissolved, cooled and placed in a brown reagent bottle for use.

③ Experimental material: Leaves treated with different water stress.

(4) Methods and steps

① Drawing of the standard curve: 2 mL L-proline of different concentrations were taken into glass test tubes, 2 mL acetic acid and 2 mL acid ninhydrin solution were added, heated in a boiling water bath for 30 min, extracted in a boiling water bath for about 10 min, and shaken frequently during the water bath. After cooling, they were added with 4 mL toluene in the fume hood, shaken and put standing. The upper solutions were taken to be centrifuged, and the red solution after centrifugation were used to detect OD_{520}. The concentrations of L-proline were taken as abscissa and OD_{520} as ordinate to make the standard curve.

② Fresh plant leaves were weighed 0.25 g, gently ground with a grinding rod and then added with 2.5 mL 3% (W/V) SSA solution (sulsulsalicylic acid) . The extract was transferred to a glass test tube and extracted in a boiling water bath for about 10 min. During the water bath, it was shaken frequently and covered with a lid, then filtered after cooling to obtain proline extract.

③ Take 2 mL of the extract into another glass test tube, add 2 mL acetic acid and 2 mL acid ninhydrin solution, heat in a boiling water bath for 30 min, extract in a boiling water bath for about 10 min, and shake frequently during the water bath.

④ After cooling, add 4 mL toluene in the fume hood, shake and stand, take the upper solution and centrifuge, and the red solution after centrifugation is used to detect OD_{520}.

⑤ According to the standard curve, find out the concentration of proline X (μg/mL) in 2 mL solution, and then calculate the percentage of proline content in the sample. The calculation formula is as follows:

$$\text{Proline content per unit fresh weight of sample} = [(X \times 2.5/2)/\text{sample weight} \times 10^6] \times 100\% \quad (9-1)$$

(5) Questions

① How to prepare the acid ninhydrin solution?

② What is the role of proline in plant stress response?

③ What happens to the proline content in plants under stress?

9.2 Determination of total flavonoid content

(1) Purpose and significance

To understand the relationship between total flavonoids and plant stress; to master the determination principle and routine determination method of total flavonoids.

(2) Experimental principle

Flavonoids are compounds present in nature, with 2-phenylchromone structure. There is a ketone carbonyl group in their molecule, the first oxygen atom is with alckaline, which can form into salt with strong acid. Its hydroxyl derivatives are yellow, so it is also called flavinoid or flavone.

Most of the flavonoids were crystalline solids and a few were amorphous powders. The color of flavonoids is related to the conjugated system in the molecule and the type, number & substitution position of the chromophore ($-OH$, $-CH_3$) . Generally speaking, flavonoids, flavonols and their glycosides are mostly grayish yellow to yellow, chalcone is yellow to orange yellow, while dihydroflavonoids, dihydroflavonols, isoflavones, etc. do not show color because there is no conjugated system or very few conjugation. The color of anthocyanins and their aglycones varies with pH, usually red ($pH < 7$), purple (pH 7–8.5), blue ($pH > 8.5$) and other colors. Flavonoid aglycones are generally difficult to be soluble or insoluble in water, easily soluble in methanol, ethanol, ethyl acetate, ether and other organic solvents, and easily soluble in dilute lye. The hydroxy glycosidization of flavonoids increases the water solubility and decreases the solubility in organic solvents. Flavonoid glycosides are generally soluble in water, methanol, ethanol, ethyl acetate, pyridine and other solvents, but difficult to dissolve in ether, trichloromethane, benzene and other organic solvents. Flavonoids are acidic because of more phenolic hydroxyl groups in the molecules, so they are soluble in alkaline aqueous solution, pyridine, formamide and dimethylformamide. Some flavonoids show different color fluorescence under UV light (254 nm or 365 nm), and the fluorescence is more obvious after ammonia vapor or sodium carbonate solution treatment. Most flavonoids can form colored complexes with aluminum salts, magnesium salts and lead salts.

Flavonoids are widely distributed in various organs of plants and mostly exist in the form of glycosides. Therefore, the acid of plants should be prevented from causing glycoside hydrolysis in the process of extraction, and a little calcium carbonate can be added in the extraction to avoid this situation. Solvents can be selected according to the properties of compounds during extraction. Alcohols are suitable for glycosides and compounds containing multiple hydroxyl groups. Diethyl ether is more suitable if the compound has high methylation degree or non-glycosidic type. The methods for determining the content of these compounds include colorimetric method, absorption method, chromatography method and so on, but the colorimetric method is easier to operate than other methods.

(3) Equipment and reagent

① Experimental equipment: Glass containers and EP tube, oven, balance, grinder, water bath, frozen centrifuge, pipette (matching gun head), UV spectrophotometer, etc.

② Experimental reagent: 70% (V/V) ethanol, liquid nitrogen, ether, 5% (W/V) $NaNO_2$, 10% (W/V) $Al(NO_3)_3$, 4% (W/V) NaOH, calcium carbonate, 100 μg/mL rutin.

③ Experimental materia: Plant leaves under stress treatment.

(4) Methods and steps

① Drawing of standard curve: The rutin solution was diluted with 70% (V/V) ethanol into 0, 5, 10, 15, 20, 25, 30, 35, 40, 45 and 50 μg/mL, and 1 mL of each was absorbed into the test tubes, and 1 mL of 70% (V/V) ethanol was added, and 0.3 mL 5% (W/V) $NaNO_2$ was added. After 6 min, 0.3 mL 10% (W/V) $Al(NO_3)_3$ solution was added, and after 6 min, 2 mL 4% (W/V) NaOH was added. After 10 min, OD values were measured at 510 nm wavelength of spectrophotometer to make standard curves.

② Sample determination: 1 g of fresh plant leaves and a little calcium carbonate were weighed, then liquid nitrogen was added and gently ground with a grinding rod, then 5 mL 70% (V/V) ethanol was added, and the extract was extracted for 6–8 h on ice, and the extract was poured out under reduced pressure, concentrated and steamed to remove ethanol. The concentrated solution was washed two or three times in a separate funnel with the same volume of ether to remove chlorophyll and wax, etc. Then add 70% (V/V) ethanol and set at a volume of 5 mL for testing. Draw 1 mL of sample solution, add 1 mL of 70% (V/V) ethanol, add 0.3 mL 5% (W/V) $NaNO_2$, 6 min later add 0.3 mL 10% (W/V) $Al(NO_3)_3$ solution, 6 min later add 2 mL 4% (W/V) NaOH, After 10 min, OD was measured at 510 nm wavelength of spectrophotometer. Note that with the extension of color development time, the absorbance value would decrease slightly, so colorimetric analysis should be carried out as soon as possible after color development reaction. According to the standard curve, the total flavonoid content in plant leaves per unit weight was calculated and expressed as rutin (mg/mL).

(5) Questions.

① What are the roles of flavonoids in plants?

② There are many kinds of flavonoids, why only rutin was selected as the standard for comparison in this method?

③ What happens to the content of flavonoids in plant leaves under stress?

9.3 Determination of ascorbic acid (AsA, AA)

(1) Purpose and significance

Ascorbic acid, also known as vitamin C, is an acidic polyhydroxyl compound with 6 carbon atoms, the molecular formula is $C_8H_8O_6$, and the relative molecular weight is 176.1. Naturally existing AsA has L-type and D-type, the latter of which is not biologically active. Vitamin C is colorless odorless sheet crystal, soluble in water, insoluble in organic solvents. It is stable in acidic environment, and in the presence of oxygen, heat, light, alkaline substances in the air, especially in the presence of oxidases and copper, ferrum and other metal ions, it can promote its oxidative destruction. The oxidases are generally abundant in vegetables, so vitamin C is lost in different degrees during vegetable storage. But bioflavonoids, which are found in some fruits, protect their stability. Therefore, vitamin C content is a very important physiological index to measure plants under stress.

To understand the relationship between ascorbic acid and plant stress; to master the principle and routine method of ascorbic acid determination.

(2) Experimental principle

Among the national standard methods for the determination of vitamin C, fluorescence method is the first standard method for the determination of vitamin C content in food, and 2, 4-nitrophenylhydrazine method is the second standard method. The reduced ascorbic acid in the sample is oxidized to dehydroascorbic acid by activated carbon, and then reacts with phthalenediamine to produce quinoxoline with fluorescence, whose fluorescence intensity is proportional to the concentration of dehydroascorbic acid under certain conditions, so as to determine the total amount of ascorbic acid and dehydroascorbic acid in food. Dehydroascorbic acid can form a complex with boric acid without reacting with o-phenylenediamine, thus eliminating interference from fluorescent impurities in the sample. The minimum detection limit of this method is 0.022 g/mL. Total ascorbic acid includes reduced ascorbic acid and dehydroascorbic acid. The reduced ascorbic acid in the sample was oxidized to dehydroascorbic acid by activated carbon, and then the red osazone was formed by the reaction with 2, 4-dinitrophenylhydrazide. The content of osazone was proportional to the total ascorbic acid content for colorimetric determination.

(3) Equipment and reagent

1) Experimental equipment

Glass containers and EP tube, oven, balance, grinder, water bath, pipette (matching head), frozen centrifuge, vacuum pump, vortex meter, ELISA plate, multi-function microplate reader or fluorescence spectrophotometer, etc.

2) Experimental reagent

① fluorescence method.

a. Metaphosphoric acid-ethyl acid solution: Weigh 15 g metaphosphoric acid, add 40 mL acetic acid and 250 mL water, stir and leave overnight to make dissolved gradually. Add water to 500 mL. And it can be stored in 4 °C refrigerator for 7 to 10 days.

b. 0.15 mol/L sulfuric acid: Take 10 mL of concentrated sulfuric acid, carefully add to water, and then dilute to 1200 mL with water.

c. Metaphosphoric acid-acetic acid-sulfuric acid solution: 0.15 mol/L sulfuric acid solution was used as diluent, and the metaphosphoric acid-ethyl acid solution was diluted to make the concentration being half of the original concentration.

d. 50% (W/V) sodium acetate solution: Weigh 500 g sodium acetate and add water to 1000 mL.

e. Borate-sodium acetate solution: Weigh 3 g boric acid and dissolve it in 100 mL sodium acetate solution. Prepare when was used.

f. O-phenylenediamine solution: Weigh 20 mg o-phenylenediamine and dilute to 100 mL with water when was used.

g. 0.04% (W/V) thymol blue indicator solution: Weigh 0.1g thymol blue, add 0.02 mol/L sodium hydroxide solution, grind to dissolve in glass mortar, the amount of sodium hydroxide is about 10.75 mL, and dilute to 250 mL with water after grinding.

h. 1 mg/mL ascorbic acid standard solution: accurately weigh 50 mg ascorbic acid, dissolve in a 50 mL volumetric flask with metaphosphoric acid solution, and dilute to the scale.

i. 100 μg/mL ascorbic acid standard solution: Take 10 mL ascorbic acid standard solution and dilute it to 100 mL with metaphosphoric acid solution. Before constant volume pH value was measured, if its pH > 2.2, then it should be diluted with metaphosphoric acid-sulphate dilution.

j. Activated carbon.

② 2, 4-dinitrophenylhydrazine method.

a. 4.5 mol/L (W/V) sulfuric acid: Carefully add 250 mL sulfuric acid (density 1.84 g/cm^3) to 700 mL water, dilute to 1000 mL after cooling.

b. 85% (W/V) sulfuric acid: Carefully add 900 mL sulfuric acid (density 1.84 g/cm^3) to 100 mL of water.

c. 2% (W/V) 2, 4-dinitrophenylhydrazine solution: Dissolve 2 g 2, 4-nitrophenylhydrazine in 100 mL 4.5 mol/L sulfuric acid, filtered. Store in the freezer when not in use and must be filtered before each use.

d. 2% (W/V) oxalic acid solution: Dissolve 20 g oxalic acid in 700 mL water and dilute to 1000 mL.

e. 1% (W/V) oxalic acid solution: Dilute 500 mL 2% oxalic acid solution to 1000 mL.

f. 1% (W/V) thiourea solution: Dissolve 5 g thiourea in 500 mL 1% oxalic acid solution.

g. 2% (W/V) thiourea solution: Dissolve 10 g thiourea in 500 mL 1% oxalic acid solution.

h. 1 mol/L hydrochloric acid: take 100 mL hydrochloric acid, add to water, and dilute to 1200 mL.

i. 1 mg/ mL ascorbic acid standard solution: Dissolve 100 mg pure ascorbic acid in 100 mL 1% oxalic acid solution.

3) Experimental material

Aging or other plant tissues under stress.

(4) Methods and steps

1) Fluorescence method

① Preparation of the samples: All the experimental process should be protected from light. 1 g fresh sample was weighed, 1 mL metaphosphoric acid-acetic acid solution was added and poured into the grinder to homogenize, and the pH of the homogenate was adjusted with thymol blue indicator. If it is red, it can be diluted with metaphosphate-acetic acid solution; if it is yellow or blue, it can be diluted with metaphosphate-acetic acid-sulfuric acid solution to make its pH 1.2. The amount of homogenate is determined by the amount of ascorbic acid in the sample. When the sample liquid content is 40–100 mg/mL, 1 g homogenate is generally taken, diluted to 2 mL with metaphosphoric acid solution, filtered, and the filtrate is used for later use.

② Oxidation treatment: 10 mL of each sample filtrate and standard solution were taken into a test tube with a cover, 0.02 g activated carbon was added, shaken vigorously for 1 min, filtered, the initial filtrate was discarded, and all the remaining filtrates were collected for determination, namely, sample oxidation solution and standard oxidation solution.

Take 0.05 mL of each standard oxidation solution into two EP tubes, marking standard and standard blank respectively.

Take 0.05 mL of each sample oxidation solution into two EP tubes, marking sample and sample blank respectively.

Add 0.05 mL borate-sodium acetate solution to the standard blank and sample blank solution respectively, mix and shake for 15 min, dilute to 0.5 mL with water, place in 4 ℃ refrigerator for 2 h, take out for later use.

Add 0.05 mL 50% (W/V) sodium acetate solution to the sample and standard solution respectively, dilute to 0.5 mL with water, and set aside for use.

③ Fluorescence reaction: 0.02 mL of standard blank solution, sample blank solution and sample solution were respectively placed in EP tubes. 0.05 mL o-phenylenediamine was quickly added to each tube in a dark chamber, and the mixture was shaken and mixed. The reaction was carried out at room temperature for 35 min. The fluorescence intensity was measured by excitation light wavelength of 338 nm and emission light wavelength of 420 nm. The fluorescence intensity of standard series was subtracted from the standard blank fluorescence intensity as the ordinate, and the corresponding ascorbic acid content was the abscissa. Standard curves were drawn or related calculations were made, and the linear regression equation was used for calculation.

Calculation: The concentration of ascorbic acid (X) in the sample was calculated using the following formula.

$$X\ (mg/g\ FW) = (C \times V/FW) \times F \times (100/1000), \qquad (9-2)$$

Where, X is the concentration of ascorbic acid in the sample (mg/g *FW*) ; C is the sample solution concentration (μg/mL) obtained from the standard curve or calculated from the regression equation; *FW* is the sample mass (g) ; F is the dilution multiple of the sample solution; V is the sample volume (mL) used for fluorescence reaction.

2) 2, 4-dinitrophenylhydrazine method

① Drawing the standard curves: Add 1 g activated carbon in 50 mL standard solution, shake for 1 min, and filter. Take 10 mL filtrate into a 500 mL volumetric flask, add 5.0 g thiourea and dilute with 1% (W/V) oxalic acid solution to the scale. Ascorbic acid with the concentration of 20 μg/mL is taken, and 5 mL, 10 mL, 20 mL, 25 mL, 40 mL, 50 mL, 60 mL diluents are put into severn 100 mL volumetric bottles respectively, diluted with 1% thiourea solution to the scale, The concentration of ascorbic acid in the final diluent was 1 μg/mL, 2 μg/mL, 4 μg/mL, 5 μg/m, 8 μg/mL, 10 μg/mL, 12 μg/mL. The absorbance was measured at 500 nm according to the sample measurement procedure, and then the standard curve was made.

② Preparation of he fresh sample: 1 g fresh sample, ground into a homogenate and poured into 5 mL 2% (W/V) oxalic acid solution, and mixed well. The sample that is not easy to filter can be centrifuged. After settling, pour out the supernatant, filter, and reserve for use.

③ Oxidation treatment: Take 5 mL of the filtrate, add 0.5 g activated carbon, shake for 1 min, filter, discard the initial filtrate. Take 5 mL of this oxidized extract, add 5 mL of 2% thiourea solution, and mix well.

④ Color reaction: Add 2 mL diluent to each of the three test tubes for color reaction.

One test tube was used as a blank, and in the another two tubes add 0.5 mL 2% (W/V) 2, 4-nitrophenylhydrazine solution respectively. All test tubes were placed in a (37±0.5) °C incubator or water bath for 3 h. Take out after 3 h and place all tubes in ice water except blank tubes. After taking the blank tube, let it cool to room temperature, then add 0.5 mL 2% (W/V) 2, 4-dinitrophenylhydrazine solution, put it in ice water after 10–15 min at room temperature. The rest steps are the same as the sample. After the test tube is put into ice water, add 2.5 mL 85% (W/V) sulfuric acid to each test tube. The dripping time should be at least 1 min. Shake the test tube while adding. The tubes were removed from the ice water, and the absorbance was measured at 500 nm after 30 min at room temperature.

Calculation: The concentration of ascorbic acid (Y) in the sample was calculated using the following formula.

$$Y(\text{mg/g } FW) = (C \times V/FW) \times F \times (100/1000), \qquad (9\text{-}3)$$

Where, Y is the concentration of ascorbic acid in the sample (mg/g FW) ; C is the sample solution concentration (μg/mL) obtained from the standard curve or calculated from the regression equation; FW is the sample mass (g) ; F is the dilution multiple of the sample solution; V is the sample volume (mL) used in the reaction.

(5) Questions

① What is the effect of ascorbic acid or vitamin C?

② What are the methods for the determination of ascorbic acid or vitamin C?

③ Compare the advantages and disadvantages of the operation and measurement results of various determination methods?

④ What happens to ascorbic acid or vitamin C content in plant leaves under stress?

9.4 Determination of glutathione (GsH)

(1) Purpose and significance

Glutathione is a natural tripeptide composed of glutamic acid (Glu), cysteine (Cys) and glycine (Gly) . It is a compound containing sulfhydryl (-SH), which is widely found in animal tissues, plant tissues, microorganisms and yeast. As an important antioxidant and free radical scavenger in the body, it combines with free radicals, heavy metals, etc., thus converting harmful toxicants into harmless substances in the body and excreting out of the body.

To understand the role of glutathione in plant resistance. To understand the current methods for determination of glutathione content. To master the principle and technology of colorimetric determination of plant glutathione content.

(2) Experimental principle

Glutathione can react with 2 - nitro - benzoic acid (DTNB) to produce 2 - nitro - 5 - mercaptobenzoic acid and glutathione disulfide (GSSG). 2 - nitro - 5 - mercaptobenzoic acid is a yellow product with maximum light absorption at 412 nm. Therefore, the content of glutathione in the samples can be determined by spectrophotometry.

(3) Equipment and reagent

1) Experimental equipment

Visible light spectrophotometer, centrifuge, centrifuge tube, graduated test tube, mortar, absorbent paper, pipette, etc.

2) Experimental reagent

① GSH standard solution (0.01 mg/mL GSH standard solution, = 10 μg/mL) : Weigh 50 mg analysis pure GSH, dissolved in distilled water, and fixed volume to 100 mL, that is, 0.5 mg/mL standard mother liquor. 10 times dilution is 0.05 mg/mL (= 50 μg/mL GSH), another 5 times dilution is 10 μg/mL.

② 5% metaphosphoric acid.

③ 0.2 mol/L potassium phosphate buffer, pH 7.0.

④ TDNB reagent: 39.6 mg dithiodinitrobenzoic acid (TDNB) was weighed, dissolved in 0.2 mol/L potassium phosphate buffer and fixed in 100 mL.

⑤ 1 mol/L NaOH.

Experimental material Aged or other plant tissues under stress.

(4) Methods and steps

1) Drawing of the standard curve

Take 7 clean test tubes and number them, add in reagent according to the table below. After 20 min of reaction, measure the absorbance with a spectrophotometer at 412 nm, and make standard curve.

Table 9-1 Reaqents for each tube

Tube number	1	2	3	4	5	6	7
GSH standard solution (10 μg/2 mL)	0	0.1	0.2	0.4	0.6	0.8	1
Refill water to 2 mL	2	1.9	1.8	1.6	1.4	1.2	1
Phosphate buffer (pH=7)	4	4	4	4	4	4	4
DTNB reagent	0.4	0.4	0.4	0.4	0.4	0.4	0.4
GSH concentration (μg/2 mL)	0	1	2	4	6	8	10

2) Sample determination

① 0.2 g of wheat leaves were weighed, and a small amount of 5% metaphosphoric acid buffer was added for grinding and extraction. The leaves solution were fixed to 6 mL with 5% metaphosphoric acid buffer, centrifuged at 8000 rpm for 10 min, and the supernatant was obtained.

② Take 2 mL of the above supernatants for color development, and the operation is the same as that of the standard curve.

3) Result calculation

$$\text{GSH content } (\mu g/g\ FW) = (C_x \times V_t)/(FW \times V_s), \qquad (9-4)$$

Note: C_x – GSH content in 2 mL sample (μg), that is, the amount of GSH in each tube

V_t – Total volume of sample extract (mL) ;

V_s – The volume sampled for color development (mL) ;

FW – Fresh weight of sample (g) .

(5) Questions

① What happens to the content of glutathione in plant leaves under stress?

② Production of glutathione in plants and its mechanism of scavenging reactive oxygen species.

9.5 Determination of cytoplasmic membrane permeability - conductance method

(1) Purpose and significance

When plant tissues are aged or harmed by various environmental stress, the cell membrane is the primary site of perception and injury from stress, its structure and function are harmed first, and the permeability of cell membrane increases. If the injured tissue is immersed in deionized water, the content of electrolyte in the exudate is higher than that in the exudate of the normal tissue. The more severely the tissue is damaged, the more electrolyte levels increase. The degree of membrane permeability increase is related to the stress intensity and the stress resistance of plants.

(2) Experimental principle

The changes of exudate conductance measured by conductance meter reflect the degree of plasma membrane injury and the stress resistance of plant tissue. In this way, by comparing the degree of membrane permeability of different crops or different varieties of the same crop under the same stress, we can compare the stress resistance between crops or varieties.

Therefore, conductance method has become an accurate and practical method to identify the stress resistance of plants in crop resistance cultivation and breeding.

(3) Equipment and reagent

① Experimental equipment: Conductance meter, refrigerator, beaker, scissors, balance, vacuum pump, distilled water, measuring cylinder, tweezers, thermostat, etc.

② Experimental material: Plant tissues under aging or stress, such as wheat seedlings under normal 25 ℃ and high temperature 35 ℃ stress for 4 and 12 h.

(4) Methods and steps

① Samples taken: 0.2 g of 1.0 cm-long maize and wheat leaves in the above treatment were taken, and the leaves were washed with deionized water first, and then wiped with clean filter paper to remove the water. Then, the leaves were put into the test tube, and 10 mL deionized water was added.

② Air extraction and culture: The above materials were placed in a vacuum dryer and pumped with the vacuum pump for 10 min to extract air from the intercellular space. Kept at room temperature for 30 min, and oscillated every few minutes.

③ Determination: At the time of measurement, the initial value (L_1) was measured with a conductance meter. After measurement, the test tube was placed in boiling water for 10 min to kill the tissue, and the final value (L_2) was measured again after being cooled to room temperature.

④ Calculation of results

According to the formula: relative conductivity $= (L_1/L_2) \times 100\%$, the relative damage degree of membrane was calculated. (9-5)

(5) Attention

① The materials should be representative, and the location and size should be as consistent as possible.

② It is better to wash the material with deionized water or double steam water to reduce the interference of background value.

③ The electrode should be cleaned during the measurement.

(6) Questions

① In addition to the conductance method, what other methods do you know to determine the degree of damage to a membrance?

② What is the principle of using conductance method to determine the degree of membrance injury?

9.6 Identification of degree of membrance peroxidation - determination of malondialdehyde content (MDA)

(1) Purpose and significance

The formula of malondialdehyde (MDA) is OHC– CH_2–CHO, the molecular formula is $C_3H_4O_2$, and the relative molecular weight of malondialdehyde is 72.0634. Colorless needle-like crystal, melting point 72–74 °C, generally containing two crystal water. 60 °C vacuum drying can get anhydrous substance, being easily deliquescent. Pure malondialdehyde in neutral conditions is stable, but not stable in acidic conditions. It is obtained by condensation of acetaldehyde and ethyl formate under the action of alkali, and can be refined by sublimation under high vacuum. It is mainly used as raw material for pharmaceutical intermediates and photosensitive pigments. Incompatible with proteins and potentially carcinogenic. In living organisms, free radicals act on lipids to produce peroxidation reaction, and the end product of oxidation is malondialdehyde, which can cause the cross-linking polymerization of protein, nucleic acid and other life macromolecules, and has cytotoxicity.

Malondialdehyde (MDA) is one of the products of membrane lipid peroxidation, which is usually used as an index of lipid peroxidation to indicate the degree of membrane peroxidation and the strength of plant response to stress conditions. The content of malondialdehyde is closely related to plant aging and stress damage. Therefore, the content of malondialdehyde is a very important physiological index to measure the growth state of plants under stress.

To understand the relationship between malondialdehyde and plant stress; to master the determination principle and routine determination method of malondialdehyde.

(2) Experimental principle

To determine the malondialdehyde content in plants, usually we use thiobarbituric acid (TBA) in acidic conditions and heat to make the tissue malondialdehyde have color reaction. This will form red brown trimethylchuan (3, 5, 5-trimethyloxazole-2, 4-dione), whose maximum absorption wavelength is at 532 nm. However, the determination of MDA in plant tissues is interfered by a variety of substances, among which the most important is soluble sugar. The maximum absorption wavelength of the product of the color reaction between sugar and thiobarbituric acid (TBA) is at 450 nm, and there is also absorption at 532 nm. When plants are stressed by drought, high temperature, low temperature and other stresses, soluble sugar increases. Therefore, the interference of soluble sugar must be excluded when determining the content of reaction products between malondialdehyde and thiobarbituric acid in plant tissues. In addition, the influence of non-specific background absorption at 532 nm should also be excluded. The content of malondialdehyde can be calculated by measuring the absorbance value at 532 nm, 600 nm and 450 nm wavelength.

(3) Equipment and reagent

① Experimental equipment: Glass containers and EP tube, oven, balance, grinder, water bath, frozen centrifuge, pipette (matching head), UV spectrophotometer, etc.

② Experimental reagent: Trichloroacetic acid, liquid nitrogen, quartz sand, thiobarbituric acid (TBA).

Trichloroacetic acid solution: 0.25% (W/V) thiobarbituric acid dissolved in 10% (W/V) trichloroacetic acid, not easy to dissolve, heating to promote dissolution.

③ Experimental material: Aged or other plant tissues under stress.

(4) Methods and steps

① Weigh 1 g of fresh plant leaves, add liquid nitrogen, gently grind them with a grinding rod, then add 5 mL of ice-cold trichloroacetic acid solution, and extract them in a boiling water bath for about 20 min. Shake them frequently during the bath and cover them well.

② After cooling at room temperature, centrifuge and take the upper solution to measure OD_{450}, OD_{532} and OD_{600}.

③ Calculation: malondialdehyde content (X) of plant leaves per unit mass was obtained according to the following formula.

$$X(\text{mmol/g } FW) = [6.452 \times (OD_{532} - OD_{600}) - 0.559 \times OD_{450}] \times V_t / (V_s \times FW) \qquad (9-6)$$

Where, X is the content of malondialdehyde in the sample (mmol/g FW);

OD_{450} is the absorbance value of the sample extract at 450 nm.

OD_{532} is the absorbance value of the sample extract at 532 nm.

OD_{600} is the absorbance value of the sample extract at 600 nm.

V_t is the volume of extracted liquid (mL);

V_s is the volume of extracted liquid for determination (mL);

FW is the fresh weight (g) of the sample.

(5) Questions

1) How to eliminate the interference of soluble sugar in the determination process?

2) What are the effects of malondialdehyde in plants?

3) What happens to malondialdehyde content in plant leaves under stress?

9.7 Identification of cell death in plant tissues (Trypan blue staining method)

Cell death often occurs in plant tissues when they are aged or harmed by various environmental stress conditions. Identification of the number of cell death can reflect the degree of stress persecution and the stress tolerance of plants.

(1) Experimental principle

Loss of cell membrane integrity is generally considered to indicate cell death. A normal living cell with an intact membrane can repel trypan blue, so that it can not enter the cell; and for cells with the lost activity or incomplete membrane, their membrane permeability will increase, so the trypan blue can penetrate denatured cell membranes and combined with the disintegrated DNA, rendering it pigmented. Therefore, with the help of trypan blue staining, we can eaily and quickly distingush the living cells and dead cells.

(2) Equipment and reagent

① Experimental instrument: Analysis balance, constant temperature water bath, test tube or EP tube, etc.

② Experimental reagent: Trypan blue solution (0.02 g trypan blue was dissolved in 10 mL distilled water, mixed with 10 g phenol, 10 mL glycerin and 10 mL lactic acid), keep away from light; Before use, trypan blue solution and 95% ethanol were diluted in a 1 ∶ 2 solution as the staining solution; 2.5 g/mL chloral hydrate solution.

③ Experimental material: Plant leaves or other plant tissues under stress, and whole plants are recommended for small plants.

(3) Experimental steps

① Take the plant or part of the tissue to be tested and put it into EP tube or corresponding test tube with cover, and then add trypan blue solution to soak the plant or tissue.

② Boiling water bath for 1 – 3 min. During this process, the test tube cover should not be closed tightly to prevent excessive pressure in the test tube. For the smaller ones leaves or seedlings, water bath time should be reduced as appropriate.

③ The plant tissue was taken out from the trypan blue solution, and chloral hydrate solution was added to immerse the plant material, and slowly shake it for 1 hour at room temperature.

④ Replace the new chloral hydrate solution and shake slowly on table concentration overnight to completely decolorize the excess trypan blue and chlorophyll in plant tissues.

⑤ Discard the chloral hydrate solution, and wash the sample three times with distilled water for subsequent observation or microscopic photography.

(4) Attention

① The staining time of trypan blue can be adjusted according to the plant material.

② Trypan blue staining solution contains phenol, which is easy to be oxidized, so the solution preperation time should not be too long.

③ The trypan blue solution and chloral hydrate that need to be discarded should be treated with special reagent and should not be directly entered into the environment.

9.8 Determination of hydrogen peroxide (H_2O_2) content

(1) Purpose and significance

Hydrogen peroxide is involved in many life processes in plant cells, such as stomatal closure and auxin regulated geotropism. Hydrogen peroxide can oxidize or modulate signaling proteins, such as protcin phosphatascs, transcription factors, calcium channels located at the plasma membrane or elsewhere, and plasma membrane histidine kinases and mitogen-activated protein kinases (MAPK) . Increased intracellular Ca^{2+}concentration will further cause downstream reactions through the activity of calcium-binding proteins such as calmodulin, protein phosphatase, and protein kinases.

Hydrogen peroxide accumulates in plants under stress due to enhanced metabolism of reactive oxygen species. It can directly or indirectly oxidize biological macromolecules such as nucleic acid and protein in the cell, and make the cell membrane suffer damage, thereby accelerating the aging and disintegration of the cell. Therefore, the content of hydrogen peroxide in plant tissues is closely related to plant stress resistance. Therefore, hydrogen peroxide content is a very important physiological index to measure plants under stress.

To understand the relationship between hydrogen peroxide and plant stress; to master the principle and routine method of hydrogen peroxide determination.

(2) Experimental principle

Hydrogen peroxide and titanium sulfate (or titanium chloride) form a yellow precipitation of peroxide-titanium complex, which can be dissolved in sulfuric acid and determined by colorimetry at 415 nm wavelength. In a certain range, the color depth is linearly related to the concentration of hydrogen peroxide.

(3) Equipment and reagent

① Experimental equipment: Glass containers and EP tube, oven, balance, grinder, refrigerated centrifuge, pipette (matching head), ELISA plate, multifunctional microplate reader or UV spectrophotometer, etc.

② Experimental reagent: 50 mmol/L phosphate buffer (pH 7.8) : containing 1% (W/V) insoluble polyvinyl pyrrolidone (PVP), added before use.

0.1% (W/V) titanium sulfate solution: 0.1 g titanium sulfate dissolved in 100 mL 20% (W/V) sulfuric acid.

30% (W/V) H_2O_2 mother liquor.

③ Experimental material: Aged or other plant tissues under stress.

(4) Methods and steps

① Drawing of the standard curve. Dilute 30% (W/V) H_2O_2 mother liquor to prepare 0 μmol/L, 24 μmol/L, 96 μmol/L, 192 μmol/L, 490 μmol/L, 980 μmol/L and 9800 μmol/L H_2O_2 standard solutions. 1 mL of the sample standard solution was added, and 1 mL 5% titanium sulfate was placed for 10 min. After centrifugation at 12 000 r/min and 4 °C for 10 min, the absorbance of the supernatant was measured at 410 nm, and the standard curve was made.

② Sample extraction: 1 g of plant tissue leaves was weighed and placed in a mortar, and 5 mL 50 mmol/L phosphate buffer (pH 7.8) was added after grinding. The homogenate was centrifuged at 12 000 r/min at 4 °C for 5 min, and the supernatant was the sample extract.

③ 1 mL of sample extract was taken, 1 mL of 5% (W/V) titanium sulfate was added, placed for 10 min, centrifuged at 12 000 r/min and 4 °C for 10 min, and the absorbance value of the supernatant was measured at 410 nm. The concentration of H_2O_2 per unit mass of plant tissue samples was calculated according to the standard curve and the measured absorbance. H_2O_2 content in plant tissues was counted according to the following formula:

$$H_2O_2\text{ content }(\mu\text{mol/g }FW) = \frac{C \times V_t}{W \times 1000}, \tag{9-7}$$

Where, C is H_2O_2 concentration (μmol/L) in the sample obtained from the standard curve;

V_t is the total volume of sample extract (mL) ;

W is the fresh weight of plant tissue (g) .

(5) Questions

① What is the purpose of adding polyvinyl pyrrolidone (PVP) during sample extraction?

② How is hydrogen peroxide produced and removed from plants?

③ What are the functions of hydrogen peroxide in plants? Is less the better? Why is that?

④ What happens to the content of hydrogen peroxide in plant leaves under stress?

9.9 Determination of superoxide anion production rate

(1) Purpose and significance

Some oxygen molecules in living organisms, when participating in enzymatic or non-enzymatic reactions, if only accept one electron, will be converted into superoxide anion radical (O_2^-). Superoxide anion radical can not only interact directly with active substances such as protein and nucleic acid in the body, but also be derived into hydrogen peroxide, hydroxyl radical, singlet oxygen, etc. Hydroxyl radicals can trigger lipid peroxidation of unsaturated fatty acids and produce a series of free radicals, such as lipid free radicals, lipid oxygen free radicals, lipid peroxygen free radicals and lipid peroxides. Excessive accumulation of free radicals will cause damage to cell membranes and many biological macromolecules. Therefore, superoxide anion radical content is a very important physiological index to measure plants under stress.

To understand the relationship between superoxide anion radical and plant stress; to master the principle and routine method of superoxide anion radical determination.

(2) Experimental principle

In organisms, oxygen acts as the acceptor of electron transport, and when it gets a single electron, it generates superoxide anion radical. The superoxide anion radical content in biological system can be determined by hydroxylamine oxidation. Superoxide anion radical reacts with hydroxylamine to form NO_2^-. In the presence of p-aminobenzenesulfonic acid and a-naphthylamine, NO_2^- produces a pink azo dye. The absorbance value of the product was measured at the wavelength of 530 nm, and the OD_{530} was converted into [NO_2^-] by referring to the NO_2^- standard curve. Then, according to the reaction formula of hydroxylamine and O_2^-:

$$NH_2OH+2O_2^-+H^+=O_2^-+H_2O_2+H_2O$$

Stoichiometry of [O_2^-] according to [NO_2^-], that is, multiplying [NO_2^-] by 2, to get [O_2^-]. The production rate of O_2^- can be obtained according to the reaction time of recording sample with hydroxylamine and the fresh weight of sample.

(3) Equipment and reagent

① Experimental equipment: Glass containers and EP tubes, water bath, balance, grinder, refrigerated centrifuge, pipette (matching head), ELISA plate, multifunctional microplate reader or UV spectrophotometer, etc.

② Experimental reagent: 50 mmol/L phosphate buffer (pH 7.8) : containing 1% (W/V) polyethylene pirolidone (PVP), was added before use.

1 mmol/L hydroxylamine hydrochloride, 17 mmol/L p-aminobenesulfonic acid [acetic acid: water (V/V) = 3 : 1 preparation], 7 mmol/L a-turbulent amine [acetic acid: water (V/V) = 3 : 1 preparation], 50 nmol/mL $NaNO_2$ mother liquor, liquid nitrogen.

③ Experimental material: Aged or other plant tissues under stress.

(4) Methods and steps

① Drawing of the standard curve: Take 7 tubes, numbered 0 – 6, respectively add 1 mL 10 nmol/mL, 15 nmol/mL, 20 nmol/mL, 30 nmol/mL, 40 nmol/mL, 50 nmol/mL $NaNO_2$ standard dilution respectively, add 1 mL distilled water into the 0 tube. Then each eath tube was added with 1 mL 50 mmol/L phosphate buffer, 1 mL 17 mmol/L p-aminobenzenesulfonic acid and 1 mL 7 mmol/L a-naphthylamine, and placed at 25 °C for color development for 20 min. The absorbance value was measured at 530 nm wavelength using No. 0 tube as blank control. The standard curve was made with the concentration of nitrite as abscissa and absorbance value as ordinate.

② Sample extraction: 1 g of plant tissue leaves was weighed and placed in a mortar. After grinding, 5 mL 50 mmol/L phosphate buffer (pH 7.8) was added. The homogenate was centrifuged at 12 000 r/min at 4 °C for 5 min, and the supernatant was the sample extract.

③ Take 1 mL of sample extract, add 1 mL of 50 mmol/L phosphate buffer, 1 mL of 17 mmol/L p-aminobenzenesulfonic acid and 1 mL of 7 mmol/L a-naphthylamine, put at 25 °C for color development for 20 min, take No. 0 tube as blank control, and measure the absorbance value at 530 nm wavelength. The rate of superoxide anion production rate per unit mass of plant tissue samples was calculated from the standard curves and the measured absorbance values.

$$\text{The production rate of superoxide anion } (O_2^-) \ (\mu mol/g\ FW \min) = \frac{C \times V_t \times N \times 2}{t \times FW}, \quad (9-8)$$

Where: C is NO_2^- concentration (μmol/L) in samples collected by standard curve summary;

V_t is the total volume of sample extract;

N is the dilution mutiple of sample extract;

FW is the fresh weight of plant sample;

t is the reaction time.

(5) Questions

① What are the hazards of excessive hydrogen peroxide and superoxide anion in plants?

② What is the difference between the production and harm of hydrogen peroxide and superoxide anion?

③ What are the functions of superoxide anions in plants?

④ What happens to superoxide anion content in plants under stress?

9.10 Determination of superoxide dismutase (SOD) activity

(1) Purpose and significance

Many stresses can affect the balance of reactive oxygen species metabolism system in plants, that is, increase the production of reactive oxygen species, destroy the structure of reactive oxygen scavengers, reduce the content of reactive oxygen species, and further initiate membrane lipid peroxidation or membrane lipid defatting, thus damaging membrane structure and deepening damage. Superoxide dismutase (SOD) is an enzyme with oxygen free radical as its substrate. It plays an important role in the metabolism of reactive oxygen species. It can quench the toxicity of superoxide anion and terminate the biotoxic damage caused by a series of frcc radical chain reactions initiated by superoxide anion. It is the most important enzyme for scavenging reactive oxygen species. The enzyme has three types: CuZn-SOD, MN-SOD and Fe-SOD. Therefore, SOD activity is a very important physiological index to measure plants under stress.

To understand the relationship between superoxide dismutase (SOD) and plant stress; to master the determination principle and routine method of superoxide dismutase (SOD).

(2) Experimental principle

In this experiment, SOD inhibited the reduction of nitrotetrazolium chloride (NBT) under the light, which is used to determine the enzyme activity. In the presence of oxidizable substances, riboflavin can be photoreduced, and the reduced riboflavin is easy to reoxidize under aerobic conditions to produce O_2^-, and NBT can be reduced to blue formazan, the latter has the maximum absorption at 560 nm. Since SOD can remove O_2^-, so it inhibit the formation of formazan. Therefore, after the photoreduction reaction, the deeper blue the reaction solution is, the lower the enzyme activity is; otherwise, the higher the enzyme activity is. Based on this, the enzymatic activity can be calculated. One unit of activity was defined as the amount of enzyme required to inhibit the reduction of NBT to half (50%) of the reference.

(3) Equipment and reagent

① Experimental equipment: Glass containers and EP tubes, water bath, balance, grinder, refrigerated centrifuge, pipette gun (matching gun head), ELISA plate, multifunctional microplate reader or UV spectrophotometer, etc.

② Experimental reagent: 50 mmol/L phosphate buffer (pH 7.8) : containing 1% (W/V) polyethylene pirolidone (PVP), added before use.

Bradford reserve solution (300 mL) : 100 mL 95 % (V/V) ethanol, 200 mL 88 % (W/V) phosphoric acid, 350 mg Coomassie Brilliant Blue G250, constant volume to 500 mL.

Bradford I working solution (500 mL): 425 mL double distilled water, 15 mL 95% ethanol, 30 mL 88% (W/V) phosphoric acid, 30 mL Bradford reserve solution, filtered and stored in a brown bottle at room temperature.

1.0 mg/mL standard bovine serum protein (BSA) solution, 14.5 mmol/L methionine, 0.3 % (W/V) Triton X-100, 4 % (W/V) polyvinyl polypyrrolidone solution, 5 mmol/L NBT solution, 5 mmol/L riboflavin solution, liquid nitrogen.

③ Experimental material: Aged or other plant tissues under stress.

(4) Methods and steps

① Determination of protein concentration in the crude extract of plant sample. 1 g of plant tissue leaves was weighed and placed in a mortar, and 5 mL 50 mmol/ L phosphate buffer (pH 7.8) was added after grinding. The homogenate was centrifuged at 12 000 r/min at 4 ℃ for 5 min, and the supernatant was the crude extract of the sample. Take 100 μL crude extract of sample, add 3.0 mL Bradford working solution, and mix thoroughly. After the reagent was added for 10 min, the absorbance OD_{595} of each sample at 595 nm was measured on a spectrophotometer, and the average value was obtained by repeating the determination for three times. According to the standard curve and the OD_{595} value of the sample, the protein concentration in the crude extract of the plant sample can be calculated.

② Before the determination, 2 mL of EDTA, NBT and riboflavin solutions respectively were added to 5 mL 14.5 mmol/L methionine, and then mixed well, which was the reaction mixture. In the test tube containing 3 mL reaction mixture, 0.1 mL crude extract of plant sample was added for 10 min, and the absorbance value at 560 nm was measured rapidly. The light tube without enzyme solution was used as the control to calculate the percentage of reaction inhibition.

③ Calculation of enzyme activity: a unit (U) of superoxide dismutase (SOD) was taken as the amount of enzyme that could inhibit the reaction by 50%, and then the following formula was used to calculate the activity (X) of superoxide dismutase (SOD) per unit mass of protein.

$$X(\mathrm{U/g}) = (OD_1 - OD_2) \times 2, \qquad (9-9)$$

Where, X is the activity of superoxide dismutase (SOD) per unit mass of protein (U) ;

OD_1 is the absorbance value of the reference tube at 560 nm;

OD_2 is the absorbance of the measurement tube at 560 nm.

(5) Attention

① The riboflavin used in the experiment should be fresh as far as possible, because long-term placement of riboflavin may weaken the reaction and prolong the exposure time.

② Extraction of enzyme solution should be carried out at low temperature to protect enzyme activity.

(6) Questions

① What should be paid attention to during the measurement of superoxide dismutase activity?

② What are the functions of superoxide dismutase in plants?

③ What happens to SOD activity in plants under stress?

9.11 Determination of peroxidase (POD) activity

(1) Purpose and significance

Peroxidase (POD) is an oxidase with iron porphyrin as its prosthetic group, which catalyzes hydrogen peroxide to the oxidate of some reducing substances such as phenolic, aromatic amines, ascorbic acid. It is widely distributed in the biological world and plays an important role in the redox process of cell metabolism, such as removing the harmful substance hydrogen peroxide in cells, protecting enzyme proteins and promoting the formation of lignin in plant cells. Therefore, POD enzyme activity is a very important physiological index to measure plants under stress.

To understand the relationship between peroxidase (POD) and plant stress; to master the principle and routine method of peroxidase (POD) determination.

(2) Experimental principle

In this study, guaiacol (o-methoxyphenol) and hydrogen peroxide were used as substrates, and peroxidase catalyzed the release of new ecological oxygen to oxidize colorless guaiacol to become red-brown tetramethoxyphenol. The activity of peroxidase is linearly related to the color of the product in a certain range. The product has the maximum light absorption at 460 nm, so the activity of peroxidase can be determined by measuring the change of OD_{460}. It is regulated here that one unit of peroxidase activity is defined as the amount of enzyme required to increase OD_{460} by 1 per minute in the enzymatic reaction system at room temperature, pH 5.4.

The enzyme reaction was carried out in the colorimetric cup of the spectrophotometer during the activity determination. The OD_{460} increased due to the increase of the enzyme reaction products, and a set of OD_{460} could be obtained by recording at regular intervals. Using time as the abscissa and OD_{460} as the ordinate, linear plotting was performed (or statistical methods were used to obtain the regression equation), and then the change rate of OD_{460} (OD_{460}/min) was calculated, and finally the peroxidase activity in each gram of fresh weight sample was calculated.

(3) Equipment and reagent

① Experimental equipment: Glass containers and EP tubes, water bath, balance, grinder, refrigerated centrifuge, pipette gun (matching gun head), ELISA plate, multifunctional microplate reader or UV spectrophotometer, etc.

② Experimental reagent: 50 mmol/L phosphate buffer (pH 7.8) : containing 1% (W/V) polyethylene pirolidone (PVP), added before use.

Bradford reserve solution (300 ml) : 100 mL 95% (V/V) ethanol, 200 mL 88% (W/V) phosphoric acid, 350 mg Coomassie Brilliant Blue G250, constant volume to 500 mL.

Bradford T working solution (500 mL) : double distilled water 425 mL, 15 mL 95% ethanol, 30 mL 88% (W/V) phosphoric acid, 30 mL Bradford reserve solution, filtered and stored in a brown bottle at room temperature.

1.0 mg/mL of standard bovine serum protein (BSA) solution.

Enzyme activity assay buffer: 0.1 mol/L, pH 5.4 acetate-sodium acetate buffer.

0.25% (W/V) guaiacol solution: dissolved in 50% (V/V) ethanol, prepared before use.

0.75% (W/V) H_2O_2 solution: it is prepared before use because it is easy to hydrolyze.

③ Experimental material

Aged or other plant tissues under stress.

(4) Methods and steps

① Determination of protein concentration in the crude extract of plant sample: 1 g of plant tissue leaves was weighed and placed in a mortar, and 5 mL 50 mmol/L phosphate buffer (pH 7.8) was added after grinding. The homogenate was centrifuged at 12 000 r/min at 4 °C for 5 min, and the supernatant was the crude extract of the sample. Take 100 μL crude extract of sample, add 3.0 mL Bradford working solution, and mix thoroughly. After the reagent was added for 10 min, the absorbance of each sample at 595 nm was measured on a spectrophotometer. The determination was repeated three times for the average value. According to the standard curve and the OD_{595} value of the sample, the protein concentration in the crude extract of the plant sample can be calculated.

② Sample determination: In the glass test tube, 2 mL acetate sodium buffer and 1 mL 0.25% (W/V) guaiacol solution were added first, then 0.1 mL crude sample extract (depending on the enzyme activity) was added, and finally 0.1 mL 75% (W/V) H_2O_2 solution was added, and the mixture was quickly reversed. OD_{460} was quickly measured and timed. OD_{460} was read and recorded every 30 s for a total of 3 min (Note: the amount of enzyme solution added was generally controlled within 5 min to make OD_{460} reach 0.5 – 0.8) .

③ Calculation of results: With time as the abscissa and OD_{460} as the ordinate, the obtained data were plotted linearly, and the slope of the line was obtained, that is, the change value of OD_{460} per minute, which was the initial speed of the reaction. Then the enzyme activity per unit mass of protein was calculated.

(5) Questions

① What should be paid attention to in the process of peroxidase activity determination?

② During the enzyme activity determination, why it is necessary to determine the initial speed of enzyme reaction?

③ What are the functions of plant peroxidase?

④ What happens to peroxidase activity in plants under stress?

9.12 Determination of catalase (CAT) activity

(1) Purpose and significance

Catalase (CAT) is a kind of enzymatic scavenger, which is a conjugated enzyme with ferriporphyrin as its prosthetic group. It can promote the decomposition of hydrogen peroxide into molecular oxygen and water, remove the hydrogen peroxide in the body, so as to protect cells from the toxicity, which is one of the key enzymes in biological defense system. The mechanism of CAT acting on hydrogen peroxide is essentially the disproportionation of hydrogen peroxide. Two H_2O_2 must meet with CAT successively and collide on the active center before the reaction can occur. The higher the concentration of H_2O_2, the faster the decomposition rate. Therefore, CAT enzyme activity is a very important physiological index to measure plants under stress.

To understand the relationship between catalase (CAT) and plant stress; to master the principle and routine method of catalase (CAT) determination.

(2) Experimental principle

H_2O_2 has strong light absorption at 240 nm wavelength, and catalase can decompose hydrogen peroxide, so that the absorbance value (OD_{240}) of reaction solution decreases with the reaction time. Catalase activity can be measured according to the rate of change of absorbance.

(3) Equipment and reagent

① Experimental equipment Glass containers and EP tubes, water bath, balance, grinder, refrigerated centrifuge, pipette gun (matching gun head), ELISA plate, multifunctional microplate reader or UV spectrophotometer, etc.

② Experimental reagent: 50 mmol/L phosphate buffer (pH=7.8) : containing 1% (W/V) polyvinyl pyrrolidone (PVP), added when use.

Bradford reserve solution (300 mL) : 100 mL 95% (V/V) ethanol, 200 mL 88 % (W/V) phosphoric acid, 350 mL Coomassie Brilliant Blue G250 350 mg, constant volume to 500 mL.

Bradford working solution (500 mL) : 425 mL double distilled water, 15 mL 95% ethanol, 30 mL 88% (W/V) phosphoric acid, 30 mL Bradford reserve solution. Mixed, filtered and stored in a brown bottle at room temperature.

The 1.0 mg/mL standard solution It was calibrated with 0.1 mol/L potassium hypermanganate.

③ Experimental material: Plant tissues under aging or stress.

(4) Methods and steps

① Determination of protein concentration in the crude extract of plant sample: 1 g of plant tissue leaves was weighed and placed in a mortar, and 5 mL 50 mmol/L phosphate buffer (pH=7.8) was added after grinding. The homogenate was centrifuged at 12 000 r/min at 4 °C for 5 min, and the supernatant was the crude extract of the sample. Take 100 μL crude extract of sample, add 3.0 mL Bradford working solution, and mix thoroughly. 10 min later, the absorbance OD_{595} of each sample at 595 nm was measured on a spectrophotometer, and the average value was obtained by repeating the determination for three times. According to the standard curve and the OD_{595} value of the sample, the protein concentration in the crude extract of the plant sample can be calculated.

② Take 100 μL crude extract of the sample, preheat it at 25 °C , add 0.3 mL 0.1 mol/L H_2O_2, time immediately after adding, and quickly measure the absorbance at 240 nm, read every 1 min for a total of 4 min.

③ Calculation of results: The amount of enzyme that reduced OD_{240} by 0.1 within 1 min was taken as 1 enzyme activity unit (U), and then the enzyme activity per unit mass of protein was calculated.

(5) Questions

① What should be paid attention to in the process of catalase activity measurement?

② What are the functions of plant catalase?

③ What happens to catalase activity in plants under stress?

The Appendix

Appendix 1 Consolidation and reflection of relative theoretical knowledge

I Water physiology of plants

(I) Explanation of the noun

1. The water potential 2. Osmotic potential 3. Pressure potential 4. Matrix potential 5. Free water 6. Bound water 7. Osmotic effect 8. Imbibition 9. Metabolic water absorption 10. The partial molar volume of water 11. Chemical potential 12. The free energy 13. Root pressure 14. The transpiration tension 15. Transpiration effect 16. Transpiration rate 17. Transpiration coefficient 18. Water critical period 19. Physiological drought 20. The theory of cohesion 21. Wilting 22. Aquaporin 23. Plasmolysis 24. diffusion 25. Water metabolism 26. Surface tension 27. Semi permeable membrane 28. Turgor pressure 29. Plasmolysis restoration 30. Imbibition absorption 31. Guttation 32. Pore diffusion law 33. Cohesion 34. Permanent wilting coefficient 35. The apoplasmic pathway 36. The symplast pathway 37. Pico transpiration 38. Stomatal transpiration 39. Sprinkler irrigation technology 40. Drip irrigation

(II) Translation from Chinese to English

1. Water metabolism 2. Bound energy 3. Free energy 4. Chemical energy 5. Water potential 6. Osmosis 7. Plasmamolysis 8. Osmotic potential 9. Pressure potential 10. Matrix potential 11. Imbibition 12. Aquaporin 13. The apoplasmic pathway 14. The symplast pathway 15.Casparian strip 16. Root pressure 17. Bleeding exudation 18. Guttation 19. The transpiration tension 20. Transpiration effect 21. Pico transpiration

22. Cuticular transpiration 23. Stomatal transpiration 24. The theory of starch-sugar conversion 25. The theory of inorganic ion absorption 26. Theory of malate formation 27. Stomatal frequency 28. Transpiration rate 29. The theory of transpiration-cohesion-tension 30. Critical moisture period

(III) Write down the Chinese names of the following symbols

1. ATM 2. Bar 3. MPa 4. RWC 5. WUE 6. Ψ_m 7. Ψ_s 8. Ψ_w 9. SPAC 10. AQP

(IV) Fill in the blanks

1. Plant cells absorb water in the following ways: ________, ________ and________.

2. The ways for plants to lose water include________ and________.

3. The state of water presence in plant cells is________ and________.

4. There are two colloidal states of plant cell protoplasm, namely ________ and________.

5. Cytoplasmic wall separation can solve the following problems, ________, ________, ________ and________.

6. The higher the ratio of free water to bound water, the metabolism________, and the smaller the ratio, the stress resistance of the plant________.

7. The water potential of a typical cell is equal to________.

8. The water potential of a cell with a vacuole is equal to________.

9. After forming a vacuole, the cell mainly absorbs water by ________.

10. The water potential of the dry seed cells is equal to________.

11. The water absorption of the germination of air-dried seeds mainly depends on ________.

12. At the initial plasmolysis of the cell, the water potential of the cell is equal to ________, the pressure potential is equal to________.

13. When the cell is saturated with water, the water potential of the cell is equal to ________, the absolute value of the osmotic potential and the pressure potential________.

14. Put a cell with $\Psi p = -\Psi s$ into pure water, then the volume of the cell________.

15. The movement of water between two adjacent cells depends on the________ between the two cells.

16. In the root tip, the largest water absorption capacity is in ________.

17. Plant roots absorb water by: ________ and________.

18. Root systems take up water in two powers: ________ and________.

19. Evidence for the existence of root pressure includes ________ and________.

20. Leaf transpiration occurs in two ways: ________ and________.

21. The first water critical period of wheat is________.

22. The commonly used indicators of transpiration are________, ________ and________.

23. The main factors affecting stomatal opening and closing include________, ________ and________.

24. The main environmental factors affecting transpiration are________, ________ and________.

25. The transpiration coefficient of C_3 plants is ________ than that of C_4 plants.

26. The physiological indicators that can sensitively reflect the water status of plants are as follows________, ________, ________ etc.

27. The phenomenon that the plant secretes water from leaf tip, leaf edge is called________, it is the embodiment of the existence of ________.

28. Under standard conditions, the water potential of pure water is________. The water potential after adding solute________, the thicker the solution is, the water potential ________.

29. Plants' guttation is a water loss process in________ state, and transpiration is water loss process in________ state.

30. Fertilization is too much in the field, crops become withered and yellow, commonly known as ________ seedlings, its reason is soil solution water potential________, the water potential of the plant, causing water extravasation.

31. When seed germinates water absorption depends on________, dry fungus's water absorption depends on________. The cells forming vacuole absorb water mainly depend on________.

32. When trees are replanted, part of the leaves are often cut off to reduce________.

33. The physiological significance of transpiration is mainly to produce________, promote the transport of________ substances, reduce________ and promote the assimilation of CO_2.

34. Compared with pure water and the vapour pressure of water with solutes ________, boiling point________, freezing point________, osmotic pressure________ osmotic potential________.

35. The physiological indicators of crop irrigation are ________, ________, ________ and ________.

36. Suppose two adjacent cells A and B, the osmotic potential of the A cell is -16×10^5 Pa

and the pressure potential is 9×10^5 Pa, and the osmotic potential of the B cell is -13×10^5 Pa and the pressure potential is 9×10^5 Pa. Water should flow from ________ cell to ________ cell. Because the water potential of an A cell is ________, and the water potential of an B cell is ________.

37. When living cells are put into a solution containing different ions, different forms of plasmolysis are induced. The ________-type plasmolysis can be induced in the solutions containing 1-valent ions________, while ________-type plasmolysis can be induced in the solutions containing 2-valent ions.

38. ________ is significant for water transport in tall plants.

39. ________ and ________ showed that plant cells are an osmotic system.

40. There are three theories to explain the mechanism of stomatal movement: ________, ________, and________.

(V) Multiple choice questions

1. Plants lose water and lower their body temperature through transpiration under the hot sun because (　　).

A. water has a high specific heat　　B. water has a high heat of gasification

C. water has surface tension

2. Generally speaking, the ratio of free water to bound water in the tissues of overwintering crops in winter will (　　).

A. increase　　B. reduce　　C. change little

3. If a fully saturated cell is put into a solution 10 times lower than the concentration of the cell fluid, the cell body will become (　　).

A. larger　　B. smaller　　C. the same

4. Plant cells that have formed vacuoles absorb water by (　　).

A. imbibition　　B. osmosis　　C. metabolism

5. The cells of plant meristem absorb water by (　　).

A. osmosis　　B. metabolism　　C. imbibition

6. The germination of air-dried seeds depends on (　　) for water absorption.

A. metabolic action　B. imbibition　　C. osmosis

7. The water potential of the external solution is -0.5 MPa, and the water potential of the cell is -0.8 MPa, then (　　).

A. cells absorb water　　B. cell water loss water

C. it is kept in equilibrium

8. The diffusion rate of water vapor molecules through a stomatal opening (　　).

A. is proportional to the area of the stomata.

B. is proportional to the stomatal circumference

C. is inversely proportional to stomatal circumference

9. The speed of transpiration is mainly determined by (　　).

A. the vapor pressure difference between inside and outside the leaf

B. the leaf stomatal size

C. the leaf area size

10. Changes in water potential in guard cells of plants are related to (　　).

A. Ca　　B. K　　C. Cl

11. Changes in water potential in guard cells of plants are related to (　　).

A. sugar　　B. fatty acid　　C. malic acid

12. The root absorbs water mainly at the root tip, and the largest water absorption capacity is at the (　　).

A. meristematic zone　　B . elongation zone

C. root hair zone

13. The reason for the decrease of root water absorption and poor soil ventilation is due to (　　).

A. lack of oxygen　　B. insufficient moisture

C. too high CO_2 concentration

14. High soil temperature is detrimental to root water uptake because high temperatures can (　　).

A. strengthen root aging　　B. passivate the enzyme

C. reduce auxin

15. At present, it is believed that the driving force of water rising along the duct or tracheid is (　　).

A. the lower root pressure　　B. tension

C. the upper transpiration pull

16. Water is transported in the xylem is (　　) than in parenchyma.

A. much slower　　B. much faster　　C. almost the same

17. The water critical period of plants refers to (　　).

A. the most sensitive period to water deficiency

B. the period of greatest water demand

C. water demand termination period

18. At present, the most important physiological indicator for irrigation is (　　).

A. leaf osmotic potential B. leaf stomatal opening

C. leaf water potential

19. When a cell is placed in a sugar solution of equal concentration to its cytosol, ( ).

A. the cell loses water

B. neither absorbs water nor loses it

C. it can either absorb water or lose water

20. The direction of water conduction between the living cells of a root or leaf is determined by ( ).

A. the concentration of cell fluid

B. the osmotic potential gradients of adjacent living cells

C. the water potential gradient of adjacent living cells

21. When transpiration is strong, the farther the part is from the vein in a leaf, ( ) the water potential is.

A. the higher B.the lower

C. It's basically constant

22. In warm and humid weather conditions, the root pressure of plants will be ( ).

A. bigger B. smaller

C. The change is not obvious

23. The conditions for osmosis are ( ).

A. semi-permeable membrane

B. cellular structure

C. semi-permeable membrane and water potential difference of both sides of the membrane

24. The small SAP flow method measures the water potential of plant tissue. If the small SAP flows upward, it indicates the water potential of the tissue is ( ) that of the exterior solution .

A. equal to B. bigger than C. smaller than

25. Long distance transport of water through plants ( ).

A. sieve tube and companion cells B. ducts and tracheids

C. metastatic cell

26. Under the condition of germination, the water absorption of the non-dormant seeds of Xanthium xanthii at the beginning of 4 hours belongs to ( ).

A. imbibition absorption

B. metabolic water absorption

C. osmotic water absorption

27. The flow of water from one cell to another via plasmodesmata is (　　　).

A. the extracellular pathway　　B. the symplast pathway

C. transmembrane way

28. Isotonic solution refers to (　　　).

A. a solution of equal pressure potential but different solute composition

B. a solution with equal solute potential but different solute compositions

C. a solution where the solute potentials are equal and the solute composition must be the same

29. The water transport speed in xylem is (　　　) than that in parenchyma cells.

A. faster　　B. slower　　C. the same

30. When the cell is saturated in water absorption, the ψ_w in the cell is (　　　)MPa.

A. 0　　B. very low　　C. > 0

(VI) True or false questions

1. The normal physiological activity of plants is affected not only by the amount of water content, but also by the state of water. (　　)

2. For roots to absorb water from the soil, the root cell water potential must be higher than the water potential of the soil solution. (　　)

3. There are active water absorption and passive water absorption in plant cells. (　　)

4. Passive water absorption by plants is driven by root pressure. (　　)

5. At the time of initial plasmolysis (relative volume 1), the cell water potential is equal to the pressure potential. (　　)

6. The farther the cell water potential was from the leaf vein, the higher it was. (　　)

7. Transpiration differs from physical evaporation in that it is also determined by plant structure and stomatal behavior to adjust. (　　)

8. The diffusion rate of water vapor molecules through a stoma is proportional to the stoma area. (　　)

9. The air relative humidity increases, the air vapor pressure increases, and transpiration intensifies. (　　)

10. Low concentration of CO_2 promotes stomatal closure, while high concentration of CO_2 promotes rapid stomatal opening. (　　)

11. Sugar, malic acid and K^+, Cl^- enter the vacuole, make the guard cell pressure potential drop, water swelling, stomata is open. (　　)

12. Since the cohesion of water molecules is much greater than the tension of the water column, the continuity of the water column in the catheter can be ensured, so that the water will rise continuously. ( )

13. Water is transported much faster in parenchyma than in xylem. ( )

14. C_3 plants produce one to two times more dry matter per unit of water than C_4 plants. ( )

15. The driving forces of water transport in ducts and tracheids are transpiration pull and root pressure, of which root pressure is dominant. ( )

16. The plant cell wall is a semi-permeable membrane. ( )

17. If the cell has $\Psi_w = \Psi_s$ and is put into pure water, the volume will not change. ( )

18. A cell with $\Psi p = 0$ is placed in an isotonic solution, and the volume will not change. ( )

19. The water in the soil is in the root with endodermis and can enter the duct through the apoplasmic body. ( )

20. The transpiration pull causes plants to passively absorb water, which is independent of the water potential gradient. ( )

21. When guard cells are photosynthetic, their osmotic potential increases, water enters, and stomata open. ( )

22. Water in plants can form a continuous water column in ducts and tracheids, mainly due to the existence of transpiration pull and water molecular cohesion. ( )

23. When ψ_w is equal to 0, the cell is highly absorbent. ( )

24. When stomatal frequency is large and stomata are large, internal resistance is high and transpiration is weak. On the contrary, the resistance is small and the transpiration is strong. ( )

25. Higher K^+ content in guard cells can promote stomatal opening. ( )

26. Plants transpirate during the day and at night. ( )

27. Plants with leaves are less able to absorb water than plants without leaves. ( )

28. Under normal conditions, the water potential of the aboveground part of a plant is higher than that of the underground part. ( )

29. The water column tension is much greater than the cohesion of the water molecules, thus making the water column constant. ( )

(VII) Questions

1. What is the relationship between the physicochemical properties of water molecules and plant physiological activities?

2. Briefly describe the role of water in plant life.

3. What is the relationship between water status and metabolism in plants?

4. What kinds of ways does plant cell absorb water have?

5. What problems can be solved by the phenomenon cell plasmolysis?

6. Why high soil temperature is bad for root water uptake?

7. What is the physiological significance of transpiration?

8. What is the mechanism of stomatal opening and closing? How is stomatal transpiration regulated by light, temperature and CO_2 concentration?

9. What are the three types of antitranspirants according to their properties and mode of action? Give each example.

10. Water from being absorbed by plants to transpiration to the outside of the body, through what routes? What about motivation?

11. Which two periods in the whole growth period of wheat are water critical period?

12. How to calculate the water potential of sugar solution? (Sucrose concentration is 0.25 mol/L)

13. What are the ways that roots absorb water?

14. Why do stomata close in leaves under dark conditions?

15. Briefly describe the transport routes and rates of water in plants.

16. Why can the water column in the conduit of tall trees continue without interruption? If the water column in one part of the conduit is interrupted, can the top leaves of the tree still get water? Why is that?

17. What are the appropriate ways to reduce transpiration?

18. How do plants maintain a relatively constant body temperature?

19. What are the causes of leaf wilting or yellowing in plants subjected to waterlogging?

20. How can proper irrigation increase production and improve the quality of agricultural products?

21. Why can't we irrigate crop with well water at summer sunny noon?

22. What irrigation technologies have emerged in recent years? What are the advantages?

23. What are the main causes of low temperature inhibiting root water uptake?

24. Describe the theory of inorganic ion (K^+) absorption related to stomatal opening and closing.

25. What is the basis for rational irrigation of crops in agricultural production?

II Plant mineral nutrition

(I) Explanation of the noun

1. Mineral nutrition 2. Ash element 3. Required element 4. Macroelements 5. Trace element 6. Advantageous element 7. Hydroponics 8. Sand culture method 9. Passive absorption of ions 10. Dunant balance 11. Active absorption of ions 12. Single salt poisoning 13. Ion antagonism 14. Equilibrium solution 15. Physiological acid salts 16. Physiological basic salt 17. Physiological neutral salt 18. Pinocytosis 19. Relative free space 20. Extra-root nutrition 21. Inducible enzyme 22. Recycling element 23. Reductive amination 24. Biological nitrogen fixation 25. Primary total operation 26. Secondary total operation 27. Trophic membrane technology 28. Transport proteins 29. Carrier transport 30. Deficiency syndrome 31. Equilibrium solution 32. Selective absorption of ions 33. Ectodesma 34. Nitrification 35. Intrinsic protein 36. Exchange adsorption 37. Ion coordination 38. Carrier 39. Ion channel 40. Ion exchange 41. Nitrogen cycle 42. Mineralization 43. Nitrogen metabolism 44. Nutrient critical period

(II) Translation from Chinese to English

1. Mineral nutrition 2. Pinocytosis 3. Passive absorption of 4. Required element 5. Macroelements 6. Ash element 7. Flow Mosaic 8. Phospholipid bilayer 9. Extrinsic protein 10. Intrinsic protein 11. Integrin 12. Ion channel transport 13. Membrane potential difference 14. Electrochemical potential gradients 15. Passive transport 16. One-way transport carrier 17. Co-directional transporter 18. Reverse transporter 19. Ion pump 20. Proton pump transport 21. Active transport 22. Calcium pump 23. Selective absorption 24. Physiological acid salt 25. Physiological basic salt 26. Physiological neutral salt 27. Single salt poisoning 28. Ion antagonism 29. Equilibrium solution 30. Exchange adsorption 31. Ectodesma 32. Inducible enzyme 33. Amino exchange 34. Biological nitrogen fixation 35. Nitrogenase 36. Transporter 37. Nitrate reductase 38. Critical concentration

(III) Translation from English to Chinese

1. Mineral Element 2. Pinocytosis 3. Passive Absorption 4. Essential Element 5. Macroelement 6. Ash Element 7. Fluid Mosaic Model 8. Phospholipid Bilayer 9. Extrinsic Protein 10. Intrinsic Protein 11. Integral Protein 12. Ion Channel Transport 13. Membrane Potential Gradient 14. Electrochemical Potential Gradient 15. Passive Transport 16. Uniport Carrier 17. Symporter 18. Antiporter 19. Ion Pump 20. Proton Pump Transport 21. Active Transport 22. Calcium Pump 23. Selective Absorption 24. Physiologically Acid Salt 25. Physiologically Alkaline Salt 26. Physiologically Neutral Salt 27. Toxicity Of Single Salt 28. Ion Antagonism 29. Balanced Solution 30. Exchange Adorption 31. Ectodesma 32. Induced Enzyme 33. Transamination 34. Biological Nitrogen Fixation 35. Nitrogenase 36. Transport Protein 37. Nitrate Reductase 38. Critical Concentration

(IV) Chinese name for the symbols

1. AC 2. AFS 3. APS 4. CaM 5. Ca^{2+} – CaM 6. CoA 7. CIC 8. DFS 9. Fe-EDTA 10. IC 11. MR 12. NiR 13. NR 14. PAPS 15. Pd 16. WFS 17. GOGAT 18. GS 19. GDH 20. K_{in} 21. K_{out} 22. NFT 23. PCT

(V) Blanks filling

1. Halophytes have the highest ash element content up to________.

2. ________ kinds of elements in plants have been found, among which the essential mineral elements of plants are________.

3. The elements necessary for plant growth and development have________.

4. The macroelements essential for plant growth and development have________.

5. The trace elements necessary for plant growth and development have________.

6. The determination of the essential elements of plants is solved by ________ method.

7. Plant cells absorb mineral elements in the following ways: ________, ________ and________.

8. Mechanistic hypotheses explaining active ion absorption include________ and________.

9. The evidence for active ion absorption with the presence of carriers is and.

10. The direction of ion diffusion depends on the relative values of________ and________.

11. The diagnostic methods of mineral element deficiency in crops include________, ______

and________.

12. The leaflet disease of fruit trees in North China is due to the deficiency of________ elements.

13. The physiological symptoms of nitrogen deficiency first appear on the ________ leaves.

14. The physiological symptoms of calcium deficiency first appear on the ________ leaves.

15. There are two ways for roots to absorb mineral elements from soil: ________; ________.

16. $(NH_4)_2SO_4$ is a physiological________ salt, and KNO_3 is a physiological________ salt. NH_4NO_3 is a physiological ________ salt.

17. When $NaNO_3$ is applied in large quantities over many years, the pH of the soil solution will ________.

18. Large amounts of $(NH_4)_2SO_4$ applied over many years will ________ the pH of the soil solution.

19. The relationship between water and salt uptake by plants is________.

20. The most active ion uptake region in the root tip is________.

21. The reason why the roots are selective for ion absorption is related to the different amount________.

22. The reduction of nitrate to nitrite is catalyzed by________ enzymes.

23. Nitrate reductase is a (n) ________ enzyme.

24. The reduction of nitrite to ammonia is catalyzed by ________enzymes in chloroplasts.

25. The mineral elements absorbed by roots are mainly transported up by________.

26. The maximum nutrient efficiency period of general crops is ________ period.

27. Factors affecting mineral uptake by roots include________, ________, ________, and________.

28. The main organ of mineral element absorption in the aboveground part of the plant is the ________, nutrients penetrate into the leaves by________.

29. Ectoplasmas are channels in the outer cell wall of epidermal cells that extend from the ________ inner surface to the ________ plasma membrane.

30. The main ways in which amino acids are synthesized in plants are________ and________.

31. Among the reusable elements in plants, the most typical elements are________ and ________, and the most important non-reusable element is________.

32. The morphological indexes of topdressing are ________ and________ etc, and the physiological indexes of topdressing are ________, ________ and________.

33. In addition to carbon, hydrogen and oxygen, the highest content in plants is________.

34. The physiological functions of essential elements in plants can be summarized into three aspects: ① composition of ________ substances; ② regulation of activities; ③ function

of________.

35. When too much nitrogen fertilizer is applied, tolerance ability________, maturity period________.

36. The occurrence of etiolation in old leaves while the veins remain green is typical of ________ deficiency. ________ is the metal that makes up chlorophyll.

37. Simple diffusion is a way of transporting ions into and out of plant cells, and its driving force is transmembrane ________difference.

38. There are three types of carrier proteins, which are________, ________ and________.

39. The trace elements related to photosynthesis and oxygen release in plants include ________, ________ and________.

40. In the essential elements of plants, the elements easy to reuse are ________, the elements not easy to reuse are ________, green deficiency occurs when lacking of the element ________.

41. When the alkaline reaction of soil solution is strengthened, ________ plasma gradually becomes insoluble, which is not conducive to plant absorption. As the soil becomes more acidic, ________ plasma is easily dissolved, and plants have no time to absorb it before it is washed away by rain.

42. When the element ________ is lacking, fruit trees are susceptible to "leaflet disease" and corn is susceptible to "white and white leaf disease".

43. When the element ________ is lacking, cereals are susceptible to "white blast" and fruit trees are susceptible to "top blight".

44. Lack of ________ element, oilseed rape has "flower but not real", wheat has "ear but not fruitful", cotton has "bud but not flowering", sugar beet is easy to get "heart rot", turnip is easy to get "brown heart disease".

45. When the lack of ________ element, citrus is easy to get "macular disease", cauliflower is easy to get "tail whip disease".

46. Usually, the three elements ________, ________ and ________ are called the three elements of fertilizer.

47. The research results of ________ and ________ provide experimental evidence for the carrier theory of active absorption of mineral elements.

48. Ion channels are like a gate system with three states: ________, ________ and ________.

49. Plant roots absorb ions in two stages, the ions from the outside into the root free space is called ________ stage, this stage is the process of ________ metabolizable energy; Ions from the free space through the plasma membrane into the cell interior is called ________ phase, which is generally ________ metabolizable energy process.

50. Plants assimilate sulfate ions first by activating the ion, the enzyme catalyzing this reaction is ________, the product is ________.

51. The methods commonly used in the study of plant physiology for intact plant culture are ________, ________, and ________.

52. When applying hydroponics, we use a black vessle, which is to prevent ________.

53. The ________ method is commonly used to determine the essential elements for plant growth.

54. ________and ________ are combined to be called the electrochemical potential gradient.

55. The main conditions affecting the uptake of mineral ions in the root are as follows________.

56. The process of reducing nitrate to nitrite is carried out in________.

57. Ammonium assimilation in most plants is accomplished mainly through and________.

58. Biological nitrogen fixation is mainly achieved by ___________ and ___________ microorganisms.

59. In plant roots, nitrogen is mainly transported upward as ________ and ________.

(VI) Multiple choice questions

1. The mineral elements necessary for plant growth and development include (　　) kinds.

A. 9　　B. 13　　C. 16　　D. 15

2. Among the following elements, the mineral element is (　　).

A. Iron　　B. calcium　　C. carbon　　D. hydrogen

3. Among the following elements, essential trace elements for plant growth and development are (　　).

A. P　　B. manganese　　C. copper　　D. natrium

4. Among the following elements, macroelements necessary for plant growth and development ares (　　).

A. N　　B. Iron　　C. sulfur　　D. zinc

5. When plants are short of sulfur, they will have green deficiency disease, which is manifested as (　　).

A. Veins lack green and not necrotic

B. Interveinal lack of green to necrosis

C. mesophyll lacks Chlorophyll

D. lack of green plaque

6. When plants are deficient in iron, young leaves will produce green deficiency disease, which is manifested as ( ).

A. veins are still green B. leaf veins lost green

C. the whole leaf lost green D. lack of green plaque

7. The young leaves of higher plants first appear deficiency symptoms, possibly due to the lack of ( ).

A. Magnesium B. P C. sulfur D. nitrogen

8. The older leaves of higher plants first appear deficient in greenness, which may be deficient in ( ).

A. Manganese B. N C. calcium D. zinc

9. The region of active ion uptake in plant roots is ( ).

A. meristematic zone B. elongation zone

C. root hair zone D. root cap

10. The most important factor affecting the active uptake of inorganic ions in plant root hair area is ( ).

A. soil solution pH B. the oxygen concentration in the soil

C. salt content in the soil D. temperature of soil

11. There is a competition mechanism between the two ions ( ).

A. $Cl^-$and Br^- B. $CL^-$and NO_3^- C. $Cl^-$and Ca^{2+} D. $Cl^-$and NH_4^+

12. Dunant equilibrium does not consume metabolizable energy but absorbs reversible concentration, so it belongs to ( ).

A. pinocytosis B. active absorption

C. passive absorption D. all of the above

13. The active absorption mode of mineral elements in plant cells is characterized by ( ).

A. consuming metabolizable energy

B. having no choice

C. absorption against the concentration difference

D. all of the above

14. When plant cells absorb and transport ions, the one on the membrane which plays the role of electrogenic proton pump is ( ).

A. NAD kinase B. catalase C. ATP D. peroxidase

15. The vacuolar membrane H^+-ATPase can be inhibited by ( ).

A. carbonate B. sulfate C. nitrate D. phosphate

16. The relationship between plant uptake of mineral elements and water is (　　).

A. positive correlation　　B. negative correlation

C. both related and independent　　D. doesn't matter

17. Tomatoes absorb calcium and magnesium at a faster rate than they absorb water, resulting in calcium and magnesium concentrations in the culture medium (　　).

A.increasing　　B. decreasing　　C. the same

D. increase first and then decline

18. The concentration of calcium and magnesium in rice culture medium will gradually increase, which indicates that the rate of calcium and magnesium absorption of rice is (　　) than the rate of water absorption.

A. slower　　B. faster　　C. general　　D. equal

19. Among the following salts, the physiologically acidic salts are (　　).

A. NH_4O_3　　B. $(NH_4)_2SO_4$　　C. $NaNO_3$　　D. KNO_3

20. Nitrate reductase molecule contains (　　).

A. FAD and Mn　　B. FMN and Mo　　C. FAD and Mo　　D. Fe-s and Mo

21. The main ways of amino acid synthesis in plants include (　　).

A. reduced amino　　B. amino exchange

C. nitrogen fixation　　D. nitrification

22. Biological nitrogen fixation is mainly achieved by the following microorganisms, which are (　　).

A. non-symbiotic microbes　　B. the commensal organism

C. nitrifying bacteria　　D. anaerophyte

23. When inorganic ions absorbed by plant roots are transported to aboveground parts, they are mainly transported through (　　).

A. phloem　　B. the extracellular body

C. plasmodesmata　　D. xylem

24. Among the morphological indicators reflecting the fertilizer requirement of plants, the most sensitive is (　　).

A. plant height　　B. the internode length

C. leaf color　　D. number of leaves

25. The amino acid that can reflect the nitrogen nutrient level of rice leaves is (　　).

A. methionine　　B. asparagine　　C. alanine　　D. lysine

26. The distribution of phosphorus in plants is not uniform, and the phosphorus content in which of the following organs is relatively small?(　　)

A. The growth point of the stem　　B. The fruit, seeds

C. Tender leaf　　D. Old leaf

27. An important component of cell osmotic potential is (　　).

A. N　　B. P　　C. K　　D. Ca

28. High content of elements in grasses is (　　), especially concentrated in the epidermal cells of stems and leaves, which can enhance the resistance to pests and diseases and lodging resistance.

A. Boron　　B. Zinc　　C. Cobalt　　D. Silicon

29. When plants are zinc deficient, the synthesis ability of (　　) decreases, which leads to the decrease of indoleacetic acid synthesis.

A. alanine　　B. glutamate　　C.lysine　　D. tryptophan

30. The high lactam content of the plant was found during physiological analysis, which means that the plant may (　　).

A. lack of NO_3^- –N supply

B. have insufficient nitrogen supply

C. lack of NH_4^+ –N

D. have sufficient NH_4^+ –N supply and insufficient NO_3^- –N supply

31. The nitric acid reduction process in mesophyll cells is completed in (　　).

A. the cytoplasm, vacuole　　B. chloroplasts, the mitochondria

C. the cytoplasm, chloroplast　　D. the cytoplasm, the mitochondria

32. Nitrogenase in biological nitrogen fixation is composed of the following two subunits (　　).

A. Mo–Fe protein, Fe protein　　B. Fe-S protein, Fd

C. Mo–Fe protein, Cytc　　D. Cytc, Fd

33. After the $NO^-{}_3$ is absorbed by the root (　　).

A. All are transported to the leaves to reduce

B. All are reduced at the root

C. They can be reduced in both root and leaf

D. They are reduced in the leaves and stems of plants above the ground

34. Apple tree terminal bud is late, the shoots don' t grow for a long time, the leaves are narrow and clustered, and when it' s serous, the new shoots die from the top down, these are due to the lack of (　　) element.

A. Calcium　　B. Boron　　C. K　　D. Zinc

35. Rapeseed heart leaves curl, lower leaves appear purplish red patches, gradual change to brown and wither. The growing point is dead, the flower bud is easy to fall off, the main inflorescence is atrophied, the flowering period is prolonged, the flower is not fruitful, which

means the lack of ( ) element.

A. Calcium B. B C. K D. zinc

36. In the lower part of maize, light yellow stripes appear between veins, and then become white stripes. When there is extreme deficiency, the intervein tissues dry up and die, which is due to the lack of ( ) element.

A. N B. S C. K D. Mg

37. Rice plants are thin, with few tillers, erect and narrow leaves, dark green leaves with russet spots, and long growth period, which are due to the lack of ( ).

A. N B. P C. K D. Mg

38. The new leaves of the tea plant are pale yellow, and the old leaves are pointed. Leaf margin scorched yellow, turning downward, which is associated with lack of ( ).

A. Zn B. P C. K D. Mg

39. Leaf color is dark green, the leaf is big, the stem is high and the internode is sparse, the growth period is delayed, easy to have disease, easy to the lodging. This is due to ( ).

A. nitrogen surplus B. phosphorus surplus

C. potassium surplus D. ferrum surplus

40. Small brown spots occur on the lower leaves between the leaf veins, and the spots spread from the tip to the base. The color is dark green, when serious, the leaf color is purplish brown or brown yellow, black or rotten root. This is due to ( ).

A. Nitrogen surplus B. Phosphorus surplus

C. Potassium surplus D. Ferrum surplus

41. Which of the following ions will antagonize each other?

A. Ca^{2+} Ba^{2+} B. K^+ Ca^{2+} C. K^+ Na^+ D. Cl^- Br^-

42. About Nitrate reductase and nitrite reductase, which of the following statement is true? ( )

A. Both are inducible enzyme

B. Nitrate reductase is not an inducer, whereas nitrite reductase is

C. Neither is inducible enzyme

D. Nitrate reductase is an inducible enzyme, while nitrite reductase is not

43. The nitrate reductase of higher plants always preferentially uses the following ( ) as electron donor.

A. $FADH_2$ B. $NADPH+H^+$ C. $FMNH_2$ D. $NADH+H^+$

(VII) True or false questions

1. Elements that accumulate in large quantities in plants must be essential elements. ( )

2. Essential mineral elements have indirect effects on plant physiology. ( )

3. The mineral elements closely related to plant photosynthesis are sodium, molybdenum, cobalt and so on. ( )

4. Silicon has good physiological effects on rice and is an essential element in plants. ( )

5. Plants need very little magnesium, and a little more will cause toxicity. Therefore, magnesium is a trace element. ( )

6. In the absence of nitrogen, the young leaves of plants turn yellow first. When sulfur is deficient, the veins of old leaves of plants lose their green color. ( )

7. In the periodic table, there is no antagonism between elements of different families. ( )

8. When Dunham equilibrium is reached, the concentration of negative and positive ions in and out of the cell are equal. ( )

9. The activity of ATPase in plant cells was negatively correlated with the uptake of inorganic ions. ( )

10. Pinocytosis is selective absorption, that is, when water is absorbed, substances in the water are absorbed together. ( )

11. There is no direct dependence between water absorption and salt absorption. ( )

12. The most active region for plant uptake of mineral elements is the meristem of the root tip. ( )

13. Plant roots are fast in ion exchange adsorption and need to consume metabolizable energy. ( )

14. When the concentration of external solution is low, the rate of ion absorption by root is independent of the concentration of solution. ( )

15. Within limits, the better the oxygen supply, the more mineral elements will be absorbed by the roots. ( )

16. The process of nitrate reduction to nitrite is catalyzed by nitrate reductase in chloroplasts. ( )

17. The process of nitrite reduction to ammonia is catalyzed by nitrite reductase in the cytoplasm. ( )

18. The transport form of nitrogen absorbed by roots is mainly upward in the form of

organic matter. ( )

19. The ions absorbed by the leaves are transported down the xylem. ( )

20. The maximum nutrient efficiency of rice and wheat is at jointing stage. ( )

21. Fertilization can increase yield indirectly. Fertilization can increase dry matter accumulation and yield by enhancing photosynthesis. ( )

22. Nutrient deficiencies in crops are all due to nutrient deficiencies in the soil. ( )

23. Generally, plants assimilate nitrogen more slowly during the day than at night. ( )

24. Both nitrate reductase and nitrite reductase are inducible enzymes. ( )

25. Nitrate reductase is not closely related to fertilizer tolerance of crops. ( )

26. Trace elements in plants include nine elements: chlorine, ferrum, boron, manganese, sodium, zinc, copper, nickel and molybdenum. ( )

27. Transport of a carrier on a membrane must require energy. ( )

28. Nitrogen is not a mineral element, but an ash element. ( )

29. The amount of various ions absorbed by the roots is not proportional to the amount of ions in the solution. ( )

30. Young leaves of plants are the first to turn yellow when nitrogen is scarce. ( )

31. Nitrate absorbed by plants is reduced in the cytoplasm by nitrate reductase and nitrite reductase. ( )

32. Potassium in plants generally does not form stable structural substances. ( )

33. The absorption of nutrients by plants depends on the absorption of water by water into the plant body. ( )

34. At the low temperature below 15 °C , rice absorbed more NH_4^+ than NO_3^-. ( )

35. It is generally believed that NH_3, which is produced after the metabolic reduction of NO_3^- absorbed by plants, is first assimilated into glutamide and then further transformed into glutamic acid. ( )

36. The hydroponic nutrient solution is a very low concentration solution, and chelating agents are often added to avoid precipitation due to ion interactions. ( )

37. The concentration and pH of the nutrient solution do not change during hydroponic cultivation of plants. ( )

38. The content of various elements in ash content of different plants in the same culture medium may not be the same. ( )

39. Calcium ion is closely related to photosynthesis of green plants. ( )

40. Ion channel transport at plasma membrane is passive transport. ( )

41. Plants are selective in the uptake of ions from the environment, but there is no difference in the uptake of anions and cations of the same salt. ( )

42. There is more than one kind of metal ion that is harmful to plants in the phenomenon of single salt poisoning. ( )

43. Exchange adsorption is closely related to cellular respiration. ( )

44. Temperature is an important condition affecting the absorption of minerals by roots. The higher the temperature, the faster the rate of mineral absorption. Therefore, the higher the temperature, the better. ( )

45. $NaNO_3$ and $(NH_4)_2SO_4$ are physiological basic salts. ( )

46. Inducible enzyme is an enzyme that is native to a plant. ( )

47. Plants have small dark green leaves when they are short of phosphorus. ( )

48. Carriers can transport ions faster than ion channels. ( )

49. The proton pump needs ATP for energy to transport H^+. ( )

(VIII) Questions

1. What is the relationship between ash content and plant species, organs and environmental conditions?

2. What are the essential mineral elements for plants?

3. Describe the physiological functions of essential mineral elements in plants.

4. Why is nitrogen called an element of life?

5. What are the ways in which plant cells absorb mineral elements?

6. What are the four standards of active absorption of plant mineral elements proposed by Levitt?

7. Two experiments were designed to prove that plant root uptake of mineral elements is an active physiological process.

8. Briefly describe the characteristics of plant absorption of mineral elements.

9. Briefly describe the process of mineral element uptake in roots.

10. How does the pH of the external solution affect mineral absorption?

11. Why does the rate of plant uptake of mineral elements decrease when soil temperature is too low?

12. Name any of the physiological functions of the eight elements.

13. Is the rate of nitrate reduction the same during the day and night? Why is that?

14. How is nitrate nitrogen transported into plants, reduced and synthesized into amino acids?

15. What are the properties of nitrogenase? Briefly describe the mechanism of biological nitrogen fixation.

16. What are the reasons for the increase in production with reasonable fertilization?

17. What are the advantages of extra - root fertilization?

18. What are the measures to improve fertility?

19. The disease of element deficiency sometimes appear on the top young branch leaves, some appear on bottom old leaf, why? Give an example.

20. Explain the possible causes of green loss in plants.

21. Why is nitrogen fertilizer often applied in the cultivation of leafy vegetables, while potash fertilizer is more commonly applied in potato and sweet potato?

22. Why does the leaf color of rice seedling become yellow first and then turn green after planting?

23. What are the structural features of membrane?

24. How is ammonium converted to amino acids in plants?

25. What is the physiological role of potassium in plants?

26. Ion exchange adsorption was used to explain the uptake of mineral elements by roots.

27. What is the difference and similarity of performance symptom when the plant lacks magnesium and lacks iron? Why?

28. In the culture medium containing Fe, Mg, P, Ca, B, Mn, Cu, S and other nutrient elements to cultivate cotton, when the fourth leaf of cotton seedling (new leaf) unfolded, in the first leaf (old leaf) appeared green deficiency disease. Which element deficiency in the above elements caused the symptom ? Why?

29. Name 10 mineral elements and explain their physiological roles in photosynthesis.

30. How does light affect mineral uptake by roots?

31. The characteristics of nitrogenase complex and the principle of biological nitrogen fixation are described.

32. Describe the mechanism of ion channel transport.

33. Try to describe the mechanism of carrier transport.

34. Describe the mechanism of proton pump transport.

35. Describe the mechanism of pinocytosis.

36. What experimental evidence supports the carrier theory of active uptake of mineral elements? And explain it.

37. Why are N, P and K called the three elements of fertilizer?

38. Who invented the solution culture method and when? What is the significance of its invention?

39. Design an exeriment to demonstrate the exchange adsorption of ions by plant roots.

40. What are the main factors affecting mineral uptake in plant roots?

41. Describe the relationship between salt absorption and water absorption.

42. What experiments have been done to confirm definitively that an element is an essential trace element for plants?

43. Why is the cause of fertilization increase indirect? What are the main aspects?

Ⅲ Photosynthesis in plants

(I) Explanation of the noun

1. Initial reaction 2. Phosphorescence 3. Fluorescence phenomenon 4. Red fall phenomenon 5. Quantum efficiency 6. Quantum requirement 7. Emerson Effect 8. PQ shuttle 9. Photosynthetic pigment 10. Photosynthesis 11. Photosynthetic unit 12. Action center pigment 13. Light collecting pigment 14. Hill reaction 15. Photosynthetic phosphorylation 16. Identity force 17. Resonance transfer 18. Photoinhibition 19. Photosynthetic "nap" phenomenon 20. Photorespiration 21. Light compensation point 22. CO_2 compensation point 23. Light saturation point 24. Light energy utilization rate 25. Multiple cropping index 26. Photosynthetic rate 27. Leaf area coefficient 28. Carbon assimilation 29. Photosynthetic bacteria 30. Light reaction 31. Dark reaction 32. Chloroplast 33. Photosynthetic chain 34. Oxygen release complex 35. Adenosine triphosphatase 36. C_3 pathway and C_3 plants 37. Vascular bundle cells 38. Light saturation phenomenon 39. Photosynthetic efficiency (quantum yield) 40. Pseudocyclic photophosphorylation 41. C_4 pathway and C_4 plant 42. Pi runner 43. Fluorescence yield 44. Rate of photosynthetic production

(II) Translation from Chinese to English

1. Heterotrophic plant 2. Autotrophic plant 3. Photosynthesis 4. Chloroplast 5. Thylakoid 6. Photosynthetic membrane 7. Chlorophyll 8. Carotenoid 9. Carotene 10. Lutein 11. Absorption spectrum 12. Etiolation 13. Light reaction 14. Carbon reaction 15. Initial reaction 16. Photosynthetic unit 17. The emerson effect 18. Electron transport 19. Photosynthetic chain 20. Photosynthetic phosphorylation 21. Coupling factor 22. Chemical osmosis hypothesis 23. Calvin cycle 24. Reduced pentose phosphate pathway 25. Phosphoenolpyruvate 26. Photorespiration 27. Dark breathing 28. Peroxisomes 29. Photosynthate 30. Photosynthetic rate 31. Light compensation point

32. Light saturation phenomenon 33. A shade plant 34. Photoinhibition 35. Thylakoid lumen 36. CO_2 compensation point 37. Antenna pigments 38. CO_2 assimilation 39. Fluorescence 40. Light collecting pigment 41. Center of reaction 42. Photosystem I 43. Oxygen-evolving complex (OEC) 44. Water splitting 45. Water oxidation clock 46. Core complex 47. Assimilatory power

(III) Translation from English into Chinese

1. Heterophyte 2. Autophyte 3. Photosynthesis 4. Chloroplast 5. Thylakoid 6. Photosynthetic membrane 7. Chlorophyll 8. Carotenoid 9. Carotene 10. Xanthophyll 11. Absorption spectrum 12. Etiolation 13. Light reaction 14. Carbon reaction 15. Primary reaction 16. Photosynthetic unit 17. Emerson effect 18. Electron transport 19. Photosynthetic chain 20. Photophosphorylation 21. Coupling factor 22. Chemiosmotic hypothesis 23. The calvin cycle 24. Reductive pentose phosphate pathway 25. Phosphoenol pyruvate 26. Photorespiration 27. Dark respiration 28. Peroxisome 29. Photosynthetic product 30. Photosynthetic rate 31. Light compensation 32. Light saturation 33. Shade plant 34. Photoinhibition 35. Greenhouse effect 36. Solar constant 37. Thylakoid lumen 38. Rubisco 39. Antenna pigment 40. Light–harvesting pigment 41. Reaction center 42. Photosystem I 43. Oxygen-evolving complex 44. Water splitting 45. Water oxidizing clock 46. Core complex 47. Assimilatory power 48. Co_2 assimilation 49. Fluorescence

(IV) Chinese name for the symbols

1. ATP 2. BSC 3. CAM 4. CF1-CFo 5. Chl 6. CoI (NAD^+) 7. Co Ⅱ ($NADP^+$) 8. DM 9. EPR 10. Fd 11. Fe-S 12. FNR 13. Mal 14. NAR 15. OAA 16. PC 17. PEP 18. PEPCase 19. PGA 20. PGAld 21. P_{680} 22. Pn 23. PQ 24. Pheo 25. PSI II 26. PCA 27. PSP 28. Q 29. RuBP 30. RubisC (RuBPC) 31. RubisCO (RuBPCO) 32. RuBPO 33. X 34. LHC 35. $Cytb_6/f$ 36. Eu 37. F6P 38. FBP 39. LAI 40. LCP 41. LSP 42. pmf 43. GAP 44. DHAP 45. G6P 46. E4P 47. SBP 48. S7P 49. R5P 50. Xu5P 51. Ru5P 52. TP 53. HP 54. BSC

(V) Blanks filling

1. Photosynthesis is a redox reaction in which ________ is reduced and ________ is oxidized.

2. Chloroplast pigment extracts showed ________ color when viewed under reflected light and ________ color when viewed under transmitted light.

3. The main factors affecting chlorophyll biosynthesis include ________, ________, ________ and ________.

4. The primary electron donor of P_{700} is ________ and the primary electron acceptor is ________. P_{680}'s primary electron donor is ________ and its primary electron acceptor is ________.

5. Emerson effect showed ________.

6. Photosynthesis is generally divided into two reactions, ________ and ________, according to whether light is needed or not.

7. Dark reactions are carried out in ________, chemical reactions catalyzed by several enzymes, and light reactions are carried out in ________.

8. In photosynthetic electron transport the final electron donor is ________ and the final electron acceptor is ________.

9. The main place for photosynthesis is ________.

10. The energy conversion function of photosynthesis is carried out on the thylakoid membrane, so the thylakoid is also called ________.

11. After the early spring cold, rice seedlings turn white, which is related to ________.

12. O_2, which is released during photosynthesis, comes from ________.

13. ________ ions play an active role in photosynthetic oxygen release.

14. Photolysis of water was discovered by ________ in 1937.

15. The substances known as assimilative capacity are ________ and ________.

16. In addition to harvesting light energy, carotenoids also function as ________.

17. The energy of a photon is equal to its wavelength ________.

18. There are two strongest absorption regions in chlorophyll absorption spectrum: one at ________ and the other at ________.

19. The strongest absorption region of carotenoid absorption spectrum is ________.

20. Generally speaking, the molecular ratio of chlorophyll and carotenoids in normal leaves is ________; The molecular ratio of lutein to carotene in normal leaves is ________.

21. Compared with chlorophyll b, the absorption band of chlorophyll a in the red part is inclined to ________ direction, and the absorption band of chlorophyll a in the blue and purple part is inclined to ________ direction.

22. There are three types of photosynthetic phosphorylation: ________, ________ and ________.

23. The receptor for CO_2 in the Calvin cycle is ________; the initial product is ________; the enzyme that catalyzes the carboxylation reaction is ________.

24. The photoreaction of PSII is short wave photoreaction, and its main characteristics are ________; The light reaction of PSI is a long wave light reaction, and its main feature is ________.

25. In photosynthesis, starch is formed in ________ and sucrose is formed in ________.

26. CO_2 receptor in C_4 pathway is ________; The initial product of the C_4 pathway is ________, the C_3 pathway is carried out in ________ and the Calvin cycle is carried out in ________; when C_4 plants carry out photosynthesis, starch is formed only in ________ cells; the carboxylation of C_4 pathway first occurs in ________ cells; The CO_2 compensation point of C_4 plants was________than that of C_3 plants; The enzyme activity of the C_4 pathway is regulated by light, effector and ________ valent metal ions.

27. Cactuses and pineapples are ________ plants.

28. The substrate of photorespiration, glycolic acid, was formed by RuBP under the catalysis of ________ enzyme. The substrate for photorespiration is ________, and the substrate glycolic acid is formed in ________; the release of CO_2 during photorespiration is carried out in ________, and the oxidation of glycolic acid is carried out in ________. The whole process of photorespiration is carried out in three organelles: chloroplast, ________ and mitochondria.

29. The light saturation point of colony plants was ________than that of individual plants.

30. The minimum amount of sunlight required to maintain normal plant growth is ________.

31. The most important crops for C_3 plants have ________, ________, ________, C_4 plants are ________, ________, ________ etc.

32. Green plants and photosynthetic bacteria can use light energy to synthesize ________ into organic matter, which are phototrophs. In a broad sense, photosynthesis refers to the process by which phototrophs use ________ to synthesize ________ into organic matter.

33. In 1954, irradiating the chloroplast, American scientist D.I. Arnon et al., found that when inorganic phosphorus, ATP and NADP were supplied to the system, two kinds of high-energy substances such as ________ and ________ would be produced in the system. It was also found that chloroplasts can convert ________ into sugar even in the dark, provided they are supplied with these two energetic substances. So these two high-energy substances are called ________.

34. ATP and NADPH are called ________ because they are light energy conversion products that have the ability to turn CO_2 into organic matter by photosynthesis in the dark. The essence of the light reaction is to generate "________" to promote the dark reaction,

and the essence of the dark reaction is to use "________" to convert ________ into organic carbon (CH_2O) .

35. The thylakoid membrane contains four main classes of protein complexes, namely ________, ________, ________ and ________. Because the photoreaction of photosynthesis takes place on the thylakoid membrane, the thylakoid membrane is called ________ membrane.

36. How many chlorophyll molecules are in a "photosynthetic unit" ? It depends on the function it performs. In terms of O_2 release and CO_2 assimilation, the photosynthetic unit was ________. In terms of absorbing one photon, the photosynthetic unit is ________; In terms of transferring one electron, the photosynthetic unit is ________.

37. The chloroplast is composed of three parts: the integument, ________ and ________. The chloroplast has ________ chlorophyll in the envelope, non-selective permeable membrane in the outer membrane and ________ membrane in the inner membrane. The part of chloroplast that absorbs and converts light energy is ________ membrane, while the part that immobilizes and assimilates CO_2 is ________.

38. There are two regions where chlorophyll has the strongest absorption of light: ________ light part with a wavelength of 600 – 660nm and ________ light part with a wavelength of 430 – 450nm. Chlorophyll has the least absorption of ________ light.

39. After light energy is absorbed by chloroplast pigments, its light energy is transferred between pigment molecules. In the transfer process, its wavelength gradually ________, energy gradually ________.

40. According to the direction of electron transport after reaching Fd, photosynthetic electron transport can be divided into ________ electron transport, ________ electron transport and ________ electron transport.

41. The ATPase of chloroplasts consists of two protein complexes: a hydrophilic ________ that protrudes from the membrane surface; The other is the hydrophobic ________ embedded in the membrane, which is the main channel of ________ transfer.

42. There are two types of photosynthetic cells in C_4 plants: ________ and ________. Phosphoenolpyruvate carboxylase of C_4 plants mainly exists in the cytoplasm of ________ cells. Rubisco and other enzymes involved in carbon assimilation mainly exist in ________ cells.

43. The CAM pathway is characterized by: at night stomata ________, malate formed by ________ fixed CO_2 in mesophyll cells is stored in the vacuole, making the PH of the vacuole ________; During the day stomata ________, malate decarboxylates, the release CO_2 was carboxylased by ________.

44. In the hot noon leaves due to the decline of water potential, caused the drop in stomatal opening, meanwhile the stomatal conductance________, intercellular CO_2

concentration ________, conducive to ________ enzyme oxygenation reaction, resulting in ________ respiration rise, so that the plant photosynthetic rate decreased.

45. Measures to mitigate the degree of plant "nap" in production include ________ and ________ (to name two) .

46. Photosynthesis is divided into two steps ________ and ________reaction, from the energy point of view, the first step to complete the transformation of ________, and the second step is to complete the transformation of ________.

47. Light reactions include ________ and ________, and dark reactions refer to ________.

48. Light reactions are processes that require light, actually only ________ processes require light.

49. Wheat and maize assimilation of carbon dioxide way is ______ and____ respectively, the initial receptors of the corn to fix carbon dioxide is ______, the enzyme to catalyze the reaction is ______, the first product is ______, and the place of processing is in the______ cell. The receptors of the wheat to fix carbon dioxide is ______, the enzyme to catalyze the reaction is ______, the first product is ______, and the place of processing is in the______ cell.

50. In 1950, ________etc., by using the methods of________ and________, after ten years of research, put forward the way to the photosynthetic carbon cycle.

51. Photosynthetic centers include ________, ________ and ________.

52. To assimilate a molecule of carbon dioxide by photosynthesis, it needs ________ $NADPH^{+}H^{+}$, need________ ATP; to make one molecule of glucose, it needs ________ $NADPH^{+}H^{+}$, and needs ________ ATPs.

53. The assimilatory forces of light reaction are ________ and ________.

54. The photosynthetic carbon metabolism of CAM plants is characterized by ________ pathway at night and ________ pathway during the day. The methods used to identify CAM plants are ________ and ________.

55. Photorespiration occurs in many plants because ________ enzymes, which are both ________ enzyme and ________ enzyme.

56. Photorespiration substrate is synthesized in________ organelles, O_2 consumption occurs in both________ and________ organelles, and the release of carbon dioxide in and________ two organelles.

57. The ways for higher plants to assimilate CO_2 are ________, ________ and________, among which________ is the most basic and common people. Because this is the only way to produce ________.

58. Major external factors that affect the photosynthesis of ________, ________, ________, ________ and________, etc.

59. The possible causes of light saturation are ________ and ________.

60. The three most prominent characteristics of photosynthesis are ________, ________ and ________.

61. When using infrared CO_2 analyzer to determine the photosynthetic rate, if the open gas path is used, it is necessary to determine the ________ of the gas in the gas path, if the closed gas path is used, it is necessary to determine the ________ of the gas in the gas path.

62. When infrared CO_2 analyzer is used to determine photosynthetic rate by open gas path, in addition to measuring CO_2 concentration's declining value, we also need to measure________, ________ and________.

63. With infrared CO_2 analyzer to determine the photosynthetic rate in the leaf chamber, according to its structure, it can be roughly divided into three types: ________, ________ and________.

64. The importance of photosynthesis is mainly reflected in three aspects: ________, ________, and ________.

65. The photosynthetic unit consists of________ and ________.

66. During photosynthesis, the main CO_2-fixing enzyme of C_3 plants is ________, while that of C_4 plants is ________.

67. The transporter that transmits both electrons and H^+ in the photosynthetic electron transport chain is ________.

(VI) Multiple choice questions

1. Phosphorus nutrition is the life basis of plants, accounting for ( ) about the weight of organic compounds .

A. 10 percent B. 45 percent C. 60 percent

2. In what form is the photosynthate mainly transported out of the chloroplast?

A. Sucrose B. Starch C. Triose phosphate

3. Which plant physiologist discovered the C_3 pathway?

A. Martin B. Smith C. Calvin

4. From an evolutionary point of view, of the three types capable of carbon assimilation, the first appeared on Earth is ( ).

A. Bacterial photosynthesis

B. Green plant photosynthesis

C. Chemical energy synthesis

5. Autotrophs on Earth assimilate about 2×10^{11} tons of carbon per year, mainly by ( ).

A. the terrestrial green plant　　B. the aquatic plant

C. photosynthetic bacteria

6. The absorption peak of chlorophyll a and b to visible light is mainly in ( ).

A. Red zone　　B. Green zone　　C. Blue purple area

7. The maximum absorption peak of carotenoids to visible light is ( ).

A. Red zone　　B. Green zone　　C. Blue purple area

8. When chlorophyll is extracted, ( ) is generally available.

A. acetone　　B. ethanol　　C. distilled water

9. The light that causes the red fall of plants is ( ).

A. blue light at 450 nm　　B. red light at 650 nm

C. Farred light greater than 685 nm

10. The two wavelengths of light that cause the double light gain effect in plants are ( ).

A. 450 nm　　B. 650 nm　　C. > 685 nm

11. In photosynthesis, the substance called assimilative capacity refers to ( ).

A. ATP　　B. NADH　　C. NADPH

12. Among the three ways of carbon assimilation in higher plants, starch and other products can be formed in ( ).

A. Calvin cycle　　B. C_4 pathway　　C. CAM pathway

13. Among the three ways of carbon assimilation in higher plants, starch and other products cannot be formed in ( ).

A. Calvin cycle　　B. C_4 pathway　　C. CAM pathway

14. Plants are unable to form chlorophyll and show green deficiency disease, which may be deficient in ( ).

A. N　　B. Magnesium　　C. sodium

15. The photoreaction of photosynthesis takes place in ( ).

A. chloroplast grana　　B. chloroplast interstitial

C. chloroplast membrane

16. The dark reaction of photosynthesis takes place in ( ).

A. Chloroplast membrane　　B. Chloroplast grana

C. Chloroplast interstitium

17. Oxygen released during photosynthesis comes from ( ).

A. O_2 B. H_2O C. RuBP

18. Among chloroplast pigments, the central pigment is ( ).

A. a few special states of chlorophyll a

B. Chlorophyll b

C. carotenoids

19. Among chloroplast pigments, the light-gathering pigment is ( ).

A. a few special states of chlorophyll a

B. carotenoids

C. most of the chlorophylla, all of the chlorophyll b and carotenoids

20. The indispensable element in the oxygen release reaction of photosynthesis is ( ).

A. Iron B. Manganese C. chlorine

21. The initial product of CO_2 fixation in the Calvin cycle is ( ).

A. C_3 compound B. C_4 compound C. C_5 compound

22. The places where formation and storage sites of photosynthate starch are ( ).

A. Chloroplast interstitial B. Chloroplast grana

C. Cell matrix

23. Photorespiration is an oxidation process, and the oxidized substrate is ( ).

A. glycolate B. pyruvate

C. glucose

24. Photorespiration regulation is closely related to external conditions, oxygen ( ) on photorespiration.

A. has an inhibitory effect B. has a promoting effect

C. has no effect

25. When CO_2 absorbed by photosynthesis and CO_2 released by respiration reach a dynamic equilibrium, the external CO_2 concentration is called ( ).

A. O_2 saturation point B. O_2 saturation point

C. O_2 compensation point

26. Photosynthetic rate of C_4 plants under conditions of high light intensity, high temperature and low relative humidity is ( ).

A. slightly higher than C_3 plants

B. much higher than C_3 plants

C. lower than C_3 plants

27. In the extraction of chlorophyll, a little $CaCO_3$ is added in the grinding of leaves for the purpose of ( ).

A. making the grind more fully B. accelerating chlorophyll dissolution

C. protecting chlorophyll

28. At night, large amounts of ( ) accumulate in the vacuoles of CAM plant cells.

A. amino acid B. sugar C. organic acids

29. The half-leaf method is used to measure ( )unit area per unit time.

A. O_2 quantity B. accumulation of dry matter

C. CO_2 consumption

30. When crops are heading for grain filling, if part of the ear is cut, the photosynthetic rate of the leaves will usually ( ).

A. enhance appropriately B. weaken temporarily

C. be basically constant

31. In early spring, the leaf color is often light green, usually caused by ( ).

A. difficulty in absorbing nitrogen fertilizer

B. lack of light

C. the low temperature

32. When other conditions are suitable and the temperature is low, if the temperature is increased, the CO_2 compensation point of the photosynthesis, light compensation point and light saturation point will ( ).

A. Both increase B. both decrease

C. not change

33. The PQ in the photosynthetic chain can transmit ( ) each time.

A. two E B. two E and two H^+

C. one E and one H^+

34. The N use efficiency of C_4 plants was ( ) that of C_3 plants.

A. lower than B. higher than C. uncertain with

35. The process of carbon assimilation in photosynthesis is the process of ( ).

A. light energy being transformed into electricity

B. electrical energy being transformed into active chemical energy

C. active chemical energy being transformed into stable chemical energy

36. In a certain temperature range, the temperature difference between day and night is not large, which ( ) the accumulation of photosynthates.

A. is not conducive to B. doesn't affect

C. is conducive to

37. The one-step reduction of OAA to Mal in C_4 plants during photosynthesis occurs in ( ).

A. chloroplast interstitial of mesophyll cells

B. the cytoplasm of mesophyll cells

C. chloroplast interstitium of vascular bundle sheath cells

38. Photosynthetic electron transport coupled with ATP formation is called ( ).

A. C_3 pathway B. C_4 pathway

C. Chemical osmosis

39. Of the following four groups, the Calvin cycle must need ( ).

A. Chlorophyll, carotene, O_2 B. Lutein, chlorophyll a, H_2O

C. CO_2, NHDPH+H^+, ATP

(VII) True or false questions

1. O_2 released during photosynthesis enables humans and all organisms that need O_2 to survive. ( )

2. Photosynthesis is the only biological process on Earth that converts solar energy into stored electrical energy on a large scale. ( )

3. Bacterialized energy synthesis appeared earlier on Earth and should have occurred before photosynthesis in green plants. ( )

4. Chloroplasts in green plants develop from apoplasmic bodies. ( )

5. The reason why light reaction can take place in reverse thermodynamic direction is that light energy is absorbed. ( )

6. Chloroplast pigments are mainly concentrated in the stroma of chloroplasts. ( )

7. The heads of chlorophyll molecules are metal porphyrin rings, which are polar and therefore hydrophilic. ( )

8. Chloroplasts contain dozens of enzymes such as sucrose synthase and lipase. ( )

9. Chlorophyll is insoluble in ethanol, but soluble in organic solvents such as acetone and petroleum ether. ( )

10. Chlorophyllic acid is a dicarboxylic acid whose hydroxyl group is esterified by formaldehyde and chlorophyllic alcohol, respectively. ( )

11. A few special states of chlorophyll a molecules have the effect of converting light energy into electricity. ( )

12. Lutein in chloroplasts is a carotene-derived aldehyde. ( )

13. Chlorophyll has fluorescence, that is, it appears red under transmitted light and green under reflected light. ( )

14. Generally speaking, the molecular ratio of chlorophyll a to chlorophyll b in a normal leaf is about 4 : 1. ( )

15. Generally speaking, the optimum temperature for chlorophyll formation is around 30 ℃ . ( )

16. The absorption band of chlorophyll-a is narrower in the red part and wider in the blue-violet part. ( )

17. Chlorophyll b has a wider absorption bandwidth than chlorophyll a in the red part and a narrower absorption bandwidth in the blue part. ( )

18. Carotenoids capture light energy and protect chlorophyll from temperature damage. ( )

19. The maximum absorption band of carotene and lutein is in the blue-violet part of light, and it also absorbs light of the same length as red light wave. ( )

20. Phycobilins, like carotenoids, absorb and transmit light energy. ( )

21. Leaves are the only organ for photosynthesis. ( )

22. All the reactions in photosynthesis take place within chloroplast. ( )

23. Light is needed for any process in photosynthesis. ( )

24. The basic components at the center of photosynthesis are structural proteins and lipids. ( )

25. The central pigment refers to the molecule of chlorophyll a. ( )

26. Photocollecting pigments include most of chlorophyll a and all of chlorophyll a, carotenoids and phycobilins. ( )

27. In the photosynthetic chain, the final electron acceptor is water, and the final electron donor is $NADP^+$. ( )

28. ATP and NADPH are the assimilative capacities formed during light reactions. ( )

29. The Calvin cycle is not the basic pathway of carbon assimilation in photosynthesis in all plants. ( )

30. Photorespiration is the process by which plant-living cells absorb oxygen and release CO_2 when exposed to light. ( )

31. Plant photorespiration takes place in three organelles such as chloroplasts, peroxides and glyoxysomes. ( )

32. The substrate of photorespiration, glycolic acid, is formed within the chloroplast. ( )

33. The CO_2 needed for plant photosynthesis enters the leaves mainly through leaf water holes. ( )

34. In low light, the decrease of photosynthetic rate is more significant than that of respiration rate, so a higher CO_2 level is required and the CO_2 compensation point is high. ( )

35. In photosynthesis, dark reactions are chemical reactions catalyzed by enzymes, and temperature has little effect. ( )

36. Water deficiency is the main direct effect of photosynthesis decline. ( )

37. To improve the utilization rate of light energy, the main way is to prolong the photosynthetic time, increase the photosynthetic area and improve the photosynthetic efficiency. ( )

38. The organic material produced by photosynthesis is mainly fat, which stores energy. ( )

39. Photosynthesis is the core of technical measures in agricultural production. ( )

40. Based on the quantum requirement of photosynthesis, the utilization rate of light energy can reach about 10%, and about 8% for crops. ( )

41. All photosynthetic cells have thylakoids. ( )

42. C_4 plants have only the C_4 pathway. ( )

43. The pigment molecule in the reaction center of PS I is P_{680}. ( )

44. The primary electron donor of PS II is PC. ( )

45. Chloroplast pigments can absorb both blue and red light. ( )

46. The fluoresce wavelength of Chlorophyll tends to be longer than that of absorbed light. ( )

47. The primary reaction includes the absorption and transfer of light energy and the photolysis of water. ( )

48. All of the chlorophyll a is the pigment molecule at the center of the reaction. ( )

49. PC is an electron transporter containing Fe. ( )

50. The stomata of higher plants open during the day and close at night. ( )

51. The primary reaction of photosynthesis takes place on the thylakoid membrane, while electron transport and photophosphorylation take place in the interstitium. ( )

52. The vascular bundle sheath cells of C_3 plants have chloroplasts. ( )

53. Rubisco acts as a carboxylase when CO_2 concentration is high and light is strong. ( )

54. The content of malate in mesophyll cells of CAM plants was higher at night than at day. ( )

55. Generally speaking, CAM plants are more resistant to drought than C_3 plants. ( )

56. The phenomenon of red fall and the Calvon effect proved the existence of two photosystems in plants. ( )

57. NAD^+ is the final electron acceptor in the photosynthetic chain. ( )

58. Photorespiration of plants is carried out under light, and dark respiration is carried

out in the dark. ( )

59. Only acyclic photophosphorylation can cause the photoliberation of O_2 from water. ( )

60. PEP carboxylase had higher affinity and Km values for CO_2 than RuBP carboxylase. ( )

61. Photorespiration of plants consumes carbon and wastes energy, so it is harmful to plants. ( )

62. The energy needed for plant life activities is provided by photosynthesis. ( )

63. The high light compensation point is beneficial to the accumulation of organic matter. ( )

64. Determination of chlorophyll content usually requires simultaneous standard curves. ( )

65. Dilute photosynthetic pigment extract was used for fluorescence observation, and concentrated photosynthetic pigment extract was used for saponification. ( )

66. Absolute zero calibration of infrared CO_2 analyzer usually uses pure nitrogen or air passing through alkali lime. ( )

67. All photosynthetic cells have thylakoids. ( )

68. All chlorophyll molecules have the ability to absorb light energy and convert it into electricity. ( )

69. In the total reaction of photosynthesis, oxygen from water is incorporated into carbohydrates. ( )

70. The water pyrolysis in photosynthesis occurs on the lateral side of the thylakoid membrane. ( )

(VIII) Questions

1. What is the significance of photosynthesis?
2. Describe the species and functions of photosynthetic pigments in higher plants.
3. Why are the leaves of plants green? Why do leaves appear yellow or red in autumn?
4. Introduce three methods of measuring photosynthetic rate and their principles.
5. What is the Hill reaction? What is the significance?
6. Describe the structure and function of chloroplast.
7. What are the three main steps of the whole process of photosynthesis?
8. What is the important physiological role of PQ in photosynthetic electron transport?
9. How to prove that photosynthetic electron transport involves two photosystems?

10. How many types of photophosphorylation are there? What are the characteristics of its electron transport?

11. Applying Mitchell's chemiosmosis theory to explain the mechanism of photophosphorylation and explain why electron transport can be coupled with photophosphorylation.

12. What is the physiological significance of stacking lamellar grana structures in chloroplasts?

13. How many carbon assimilation pathways are there in higher plants? Which pathway has the ability to synthesize starch and other photosynthates?

14. Who discovered the C_3 pathway? What are the stages? What is the role of each stage?

15. What are the ways of regulating the Calvin cycle of photosynthesis?

16. What are the decarboxylation reaction types of C_4 pathway in vascular bundle sheath cells?

17. What explains the lower photorespiration of C_4 plants than C_3 plants?

18. How to evaluate the physiological function of photorespiration?

19. Describe the characteristics of CO_2 assimilation by CAM plants.

20. What causes oxygen to inhibit photosynthesis?

21. Why can crop appear "nap at noon" phenomenon?

22. Why does topdressing N increase photosynthetic rate?

23. Why should we pay attention to reasonable dense planting in production?

24. What's the reason for the decline in hot hours?

25. Analyze the reasons of low utilization of plant light energy.

26. What are the ways and measures to improve the utilization rate of plant light energy?

27. Under natural conditions, the CO_2 concentration in the atmosphere measured by infrared CO_2 analyzer was 0.665 mg/L, the CO_2 concentration in the leaf chamber after the absorption of CO_2 by rice leaves was 0.595 mg/L, the air flow rate was 1.0 L/min, and the measured leaf area was $20cm^2$. What was the photosynthetic rate of the leaves?

28. Suppose that the sunshine radiation of Wuhan area is 502 kJ/cm^2, or 33.5×108 kJ per hectare, two seasons rice amount rice is 16 500 kg/hm^2, the economic coefficient is calculated by 0.5, the water content of rice is 13%, and the energy content of dry matter per kilogram is 18003kJ. What is the utilization rate of light energy of this rice?

29. Suppose that 2 mol NADPH, and 3 mol ATP can be formed for every 10 mol 650 nm red quantum absorbed in the light reaction of photosynthesis. What is the energy conversion rate of light reaction?

30. After the Calvin cycle, 3 mol CO_2 is used to synthesize 1 mol triose phosphate, and the free energy change ΔG is+1465 kJ. At the same time, the 9 mol ATP and 6 mol NADPH.

H^+produced in the photosynthetic assimilation stage are all used for the formation of triose phosphate. Please calculate the energy conversion efficiency of photosynthetic carbon reduction

31. How do we prove that chloroplasts are organelles of photosynthesis?

32. In the absence of CO_2, fluorescence was observed in the light energy of green leaves, and then in the presence of CO_2, fluorescence was immediately quenched, trying to explain the reason.

33. What are the main methods of measuring photosynthesis?

34. What is a light reaction? What is a carbon reaction? What's the relationship between them?

35. What is fluorescence? Why can't living leaf have fluorescence phenomenon?

36. In which part of the chloroplast do the light and dark reactions of photosynthesis take place? What do they produce?

37. Why should greenhouse crops avoid high temperature in winter?

38. Why are the leaves of plants green? Why do leaves turn yellow in autumn?

39. What are the characteristics of photosynthetic carbon metabolism in CAM plants? How to identify CAM plants?

40. Why is the photosynthetic efficiency of C_4 plants generally higher than that of C_3 plants?

41. How much assimilative power is required for C_3 plants to fix and assimilate 2 mol CO_2 by Calvin cycle? At least how many quanta of light are needed? How much O_2 can you release?

42. What are the structural characteristics of the leaves of C_4 plants? After taking a sample of a plant, what methods can be used to identify it which plant it belong to based on carbon assimilation pathway?

43. What are the effects of light, temperature, water, gas and nitrogen on photosynthesis?

44. What is the relationship between leaf color and photosynthesis? Why is that?

45. Who and how proved that the oxygen released by photosynthesis came from water and not from CO_2?

46. Describe briefly the source of glycolic acid during photorespiration.

47. The chlorophyll content of the two treatments was compared in an experiment. The extraction and determination of chlorophyll were briefly described. In order to minimize the test error, what should be paid attention to in the extraction and determination?

48. Why does water deficit reduce photosynthetic rates in plants?

49. Compare the similarities and differences between the following two concepts:

① Photorespiration and dark respiration

② Photosynthetic phosphorylation and oxidative phosphorylation

50. What are the differences between C_3 plants and C_4 plants?

IV Respiration in plants

(I) Explanation of the noun

1. Respiration 2. Biological oxidation 3. Aerobic respiration 4. Anaerobic breathing 5. Glycolysis 6. Tricarboxylic acid cycle 7. Pentose phosphate pathway 8. Respiratory chain 9. Oxidative phosphorylation 10. Terminal oxidase 11. Pasteur effect 12. P/O ratio 13. Cyanide-resistant respiration 14. Wound breathing 15. Salt breath 16. Growth and respiration 17. Maintain breathing 18. Nitrate respiration 19. Respiratory efficiency 20. Respiration rate 21. Respiration quotient 22. Temperature coefficient 23. Respiration oxygen saturation point 24. Anaerobic respiration vanishing point 25. Jump of breath 26. Energy load adjustment 27. Cycle of glyoxylate sequencing 28. Gluconeogenesis 29. Cytochrome 30. Ubiquinone 31. Substrate level phosphorylation 32. Cyanide-resistant oxidase 33. Antibiotics 34. Feedback regulation 35. Fruit of respiratory saltation 36. Non-respiratory saltation fruit 37. Safe water content

(II) Translation from Chinese to English

1. Pasteur Effect 2. Aerobic Respiration 3. Anaerobic Respiration 4. Respiration Rate 5. Respiration Quotient 6. Hexosaccharide Phosphate Pathway 7. Biological Oxidation 8. Electron Transport Chain 9. Cytochrome 10. Chemical Osmosis Hypothesis 11. Cyanide-Resistant Respiration 12. Substrate Level Phosphorylation 13. Respiratory Chain 14. Oxidative Phosphorylation 15. Fermentation 16. Intramolecular Respiration 17. Protein Complex 18. Alternating Oxidase 19. The Temperature Coefficient

(III) Translation from English to Chinese

1. Respiration 2. Aerobic respiration 3. Anaerobic respiration 4. Fermentation 5. Pentose phosphate pathway 6. Biological oxidation 7. Respiratory chain 8. Glycolysis 9. Oxidative phosphorylation 10. Pasteur effect 11. Respiratory rate 12. Respiratory quotient

13. Cytochrome 14. Intramolecular respiration 15. Protein complex 16. Alternate oxidase 17. Ubiquinone 18. Uncoupling agent 19. Temperature coefficient

(IV) Chinese name for the symbols

1. C_6/C_1 ratio 2. Cyt 3. CoQ 4. DNP 5. EMP 6. FAD 7. FMN 8. FP 9. GSSG 10. PAL 11. PPP 12. RPPP 13. RQ (Qco_2/Qo_2) 14. TCA 15. UoQ (UQ) 16. $Cytaa_3$ 17. EC 18. FAD 19. GAC 20. GAP 21. HMP 22. Q_{10} 23. SHAM

(V) Blanks filling

1. With the exception of green cells, which use solar energy directly for photosynthesis, all life depends on ________.

2. The main feature of aerobic respiration is the utilization of________, substrate oxidation and degradation of________ to release energy________ .

3. Anaerobic respiration is characterized by________, substrate oxidative degradation of ________, which is the oxidation of________ and thus the release of energy.

4. Higher plants are usually dominated by ________respiration, which can also carry out ________ and ________ under specific conditions.

5. There are two main types of respiration________ and________.

6. Glycolysis, which produces pyruvate, is the common pathway of________ and________.

7. Respiration must take place in ________ cells.

8. The oxygen in the water from respiration comes from________, the CO_2 comes from ________.

9. The proportion of the PPP pathway in the respiratory and metabolic pathways is ________during plant tissue senescence.

10. EMP pathway is carried out in ________, PPP pathway is carried out in________, alcohol fermentation is carried out in ________, and TCA cycle is carried out in ________.

11. The enzyme system of the TCA cycle is concentrated in the ________of mitochondria.

12. The enzyme systems for electron to transport and oxidate phosphorylation are concentrated in the ________ of mitochondria.

13. The transmitters that make up the respiratory chain can be divided into___________ transmitters and________ transmitters.

14. For every $FADH_2$ that's oxidized to FAD to make water in the respiratory chain, there's an ________ ATP.

15. For every NADH molecule that's oxidized to NDA^+, to form H_2O in the respiratory chain, you get ________ ATP.

16. The terminal enzymes of plant respiration include________, ________, ________, ________, and________ etc.

17. Cytochrome oxidase is an oxidase containing metal________ and________.

18. The brown color that occurs when apples are peeled is the result of ________ enzyme that contains metals________.

19. Araceae plants of the genus Araceae release much heat when flowering, the reason is the result of ________.

20. When 1 mole of glucose is completely oxidized in a eukaryotic cell, you get a net ________ ATP.

21. When 1 mole of glucose is completely oxidized in a prokaryotic cell, you get a net ________ ATP.

22. An important index of mitochondrial oxidative phosphorylation function is________.

23. The PPP pathway is mainly regulated by________.

24. If all the adenylate in the cell is ATP, then the charge is________.

25. If the cell's adenylate is all AMP, then the charge is________.

26. When glucose is used as the respiration substrate, the respiration quotient is________.

27. When hydrogen-rich fat or protein is used as the substrate for respiration, its respiration quotient is________.

28. The optimum temperature for respiration is always________ than that for photosynthesis.

29. The respiration of the reproductive organs is ________ than that of the vegetative organs, and that of the petals is ________ than that of the pistils. In stamens, the strongest respiration is________.

30. The respiration rate will ________ when the plant tissue is injured.

31. The optimum temperature for plant respiration is generally between________.

32. Cytochrome transfers electrons by changing the valence of ________ elements, while CoQ transfers electrons and protons by tautometry of________.

33. "Autologous storage method" is a simple method for fruit and vegetable storage, but the CO_2 concentration in the container should not exceed________ %.

34. The physiological processes that require respiration to provide energy include________, ________, ________, ________etc. The physiological processes that do not require respiration to provide energy directly include________, ________, ________ etc.

35. The fruits that undergo respiratory climacteric at ripening are________, ________, ________, ________ etc., and the fruits that do not undergo respiratory climacteric

at ripening are________, ________, ________ etc.

36. Glycolytic enzyme system positions in ________, the TCA cycle is located in ________, the components of the respiratory chain is located in ________.

37. Ascorbic acid oxidase is an oxidase widely existing in plants in vivo, containing metal________, existing in ________ or combining with ________.

38. If 2 molecules of glucose are thoroughly oxidized by mitochondria, then net ________ molecular ATP is generated in EMP, ________ molecular ATP in TCA, and ________ molecular ATP in the respiratory chain.

39. In the EMP-TCA, the dehydrogenation positions are________, ________, ________, ________, ________, and________. The enzymes to catalyze the corresponding dehydrogenation reaction are ________, ________, ________, ________, ________, and________.

40.The release part of CO_2 in PPP is ________, dehydrogenation site is________and ________.The two step catalytic dehydrogenation enzyme is________ and________ respectively, the coenzyme of dehydrogenase is________.

41. The function of the respiratory quotient is pointed out ________ and________, if the substrate is the partial oxidated organic acids, RQ is ________.

42. The formation sites of coupled ATP in the respiratory chain are ________, ________ and ________.

43. The change of C_1/C_6 ratio can reflect the occurrence of respiratory pathway. If only EMP-TCA pathway occurs, C_1/C_6 should be equal to ________, and if PPP pathway occurs at the same time, C_1/C_6 ratio should be ________.

44. In the glyoxylate cycle, acetyl CoA is involved in two reactions, one is catalyzed by ________ enzyme, acetyl CoA is combined with oxaloacetic acid to form ________, and the other is catalyzed by ________ enzyme, acetyl CoA is combined with glyoxylate to form ________.

45. There are two classes of substances that can destroy oxidative phosphorylation. One is uncoupling agents, such as ________ and ________, which uncouple oxidation and phosphoric acid, resulting in wasteful, ineffective respiration. The other category is electron transport inhibitors, such as ________, which can block 2H transport from NADH 2 to FMN; ________ which can block electron transport from Cytb to Cytc; and ________, ________, ________ which can block electron transport from Cyta to Cyta 3.

46. The root or seed viability of plants is usually measured by TTC, the Chinese name of TTC is ________.

47. The root tip after the TTC reaction becomes________ (color), this is because the TTC reduction produced ________, which can be ground for extraction by ________.

48. When using TTC colorimetry to measure plant root viability, the unit of root viability is ________.

49. BTB is an acid-base indicator, showing ________ color under acidic conditions and ________ color under alkaline conditions.

50. Rapid methods to determine the plant seed viability are: _______, _______ and _______.

51. The phenomenon observed when the TTC method was used to determine seed viability was ________.

52. The phenomenon observed in the determination of seed viability by the BTB method is ________.

53. The pentose phosphate pathway can be divided into two phases: glucose ________ and molecule ________. If six molecules of G6P go through two stages of operation, they can release ________ molecules of CO_2 and ________ molecules of NADPH, and regenerate ________ molecules of G6P。

54. Anaerobic respiration of higher plants will________ with the increase of O_2 in the environment. When anaerobic respiration stops, the concentration of O_2 in the environment is called anaerobic respiration ________.

55. ATP is produced in plant cells in three ways, namely ________ phosphorylation, ________ phosphorylation and ________ phosphorylation.

56. Under the condition of complete aerobic respiration, the quotient of $C_6H_{12}O_6$ is ________. If fat is used as the respiration substrate, the respiration quotient is ________.

57. Mitochondria are organelles that carry out ________, carrying out ________ processes in their inner membrane and ________ in the lining.

58. Anaerobic respiration of higher plants for a long period of time is detrimental to plants due to excessive consumption of ________, insufficient supply of ________, and accumulation of ________ substances.

59. At the stage from imbibition to germination, since the seed coat has not yet broken through, at this time, the main respiration is ________, and the RQ value ________, while at the stage from germination to the growth of embryo true leaves, the main respiration is ________, and the RQ value drops to 1.

60. In higher plants, during normal respiration, the main respiration substrate is ________ and the final electron acceptor is ________.

61. In the case of the same plant, the optimum temperature for respiration is always ________ with the optimum temperature for photosynthesis.

62. The reason the pickle jar must be sealed when making kimchi is to avoid oxygen suppression of________.

63. Hydrogen transporters in respiratory transporters mainly include NAD^+, ________, ________, and ________. They transfer electrons as well as protons; The main electron transporters include ________ system, some ________ proteins and ________ proteins.

64. The so-called air conditioning method of grain storage, is to draw out the air in the granary, fill into ________, to achieve ________ respiratory safety storage purpose.

65.The positive effectors of 6-phosphofructokinase were ________, and the negative effectors were ________ and ________.

66. When you make H_2O, you produce ________ ATP.

(VI) Multiple choice questions

1. When the apple is stored for a long time, it will occur ( ) in the tissues.

A. cyanide-resistant respiration B. alcoholic fermentation

C. glycolysis

2. Under normal plant growth conditions, glucose degradation in plant cells is mainly through ( ).

A. PPP B. EMP-TCA C. EMP

3. The proportion of pentose phosphate pathway in respiratory metabolic pathway during plant tissue senescence ( ).

A. increases B. decreases C. maintain at a level

4. In the formation process of rice, oilseed rape and other seeds, the proportion of PPP ( ).

A. decreases B. increases C. will not change

5. Percentage of PPP when plant tissue is affected by drought or injury ( ).

A. decreases B. increases C. will not change

6. Anaerobic respiration in higher plants can produce ( ).

A. alcohol B. malate C. lactic acid

7. During seed germination, it will carry out ( ) before the seed coat is not broken .

A. aerobic respiration B. anaerobic respiration

C. photorespiration

8. The position of biological oxidation in plant respiration is ( ).

A. mitochondria B. the cytoplasm

C. the cell membrane

9. The enzymes involved in each reaction of glycolysis are present ( ).

A. on the cell membrane B. in the cytoplasm

C. in the mitochondria

10. All enzymes of each reaction in the TCA cycle are present in the (　　　).

A. cytoplasm　　B. bacuole　　C. mitochondria

11. In the pentose phosphate pathway, all the enzymes of each reaction are present in (　　　).

A. the cytoplasm　　B. mitochondrial　　C. the glyoxylate body

12. Oxygen required for oxidation in anaerobic respiration comes from the (　　　) in the cell.

A. water　　B. the oxidized sugar molecule

C. ethanol

13. The oxygen of CO_2 released by the tricarboxylic acid cycle comes from (　　　).

A. the oxygen in the air　　B. the oxygen in the water

C. the oxygen in the oxidized substrate

14. In the TCA cycle, one molecule of pyruvate can released (　　　).

A. 3 molecular CO_2　　B. 2 molecular CO_2

C. 1 molecular CO_2

15. The electron transporter in the respiratory chain is (　　　).

A. cytochrome system　　B. NAD^+　　C.FAD

16. In the respiratory chain, it starts from NADH and passes through the cytochrome system to oxygen, yielding H_2O with P/O ratio being (　　　).

A. 1　　B. 2　　C. 3

17. In the respiratory chain, $FADH_2$ passes through the ubiquitin and cytochrome systems to oxygen to form H_2O with a P/O ratio of being (　　　).

A. 1　　B. 2　　C. 3

18. The P/O ratio of the alternate oxidase pathway is (　　　).

A. 1　　B. 2　　C. 3

19. When 1 mole of glucose is completely oxidized in eukaryotic cells, ATP generated by respiration is (　　　).

A. 34 moles　　B. 36 moles　　C. 38 moles

20. Respiration forms ATP through oxidative phosphorylation for life activities, which is a (n) (　　　).

A. energy releasing process

B. energy storage process

C. energy releasing process and an energy storage process

21. In the process of respiration in plants, the terminal oxidase mainly includes (　　　).

A. cytochrome oxidase B. cyanide - resistant oxidase
C. esterase

22. Among various oxidases in plants, the oxidases that do not contain metals are ( ).
A. cytochrome oxidase B. phenol oxidase
C. flavin oxidase

23. Affinity of cytochrome oxidase for oxygen is ( ).
A.high B. low C. medium

24. The rate of glycolysis ( ) when plants are transferred from an anoxic environment to air.
A. slow down B. speed up C. doesn't change

25. When the plant is transferred from the anoxic environment to the air, the TCA cycle ( ).
A. slow down B. speed up C. doesn't change

26. The main regulator of the pentose phosphate pathway is ( ).
A. ATP B. ADP C. NADPH

27. When the respiration substrate is glucose, which is completely oxidized, the respiration quotient is ( ).
A. greater than 1 B. less than one
C. equal to 1

28. From seed germination to seedling stage, almost all respiration belongs to ( ).
A. growth respiration B. maintaining respiration
C. aerobic respiration

29. If the respiratory route is through the EMP-TCA pathway, then C_1/C_6 should be ( ).
A. greater than 1 B. less than one C. equal to 1

30. The safe water content of starch seeds should be ( ).
A. below 9%–10% B. below 12%–13%
C. below 15%–16%

31. During the ripening process of fruits with respiratory climacteric, substances closely related to the enhancement of respiration rate are( ).
A. the phenolic compound B. carbohydrate compound
C. ethylene

32. For the determination of root viability by TTC method, 1 mol/L H_2SO_4 was added immediately after holding in a temperature chamber at 37 °C for 1 hour. Its purpose is to

(   ).

A. terminate reaction

B. facilitate to grind and extract TTF

C. maintain a suitable pH

33. Which one of the following substances can interrupt the respiratory chain from coenzyme I to flavin proteins, preventing oxidative phosphorylation ? (   )

A. Antimycin   B. Amitol   C. NAN_3

34. When plant tissues are transferred from aerobic to anaerobic conditions, glycolysis speeds up due to the fact that (   ).

A. citric acid and ATP synthesis decreased

B. ATP and Pi decreased

C. $ADH+H^+$ synthesis decreased

35. In the ripening process of fruits with respiratory climacteric, cyanogen resistant respiration was enhanced, which of the following substances was closely related? (   )

A. The phenolic compound   B. The sugar compound

C. Ethylene

36. The respiration quotient is (   ) when organic acids are used as respiration substrates.

A. greater than 1   B. equal to 1

C. less than 1

37. The most obvious factor affecting the respiration of stored seeds is (   ).

A. temperature   B. moisture   C. O_2

38. When apples and potatoes are cut, the tissues turn brown as a result of the action of (   ).

A. ascorbate oxidase   B. cytochrome oxidase

C. polyphenol oxidase

39. When the respiration substrate is lipid, the respiration quotient is (   ) when completely oxidized.

A. greater than 1   B. equal to 1

C. less than 1

40. The safe water content of wheat and rice seed is about(   ).

A. 6%－8%   B. 8%－10%   C. 12%－14%   D. 16%－18%

41. In response to injury or disease, plants often change the route of respiration to strengthen (   ).

A. EMP-TCA cycle   B. anaerobic respiration

C. PPP D. glyoxylate cycle

42. ( ) can increase greenhouse vegetable production.

A. To lower the night temperature appropriately

B. To raise the night temperature appropriately

C. To keep the temperature the same in day and at night

43. In respiration, the site of the TCA cycle is at ( ).

A. the cytoplasm B. the mitochondrial matrix

C. chloroplast

44. The redox coenzymes of EMP and PPP are ( ) respectively.

A. NAD^+, FAD B. $NADP^+$, NAD^+ C. NAD^+, $NADP^+$

(VII) True or false questions

1. During aerobic respiration, the oxidized substrate is thoroughly oxidized to CO_2 and O_2 is reduced to sugar. ( )

2. Glycolysis is the process that takes place in mitochondria to break down glucose into pyruvate. ( )

3. TCA cycle enzymes are located on the inner mitochondrial membrane. ( )

4. Respiration, which consumes neither O_2 nor releases CO_2, does not exist. ( )

5. From a developmental point of view, aerobic respiration evolved from anaerobic respiration. ( )

6. Until the seed coat is ruptured, the seed breathes aerobically only. ( )

7. The pentose phosphate pathway takes place in the mitochondria. ( )

8. The pentose phosphate pathway accounted for a larger proportion in young tissues and a smaller proportion in old tissues. ( )

9. Studies have shown that the proportion of pentose phosphate pathway decreases when plant tissues are susceptible to disease. ( )

10. In aerobic respiration, O_2 does not directly participate in the TCA cycle to deoxidize substrates, but the TCA cycle is only carried out in the presence of O_2. ( )

11. High energy phosphate compounds cannot be produced in the TCA cycle. ( )

12. Cytochrome oxidase is not commonly present in plant tissues. ( )

13. When making black tea, the action of polyphenol oxidase needs to be inhibited. ( )

14. When making green tea, the action of polyphenol oxidase is needed. ( )

15. Potato tubers and apples turn brown when peeled or injured, which is due to the result of the action of polyphenol oxidase. ( )

16. During flowering, the inflorescence respiration rate of araceae increases rapidly, which is due to the action of ascorbate oxidase. (　　)

17. Biological oxidation is carried out in the presence of normal body temperature and water in the cell, and energy is released centrally. (　　)

18. The electron transfer mechanism of cytochrome is mainly accomplished by ferri ions in iron porphyrin prothetic groups. (　　)

19. When one mole of glucose is completely oxidized by higher plant cells, a net 38 moles of ATP is generated. (　　)

20. Oxidation (electron transport) can be impeded with agents such as 2, 4-dinitrophenol without affecting phosphorylation. (　　)

21. All plant cells contain mitochondria, with the exception of bacteria and cyanobacteria. (　　)

22. Without respiration, the process of photosynthesis cannot be completed. (　　)

23. Photosynthesis releases O_2, which can be used by respiration, while respiration releases CO_2, which cannot be used by photosynthesis. (　　)

24. Increasing the content of O_2 in the environment can accelerate glycolysis. (　　)

25. Energy charge is a regulatory factor of ATP synthesis and utilization in cells. (　　)

26. When there is too much $NADP^+$ in plant cells, it will exert feedback inhibition on the pentose phosphate pathway. (　　)

27. If the respiration substrate is glucose, and it's completely oxidized, the respiration will be greater than 1. (　　)

28. If the respiration substrate is fat then the respiration chamber is equal to 1. (　　)

29. If the respiration substrate is protein, the respiration will be less than 1. (　　)

30. If the respiration substrate is some organic acid (e.g. malic acid), the respiration will be less than 1. (　　)

31. The main reason why temperature affects respiration rate is that it affects protein content. (　　)

32. The optimum temperature is the one that maintains the fastest rate of respiration for a longer period of time. (　　)

33. The optimum temperature for respiration is always lower than that for photosynthesis. (　　)

34. The minimum temperature for respiration varies according to the physiological condition of the plant. (　　)

35. When the concentration of CO_2 in the environment increases, the respiration rate increases. (　　)

36. When the external oxygen concentration decreases, the aerobic respiration of crops increases. ( )

37. If sugar is used as the substrate for respiration and alcoholic fermentation is carried out lacking of oxygen, the respiration chamber is close to 1. ( )

38. Waterlogging drowns plants because anaerobic respiration is carried out for too long and alcohol accumulation causes poisoning. ( )

39. Drought and potassium deficiency increase the oxidative phosphorylation of crops, leading to poor growth and even death. ( )

40. There are many physiological obstacles in crop cultivation, which are indirectly related to respiration. ( )

41. After the cold wave, the dry rice seedlings are cultured and drained in time, mainly to make the root system get sufficient nourishment. ( )

42. The respiration climacteric is caused by the formation of abscisic acid in the fruit. ( )

43. CoQ is a component of the respiratory chain whose function is to transfer electrons. ( )

44. The activity of phenol oxidase and ascorbate oxidase in wheat increased after rust infection. ( )

45. Increasing the external CO_2 concentration can inhibit plant respiration, so it is beneficial to increase the CO_2 concentration in the air and keep it in anoxic environment as much as possible during sweet potato storage. ( )

46. All terminal oxidases are located at the end of the respiratory chain. ( )

47. Cyanide-resistant respiration can release more heat and synthesize less ATP. ( )

48. In the presence of an uncoupling agent, the energy generated from electron transport is lost as heat. ( )

49. The higher the respiratory quotient, the less oxidized the substrate itself. ( )

50. The electron transport chain of respiration is located in the matrix of mitochondria. ( )

51. The conversion from starch to G-1-P requires ATP. ( )

52. All living things need O_2 to survive. ( )

53. Glycolysis does not produce ATP directly. ( )

54. Oxidative phosphorylation is a coupled process of oxidation and phosphorylation. ( )

55. The transfer of 1 mol NADH electron from the cytoplasm to O_2 in the respiratory chain yields 3 moles ATP. ( )

(VIII) Questions

1. Why should we study respiration?

2. What is the physiological meaning of respiration?

3. What is the content and significance of the multi-route argument of plant respiration and metabolism?

4. What is the physiological significance of pentose phosphate pathway in plant respiration and metabolism?

5. How many catabolic pathways are there for respiratory sugars? Where in the cell does it take place?

6. What are the enzymes that regulate glycolysis and pentose phosphate pathways?

7. What are the main points and physiological significance of TCA (tricarboxylic acid) cycle?

8. What is terminal oxidase? What are the main ones?

9. What are the characteristics of cyanide-resistant breathing?

10. What is the difference between respiration and photosynthesis?

11. What is the dialectical relationship between respiration and photosynthesis?

12. Give examples of physiological processes that require direct energy supply by respiration and those that do not.

13. Why does oxygen inhibit glycolysis and fermentation?

14. What are the main pathways of metabolic regulation in respiration?

15. What are the main methods and principles for measuring respiration rate?

16. Why do plants die when they breathe without oxygen for a long time?

17. Why does the respiration rate increase when plant tissue is damaged?

18. When making green tea, why is it necessary to roast the collected leaves to deactivate the enzyme immediately?

19. Which reaction pathways can pyruvate produced by EMP pathway enter?

20. What is the relationship between respiration and grain seed storage?

21. What is the relationship between respiration calmacteric and fruit storage? How to coordinate the relationship between temperature, humidity and gas to well store the fruit and vegetable?

22. What is the cause of the respiratory climacteric at ripening?

23. How to determine and prove the proportion of EMP-TCA and PPP pathways in cell tissues?

24. What is the relationship between respiration and crop cultivation?

25. What causes respiration to decrease as seeds mature?

26. What is the change of respiration quotient during germination of general seeds? Why?

27. What is the difference between photorespiration and dark respiration?

28. How do you regulate respiration?

29. If the temperature is too low in spring, it will cause the seedlings to rot. What is the reason?

30. Where does the TCA cycle, PPP, GAC pathway occur in cells? What is the physiological significance of each one?

31. Describe the mechanism of oxidative phosphorylation.

32. What is the difference in respiration efficiency between vigorous growth parts and mature tissue or organ?

33. Why should attention be paid to shallow seeding when oil seeds are sown?

34. Describe the composition of electron transport chain in inner mitochondrial membrane.

35. When pyruvate was added to mung bean extract alone under anaerobic conditions, only a small amount of ethanol was formed. However, if a large amount of glucose is added under the same conditions, a large amount of ethanol is produced. Why?

36. Three respiratory metabolic pathways were enumerated from the respiratory chain and terminal oxidation of different substrate respiratory pathways.

37. How does the ultrastructure of mitochondria adapt to their specific function of respiration?

38. How does the pentose phosphate pathway differ from the EMP-TCA pathway?

39. How does respiration affect plant physiological activities such as water absorption and mineral nutrition?

40. Why can't the water content of seeds exceed its critical water content in storage time ?

41. What is the effect of daytime laboratory measurements of stem and leaf respiration rates? How to solve it?

V Transport, distribution and signal transduction of organic matter in plants

(I)Explanation of the noun

1. Apoplasmic body 2. Symplast 3. Plasmodesmata 4. Pressure flow theory 5. Contractile protein theory 6. Cytoplasmic pumping theory 7. Metabolic source 8. Metabolic pool 9. Specific mass transfer rate 10. P-protein (phloem protein) 11. Transfer cells 12. Source-sink unit 13. Sink strength and source strength 14. Signal transduction 15. Chemical signal 16. Physical signal 17. G protein 18. The second messenger 19. Source cell 20. Receptors 21. Corpus callosum 22. Phloem loading 23. Phloem unloading 24. P-chlormercuric benzenesulfonic acid 25. Fructose-1, 6-diphosphatase 26. Fructose 2, 6-diphosphate 27. Sucrose phosphate synthetase 28. Urine diphosphoglucose 29. ADPG pyrophosphorylase 30. Action waves 31. Calmodulin 32. Protein kinase 33. Protein kinase C (PKC) 34. Cyclic adenylate 35. Transport speed 36. Exocytosis

(II) Translation from Chinese to English

1. Plasmodesmata 2. Desmotubule 3. Co-transport 4. Symplast transport 5. Extracellular transport 6. Pressure flow theory 7. Cytoplasimic pumping theory 8. Contractile protein theory 9. Girdling 10. Metabolic sink 11. Metabolic source 12. Phloem

(III) Translation from English to Chinese

1. Plasmodesma 2.Co-transport 3. Pressure flow theory 4. Cytoplasmic pumping theory 5. Microfibril 6. Receiver cell 7. Phloem unloading 8. Girdling 9.Desmotubule 10. Contractile protein theory 11. Metabolic source 12. Metabolic sink

(IV) Chinese name for the symbols

1. SE-CC 2. TPT 3. SC 4. IAA 5. IP_3 6. DG 7. PKC 8. cAMP 9.SMT 10. SMTR 11. UDPG 12. ADPG 13. AP 14. PCMBS 15. FBPase 16. F2, 6BP 17. SPS 18. CaM 19. PI 20. PIP 21. PIP_2 22. PK 23. PP 24. cAMP

(V) Blanks filling

1. The long distance transport of organic matter in plants is________, while the intracellular transport is through________ and________ for transport.

2. The highest content of organic material in the sieve is________, while the highest content of inorganic material is________.

3. When potato tubers germinate, the direction of organic matter transport is mainly from________ to________, the vegetative growth after the potato tuber is used up is mainly from ________ to________, and when the tubers expand, it is mainly transported from________ to ________ .

4. The pathway of assimilate from green cell to phloem loading is from________ to________, to________ phloem sieve tube molecules.

5. The experimental evidence supporting the pressure flow theory is________, ________and________.

6. From the point of view of assimilate transport and distribution, the seed setting rate of rice is determined by________, while the full degree of grain is mainly determined by________.

7. Carotene is a major source of vitamins________.

8. Anthocyanins are ________ in the acidic cell fluid.

9. Anthocyanins are ________ in the alkaline cell fluid.

10. The major alkaloids in tobacco are called________.

11. When nitrogen fertilizer is applied, the nicotine content ________.

12. The loading of sugars from mesophyll cells into phloem is carried out ________ concentration gradient.

13. Organic matter flows in the sieve tube along with the flow of liquid flow, and this flow force are from ________ of the ends of the transmission system.

14. Temperature affects the transport direction of organic matter in the body. When the soil temperature is higher than the air temperature, it is conducive for thephotosynthate to transport to ________ .

15. The distribution of organic matter is affected by the three factors such as ________, ________ and________, among which ________ capacity plays a more important role.

16. The external conditions affecting the transport of organic matter in plants are ________, ________ and________.

17. Theories concerning the transport of organic matter are__________, __________ and________.

18. In terms of source-sink relationship, the weight gain of the seed is limited by ________ when the source is greater than the sink, and the weight gain of the seed is limited by ________ when the sink is greater than the source.

19. The cell signaling system, based on inositol phospholipid metabolism, produced two signaling molecules________ and________, which are generated by the hydrolysis of PIP2 by phospholipase C in plasma membrane, mediated by G protein, after the extracellular signal is received by membrane receptors, so this system is also called________.

20. In signal transduction, an important class of G proteins in cells is the heterotrisomy G protein, which is composed of three subunits such as________, ________ and________.

21. It is generally believed that plasmodesmata has three states : ① __________ state; ② __________ state; ③ __________. Generally speaking, if there are many plasmodesmata, pore size is large and concentration gradient is large between cells, this will ________ to the symplast transport.

22. Substances enter and exit the plasma membrane in many ways: ① ________ transport along the concentration gradient; ② ________ transport against the concentration gradient; ③ ________ transport dependent on membrane movement.

23. There are ________, ________ and ________ forms of membrane dynamic transport to and from the plasma membrane in the form of vesicles.

24. A typical vascular bundle can be composed of four parts : ① ________, which is centered around the duct and rich in fibrous tissue; ② ________ with the sieve tube as the center, surrounded by parenchyma associated; ③ a variety of ________ interspersed between and around xylem and phloem; ④ ________ surrounding xylem and phloem.

25. The main forms of sugar transport in the sieve tubes are ________ and ________.

26. The loading of photocontracted compounds in phloem passes through three regions: ① ________ region of photocontracted compounds, which refers to mesophyll cells capable of photosynthesis; ② assimilate __________ zone, which refers to the parenchyma cells of phloem at the end of lobule veins; ③ assimilate ________ region, which refers to SE-CC in leaf veins.

27. Apoplasmic loading refers to the process in which the sucrose exported by ________ cells first enters the apoplasmic body, then enters the companion cell through the sucrose carrier ________ sucrose concentration gradient located on the SE-CC composite constitution membrane, and finally enters the sieve tube. The symplast loading pathway refers to the process by which sucrose exported from ________ cells enters companion cells or intermediate cells through a plasmodesmata ________ concentration gradient and finally enters the sieve tube.

28. Invertase is the enzyme that catalyzes the sucrose ________ reaction. Convertases

can be divided into two types according to the optimal pH required to catalyze the reaction: one is called ________ convertase, which has a high affinity for the substrate sucrose and is mainly distributed in vacuoles and cell walls; the other group is called ________ invertases, which are mainly distributed in the cytoplasmic part.

29. Sucrose synthesis in photosynthetic cells takes place in ________. There are two enzymes that catalyze sucrose degradation and metabolism, one is ________, the other is ________.

30. The signaling molecules of plant cells can be divided into ________ signaling molecules and ________ signaling molecules according to their scope of action. The molecular pathway of cell signaling can be divided into four stages, namely: ① ________ signaling; ② ________ signal conversion; ③ ________ signal transduction; ④ ________ reversible phosphorylation.

31. The intercellular signal in the body includes________, ________, ________, ________ etc. The common physical signals are: ________, ________, ________, ________.

32. The physiological activity of G protein depends on its association with ________ and its activity with ________.

33. Intercellular transport in plants includes ________, ________, and long-distance transport between organs through ________.

34. Carbohydrates in plants are mainly transported in the form of ________, besides ________ sugar, ________ sugar and ________ sugar.

35. The most abundant organic matter in seive tube juice is ________, and the most abundant inorganic ion is ________.

36. It can be proved by ________ and ________ methods that the long-distance transport of assimilates in plants is through phloem sieve tube.

37. The general distribution direction of organic matter is from ________ to ________.

38. The characteristics of assimilate distribution in plants are ________, ________, ________, and ________.

39. The carriers participate in and regulate the loading process of organic material to phloem according to ________, ________, ________.

40. The inorganic phosphorus content has a regulating effect on the operation of assimilate. When the inorganic phosphorus content is high, the exchange between Pi and ________ in the chloroplast is conducive to the photosynthsis transport from ________ to ________, and promotes the synthesis of________ in the cell.

41. During the vegetative growth period, excessive application of nitrogen fertilizer increases ________ content and decreases ________ content, which is not conducive to

assimilate accumulation in stem.

42. In recent years, it has been found that the intracellular K^+/Na^+ ratio regulates the ratio of starch to sucrose. When the K^+/Na^+ ratio is high, it is conducive to the accumulation of ________ and the K^+/Na^+ ratio is low, it is conducive to the conversion of photosynthate to ________.

43. Companion cells and sieve tube cells are connected through plasmodesmata, and the role of companion cells is to ________, ________, ________ and ________ for sieve tube cells.

44. Studies have shown that ________, ________ and ________ phytohormones can promote the transport of organic matter in plants.

45. Up to now, there are three theories that can explain the mechanism of sieve tube transport: ________, ________ and________.

46. Phloem offloading is the process by which assimilates loaded in phloem are exported to________.

47. When the temperature decreases, the respiration is corresponding________; causes the transport rate of organic matter in the body________; However, if the temperature is too high, respiration will be enhanced, and a certain amount of organic matter will be consumed. At the same time, enzymes in the cytoplasm may also begin to be passivated or destroyed, so the transport speed of organic matter also________.

48. There are three factors affecting the distribution of organic matter: ________, ________, and________; among which________ plays a more important role.

49. There are three pathways for assimilation products in the body, which are ________, ________and________.

(VI) Multiple choice questions

1. The main sugars exported from chloroplasts are (　　　).

A. triose phosphate　　　　B. glucose and fructose

C. sucrose

2. Comparing the gap between the intracellular and extracellular of the seive tube, the H^+ concentration and K^+ content are true that (　　　).

A. The concentrations of H^+ and content of K^+ in the intracellular space were higher than those in the extracellular space

B. The concentrations of H^+ and content of K^+ in the intracellular space were lower than those in the extracellular space

C. The intracellular concentration of H^+ is lower than that of the extracellular, while the intracellular content of K^+ is higher than that of the extracellular.

3. In a plant, the content of sugars accounts for ( ) of the dry weight of the plant.

A. More than 90% B. 60% to 90%

C. More than 50%

4. When trees germinate in spring, before the leaves open, the direction of sugar transport in the stem is ( ).

A. from the top to the bottom of the morphology

B. from the bottom to the top of the morphology

C. neither up nor down

5. When the amide content in the plant is rich, it indicates that ( ) in the body.

A. Nitrogen supply is insufficient B. Nitrogen supply is sufficient

C. Nitrogen supply is normal

6. During seed germination of cereal crops, free amino acids ( ).

A. reduce B. increase the C. don' t change

7. The numerous protoplasms linked to each other, forming a continuous whole, is dependent on ( ).

A. microfilament B. plasmodesmata C. microtubules

8. In plant sieve tube sap, more than 90% of the dry weight is ( ).

A. protein B. fat C. sucrose

9. The main route of organic material transport between cells is ( ).

A. extracellular transport B. symplast transport

C. simple diffusion

10. The essential element in the sucrose transformation is ( ).

A. P B. Iron C. Zinc

11. The main form of organic material transport in plants is ( ).

A. glucose B. fructose C. sucrose

12. Both cytoplasmic pumping theory and contractile protein theory believe that organic matter transport requires ( ).

A. sufficient water B. appropriate temperature

C. consumption of energy

13. The main mineral elements affecting assimilate transport are ( ).

A. Nitrogen B. Boron C. Phosphorus

14. Before the jointing stage of cereal crops, the assimilate of the lower leaves mainly supplies ( ).

A. younger leaves B. germ

C. the roots

15. The effective way to increase crop yield is to increase economic coefficient, and the effective way to increase economic coefficient is to ( ).

A. reduce the plant height appropriately

B. reduce nitrogen

C. increase phosphate fertilizer

16. The dependence of assimilate transport rate on photosynthesis in plants is indirect, and the main control is ( ).

A. the intensity of light

B. the sucrose concentration in leaves

C. the high and low temperature

17. IAA has ( ) for the transport and distribution of organic materials.

A. inhibition B.promotion C. little effect

18. The transport rate of organic matter in plants is generally ( ).

A. faster in the day than in the evening

B. slower in the day than in the evening

C. almost the same in the day and in the envening

19. The reason why low temperature reduces the transport rate of organic matter is that ( ).

A. it reduces the synthesis of photosynthate

B. it decreases the respiration rate

C. it Increases the viscosity of the sieve juice

20. In plant organisms, the transport of organic matter is mainly carried by ( ).

A. phloem B. xylem C. microtubules

21. In the following organelles, ( ) does not belong to the intracellular calcium pool.

A. vacuole B. endoplasmic reticulum

C. the nucleus

22. Temperature also affects the transport of assimilates. When the air temperature is higher than the soil temperature, it ( ).

A. helps assimilate material to transport to the root

B. facilitate the transport of assimilate material to the top

C. only affects the transport rate, but not the transport direction

23. In flowering and fruiting crops, the photosynthetic rate of leaves ( ) than that

before flowering.

A. enhanced B. dropped C. changed inconstantly

24. Hormones have obvious regulating effects on assimilate transport, among which ( ) is the most significant.

A. CTK B. IAA C. GA

25. The photosynthate transported within the sieve of most plants is ( ).

A. sorbitol B. glucose C. sucrose

26. The site of starch synthesis in mesophyll cells is ( ).

A. chloroplast interstitial B. thylakoid

C. the cytoplasm

27. The loading of sucrose into the extracellular body of the sieve tube is carried out ( ).

A. along the concentration gradient B. against the concentration gradient

C. with equal concentration

28. The ( ) of the source - sink unit is the physiological basis of cultivation techniques as pruning, pinching and fruit - thinning.

A. regionalization B. correspondence relation

C. stability

29. The number of glumous flower per unit land area of rice and wheat or the number of endosperm cells of a single spikelets can be expressed as ( ).

A. sink vitality B. sink strength

C. sink capacity

30. Phloem loading is characterized by ( ).

A. reverse concentration gradient; energy - needed; selective

B. along the concentration gradient; not energy - needed; selective

C. reverse concentration gradient; energy - needed; not selective

31. In the several theories of sieve tube transport mechanism, it is advocated that the sieve tube fluid is driven by the pressure gradient established by the pressure potential difference between the source end and the sink end, which one?

A. Pressure flow theory B. Cytosolic pumping theory

C. Contractile protein theory

32. The optimum temperature for organic matter transport in plants is generally ( ).

A. 25 – 35 ℃ B. 20 – 30 ℃ C. 10 – 20 ℃

33. The reason why the transport speed of organic matter in the plant decreases when the temperature decreases is ( ).

A. photosynthesis has weakened

B. the respiration rate has decreased

C. the viscosity of the sieve tube has weakened

34. The distribution of phloem assimilation products in plants is affected by the combination of three capacities, which is (　　).

A. supply, competition and transport capacities

B. supply, transport and control capacities

C. transport, competition and contraction capacities

(VII) True or false questions

1. The large temperature difference between day and night can reduce the respiration consumption of organic matter and promote assimilate transport, so that the sugar content of fruits and seeds and 1000 seed weight increase. (　　)

2. The monosaccharide with the highest content in leaves is triose phosphate, which is the product of CO_2 fixation and reduction. (　　)

3. The functional period were prolonged and photosynthetic rate of wheat leaves were increased after panicle removal due to the increasing supply of organic material. (　　)

4. When the corns are ripe, if they are harvested with ears and stems to pile up, the organic matter in the stems can continue to be transported to the grain. (　　)

5. If you cut the stem of a gourd plant from the ground, there will be a lot of liquid coming out of its incision indicating that there is a lot of positive pressure in the sieve. (　　)

6. In general, the concentration of sucrose in mesophyll cells is higher than that in sieve. (　　)

7. Transport of organic matter is an important factor that determines the yield and quality of organic matter. (　　)

8. The material in the phloem cannot be transported simultaneously in opposite directions. (　　)

9. Sieve sap is more than 90% glucose in dry weight and contains no inorganic ions. (　　)

10. The loading of assimilates from mesophyll cells into phloem cells is metabolizable energy consuming. (　　)

11. The fluid flow in the sieve tube is caused by the difference in matric potential between the two ends of the transmission system. (　　)

12. The cell route of photosynthate loading into phloem may be "symplast → apoplast → symplast → phloem sieve tube molecule" . ( )

13. With the different growth period of crops, the status of source and sink will also vary from time to time. ( )

14. The low content of Pi in leaves is conducive to the export of photosynthate. ( )

15. Extracellular signals can regulate cell metabolism and physiological functions only after they are recognized by receptors on the membrane and converted into intracellular signals through the signal conversion system on the membrane. ( )

16. Sink strength is the product of sink capacity and sink vitality. ( )

17. Plant cells do not have G protein - linked receptors. ( )

18. The total weight of the solute transported per unit time is called the solute transport speed. ( )

19. When organic matter is transported over long distances in plants, it is generally the transfer of organic matter from high concentration areas to low concentration areas. ( )

20. The transfer of assimilated material from leaves to sieve tubes is due to the higher concentration of sucrose in leaf cells than in sieve tubes. ( )

21. It was found that the photosynthetic rate of rice leaves increased obviously after panicle removal. ( )

22. The pH inside the sieve is lower than that outside the sieve. ( )

23. Boron can promote the synthesis of sucrose and increase the proportion of transportable sucrose. ( )

24. When the soil temperature was higher than the air temperature, the proportion of photosynthate transported to the root increased. ( )

25. Phloem loading has two pathways, namely, the apoplasmic pathway and the symplast pathway. ( )

26. There are three theories to explain the transport mechanism of assimilated products in the sieve tube, among which the pressure flow theory claims that the sieve fluid flow is driven by the pressure potential gradient established by the turgor pressure at the source end and the sink end. ( )

27. The cell route of photosynthate loading into phloem from source leaves may be "symplast → apoplast → symplast → phloem sieve tube molecule". ( )

28. In the different growth period of crops, the status of source and sink always remain unchanged. ( )

29. Many experiments have proved that the transport route of organic matter is mainly played by the xylem ( )

(VIII) Questions

1. What is the significance of organic material transport in plant life?

2. How to prove experimentally that assimilate transport in plants is an active process?

3. How is the assimilate loaded and unloaded from the sieve tube?

4. Why is sucrose the main form of organic matter transport in plants?

5. What are the routes of intracellular and intercellular transport of organic matter?

6. What effect does temperature have on the transport of organic matter in plants?

7. Why does boron promote carbohydrate transport in plants?

8. What is the transport and distribution of organic matter in plants?

9. Give some examples of the redistribution and reuse of assimilated products in plants.

10. Describe the source-sink relationship of crop yield formation.

11. A potato plant gained 250 g of tuber weight in 100 days, with 24% of organic matter and the transection area of the underground phloem is 0.004 cm^2 . What is the specific mass transfer rate of the assimilates?

12. What is the pressure flow hypothesis? What is the basis of the experiment? What are the shortcomings of this theory?

13. What are the pathways of long-distance signal transport in higher plants?

14. What are the stages of plant cell signaling?

15. What are the functions of vascular system for plant life activities?

16. What is the structure of plasmodesmata? What role does plasmodesmata have?

17. What is the significance of transmembrane signal conversion? What does it take to do that?

18. How to prove that phloem is the channel for long-distance transport of assimilates in higher plants?

19. What should be included in the study of phloem transport mechanisms?

20. What are the methods for determining phloem transport velocity?

21. Briefly describe the possible pathways of starch synthesis in sink cells.

22. Briefly describe the possible pathways through which plant cells transduced environmental stimuli into intracellular responses.

23. What are the structural features of transporter cells? What are their roles in assimilate transport?

24. Describe the two mechanisms of H^+-sucrose's cotransfer.

25. Please demonstrate experimentally that nicotine is synthesized by roots and leaves cannot synthesize nicotine.

26. Identify the main material sources that constitute the economic yield of crops. How to improve crop economic yield from the perspective of photosynthate distribution?

27. Some people have studied the effect of drought on assimilate partitioning in flag leaves of wheat during grain filling. The results are shown below Appendix table1-1. What conclusions can you draw?

Appendix table1-1 Effects of drought on assimilate distribution in flag leaves of wheat at grain filling stage

Determination part	Reference plants/%	Plants lacking water/%
Flag leaf	26.4±3.8	57.4±4.3
Ear of grain	34.7±3.9	33.7±3.5
Upper internodes	5.2±0.9	3.0±0.9
Lower internodes	17.5±2.1	2.9±1.2
Roots	16.3±2.7	3.1±0.6

28. How to distinguish whether assimilate phloem loading is through the apoplasmic or symplasmic pathway?

29. How many theories explain sieve tube transport? What are the main ideas of each theory?

30. What factors influence the distribution of organic matter?

31. What is the relationship between respiration and organic matter metabolism?

32. Fruit trees often use ring stripping to improve yield, why? Can a fruit tree increase its yield by cutting wider rings at the lower end of its main stem? Why?

VI Plant growth material

(I) Explanation of the noun

1. Plant growth material 2. Plant hormone 3. Plant growth regulator 4. Polar transport 5. Hormone receptor 6. Free auxin 7. Triple response 8. Avena unit 9. Growth

inhibitor 10. Growth retarder 11. Brassinolide (BR) 12. Calmodulin 13. Polyamine 14. Triacontanol 15. Target cell 16. Bioassay 17. Auxin 18. Oats Experiment 19. Apinasty growth 20. The auxin gradient theory 21. CCC 22. Indole acetic acid 23. Gibberellin 24. Cytokinin 25. Kinetin 26. Ethylene 27. Salicylic acid 28. Indole butyric acid 29. Dimethylaminosuccinic acid (B9) 30. Systemin

(II)Translation from Chinese to English

1. Plant growth material 2. Plant growth regulator 3. Polar transport 4. Hormone receptor 5. Gibberellin 6. Abscisic acid 7. Plant hormone 8. Auxin receptor 9. Chemical permeability diffusion hypothesis 10. Cytokinin 11. Ethylene 12. Indole pyruvate pathway 13. Auxin export carrier 14. Decarboxylation degradation 15. Auxin binding protein 16. Acid-growth theory 17. Anti-auxin 18. Indole butyric acid 19. Growth inhibitor 20. Growth retarder 21. Auxin response element 22. Glucosidase 23. Independent cytokinin 24. Cytokinin receptor 25. Zeaxanthin 26. Neoxanthin; neoflavanthin 27. Flavin aldehyde 28. Viola xanthin 29. depolarization

(III) Translation from English to Chinese

1. Jasmonic acid, ja 2. Salicylic, sa 3. Chlorocholine chloride, ccc 4. Paclobutrazol, pp333 5. Polyamine, pa 6. Brassinolide, br 7. Kinetin, kt 8. Auxin 9. Gibberellin 10. Cytokinin 11. Abscisic acid 12. Ethylene 13. Early gene 14. Primary response gene 15. Late gene 16. Sencondary response gene 17. Ubiquitin ligase 18. Heterodimer 19. Indol acetonitrile 20. Heterodimer 21. Arabidopsis histidine phosphotransfer 22. Arabidopsis response regulator

(IV) Chinese names for the symbols

1. ABA 2. ACC 3. AOA 4. AVG 5. B9 6. 6-BA 7. BR 8. CAMP 9. CaM 10. CCC 11. CTK 12. CEPA 13. 2, 4-D 14. Eth 15. FC 16. GA_3 17. GC 18. HPLC 19. IAA 20. IBA 21. JA 22. KT 23. LC 24. MACC 25. MH 26. MS 27. MJ 28. NAA 29. PA 30. PP_{333} 31. SAM 32. 2, 4, 5-T 33. TIBA 34. ZT

(V) Blanks filling

1. The method of determining plant hormone generally has________, ________ and________.

2. Auxin substances in plants have been found to have________, ________ and________.

3. The first coleoptile phototropism experiment was performed by________.

4. Auxin degradation can be through two aspects: ________ and________.

5. The phytohormones that promote the rooting of cuttings are________.

6. Phytohormones that promote stomatal closure are________.

7. The precursors for the synthesis of auxin, gibberellin, abscisic acid and ethylene are________, ________, ________ and________, respectively.

8. The plant hormones that induce α-amylase formation are________, those that delay leaf aging are________, those that promote dormancy are________, those that promote more female flowers in melons are________, those that promote more male flowers in melons are________, those that promote fruit ripening are________, and those that break dormancy in potatoes are________, those that accelerate galactosis are ________, those that maintain apical dominance are________, and those that promote the growth of lateral buds are________.

9. Tissue culture studies showed that when CTK/IAA ratio was high, differentiation of ________was induced. When the ratio is low, differentiation of ________ is induced.

10. The basic structure of gibberellin is________.

11. Kinetin is a derivative of ________.

12. Different combinations of phytohormones have certain effects on the differentiation of the tissue. When IAA/GA ratio is low, it promotes differentiation of________, while when IAA/GA ratio is high, it promotes differentiation of ________.

13. IAA storage must avoid light because________.

14. In order to remove the apical dominance of soybean, spraying ________ should be applied.

15. ABA inhibits the synthesis in barley endosperm, so it has________ effect.

16. Cytokinins are mainly synthesized in________.

17. There are two classes of growth suppressors including________ and________.

18. Lack of O_2 has an ________effect on ethylene biosynthesis.

19. The reason why the dwarf corn does not grow tall is because of the lack of________.

20. The reason why CCC inhibits plant growth is that it inhibits the biosynthesis of ________ in plants.

21. Drought and flooding have________ effects on ethylene biosynthesis.

22. Ethephon releases ethylene at pH________.

23. Mevalonic acid under long sunshine conditions will produce ________ and under short sunshine conditions it will produce________.

24. There are three pathways of auxin biosynthesis: ________, ________, and________.

25. The precursors of polyamine biosynthesis are________, ________ and________.

26. The generally accepted plant hormone has ________, ________, ________, ________ and________ five categories.

27. There are two forms of auxin. Auxin of ________ type is more bioactive, while auxin of mature seed is present as ________ type. Auxin degradation can be through two aspects: ________ oxidation and ________ oxidation.

28. Gibberellin can partially replace ________ and ________ to induce flowering in some plants.

29. The one that keeps isolated leaves green is ________; the one promoting the formation and shedding of the separation layer is ________; the one preventing organs from falling off is ________; the one promoting the elongation of coleoptile segments of wheat and oats is ________; the one promoting seedless grape fruit size is ________; the one promoting spinach and cabbage early bolting is ________; the one that disrupts the negative gravitropity of the stem is ________.

30. The phytohormone that promoted lateral bud growth and weakened apical dominance was ________. Then one promoting internode growth of dwarf maize is ________; the one reducing transpiration is ________; the one promoting potato tuber germination is ________.

31. The classical method of biological identification of auxin is ________ test method, in a certain range, the auxin content is directly is proportional to the ________ of deapical coleoptile. In practice, IAA is generally not applied directly to plants, because IAA is unstable in vivo due to the damage effect of ________ enzyme. IAA storage must be protected from light because IAA is easy to ________.

32. Anoxic gas has ________ effect on ethylene biosynthesis. Drought and flooding have ________ effect on ethylene biosynthesis.

33. Auxin, gibberellin and cytokinin all have the effect of promoting cell division, but their roles are different. Auxin only promotes ________ division, cytokinin mainly acts on ________ division, and gibberellin promotes cell division mainly by shortening the period of ________ and ________.

34. The main difference between growth inhibitors and growth retarders is that the former interfere with the normal activity of the stem ________ meristem while the latter interfere with the stem ________ meristem.

35. The most obvious effect of auxin is that it can promote the elongation growth of ________ and ________ when used in the outside. The reason is that it promotes ________.

36. The effects of auxin on growth have three characteristics: _______, _______and ______.

37. Different organs have different sensitivity to auxin. ________>________> ________.

38. Studies show that 3 kinds of plant hormones such as________, ________ and ________ have a certain role in promoting the operation of the organic matters in plants.

39. Cytokinin can retard aging is due to the fact that the cytokinin can delay the degradation speed of materials such as ________ and ________, stable polymers ribosomes, inhibit the enzymes activity such as ________, ________ and________, and maintain the membrane integrity, etc.

40. Under short-day conditions in autumn, the amount of mevalonic acid synthesized in leaves decreased, while the amount synthesized ________ increased continuously, allowing the bud to enter a dormant state for overwintering.

41. For fruits with respiratory climacteric, ethylene is produced in large quantities as soon as the post-ripening process is initiated, as a result of a sharp increase in the activities of ________ synthetase and ________ oxidase.

42. Common growth promoters are: ________, ________, ________, ________etc., common growth inhibitor are________, ________, ________, etc. Common growth retarder has________, ________, ________ and so on.

43. During seed germination, GA is produced from ________ and transported to ________ to induce α-amylase synthesis.

44. Three physiological functions of auxin related to agricultural production include ________, ________ and ________.

45. GA can ________ auxin synthesis, but also ________ auxin decomposition. Auxin transport is characterized by ________, and the abovemet part of the transport is from ________ to ________.

46. The main mechanism of auxin action is that it can increase ________ to make the cell volume expand. Second, auxin can promote the biosynthesis of ________ and ________, to add new cytoplasm.

47. The conditions that promote ACC synthesis from SAM are ________, ________, ________ and ________.

48. The phytohormones that promote flowering are ________, ________, ________ and ________.

49. Identify two hormones that regulate the following physiological processes, and their actions are antagonistic to each other:

① Apical dominance ________, ________;

② Seed germination ________, ________;

③ Sexual differentiation of cucumber ________, ________;

④ Plant growth ________, ________;

⑤ Organ shedding ________, ________;

⑥ Plant dormancy ________, ________;

⑦ Delay aging ________, ________.

50. The effect of spraying IAA on plants is not as good as that of NAA because of the existence of ________ in plants.

51. Both GA and ABA are composed by ________, and their synthesis processes are similar. Under________ conditions, it is conducive to the synthesis of GA, and under ________ condition it is beneficial to that of ABA.

(VI) Multiple choice questions

1. The first person to isolate and purify IAA from plants was (　　).

A. Went　　B. Kogl　　C. Skoog

2. The earliest and most widely distributed natural auxin is (　　).

A. Phenylacetic acid　　B. 4-chloro-3-indoleacetic acid

C. 3-indoleacetic acid

3. The direct precursor of IAA biosynthesis is (　　).

A. Serotonin.　　B. Indole pyruvate

C. Indole acetaldehyde

4. The cofactor of IAA oxidase is (　　).

A. Mn^{2+}　　B. Monophenol　　C.Mo^{4+}

5. The position of the auxin receptor in the cell may be (　　).

A. Cytoderm　　B. Cytoplasm (or nucleus)

C. Plasma membrane

6. The synthetic auxin class widely used in agricultural production (　　).

A. 2, 4-D　　B. NAA　　C. NOA

7. Auxin promotes cell elongation and is associated with the promotion of the synthesis of (　　).

A. fat　　B. RNA　　C. protein

8. The transport mode of auxin in plants consist of (　　).

A. only polar transport

B. only non-polar transport

C. both polar transport and non-polar transport

9. Auxin produced in leaves has (　　) effect on leaf abscission.

A. inhibitive　　B. promotive　　C. little

10. More than 80 gibberellins have been found, and their basic structure is (　　).

A. Gibberellin　　B. Indole ring　　C. Pyrrole ring

11. Gibberellins are acidic because all types of gibberellins contain (　　).

A. ketone group　　B. carboxyl group　　C. aldehyde

12. Gibberellin transport in plants (　　).

A. has polarity　　B. has no polarity

C. has both polarity and non-polarity

13. The site of gibberellin biosynthesis in cells is (　　).

A. mitochondria　　B. peroxide object　　C. plasmids

14. Gibberellin can induce the formation of (　　) in the aleurone layer of barley seeds.

A. pectinase　　B. α- amylase　　C. β- amylase

15. Cytokinin biosynthesis is carried out in the (　　) in the cells.

A. chloroplast　　B. mitochondria　　C. microsomal

16. The main physiological roles of cytokinins are (　　).

A. to promote cell division　　B. to promote cell elongation

C. to promote cell expansion

17. The effect of GA on adventitious root formation is (　　).

A. inhibitive　　B. promotive　　C. both inhibitive and promotive

18. Spraying B9 and other growth retardants on crops can (　　).

A. increase the root-top ratio

B. lower the root- top ratio

C. not change the root-top ratio

19. The binding site of abscisic acid is that (　　).

A. it binds exclusively to the cytoplasmic membrane

B. it binds exclusively to the nucleus

C. it binds exclusively to mitochondria

20. Abscisic acid has (　　) effect on the nucleic acid and protein biosynthesis.

A. promotive　　B. inhibitive　　C. little

21. Under the same conditions as IAA, low concentration of sucrose can induce (　　).

A. phloem differentiation　　B. xylem differentiation

C. phloem and xylem differentiation

22. The test proved that the nucleic acid related to auxin induced elongation is (　　).

A. RNA　　B. rRNA　　C. mRNA

23. In vascular plants, ( ) is often transported in one direction.

A. the auxin in growing tissue

B. the mineral elements in ductal tissue

C. the sucrose in sieve tube

24. The indoleacetic acid oxidase requires two auxiliary groups, which are ( ).

A. M^{2+} and phenols　　B. Mo^{6+} and aldehydes

C. Fe^{2+} and quinones

25. The following two hormones ( ) play a key role in maintaining or eliminating apical dominance in plants.

A. IAA and ABA　　B. CTK and ABA

C. IAA and CTK

26.( ) crops need to use and maintain the apical dominance in production.

A. Hemp and sunflower　　B. Cotton and melons

C. Tea and fruit trees

27. Cytokinins are involved in cell division, and their main role is to ( ).

A. regulate cytokinesis

B. promote nuclear mitosis and is irrelated with cytokinesis

C. promote nuclear amitosis

28. The two hormones ( ) antagonize each other in stomatal opening.

A. gibberellin and abscisic acid　　B. auxin and abscisic acid

C. auxin and ethylene

29. Among all kinds of plant hormones, the simplest molecular structure is ( ).

A. gibberellin　　B. cytokinin　　C. ethylene

30. ( ) can be used as cytokinin biological identification method.

A. Avena test method　　B. Radish cotyledon wafer method

C. The α-amylase method

31. Stomatal closure is not directly related to changes of ( ) in guard cells.

A. IAA　　B. Malic acid　　C. Potassium ion

32. Gibberellins have such physiological effects as promoting growth, inducing parthenogenesis and promoting cambium activity, which is due to the increased levels of ( ) in the endogenous by GA.

A. ABA　　B. IAA　　C. CTK

33. In the following statements, which one is not supported by experimental evidence? ( )

A. Ethylene promotes ripening of fresh fruit and leaf shedding

B. Ethylene inhibits root growth but stimulates adventitious root formation

C. Ethylene promotes photosynthetic phosphorylation

34. In the following statement, which one is not supported by experimental evidence?

A. ABA adjusts the stomatal switch

B. ABA is associated with plant dormancy

C. ABA inhibited GA-induced α-amylase synthesis in barley aleurone layer

35. The factors inhibiting ethylene biosynthesis are ( ).

A. stress B. AVG C. maturity

36. For ethephon storage, pH should be maintained at ( ).

A. pH 6-7 B. $pH > 4.0$ C. $pH < 4.0$

(VII) True or false questions

1. The aboveground parts of plants can get the required ABA, GA, CTK from the root system. ( )

2. The effect of cytokinins on senescence is at the translational level. ( )

3. Phenylacetic acid is the most widely distributed auxin substance in plants. ( )

4. In higher plants, auxin can carry on polar transport, but can not carry on non-polar transport. ( )

5. The precursor of auxin biosynthesis is methionine. ( )

6. The direct precursor of auxin synthesis is indole acetaldehyde. ( )

7. Auxin produced in leaves can promote leaf abscission. ( )

8. Auxin binds to auxin receptors in cells and is the beginning of auxin action in cells. ( )

9. GA_{12}-7-aldehydes are the precursor of various GA in plants. ( )

10. GA can induce the production of β-amylase in the aleurone layer of barley seeds. ( )

11. Gibberellin significantly promoted root elongation. ( )

12. Cytokinins are a class of plant hormones that promote cell elongation. ( )

13. It is generally believed that cytokinins are synthesized at the tip of the plant stem. ( )

14. Cytokinin transport in plants is nonpolar. ( )

15. When the ratio of agonin to auxin is low in tissue culture, it is beneficial to bud differentiation. ( )

16. When the ratio of agonin to auxin is high in tissue culture, it is beneficial to root differentiation. ( )

17. Abscisic acid is mainly transported in free form without polar transport. ( )

18. Abscisic acid can promote α-amylase synthesis in barley aleurone cells. ( )

19. Abscisic acid can promote stomatal closure. ( )

20. Abscisic acid has the effect of reducing proline content under stress. ( )

21. Mevalonate was induced by phytochrome to produce abscisic acid under long- day conditions. ( )

22. The precursor of ethylene biosynthesis is tryptophan. ( )

23. The direct precursor of ethylene biosynthesis is ACC. ( )

24. The activity of ACC synthetase is weakened and less ethylene is produced when plant organs are senescent. ( )

25. Ethylene can promote the formation of male flowers in both sexes. ( )

26. Ethephon decomposes at pH below 4, releasing ethylene. ( )

27. Brassinolide is a steroid substance, similar in structure to animal hormones. ( )

28. Brassinolide can inhibit cell elongation and division. ( )

29. Growth inhibitors are compounds that inhibit vegetative growth. ( )

30. Triiodobenzoic acid is a substance that promotes auxin transport. ( )

31. CCC is an anti-gibberellin agent that can shorten internodes, shorten plants, and deepen leaf color. ( )

32. Using paclobutrazol in jointing of wheat can promote rapid growth and reduce cold resistance. ( )

33. B9 promotes cell division in the apical meristem of fruit trees. ( )

34. GA and ABA were sprayed in proportion, and the effect was good. ( )

35. High concentration of IAA promotes the biosynthesis of the ethylene precursor ACC. ( )

36. All plant hormones can become plant growth materials. ( )

37. Gibberellin can be transported in all directions in the body. ( )

38. The main physiological role of CTK and IAA is to maintain apical dominance. ( )

39. IAA maintains apical dominance, while CTK removes apical dominance. ( )

40. Auxin exists in two forms in plants, of which the free form has no biological activity and the bound form has high activity. ( )

41. GA diffuses into the endosperm during barley seed germination and induces the endosperm to produce α-amylase, which hydrolyzes starch. ( )

42. The physiological roles of IAA and GA are similar in that both promote fruit setting

and parthenocarpy. ( )

43. GA can affect the sexual differentiation of cucumber, which can increase the number of female flowers in cucumber. ( )

44. Zinc deficiency in fruit trees can cause little leaf because zinc can affect the biosynthesis of tryptophan into indoleacetic acid. ( )

45. Both cytokinins and auxin promote cell division, that is, both accelerate the mitosis of the nucleus. ( )

46. Bleeding fluid analysis provided evidence that the root tip is a major site of cytokinin biosynthesis. ( )

47. When plants are short of water, the content of ABA in leaves decreases sharply. ( )

48. ABA is acidic because it has a carboxyl group. ( )

(VIII) Questions

1. What might be the role of bound auxin?
2. What are the application of gibberellin in production?
3. Why can cytokinin delay leaf senescence?
4. What are the two hormones are thought to regulate the plant dormancy and growth? And How?
5. What is the chemical name for ethephon? What are the main applications in production?
6. How do growth inhibitors and growth retarders inhibit growth in different ways?
7. Describe the mechanism of auxin promoting growth.
8. Describe the application of synthetic auxin in agricultural production.
9. What is the evidence that cytokinins are synthesized at the root tip?
10. Describe the physiological function and production application of cytokinin.
11. What is the relationship between auxin and gibberellin in physiological function?
12. Describe the biosynthetic pathway of ETH and its regulatory factors.
13. What causes ethylene to promote fruit ripening?
14. What are the main physiological functions of brassinosteroids?
15. What are the physiological functions of polyamines?
16. How to use biological test method to identify auxin, gibberellin and cytokinin? How to distinguish abscisic acid from ethylene?
17. The effects of different growth factors on the differentiation buds of peanut cotyledon

cultured in MS medium containing BA are shown in Appendix table 1-2 (Appendix table 1-3 in the textbook of Plant Physiology) . What does the data in the table show?

Appendix table 1-2 Concentrations of each hormone in the 6-BA + IBA and 6-BA + NAA combination

Unit：mg / L

The serial number of experimental treatment	6-BA	NAA	The serial number of experimental treatment	6-BA	NAA
1	2.0	0.5	10	2.0	0.1
2	2.0	1.0	11	2.0	0.5
3	2.0	2.0	12	2.0	1.0
4	4.0	0.5	13	4.0	0.1
5	4.0	1.0	14	4.0	0.5
6	4.0	2.0	15	4.0	1.0
7	6.0	0.5	16	6.0	0.1
8	6.0	1.0	17	6.0	0.5
9	6.0	2.0	18	6.0	1.0

Appendix table 1-3 Effect of different hormone combinations on differentiation of adventitious bud of pepper cotyledons

The serial number of experimental treatment	Number of explants	Number of differentiated explants			Differentiation frequency/%			The state of adventitious bud
		10d	15d	20d	10d	15d	20d	
1	20	1	11	16	5	55	80	sparse
2	20	3	13	19	15	65	95	denser than sparse
3	20	2	9	16	10	45	80	sparse
4	20	0	14	20	0	70	100	dense
5	20	0	14	20	0	70	100	dense
6	20	2	12	20	10	60	100	densest

Continned table

The serial number of experimental treatment	Number of explants	Number of differentiated explants			Differentiation frequency/%			The state of adventitious bud
		10d	15d	20d	10d	15d	20d	
7	20	1	15	20	5	75	100	dense
8	20	0	11	15	0	55	75	sparse
9	20	1	8	20	5	40	100	dense
10	20	0	12	16	0	60	80	sparse
11	20	2	15	20	10	75	100	dense
12	20	1	16	20	5	80	100	dense
13	20	1	13	18	5	65	90	dense
14	20	1	13	17	5	65	85	dense
15	20	1	4	0	5	20	0	browning
16	20	0	11	16	0	55	80	sparse
17	20	0	8	15	0	40	75	sparse
18	20	0	2	0	0	10	0	browning

18. What might be the result of mixing 2 mg IAA into 1000ml water solution and treating the in vitro roots and stems of pea separately?

19. What are the pathways of indoleacetic acid biosynthesis?

20. What is the mechanism of polar auxin transport?

21. What is the main physiological action of five kinds of plant hormone?

22. What factors in a plant determine the amount of auxin in a given tissue?

23. How can polar auxin transport be demonstrated by proof experiments?

24. What are the commonly used growth regulator in agriculture? What are the applications for crop growth?

25. Why do low concentrations of auxin promote plant growth? High levels of auxin inhibit plant growth?

26. Explain the cause of seedless fruit.

27. Why does auxin promote cell elongation?

28. Explain the reason of GA promoting barley seed germination.

29. Why did IAA increase after gibberellin treatment on the stem sectioning?

30. Explains the reasons why cytokinins can eliminate apical dominance.

31. Describe three substances commonly used to inhibit or retard plant growth and describe their main physiological effects.

32. What five criteria for hormone receptors were proposed by M. Venis in 1985?

33. Prove with experiment that GA induced the formation of α-amylase.

34. How to use genetic engineering to control hormone biosynthesis in plants to obtain new varieties?

35. What biological identification method can be used to determine five kinds of plant hormone? (At least one method per category)

36. What methods can be used to make non-germinated barley seeds complete the saccharification process in beer production? Why is that?

37. If only one of the apples in the box rots, it will cause the whole box to go bad or even rot. Why?

VII Growth physiology of plants

(I) Explanation of the noun

1. Life cycle 2. Growth 3. Differentiation 4. Development 5. Polarity 6. Seed life 7. Seed vigor 8. Seed viability 9. Thermoperiodicity of growth 10. Apical dominance 11. Correlation 12. Phototropism 13. Phytochrome 14. Cryptochrome 15. Light morphogenesis 16. Tissue culture 17. Cell clone 18. Cell totipotency 19. Explant 20. Dedifferentiation 21. Redifferentiation 22. Embryoid 23. Artificial seeds 24. Grand period of growth 25. Root top ratio 26. Tropism (tropistic movement) 27. Nastic movement 28. Biological clock 29. Coordinate the optimum temperature 30. Mutual generation and restriction 31. Seed germination 32. Growth curve 33.Allelochemicals 34. Etiolation 35. The blue light effect 36. Gravitropism 37. Nyctinasty 38. Relative growth rate 39. The net assimilation rate 40. Photoplastic action 41. Seed dormancy 42. Light (-stimulated) seed 43. Light-inhibited seed 44. Medium light seeds 45. Light receptors

(II) Translation from Chinese to English

1. Growth physiology 2. Cell differentiation 3. Tissue culture 4. Apical dominance 5. Tropism 6. Gravitropism 7. Tropism 8. Growth movement 9. Nyctinasty 10. Circadian

rhythm 11. The cells totipotency 12. Dedifferentiation 13. The heterogenesis of sugars 14. Cell cycle 15. hydrotropism 16. Programmed cell death 17. diaphototropism 18. Vigor 19. Fission stage 20. Cellulose microfibril (CMF) 21. Homeobox 22. Homeodomain protein

(III) Translation from English into Chinese

1. Light seed 2. Seed longevity 3. Totipotency 4. Correlation 5. Phototropism 6. Thermonasty 7. Physiological clock 8. Epinasty 9. Nastic movement 10. Interphase 11. Cyclin 12. Polarity 13. Redifferentiation 14. Grand period of growth 15. Thermoperiodicity of growth 16. Initiation stage 17. Effector stage 18. Degradation stage 19. Leaf mosaic 20. Solar tracking 21. Statolith 22. Micell 23. Expansin

(IV) Chinese for the symbols

1. AGR 2. G1 3. GS 4. LAI 5. LAR 6. MDG 7. OG 8. PNA 9. R/T 10. RGR 11. RG 12. RH 13. SG 14. TTC 15. UV-B 16. PPB 17. NAR

(V) Blanks filling

1. According to the speed of seed water absorption changes, the seed water absorption can be divided into three stages, namely, ________, ________ and________.

2. In order to complete the physiological function of fruit tree seeds' post-ripening, the seeds can be treated by the method of________ during the storage period.

3. There are three main ways to test the viability of seeds: ________, ________ and________.

4. Plant cell growth is usually divided into three phases: ________, ________ and________.

5. The reasons for seed dormancy are as follows: ________;________;________;________.

6. In addition to water, oxygen and temperature, some seeds are affected by________for germination.

7. From the first stage to the second stage, the respiration of seeds is mainly respiration of________.

8. The theoretical basis for tissue culture is________.

9. Plant tissue medium is generally composed of inorganic nutrients, carbon sources, ________, ________ and organic additives.

10. Blue light has an ________ effect on the growth of plant stems.

11. The nicotine in tobacco leaves is synthesized in________.

12. The reason why light inhibits root growth in many crops is that light promotes the formation of________ in the root.

13. When the soil water is insufficient, the root top ratio will become________; When the soil moisture is sufficient, the root top ratio________; When the soil is short of nitrogen, the root top ratio________; When the nitrogen fertilizer in the soil is sufficient, the root top ratio________.

14. The movement of higher plants can be divided into ________ movement and ________movement.

15. Phototropic photoreceptors are found at the ________ of plasma membrane.

16. There are two opposing views on the causes of phototropism in plants: one is the uneven distribution of________, the other is the uneven distribution of ________.

17. The direction of nastic movement is________ the direction of external stimuli.

18. The correlation of plant growth is mainly manifested in three aspects: ________, ________ and________.

19. Plants carry out________ accurately with the help of circadian clocks.

20. Any kind of biological individual always has to experience birth, development and death in an orderly manner. People call the process of life object from birth to death as ________. The life cycle of seed plants, should experience________ formation, ________ germination, seedling growth, ________ formation, reproductive organ formation, the fruiting, aging and death phase of________. Traditionally, the formation process of the morphological structure of the individual and organ presented in the life cycle is called ________ occurrence or ________ completion.

21. In the meristem, the direction of cell division, that is, the location of the division plane, is very important for tissue growth and organ morphogenesis. When the ________ division is carried out, it promotes the thickening of plant organs; When ________ division is carried out, the plant grows taller, the leaf surface expands, and the root system expands.

22. According to the classification of explant, and tissue cultivation can be divided into: ________ cultivation, ________ cultivation, ________ cultivation, ________ cultivation and protoplast cultivation, etc. According to the way of tissue culture, it can be divided into ________ cultivation and ________ cultivation.

23. Plant tissue culture has many applications in scientific research and production, such as: ① rapid propagation of________; ② Seedling cultivation of________; ③ selective breeding of________; ④ artificial seeds and preservation of________; ⑤ industrial production of________, etc.

24. In the natural environment, there are significant physical factors affecting plant growth: temperature, ________, mechanical stimulation and ________; The chemical factors

that have significant influence on plant growth include water, ________, ________ and growth regulating substances; The biological factors that have significant influence on plant growth are: animal, ________ and ________.

25. In addition to a large number of chlorophyll, carotenoids and anthocyanins, plants also contain some micropigments, known to have ________ pigments, ________ pigments and ________ receptors. These micropigments are called photosensitive receptors because they can accept the changes of light ________, light ________, light time, light direction and other signals, and then affect the light morphogenesis of plants.

26. There are two main hypotheses concerning the mechanism of phytochrome action on photophysmogenesis: ________ action hypothesis and ________ regulation hypothesis.

27. If a willow branch is hung in moist air, however it is hung, its morphological ________ end will always grow buds, while its morphological ________ end will always grow roots. When cuttings the branch cannot be inverted, otherwise it won't survive, this is ________ phenomenon in the production.

28. Examples of elimination of apical dominance in production are: ________, ________, ________; Examples of maintaining the apical dominance are: ________, ________.

29. Common plant material surface disinfectants used in tissue culture are ________ and ________.

30. ________ is the physiological difference between the two extremes of a cell or organ.

31. During seed germination, stored biomacromolecules undergo a three-step change: ________, ________ and ________.

32. When the soybean seed germinating, the required minimum water absorbing capacity is ________% of it dry weight, and wheat is________ %, rice is________ %.

33. Root system mainly supply________ and________ for the aboveground parts, and transport ________, ________and________, etc.

34. The concentration of IAA and sucrose affects xylem and phloem differentiation, increases IAA concentration leading to ________ formation, whereas increasing sucrose concentration induces ________ formation.

35. The most effective light in the action spectrum of plant phototropism is ________ light, whose light acceptor may be ________ or ________.

36. Seed dormancy includes ________ and ________ dormancy.

37. The response of seed germination to light can be divided into three types, namely ________ seed, ________ seed and ________ seed.

38. Generally, a growth curve is used to describe the growth status of a plant, which is ________ when expressed by growth accumulation and ________ when expressed by absolute

growth.

39. During seed germination, fat is hydrolyzed to ________ and ________ under the action of lipase. Proteins are formed into________ by the action of proteases and peptidases.

40. The most important tissues to control stem growth are ________ and ________.

41. The reason why light inhibits root growth of many crops is that light promotes the formation of ________ in the root.

(VI) Multiple choice questions

1. The main phosphorus compounds stored in rice seeds are (　　).
   A. ATP　　B. Phospholipids
   C. Inositol hexaphosphate
2. Light that promotes lettuce seed germination is (　　).
   A. blue and purple　　B. red
   C. farred
3. The sequence of effects of phytohormones that promote plant growth and development on cell genesis is (　　).
   A. First GA, then CTK, and later IAA　　B. First CTK, then IAA, and later GA
   C. First IAA, then GA, and later CTK
4. Peanut and cotton seeds contain more oil and need more (　　) than other seeds during germination.
   A. water　　B. mineral element
   C. oxygen
5. The temperature required for seed germination of different crops depends on (　　).
   A. place of origin　　B. growth period　　C. photoperiod type
6. Plants that need light for seed germination are (　　).
   A. tobacco　　B. lettuce　　C. tomato
7. The main reason why red light promotes seed germination is (　　).
   A. the formation of GA　　B. the low content of ABA
   C. the formation of ethylene
8. At the beginning of seed germination, before the radicle emerges, the respiration type is (　　).
   A. anaerobic respiration　　B. aerobic respiration
   C. aerobic and anaerobic respiration
9. The most significant change during cell division is (　　).

A. changes in protein B. changes in DNA

C. hormonal changes

10. When the concentration of sugar in tissue culture medium is low (< 2.5%), it is conducive to ( ).

A. the formation of the xylem B. the formation fo phloem forms

C. the splitting of cambium

11. In the whole growth process of the stem, the growth rate showed ( ).

A. slow - fast - slow B. slow - slow - fast

C. fast - slow - quick

12. Insufficient nitrogen supply in the soil can cause the root - top ratio to ( ).

A. increase B. reduce C. be the same

13. A variety of experiments have shown that the photoreceptor of phototropism in plants is ( ).

A. riboflavin B. flower pigment C. phytochrome

14. When etiolated seedlings are irradiated with ( ), it is not favorable for their morphogenesis.

A. red light B. far red light C. green light

15. Nastic movement direction ( ) external stimulus direction.

A. has something to do with B. has nothing to do with

C. has little to do with

16. Even in the unchanged environmental conditions, the day and night movement of vegetable bean leaves still shows periodic and rhythmic changes within a certain number of days, and each cycle is close to ( ).

A. 20 h B. 24 h C. 30 h

17. The process of forming roots, buds, embryoids or intact plants from callus under suitable culture conditions is called ( ).

A. the differentiation B. dedifferentiation

C. redifferentiation

18. Increased application of P.K fertilizer usually will ( ) the root - top ratio.

A. increase B. reduce C. not affect

19. Plant morphologically the top has buds, the bottom has root, this phenomenon is called ( ) phenomenon.

A. regeneration B. redifferentiation

C. polarity

20. Previously thought that the blue light effect is photoreceptor is ( ).

A. Phytochrome B. Cryptochrome

C. Purple pigment

21. The rate of water absorption during seed germination was (　　).

A. fast slow fast B. slow fast fast C. fast fast slow

22. The pollen tube grows toward the micropyle, which belongs to the (　　) movement.

A. chemotropism B. centripetal C. nastic

23. Which of the following seeds can pass through the three stages of water absorption, namely, the rapid water absorption stage, the slow water absorption stage, and once more the rapid water absorption stage? (　　)

A. Dormant living seeds B. Non-dormant living seeds

C. Any seeds with viability

24. Small leaves of plants such as peanut and soybean close at night and open during the day, while leaves of mimosa plant close in pairs when mechanically stimulated. The movement of the plant caused by an external undirected stimulus is called (　　) movement.

A. tropism B. nastic C. taxis

25. The flowers of Mandala are open at night and closed at day, while those of pumpkin are open at day and closed at night. This phenomenon belongs to (　　).

A. photoperiodism B. photosensitive movement

C. the sleep movement

26. The germination of air-dried seeds absorbs water mainly by (　　).

A. imbibition B. metabolic water absorption

C. osmotic water absorption

(VII) True or false questions

1. IAA promotes the growth of roots, and CTK promotes the growth of stems and shoots. (　　)

2. The optimum temperature for root growth is generally lower than that for the growth above the ground. (　　)

3. The most effective light for phototropism is short wave light, but red light is not effective. (　　)

4. Temperature is the most important regulator of light morphogenesis in plants in vitro. (　　)

5. Phytohormones are probably the most important in vivo regulators of light morphogenesis in plants. (　　)

6. The second type of photomorphogenesis in the plant world is a response regulated by ultraviolet light. ( )

7. Legume seeds absorb more water than cereals because legume seeds are rich in protein. ( )

8. Cereal seeds only contain amylase before germination, and form β-amylase after germination. ( )

9. All alive seeds when encounter TTC, its embryo becomes red. ( )

10. During cell division, when the nucleus reaches its maximum volume, DNA content increases dramatically. ( )

11. Many experiments have confirmed that auxin affects protein synthesis during intermitotic phase. ( )

12. Each living cell in a plant carries a complete set of genomes and maintains potential totipotency. ( )

13. The optimum temperature for growth is the temperature at which growth is fastest and is also optimal for robust growth. ( )

14. Light can promote the growth of plant stems. ( )

15. It was proved that cytokinin could relieve the inhibitory effect of the main stem on the lateral bud. ( )

16. Root growth site has apical meristem, root does not have apical dominance. ( )

17. When soil moisture content decreases, the root top ratio decreases. ( )

18. The overgrowth of vegetative organs can inhibit the growth of reproductive organs. ( )

19. The photoreceptors for phototropism are anthocyanins present at the plasma membrane. ( )

20. Many scholars have suggested that phototropism is due to the uneven distribution of inhibitory substances. ( )

21. Epinasty movement is a reversible movement of cell elongation. ( )

22. Plants not only have to adapt to the spatial conditions in the environment, but also have to adapt to the time conditions (such as physiological clock) . ( )

23. The circadian clock is an approximately 24 h periodic response regulated by endogenous rhythms in plants. ( )

24. The most significant changes in cell division are hormonal changes. ( )

25. When different wavelengths of light were used to illuminate etiolated seedlings growing in the dark, blue-violet light was the most effective light for the leaf expansion and turning green, while red light was not effective at all. ( )

26. In the nycterohemeral cycle of plant growth, due to the strong light at noon, assimilation is large, so the elongation growth is fastest at this time. ( )

27. Polarity is not only present in the whole plant, but also in a single cell. ( )

28. Light morphogenesis requires high energy light, which is closely related to the photosensitin system in plants. ( )

29. In photomorphogenesis, the effective light is blue violet, and the receptors that receive the light are photosensitizins. ( )

30. Red light and far-red light had reversible effects on morphogenesis of etiolated seedlings. Red light promoted morphogenesis and could be reversed by subsequent far-red light irradiation. ( )

31. The pigment system currently thought to be responsible for the blue light effect is cryptochrome. ( )

32. Red light treatment can reduce the content of free auxin in plants. ( )

(VIII) Questions

1. What are the external conditions necessary for seed germination? What are the three stages of water uptake during seed germination? What means does the cells rely on to absorb water in the first and the third stage?

2. What physiological and biochemical changes occur in organic matter during seed germination?

3. What is the principle of TTC staining to check seed viability?

4. Describe the effect of light on plant growth.

5. Why are the trees on high mountains shorter than those on flat land?

6. Why does the root-top ratio increase when N is deficient in the soil?

7. What is the meaning of the saying “deep roots and flouring leaves”?

8. Briefly describe the correlation between root and aboveground growth. How to adjust the root top ratio of plants?

9. What are the significance and characteristics of plant tissue culture and the general steps of tissue culture?

10. Explain the mechanism of phototropism and gravitropism in plants.

11. What causes phototropic bending in plants?

12. What are the characteristics of the biological clock?

13. What are the causes of plant polarity?

14. Describe the internal regulation mechanism of plant differentiation.

15. Describe the regulation effect of external conditions on plant cell differentiation.

16. Describe the control of environmental factors, genetic information, physiological function and metabolism on plant growth and development.

17. What are the possible causes of apical dominance? Give two or three examples of practices in which apical dominance were used or suppressed.

18. What is the correlation between vegetative and reproductive growth? How to coordinate to achieve the purpose of cultivation?

19. Why does light inhibit stem elongation?

20. Describe the differences and connections between growth, differentiation and development.

21. What factors control the differentiation of cells?

22. In the experiment of growing bean sprouts, same seed, same temperature and water supply, one group in the light, one group in the dark, after a period of time, what are the differences of dry weight and morphology of the the two groups of sprouts?

23. What causes short stature in arid regions?

24. What is the reason for the phenomenon of "drought is for roots' growth and water for seedlings" during rice seed germination?

25. Give examples to demonstrate the existence of polarity in plants.

26. Spring cultivation is easy for the plant to survive, please explain from the point of view of plant physiology.

27. Why can rice and wheat stand up again after lodging?

28. When planting plants in greenhouse, why should we maintain a certain temperature difference between day and night?

29. Why do plants not grow well at the optimum temperature?

30. What do the experimental results in the table below show? Why does this phenomenon occur in the Appendix table 1-4?

Appendix table 1-4 Seed viability was identified by red ink staining and TTC methods

Identification Methods	Seed vigor identification results
Red ink staining (treatment 15')	85% embryos were white, 15% embryos were red, and endosperm were all red
TTC (treatment 1)	85% embryos were red, 15% embryos were white, and the endosperm was not pigmented

31. A rice plant has short growth, yellow leaves, narrow and short leaves, no tillers and no long growth. It is suggested to apply growth regulator to promote its growth. Do you think it is OK? Why?

32. The wheat of abundant yield field, in jointing period, much overcast and rainy often easily cause lodging, why?

33. As the saying goes, "trees are afraid of peeling, not afraid of rotten heart" is it true?

34. In garden cultivation, cuttage is often used to propagate flowers and trees, but it is difficult to survive if the branches are inserted upside down. Why?

VIII Plant reproductive physiology

(I) Explanation of the noun

1. Vernalization 2. Photoperiodism phenomenon 3. Photoperiodism induction 4. Critical day length 5. Critical dark period 6. Long day plant 7. Short day plant 8. Diurnal neutral plants 9. Vernalization treatment 10. Flower ripe state 11. Phytochrome 12. De-vernalization 13. Vernallin 14. Floral determinated state 15. Homoetic mutation 16. Juvenile stage 17. Long-short day plants 18. Florigenin 19. Transformation of fertility 20. Homology 21. Collective effect of pollen 22. Male sterility

(II) Translation from Chinese into English

1. Juvenile stage 2. Parthenogenesis 3. Photoperiod induction 4. Fertilization 5. recognition 6. sense 7. determine 8. Devernalization 9. Vernallin 10. Long day plant 11. Flowers form 12. Florigenin 13. Homeotic 14. Chemical emasculation 15. Group effect 16. Night break 17. Pantothenic acid 18. Dry stigmas 19. Pollen coat 20. Flavonol 21. Pistil extension proteins 22. Specific glycoprotein in guide tissue 23. Self-incompatibility 24. Multiple allele 25. Gametophytic Incompatibility

(III) Translation from English into Chinese

1. Vernalization 2. Floral induction 3. Short-day plant 4. Sex differentiation 5. Mentor pollen 6. Expressed 7. Photoperiodism 8. Anthesin 9. Recognition 10. Electrotropism 11. Pantothenic 12. Nonphotoinductive cycle 13. Critical dark period 14. Long-night plant 15. Demethylation 16. Transmitting tissue 17. Slocus glycoprotein

18. Receptor-like protein kinase

(IV) Chinese names for the symbol

1. 5-FU 2. LD 3. LDP 4. DNP 5. Pr 6. Pfr 7. phy 8. SD 9. SDP 10. IDP 11. SLDP

(V) Blanks filling

1. The photoreceptors for plant photomorphogenesis are________.

2. The second type of photomorphogenesis in the plant kingdom is a light-regulated response by________, a photoreceptor called________.

3. The reasons for the reduction of auxin content in plants treated with red light may be as follows: ________; ________;________.

4. Phytochrome is found in all lower and higher plants except________. Phytochrome is composed of and two parts________and________. ________has unique light absorption characteristics.

5. There are two types of phytochrome: ________and________, where the type________ is physiologically activated and the type ________is physiologically inactivated.

6. Etiolated seedlings have________phytochrome content than green seedlings, and phytochrome is a water-soluble pigment.

7. When the Pr type absorbs________nm red light, it changes to Pfr type, and when the Pfr type absorbs________nm far red light, it changes to Pr, type. The Pfr type is destroyed, probably due to degradation of ________.

8. Red light treatment can ________ the auxin content in plants. Red light treatment can ________ cytokinin content in plants.

9. There are two hypotheses about the mechanism of phytochrome action: ________ and________.

10. Photoregulation by many enzymes is mediated by________.

11. The chromophore of phytochrome is a long chain of four________.

12. The main external conditions affecting flower induction are ________and________.

13. The stronger the winterness of wheat, the ________ the temperature of vernalization.

14. The parts of the plant that are vernalized by cold temperatures are________.

15. The response types of plant photoperiod can be divided into three types: ________, ________ and________.

16. The photoperiod phenomenon is found by ________and ________ when they studied the effect of sunlight hours on the American tobacco (Maryland Mammoth) when flowering.

17. Vernalization was first discovered by________. The theory of florigen was developed by________.

18. According to the florigen theory, SDP fails to bloom due to deficiency of ________in long days and LDP fails to bloom due to deficiency of ________in short days.

19. According to the C/N ratio theory, plants will ________when the ratio is small and ________ when the ratio is large.

20. Chrysanthemums can be treated with________ to make them bloom earlier, or treated with ________to make them bloom later.

21. If SDP seeds of the south are introduced to the north, its growth period will________, so the species of________should be quoted. If the LDP seeds of the south are introduced to the north, its growth period will________, so the species of________ should be quoted.

22. In dioecious plants, the respiration rate of male tissue is________ than that of female tissue.

23. In dioecious plants, low C/N ratio will increase the percentage of ________floral differentiation.

24. Generally speaking, short days encourage short day plants to bloom more________, long day plants to bloom more________, long day plants to bloom more________, short day plants to bloom more________.

25. Dry soil with less fertilizer can promote the differentiation of ________flower. Sufficient N fertilizer and sufficient water can promote the differentiation of ________ flower.

26. CCC can inhibit the differentiation of ________ flower. Triiodobenzoic acid can inhibit the differentiation of ________ flower.

27. China is in the northern hemisphere, the more north in summer, the day will be ________ and night will be________.

28. In the second half of the dark phase, a high proportion of Pfr/Pr promoted ________plants' flower formation and inhibited ________ plants' flower formation.

29. In order to make the plum blossom early, the normal growth of the plum blossom can be treated with ________in advance.

30. The three most important factors in photoperiod induction are: ________, ________ and________.

31. During dark phase induction, there are three main types of reactions in leaves: ________, ________ and________.

32. The experiment with different wave light to interrupt the dark period showed

that ________light was the most effective in inhibiting the flowering of SDP or promoting the flowering of LDP.

33. According to the forigen hypothesis, forigen is composed of two groups of active substances________ and________.

34. The growth stage before the plant reaches the state of flower ripening is called ________ stage, and generally takes ________ as the mark of the beginning of plant reproductive growth.

35. Low temperature is the main condition of vernalization. In addition to low temperature, vernalization requires conditions such as adequate ________, moderate ________, and ________ as a substrate for respiration.

36. On the plants of cucumbers, loofahs and other melons, ________ flowers are usually born in the higher nodes, while ________ flowers are usually born in the lower nodes.

37. Photoreceptors in plants include photosynthetic pigments, ________ pigments, ________ receptors, ________ receptors, etc.

38. Large temperature difference conditions of day and night are favorable for ________ flower development in many plants.

39. The transition from vegetative growth to reproductive growth of the higher plants is clearly marked by________ and________. The environmental factors playing a leading role are ________ and________.

40. Winter wheat, sown in the spring and still able to flower and bear fruit, requires ________ treatment.

41. The critical day length of a certain plant is 10 hours, can induce flowering under the condition of sunshine for 13 hours, if the sunshine length is 8 hours, it can not blossom, this plant belongs to ________ plant.

42. The temperature at which vernalization is most effective in most plants is ________, and the temperature at which devernalization occurs is ________.

43. The organ of the plant to feel the photoperiodic stimulation is ________, and the site of the photoperiodic response is ________.

44. The most effective light for dark period interrupt is________, the result is to inhibit________ to bloom, and induce________ to bloom, and the dark interrupt can be offset by the________ light. Based on the effect of these two kinds of light on flower formation, it is inferred that ________ is involved in flower formation.

45. When introducing seeds we should know the requirements of the light cycle. Generally for the long day plants, the growth period will________ when introduced northward, the flowering will________. When introduced southward, the growth period

will ________, and the flowering will________. Short day plants move northward, the growth period will________, and the flowering will________, to the south, the growth period will________, and the flowering will________.

46. Soybean varieties of the south planted to the north, the riping time may delay, the reason is that________. The winter wheat in the north planted to the south cannot have earing and flowering, because________ and________.

47. According to the different types of wheat varieties by vernalization required different temperature and different days, can be divided into________, ________ and________ three types.

48. when long dark periods are interrupted with flashes of light, ________ plants cannot bloom, and ________ plants can bloom.

49. If the etiolated seedling tissue of maize is irradiated with 660 nm red light, the absorption of red light will be ________, while the absorption of far-red light will be ________.

50. Maize is a monoecious heterofloral plant, generally ________ flowers first bloom, then ________ flowers will bloom.

51. Plants require the following conditions to pass vernalization: ________, ________, ________, and ________.

52. The factors which induce flowering have________, ________, ________, ________, ________, theory.

53. Plant pollen can be divided into two types: ________ and ________; The former are mostly ________ pollinating plants, while the latter are mostly ________ pollinating plants.

54. The vitamin with the highest content in pollen is ________, and the free amino acid with the highest content is ________.

55. It has been proved that ________ and ________ of the mineral elements have obvious promoting effect on pollen tube growth.

56. Angiosperms usually fertilize in three ways, namely ________, ________ and ________.

57. Methods to overcome the self-incompatibility include ________, ________, ________, ________, ________and________.

(VI) Multiple choice questions

1. After vernalization of winter wheat, the sunshine requirement is (　　).

A. It can only bloom in long sunshine

B. It can only bloom in short sunshine

C. It can bloom in any sunshine

2. When winter wheat from northern China was introduced to Guangdong for cultivation, it failed to produce ears and fruit, mainly because of ( ).

A. short sunshine B. high temperature

C. strong light

3. The part of Gramineae with more phytochrome content is ( ).

A. coleoptile terminal B. root tip

C. leaf blade

4. The phytochrome content of etiolated plant seedlings was ( ) than that of green seedlings.

A. less B. many times more

C. almost the same

5. Phytochrome is a pigment protein whose solubility is ( ).

A. easily soluble in alcohol B. easily soluble in acetone

C. soluble in water

6. Phytochrome has two components, they are ( ).

A. phenol and protein B. chromophore and protein

C. indole and protein

7. Phytochrome can be divided into Pr and Pfr according to chromophore type, where Pfr is ( ).

A. physiologically activated type B. physiologically inactivated type

C. physiological intermediate type

8. The absorption peak of Pr type of phytochrome is ( ).

A. 730 nm B. 660 nm C. 450 nm

9. The absorption peak of the Pfr type of phytochrome is ( ).

A. 730 nm B. 660 nm C. 450 nm

10. The light that promotes the seed germination of lettuce and induces the hook opening of white mustard seedlings is ( ).

A. blue light B. green light C. red light

11. The physiological responses regulated by phytochrome include ( ).

A. seed germination B. photoperiod

C. Dunant balance

12. There are many enzymes regulated by phytochromes, such as ( ).

A. lactate dehydrogenate B. NAD kinase

C. nitrate reductase

13. Red light treatment can( ) the free auxin content in the body.

A. enhance　　B. reduce　　C. change little

14. The pigment system currently believed to be responsible for the blue light effect is (　　).

A. phytochrome　　B. cryptochrome　　C. the purple pigment

15. In order to complete the low temperature induction of wheat vernalization, (　　) is required.

A. appropriate water　　B. light

C. oxygen

16. The parts of plants affected by low temperature through vernalization are (　　).

A. root tip　　B. stem top growing point

C. young leaves

17. The respiration rate of vernalized winter wheat seeds was (　　) than that of untreated winter wheat seed.

A. lower　　B. higher　　C. similar

18. After vernalization treatment, the gibberellin content in wheat and rape will (　　).

A. reduce　　B. increase　　C. be the same

19. The assumption of 12 hours as the critical day length for short day plant and long day plants is (　　).

A. right　　B. ok　　C. incorrect

20. If the short-day plant Xanthium is kept in the sun for 14 hours, it will (　　).

A. not bloom　　B. bloom　　C. not necessarily bloom

21. The critical day length of chrysanthemum is 15 hours. In order to make it bloom early, sunshine treatment (　　) is required.

A. > 15 hours　　B. <15 hours　　C. 15 hours

22. The age at which plants are most sensitive to photoperiod is different. That of rice is at (　　).

A. 3 leaf stage　　B. 5 – 7 leaf stage　　C. young embryo

23.The part of plants to receive photoperiod is at (　　).

A. stem apex growth point　　B. axillary bud

C. leaf blade

24. Plants undergo photoperiodic response to induce flowering in (　　).

A. stem apex growth point　　B. axillary bud

C. leaf blade

25. Experiments using different wavelengths of light to interrupt dark periods have

shown that the most effective light is (   ).

A. blue light   B. red light   C. green light

26. Red light is used to interrupt the dark period of the short-day plant Xanthium will (   ).

A. promote flowering   B. inhibit flowering

C. have no effect

27. Using far red light to discontinue the dark period of long day plant winter wheat will (   ).

A. inhibit its flowering   B. promote flowering

C. have no effect

28. For short-day plant soybean, it is necessary to introduce (   ) because when the south seeds are introduced and planted in the north the growth period will be delayed.

A. early ripening species   B. late ripening seeds

C. middle ripening seeds

29. In general, short period of sunshine promote short day plants (   ).

A. to have more male flowers   B. to have more female flowers

C. with little effect

30. Generally speaking, less nitrogen fertilizer and dry soil will make the plant (   ).

A. have more male flowers   B. have more female flowers

C. with little effect

31. The plant (   ) do not undergo cold vernalization to bloom.

A. rapeseed   B. carrot   C. cotton

32. Most plants experience the low temperature and induce the vernalization effect, which can be passed on through (   ).

A. cell division   B. grafting   C. tillering

33. The effects of photoperiod induction in most plants can be passed on through (   ).

A. cell division   B. grafting   C. tillering

34. To use the dark interrupt to inhibit the flowering of short day plants, the most effective light we use in the following light is (   ).

A. red light   B. blue violet light

C. far red light

35. The ring cutting treatment proved that the flowering stimulants induced by photoperiod were mainly transported through (   ) to stem growth point.

A. xylem   B. plasmodesmata

C. phloem

36. Plants that bloom near the equator are generally (　　) plants.

A. medial day　　B. long day　　C. short day

37. The growth period of long-day plants will (　　) when the southern seeds are introduced to north.

A. extend　　B. shorten　　C. not change

38. Southern soybeans are cultivated in Beijing, and the flowering period will be (　　).

A. extend　　B. not change　　C. postpone

39. Moderate drought in summer can improve the C/N ratio of fruit trees, which can (　　) the flower bud differentiation.

A. be conducive to　　B. be inconducive to

C. postpone

40. Too much nitrogen fertilizer, branches and leaves flourish, flower bud differentiation will (　　).

A. increase　　B. no be affected　　C. be affected

41. The effect of less nitrogen fertilizer and drier soil on the flower sex differentiation in monoecious heterofloral plants is that (　　).

A. it promotes female flower differentiation

B. it promotes male flower differentiation

C. it promote the differentiation of male and female flowers

42. The critical day length of Xanthium is 15.5 hours, and the critical day length of hyoscyamus is 11 hours. If both of them are placed under the sunshine condition of 13 hours, their flowering condition is that (　　).

A. Xanthium cannot flower　　B. Hyoscyamus can't bloom

C. Both can bloom

43. The material basis of mutual recognition of pollen and stigma is (　　).

A. RNA　　B. protein　　C. hormone

44. The chemical structure of photosensitin contains (　　).

A. fat　　B. chlorophyll　　C. chromophore

45. The phytohormone involved in vernalization is (　　).

A. IAA　　B. GA　　C. CTK

46. In the study of snapdragon, the inorganic ions that guide the directional elongation of pollen tubes may be (　　).

A. Ferri　　B. Zinc　　C. Calcium

(VII) True or false questions

1. In general, protein-rich meristem contains less phytochrome. ( )

2. Light quantums regulate the speed of plant growth and development through phytochrome, and the reaction is rapid. ( )

3. The reaction speed from absorbing light quantum to inducing morphological change is slow. ( )

4. Phytochrome affects plant growth and differentiation through enzymatic activities. ( )

5. The formation of nitrate reductase in plants is not controlled by phytochrome. ( )

6. Under short period of sunshine conditions, long-day plants are not likely to bloom. ( )

7. Under the day and night cycle conditions, the shorter the light period is, the more the flower formation of short-day plants is promoted. ( )

8. Sugar beet is a long day crop, if the vernalization time is prolonged; It can bloom in short sunshine conditions. ( )

9. The stronger the winterness of wheat varieties is, the lower the vernalization temperature is and the shorter the vernalization days are. ( )

10. The role of sugar in flower bud differentiation is both metabolic and osmotic. ( )

11. Phytochrome activity is also found in dried seeds. ( )

12. Continuous sunshine conditions are not conducive to flower formation of long-day plants. ( )

13. The respiration rate of vernalized winter wheat seeds was higher than that of untreated wheat seeds. ( )

14. Wheat, rape after vernalization treatment, gibberellin content in the body will be reduced. ( )

15. Gibberellin can somehow replace the effects of high temperature. ( )

16. The induction of bluebells is done under short sunshine, whereas long sunshine is required for organ formation. ( )

17. The critical dark period is more important for flowering than the critical day length. ( )

18. The photoperiod site is the stem apex growing point. ( )

19. The site with photoperiodic action which induces flower formation is on the leave blades. ( )

20. In general, flower differentiation does not occur at the time of appropriate

photoperiod treatment, but several days after treatment. ( )

21. The critical day length of short day plant Xanthium is 15.5 hours, so it cannot bloom under 14 hours of sunshine. ( )

22. The short-day plant Xanthium flowering requires only one light-induced cycle. ( )

23. Put short day plant in artificial light chamber, as long as dark period is shorter than the critical night length, it can bloom. ( )

24. According to the theory of C/N ratio of flowering, flowering occurs when C/N is larger. ( )

25. In the dark period light break test, the most effective light is blue light. ( )

26. Gibberellin can replace cold temperatures and long days, but it is not a flower hormone. ( )

27. When rice from Guangdong is transferred to Wuhan for planting, the growth period is delayed, and the late-ripening seed should be introduced. ( )

28. Generally speaking, the soil with more nitrogen fertilizer and sufficient water can promote the differentiation of male flowers. ( )

29. Ethylene can promote the differentiation of female cucumber flowers. ( )

30. Cabbage can be vernalized in the germinating seed state. ( )

31. Vernalization of winter wheat can take place in the developing young embryos of the mother. ( )

32. In the ABC model of plant flowering, the A gene alone is thought to control carpel differentiation. ( )

33. The critical day length required for flowering of short-day plants must be shorter than the critical day length required for flowering of long-day plants. ( )

34. Flowering stimuli produced during vernalization are transmitted from mother cells to daughter cells by cell division. ( )

35. Photosensitin plays an important role only in floral induction in plants. ( )

36. As northern rice varieties move southward, flowering will advance. ( )

37. Interrupting the dark period of the short-day plant Xanthium with red light will inhibit flowering. ( )

38. Critical night length is more important for plant flowering than critical day length. ( )

39. Abnormal sterile pollen has high proline content. ( )

40. Starch pollen such as rice and sorghum, if it is spherical and turns blue in contact with iodine, is considered as normal fertile pollen. ( )

41. Stigma is more resistant to high temperature but not low temperature, and pollen is more resistant to low temperature but not high temperature. ( )

(VIII) Questions

1. What external conditions do plants need to vernalize? You are required to prove experimentally that the stem apical point is the site of feeling cold stimulation.

2. What place is photosensitive pigment distributed in the cell as to the common idea? What is the difference between the light absorption characteristics of Pr and Pfr?

3. What is the content of the gene regulatory hypothesis regarding the mechanism of phytochrome action?

4. Name five physiological reactions that are controlled by phytochrome.

5. Describe the relationship between phytochrome and floral induction.

6. How to prove that phytochrome is involved in a certain physiological process in plants?

7. You are required to demonstrate experimentally the site where plants sense photoperiod, and that plants can deliver photoperiod stimuli through some substance.

8. What is the main content of the florigen hypothesis proposed by Chailakhyan?

9. What are the effects of light on IAA, GA and CTK in plants?

10. Describe the relationship between photoperiod response type and plant origin.

11. If you discover a new plant species whose photoperiod properties have not been determined, how can you determine whether it is a short-day, long-day or medium-day plant?

12. Describe the role of light and dark phases in floral induction in plants.

13. What is the application of photoperiod theory in agricultural production?

14. What are the advantages and disadvantages of southern hemp planted in the north? Why?

15. Why do smoked plants (like cucumbers) increase female flowers?

16. Discuss the influence of external conditions on plant sexual differentiation.

17. How to make chrysanthemum bloom in advance in June-July How to delay flowering?

18. Describe the main points of ABC model for determining floral organ characteristics during flower development.

19. What are the three stages of flower formation in a plant?

20. What is the possible mechanism of vernalization?

21. How can we prove that dark period length is more important than light period length for flowering?

22. Explain the reasons that GA is not a vernalcin.

23. What is the application value of vernalization in agricultural production practice?

24. What physiological changes occur in stem growing points at the initial stage of flower bud differentiation?

25. What measures should be taken to induce more female flowers in cucumber?

26. According to the physiological knowledge learned, briefly explain what factors should be considered for successful introduction from afar.

27. Describe the process of pollination and fertilization.

28. What are the ways to overcome the incompatibility between selfing and distant hybridization?

29. You are required to prove the existence of phytochrome by experiments, and give the function in plant production.

IX Physiology of plant ripening and senescence

(I) Explanation of the noun

1. Apomictic reproduction 2. Self-incompatibility 3. Male sterility 4. Double fertilization phenomenon 5. Parthenosex production 6. Group effect 7. Recognition response 8. Late ripening 9. Aging, senescence 10. Abscission 11. Dormancy 12. Forced dormancy 13. Physiological dormancy 14. Stratification treatment 15. Seed deterioration 16. Normal seed 17. Recalcitrant seed 18. Separation zone and separation layer 19. Reactive oxygen species 20. Biological free radical 21. Respiratory climacteric Breathing fusion 22. Male reproductive unit 23.Preferential fertilization 24. Seed life 25. Seed viability 26. Seed vigor 27. Stress abscission 28. Physiological abscission 29. Programmed cell death 30. Monocarpic plants 31. Pleomorphic plants; prolificacy plants

(II) Translation from Chinese to English

1. Parthenogenesis 2. Dormancy 3. Abscission 4. Stratification treatment 5. Cellulase 6. Isoelectric point 7. The auxin gradient theory 8. Respiratory climacteric 9. Late ripening 10. Senescence; Aging 11. Pectinase

(III) Translation from English to Chinese

1. Vesicle 2. Pectinase 3. deterioration 4. Dormin 5. Senescence phase 6. Respiratory climacteric 7. Initiation phase 8. Degeneration phase 9. Terminal phase

(IV) Chinese names for the symbols

1. CMS 2. GSH-R 3. GSH-PX 4. GSI 5. IMS 6. MS 7. NMS 8. SI 9. SSI 10. CAT 11. MDA 12. O_2^- 13. $^1O_2$ 14. $\cdot OH$ 15. POD 16. SOD 17. MJ 18. PCD

(V) Blanks filling

1. The main difference in inclusions between fertile and sterile pollen is the amount or presence of________, ________and________.

2. Pollen is identified by________.

3. The recognition receptors in the pistil are on the ________ of the stigma surface.

4. During the ripening process of oil seeds, fats are converted from________.

5. The relative content of protein ________in the non-hard seeds stressed by the wind and drought.

6. ABA content at grain ripening period is ________.

7. Northern wheat has ________ protein than southern wheat. Oil seeds in the north contain ________ oil than those in the south.

8. Large temperature difference day and night is conducive to the formation of________fatty acids.

9. The auxin in the ovaries of seedless species of the same plant is ________ than those of seedless species.

10. It is thought that the respiratory climacteric in the fruit is due to the production of ________ in the fruit.

11. The growth curve of drupe is shaped as ________.

12. Unripe persimmon is astringent because the cells contain________.

13. The fruit becomes sweet when it is ripe, which is due to________.

14. Breaking dormancy in potatoes with________ is the most effective method at present.

15. There are two possible reasons for the decrease of protein content during leaf senescence: one is protein________; the second is protein________.

16. During leaf senescence, both photosynthesis and respiration________.

17. In general, cytokinin can ________ the senescence of the leaves, and abscisic acid can ________ the senescence of leaves.

18. There are more than 80 enzymes in pollen, and the most abundant enzyme is________.

19. The shedding of leaves and flowers is the result of the cell separation of ________.

20. When seeds ripen, phosphate compounds accumulated are mainly________.

21. The enzyme most abundant in pollen is ________.

22. The inorganic ion leading the directional growth of the pollen tube is ________.

23. The development of most seeds can be divided into ________, ________ and ________.

24. The temperature difference between day and night is big, organic matter respiration consumption ________, the sugar content of melons and fruits ________, grain crops thousand grain weight ________.

25. The main causes of bud dormancy were ________ and ________.

26. In the process of plant aging, the content of endogenous hormones will change, among which the hormones with increased content are________, ________; the hormones with decreased content are ________, ________ and ________.

27. There are many enzymes related to abscission, among which ________ and ________ are the most closely related to abscission.

28. The main protective enzymes of cells are ________, ________, ________ and so on.

29. The most basic feature of plant senescence is ________.

30. The most obvious sign of leaf senescence is ________, and the sequence of leaf senescence starts from ________ and gradually transitions to ________.

31. The main sites of free radical production in plant cells are ________, ________, ________, ________ and ________.

32. The length of sunshine has different effects on the dormancy of plant nutrients. For winter dormancy plants, short sunshine will ________ dormancy, long sunshine will ________ dormancy. For summer dormancy plants, long sunshine will ________ dormancy and short sunshine will ________ dormancy.

33. Plants has a quantity requirements for low temperature through the dormant period, the required quantity for low temperature ________ for the dormant plants which have long-term adaptation to the cold northern regions, but the required quantity for low temperature ________ for the dormant plants which have adaptation to the warm region in the south.

34. When seeds ripen, nutrients such as P, Ca and Mg are bound to ________, and this compound is called ________.

35. The main pigments present in the peel of the fruit are ________, ________ and ________.

36. The reason why the astringency disappears after the fruit ripens is that ________.

37. The fruit becomes soft after ripening mainly because ________.

38. The substances that make fruit fragrant are mainly ________ and ________ .

39. Climacteric fruits release ________ during ripening.

40. Generally speaking, protein content in wheat grains is more ________ under low temperature and drought conditions, while starch content is more ________ under warm and humid conditions.

41. The two main physiological processes that cause empty chaff in cereal crops are ________ and ________.

(VI) Multiple choice questions

1. The experiment proved that when the oxygen concentration in the air increased, the influence on cotton petiole shedding was to (　　).

A. promote the shedding　　B. inhibit the shedding

C. have no influence

2. The recognition protein in pollen is (　　).

A. pigment protein　　B. lipoprotein

C. glycoprotein

3. Plant pollen viability has great differences, rice pollen life is very short, only (　　).

A. 5 to 10 minutes　　B. 1 to 2 hours　　C. 1 to 2 days

4. In general, the viability of the stigma of rice can maintain (　　).

A. several hours　　B. 1 to 2 days　　C. 6 to 7 days

5. During the ripening process of starch seeds, the content of soluble sugar (　　).

A. gradually decrease　　B. gradually increase

C. change little

6. In the ripening process of rice seeds, the dominant catalyst for starch synthesis is (　　).

A. starch synthetase　　B. starch phosphorylase

C. Q enzyme

7. The total carbohydrate content of oil seed during the ripening process is (　　).

A. gradually decrease　　B. gradually increase

C. change little

8. In the process of pea seed ripening, the first seed accumulation is (　　).

A. sugar, mainly sucrose B. protein

C. fat

9. The content of abscisic acid ( ) when wheat grain is ripening.

A. increases greatly B. decreases greatly

C. changes little

10. In production, plant growth substances that can be used to induce fruit parthenogenesis include ( ).

A. auxin B. gibberellins C. the cytokinins

11. The plant hormones that increased significantly in fruit just before the onset of fruit respiratory climacteric is ( ).

A. auxin B. ethene C. gibberellin

12. The seed embryo of apple and pear has been fully developed, but it still cannot germinate under suitable conditions, because of ( ).

A. seed coat restriction B. inhibitory substance

C. unfinished post-ripening

13. The most effective way to break dormancy in potato tubers is to use ( ).

A. gibberellin B. 2, 4-D C. ethephon

14. During leaf senescence, a series of physiological and biochemical changes occur in the plant, including protein and RNA content ( ).

A. decreases obviously B. increases obviously

C. changes little

15. During leaf senescence, the photosynthetic rate will ( ).

A. increase B. decrease C. change little

16. Leaf abscission is related to auxin, and when auxin is applied to the proximal basal side of the shedding zone, it will ( ).

A. accelerate the shedding B. inhibit the shedding

C. have no effect

17. The iodine value of the fat will ( ) when the oil seed is ripening.

A. decrease gradually B. increase gradually

C. not change

18. When petioles are treated with the respiratory inhibitors iodoacetic acid, sodium fluoride and malonic acid, the inbibitors will ( ).

A. promote the abscission B. inhibit the abscission

C. have no effect

19. The soluble sugars with higher content in fertile pollen than in sterile pollen are ( ).

A. glucose B. fructose C. sucrose

20. During the development of oil seeds, the first accumulated storage material is ( ).

A. starch B. lipid C. fatty acids

21. In the following fruits, ( ) is the fruit with respiratory climacteric.

A. orange B. banana C. grape

22. The most abundant soluble sugar in starch fertile pollen is ( ).

A. sucrose B. glucose C. fructose

23. The element that has significant promoting effect on pollen germination is ( ).

A. N B. Si C. B

24. The following fruit which has respiratory climateric and has single S growth curve is ( ).

A. tomato B. plum C. orange

25. The seeds of some woody plants require the release of dormancy under conditions of ( ), so the germination is usually promoted by stratification.

A. low temperature and moisture B. warm and moisture

C. moisture and sunlight

26. ( ) can accelerate the aging of plants.

A. The drought B. Application of N

C. CTK treatment

27. The crop ( ) will not produce abscission layer, and therefore leaf shedding will not occur.

A. cotton B. soybean C. wheat

28. ( ) can inhibit or delay shedding.

A. Weak light B. High oxygen

C. Application of N

29. The type of pine senescence should belong to ( ).

A. senescence above ground B. deciduous senescence

C. progressive senescence

30. There are many reasons for seed dormancy. In some seeds, the seed coat is air-tight or impermeable; in others, there are substances that inhibit germination in the seed or parts related to the seed; and in some seeds, it is because ( ).

A. the embryo is not fully mature B. the seeds are low in nutrients

C. the seed water content is too high

(VII) True or false questions

1. The earliest signal of senescence is the disintegration of chloroplasts, but it is not initiated by chloroplasts. ( )

2. The ethylene content of apples reaches the lowest peak when they are ripe. ( )

3. The fruits or seeds of ginkgo biloba and ginseng are fully ripe, but cannot germinate, because the development of the embryo has not been completed. ( )

4. The content of protein and RNA decreased significantly during leaf senescence. ( )

5. Red light can accelerate leaf senescence. ( )

6. The vegetative organs of calcium-deficient plants are easy to shed, and $CaCl_2$ treatment can delay or inhibit the shedding. ( )

7. Young fruit and leaves have high abscisic acid content. ( )

8. The empty shell of rice is due to malnutrition after fertilization. ( )

9. Whether pollen can germinate normally on pistil stigma and lead to fertilization depends on the affinity of both sides. ( )

10. After pollination, the auxin content in the pistil decreased significantly. ( )

11. The stigma generally maintains the pollination ability for a longer time than the pollen life. ( )

12. Pollen stored in pure oxygen can prolong the life of pollen. ( )

13. Pollen is recognized by its intine-held proteins. ( )

14. The directional growth of the pollen tube in the pistil is due to the extension of the tip of the pollen tube in the direction of increasing concentration of the "chemotropism substance" in the pistil. ( )

15. During the ripening process of starch seeds, the insoluble organic compounds decrease continuously. ( )

16. The first fatty acids formed when oil seeds ripen are saturated fatty acids. ( )

17. With the increase of grain ripening, non-protein nitrogen increased continuously. ( )

18. During the process of rapeseed seed ripening, the total content of sugar decreased continuously. ( )

19. The abscisic acid content of wheat grains was greatly reduced at ripening. ( )

20. Fruit growth is related to increased auxin content in ovary after fertilization. ( )

21. The respiratory climacteric occurs in the fruit as a result of auxin formation. ( )

22. Appropriate reduction of temperature and oxygen concentration can delay the onset

of respiratory climacteric. ( )

23. The sour taste of immature fruit is due to the high content of ascorbic acid in the pulp. ( )

24. The astringent taste of immature fruits such as persimmon and apricot is due to the tannin contained in the cell fluid. ( )

25. When bananas is ripening, they produce a special fragrance called amyl acetate. ( )

26. The RNA content of apple, pear and other fruits decreased significantly when ripening. ( )

27. During the process of rapeseed seed ripening, the total content of sugar decreased continuously. ( )

28. It is a general rule in biology that a large amount of inclusions are transferred from aging tissues to younger parts or offspring. ( )

29. SOD activity and O_2 in leaves increased with aging. ( )

30. SOD, CAT and POD are important protective enzymes in plants, commonly known as free radical scavenger. ( )

31. Both water scarcity and N deficiency can promote plant dormancy. ( )

32. During the whole period of dormancy, the respiration rate of dormant buds showed an inverted unimodal curve. ( )

33. Methyl jasmonate significantly promoted the aging process. ( )

34. The presence of polyamines in plant cells can accelerate the process of plant senescence. ( )

35. Wheat seeds grown in arid areas have higher protein content. ( )

36. For starch seeds, nitrogen fertilizer can increase the protein content, phosphorus and potassium fertilizer can increase the starch content. ( )

37. High temperature promoted the synthesis of unsaturated fatty acids in oil seeds, so the iodine value increased. ( )

(VIII) Questions

1. What are the main physiological and biochemical changes in floral organs after fertilization?

2. Describe the main role of calcium in pollen germination and pollen tube elongation.

3. What physiological and biochemical changes occur during cereal seed is ripening?

4. What physiological and biochemical changes when fleshy fruit is ripening?

5. What are the characteristics of oil formation in oil seeds?

6. Which northern wheat has more protein than southern wheat? Why?

7. Describe the relationship between ethylene and fruit ripening, and its mechanism.

8. What are the external factors that lead to shedding?

9. What happens to the biochemistry of plant organs when they fall off?

10. What is the relationship between plant organ shedding and plant hormones?

11. What physiological and biochemical changes occur during plant senescence?

12. In late autumn, why do tree buds go into hibernation?

13. What are the possible causes of plant senescence?

14. How to regulate the aging and shedding of organs?

15. How does rice seed change organic matter from grain filling to yellow ripening stage?

16. After harvesting, sweet corn becomes less and less sweet. Why?

17. What are the factors that affect fruit coloration?

18. What are the main causes of bud dormancy? What are the commonly used methods to relieve and prolong bud dormancy?

19. What is the biological significance of aging?

20. What are the external factors that lead to shedding?

21. In what ways do free radicals damage proteins?

22. What is respiratory climacteric? What are the causes?

X Stress physiology of plants

(I)Explanation of the noun

1. Stress 2. Resistance 3. Cold exercise 4. Escape from stress 5. Patience in stress 6. Cold injury 7. Chilling injury 8. Supercooling 9. Plant protection factor 10. Atmospheric drought 11. Soil drought 12. Physiological drought 13. Osmotic regulation 14. Stress protein 15. Saline-alkali soil 16. Photochemical smog 17. Cross adaptation 18. Temperature compensation point 19. Wilting 20. Strain 21. Cold shock protein 22. Osmotin 23. Hydration compensation point 24. Moisture damage 25. Disease resistance 26. Resistance to insects 27. Membrane lipid peroxidation 28. Sulfhydryl hypothesis 29. Drought

(II) Translation from Chinese to English

1. Resistance 2. Cold injury 3. Drought 4. Salt stress 5. Avoidance 6. Osmoregulation 7. Temporarily wilting 8. The halophytes 9. Plant defensin 10. Chilling injury 11. Freeze tolerance gene 12. heat injury 13. Heat shock protein 14. Catalase 15. Peroxidase 16. Molecular chaperone 17. Cross protection 18. Antitranspirant 19. Anaerobic peptides 20. Regionalization 21. Allergic response 22. Systemic acquired resistance

(III) Translation from English into Chinese

1. Stress tolerance 2. Permanent wilting 3. Heat-shock protein 4. Antifreeze protein 5. Osmotin 6. Temperature compensation point 7. Glycophyte 8. Lectin 9. Active oxygen 10. Pathogenesis-related protein, PR 11. Antifreeze gene 12. Heat injury 13. Hardiness physiology 14. Superoxide dismutase 15. Protective enzyme system 16. Cross adaptation 17. C-repeat/drought response element 18. Heat shock element 19. Permanent wilting 20. Late embryo genesis abundant 21. Transition polypeptides

(IV) Write the Chinese names of the symbols

1. PRs 2. HSPs 3. HF 4. O_3 5. UFAI 6. PEG 7. O_2^- 8. $^1O_2$ 9. ·OH 10. PAN 11. Pro

(V) Blanks filling

1. Experiments have shown that when the membrane protein is frozen and dehydrated, its intermolecular ________ can be easily formed, which make the protein ________.

2. The damage of above zero low temperature to thermophilic plants is to first cause the phase transition of the membrane, that is, from the state________ to the state________.

3. Wheat is most sensitive to drought during________ and________.

4. There are mainly the following types of pollutants in the atmosphere: ________, ________, ________, ________, ________, ________.

5. Any stress will increase the photosynthetic rate________.

6. The higher the content of unsaturated fatty acids in membrane lipids is, the ________ the cold resistance of plants is.

7. During drought, the saturated fatty acids in leaf epidermal cells of wheat varieties with strong drought tolerance were ________ than those with less drought tolerance.

8. Under stress, the most important osmotic regulator in the plant is________.

9. During drought, the proline accumulated in the non-drought resistant varieties in the body ________ than that of drought resistant varieties.

10. During drought, the accumulation rate of betaine in the plant is ________ than that of proline.

11. After relieving water stress, the degradation rate of betaine was ________ than that of proline.

12. The roles of cross-adaptation are________.

13. Under stress, the abscisic acid content of more resistant varieties is ________ than that of less resistant varieties.

14. The harm of low temperature to plants can be divided into and two kinds ________ and ________ according to the degree of low temperature and the harm.

15. The main cause of intracellular ice damage is________.

16. The frost tolerance of plants is ________ related to the content of sulfur hydrogen base in cells.

17. Drought can be divided into ________ drought and ________ drought.

18.________ is the main protective substance of plant cold resistance.

19. The wilting depending on reducing transpiration to eliminate the water deficit and restore to the original state is called________ wilting.

20. The resistance of C_3 plants to SO_2 is________ than that of C_4 plants.

21. The resistance of woody plants to SO_2 is ________ than that of herbaceous plants.

22. Of the fluorides, the most polluting and toxic is________.

23. Gaseous fluoride enters the plant mainly from ________.

24. Wheat is ________ resistant to fluoride than corn.

25. Soil pollution mainly comes from ________ pollution and ________ pollution.

26. Common organic osmotic regulation substances are: ________, ________ and ________.

27. Proteins (or enzymes) induced by high temperature, low temperature, drought, bacteria, chemicals, hypoxia, ultraviolet and other adverse conditions, are collectively known as ________ proteins, which has diversity, such as ________ protein, ________ protein, ________ protein, ________ protein, ________ protein, ________ protein and ________ protein.

28. The adaptability of plants to high temperature stress is called ________. The harm of high temperature to plants is firstly ________ of protein and secondly it is the liquefaction of________.

29. The damage of plants under salt stress is mainly shown in: ① __________ stress; ② __________ disorder and __________ poison; ③ __________ permeability changes;

④ ________ disorder.

30. Diseases have the following effects on plant physiology and biochemistry: ① ________ imbalance; ② the role of ________ is strengthened; ③ inhibition by ________; ④ changes in ________; ⑤ ________ Ttansportation is disturbed.

31. There are many ways of plant disease resistance, mainly: ① morphological production of ________ structure; ② make ________ necrotic; ③ to produce ________ products; ④ Induce ________ protein.

32. There are two theories to explain the damage caused by freezing damage to plants: ________ theory and ________ theory.

33. Freezing damage to plants is mainly icing damage, when the temperature slowly decreases, it will cause ________ icing, when the temperature sharply decreases, it will cause ________ icing.

34. Under water stress conditions, the soluble substances involved in osmoregulation can be divided into two groups: one is ________, the other is ________.

35. Hormones that increase plant resistance include ________ and ________.

36. Free amino acids increased in plants during drought, and the most accumulated amino acid was ________, whose main physiological significance was ________.

37. Proline accumulation under drought conditions may be caused by the following three reasons: ________, ________ and ________.

38. Plants with high resistant to drought in terms of physiological and biochemical, have the following characteristics: ________, ________, ________ and________.

39. Plants are resistant to stress in two possible ways: ________ and ________.

40. Experiments show that when intercellular space is frozen, serious dehydration occurs in the cytoplasm. At this time, the protein molecules are easy to form ________ bonds to make the protein ________.

41. A common way for plants to tolerate salinity is to adapt to water stress caused by salinity through ________ and another is to eliminate the toxic effects caused by ________.

(VI) Multiple choice questions

1. Under drought conditions, some amino acids will accumulate, which is (　　).

   A. aspartic acid　　B. arginine　　C. proline

2. Compared with healthy leaves, the carbon assimilation products in diseased leaves (　　).

   A. reduce　　B. increase　　C. change little

3. When plants are under drought stress, the photosynthetic rate will (　　).

A. increase　　B. decrease　　C. change little

4. When a plant was infected with bacteria, its respiration rate (　　).

A. significantly increased　　B. significantly decreased

C. changed little

5. The test confirmed that the more unsaturated fatty acids of membrane lipid is, the resistance will (　　).

A.increase　　B. reduce　　C. be stable

6. Saturated fatty acids in leaf epidermal cells of wheat will (　　) with strong drought tolerance during grain filling period.

A. become more　　B. become less　　C. stay at medium level

7. Under stress conditions, abscisic acid content in plants will (　　).

A. reduce　　B. increase　　C. change little

8. The main causes of intercellular icing damage is (　　).

A. excessive protoplasm dehydration

B. mechanical damage

C. membrane damage

9. Soluble sugar content in overwintering crops (　　).

A. increase　　B. reduce　　C. change little

10. One of the morphological characteristics of plants adapting to drought conditions is the root/crown ratio becomes (　　).

A. big　　B. small　　C. medium

11. High temperature causes biochemical damage to proteins, showing that (　　).

A. the synthesis speed is slowed down

B. the degradation aggravates

C. the enzyme becomes inactivated

12. Rice cachexia is caused by a large number of (　　) produced after infection with gibberellum.

A. gibberellin　　B. auxin　　C. abscisic acid

13. The most important air pollutant in China is (　　).

A. fluoride　　B. sulfur dioxide　　C. chloride

14. Whether pollutants in the atmosphere can harm plants depends on a variety of factors, among which (　　) is the main one.

A. the concentration of the gas　　B. the time extended

C. the gas composition

15. The most harmful effect of cyanide on plants is to ( ).

A. inhibit breathing B. damage the cell membrane

C. it disrupts the water balance

16. ( ) pollution is one of the main pollutants in addition to toxic gases.

A. Dust B. Irritant gas C. Ethylene

17. The plant protection factor produced by sweet potato infected with black spot pathogen is ( ).

A. oxalic acid B. salicylic acid C. sweet potato ketone

18. There are three types of changes in plant respiration rate under stress : ( ).

A. ① decreased; ② first increased then decreased; ③ increased significantly

B. ① decreased; ② first increased then decreased; ③ did no change

C. ① no change; ② first increased then decreased; ③ enhanced obviously

19. ( ) is a stress hormone, which appears to be the most important in the regulation of plant hormones in plant adaptation to stress.

A. Cytokinin B. Ethene

C. Abscisic acid

20. Lack of water will not induce the ( ) of the plant.

A. stomatal closure B. ABA content increased

C. above ground partial growth

21. When plant cells suffer from cold injury, plasma membrane resistance will be ( ) increases with the degree of cold injury.

A. constant B. small C. larger

22. ( ) decreased in plant tissues after cold exercise.

A. Soluble sugar content

B. Ratio of free water to bound water

C. Unsaturated fatty acid content

23. The basic cause of drought damage to plants is ( ).

A. protoplasmic dehydrates B. it causes mechanical damage

C. the membrane permeability changes

24. Waterlogging is caused by cells' ( ).

A. increasing ethylene content B. oxygen deficiency

C. malnutrition

25. The main cause of salt damage is ( ).

A. osmotic stress B. membrane permeability changes

C. mechanical damage

26. When plant tissue is injured, the injured area becomes brown rapidly, and the main reason is ( ).

A. the polymerization of quinones B. the produce of brown pigment
C. cells death

(VII) True or false questions

1. Cold-resistant plants synthesize more saturated fatty acids at low temperatures. ( )
2. The process of carbohydrate and protein transformation into soluble compounds was enhanced by stress, which was related to the decrease of synthetase action and the increase of hydrolase activity. ( )
3. The frost tolerance of wheat was negatively correlated with the unsaturated fatty acids of membrane lipids. ( )
4. The saturated fatty acids in leaf epidermal cells of wheat cultivars with strong drought tolerance were more during the drought period. ( )
5. No matter what stress conditions, the endogenous abscisic acid in the plant body is always reduced and the stress resistance is enhanced. ( )
6. External application of abscisic acid can change the metabolism in vivo and reduce the content of proline. ( )
7. External application of abscisic acid can increase the content of soluble sugar and soluble protein in plants and improve stress resistance. ( )
8. The effect of freezing damage on plants is mainly caused by icing. ( )
9. The main cause of intercellular ice damage is excessive expansion of protoplasm. ( )
10. Cold damage occurs when thermophilic plants are injured or even killed in temperatures below zero. ( )
11. Drought resistance can be improved by drought training of germinating seeds before sowing. ( )
12. Under drought conditions, the transport rate of photosynthate from assimilated tissues is accelerated. ( )
13. High temperature will inhibit the synthesis of nitrogen compounds, accumulate excessive ammonia, will poison cells. ( )
14. Cactus protoplasm has high viscosity, high bound water content and poor heat resistance. ( )

15. Waterlogging causes crop death related to the degree of oxygen deficiency. ( )

16. Too much salt can make cotton, wheat and other respiration rate rise. ( )

17. Whether atmospheric pollutants can harm plants is mainly related to the concentration and duration of the gas. ( )

18. The sensitivity of different plants to sulfur dioxide varies greatly. In general, herbaceous plants are less sensitive than woody plants. ( )

19. Mercury can cause a decrease in photosynthetic rate, leaf yellowing and plant dwarfing. ( )

20. The five poisons in environmental pollution are phenol, cyanogen, chromium, arsenic and iron. ( )

21. In addition to toxic gases, dust is also one of the important pollutants in air pollution. ( )

22. In environmental monitoring, plants that are not sensitive to a certain pollutant are generally selected as indicator plants. ( )

23. The mechanism of plant death caused by freezing damage is mainly explained by the sulfur hydrogen hypothesis and membrane damage theory. ( )

24. The mechanism of plant death caused by freeze damage and drought is explained by sulfur hydrogen hypothesis and membrane damage theory. ( )

25. The sulfur hydrogen hypothesis to explain the death of plants caused by freezing damage was put forward by Maximov. ( )

26. Dormant seeds have less water content, so they have stronger cold resistance and weaker heat resistance. ( )

27. Cold-resistant plants synthesize more unsaturated fatty acids at low temperatures. ( )

28. Low temperature causes the mitochondrial membrane to solidify, thus anaerobic respiration is inhibited and aerobic respiration is not affected. ( )

29. During drought, protein decreased and free amino acids increased in plants. ( )

30. The larger the root-top ratio, the more conducive to drought resistance. ( )

31. ABA can inhibit plant growth, so external application of ABA reduces plant stress resistance. ( )

(VIII) Questions

1. In what ways are plants resistant?

2. How does stress affect plant metabolism?

3. What is the role of proline accumulation in plants under stress?

4. The relationship between the change of plant hormone level and stress resistance was discussed.

5. How many steps does zero on low temperature divide the harm to plant tissue roughly?

6. What is the relationship between membrane lipids and cold resistance of plants?

7. What physiological and biochemical changes occur in plants during the process of cold injury?

8. Why can cold exercise improve the cold resistance of plants?

9. Write down the antioxidant substances and antioxidant enzymes that can eliminate free radicals in plants.

10. In which respect does the physiological basis of plant drought resistance show? How to improve the drought resistance of plants?

11. What are the main aspects of O_3 damage to plants?

12. What are the effects of diseases on plant physiology and biochemistry? What is the physiological basis for disease resistance in crops?

13. What are the causes for SO_2 to harm plants?

14. What is cross-adaptation in plants? What are the characteristics of cross adaptation?

15. What role can plants play in environmental protection?

16. Why can't you water crops at noon on a sunny day?

17. What are the effects of low temperature above freezing on physiological and biochemical changes of plant cells?

18. What is the physiological basis of salt tolerance in plants? How to improve the salt resistance of plants?

19. What is air pollution? What are the main pollutants? What are the ways?

20. What are the morphological and physiological characteristics of drought-resistant plants?

21. What is the cause and physiological significance of the increase in proline content in plants during drought?

22. What is the effect of waterlogging on plants? How to improve the waterlogging resistance of plants?

23. In what ways do salt-tolerant plants avoid excessive salt damage?

24. How many ways can salt-tolerant plants tolerate salt stress?

Appendix 2 Chemical symbol

Symbol	Explanation
E	explosive
T	toxic
O	oxidizing agent
Xn	harmful
F	flammable
F^+	highly flammable
F^{++}	extremely flammable
Xi	irritant
F+C	flammable corrosive
N	dangerous for the environment
T^+	very toxic

Appendix 3 Concentrations of commonly used acids and bases

Compound	Relative molecular mass	Relative density	Mass fraction/%	Molarity of substance/(mol/L)	Volume mL required for 1 mol/L preparation
HCl	36.46	1.19	36.0	11.7	85.5
HNO_3	63.02	1.42	69.5	15.6	64.0
H_2SO_4	98.08	1.84	96. 0	17.95	55.7
H_3PO_4	98.00	1.69	85.0	14.7	68.0
$HClO_4$	100.50	1.67	70. 0	11.65	85.7
CH_3COOH	60.03	1.06	99.5	17.6	56.9
NH_4OH	35.04	0.90	58.6	15.1	66.5

Appendix 4 Reference table of molarity preparation of commonly used solid acids, bases and salts

Name	Chemical formula	Relative molecular mass	Molarity of substance/(mol/L)	The required quantity/g for preperation of 1 L 1 mol/L solution/g
Oxalic acid	$H_2C_2O_4 \cdot 2H_2O$	126.08	1.0	63.04
Citrate	$H_3C_6H_5O_7 \cdot H_2O$	210.14	0.1	7.00
Potassium hydroxide	KOH	56.10	5.0	280.50
Sodium hydroxide	NaOH	40.00	1.0	40.00
Sodium carbonate	Na_2CO_3	106.00	0.5	53.00
Disodium hydrogen phosphate	$Na_2HPO_4 \cdot 12H_2O$	358.20	1.0	358.20
Potassium dihydrogen phosphate	KH_2PO4	136.10	1/15	9.08
Potassium dichromate	$K_2Cr_2O_7$	294.20	1/60	4.9035
Potassium iodide	KI	166.00	0.5	83.00
Potassium permanganate	$KMnO_4$	158.00	0.05	3.16
Sodium acetate	$NaC_2H_3O_2$	82.04	1.0	82.04
Sodium thiosulfate	$Na_2S_2O_3 \cdot 5H_2O$	248.20	0.1	24.82

Appendix 5 Preparation of commonly used buffers

1. Glycine-hydrochloric acid buffer solution(Appendix table 5-1)

Storage solution A: 0.2 mol/L glycine solution (15.01 g prepared to 1000 mL)

Storage solution B: 0.2 mol/L hydrochloric acid (17.1 mL concentrated hydrochloric acid diluted to 1000 mL).

The relative molecular weight of glycine: 75.07.

Appendix table 5–1 Preparation table of different pH glycine–hydrochloric acid buffer solutions

pH	x	pH	x
2.2	44.0	3.0	11.4
2.4	32.4	3.2	8.2
2.6	24.2	3.4	6.4
2.8	16.8	3.6	5.0

Note:50 mL A+x mL B, diluted to 200 mL.

2. Hydrochloric-potassium chloride buffer solution(Appendix table 5–2)

Storage solution A: 0.2 mol/L potassium chloride solution (KCl 14.91 g to 1000 mL).

Storage solution B: 0.2 mol/L hydrochloric acid (17.1 mL concentrated hydrochloric acid diluted to 1000 mL).

The relative molecular weight of potassium chloride: 74.56.

Appendix table 5–2 Preparation table of different pH HCl–potassium chloride buffer solutions

pH	x	pH	x
1.0	97.0	1.7	20.6
1.1	78.0	1.8	16.6
1.2	64.5	1.9	13.2
1.3	51.0	2.0	10.6
1.4	41.5	2.1	8.4
1.5	33.3	2.2	6.7
1.6	26.3		

Note:50 mL A+x mL B, diluted to 200 mL.

3. Potassium hydrogen phthalate-hydrochloric acid buffer solution(Appendix table 5–3)

Storage solution A: 0.2 mol/L potassium hydrogen acid ($KHC_8H_4O_4$ 40.84 g prepared to 1000 mL).

Storage solution B: 0.2 mol/L hydrochloric acid (17.1 mL concentrated hydrochloric acid diluted to 1000 mL).

The relative molecular weight of potassium hydrogen phthalate: 204.22.

Appendix table 5-3 Preparation table of different pH potassium hydrogen phthalate-hydrochloric acid buffer

pH	x	pH	x
2.2	46.7	3.2	14.7
2.4	39.6	3.4	9.9
2.6	33.0	3.6	6.0
2.8	26.4	3.8	2.63
3.0	20.3		

Note:50 mL A+x mL B, diluted to 200 mL.

4. Aconite acid-sodium hydroxide buffer solution(Appendix table 5-4)

Storage solution A: 0.5 mol/L aconite acid [$C_3H_3(COOH)_3$ 87.05 g prepared to 1000 mL].

Storage solution B: 0.2 mol/L sodium hydroxide (8.0 g NaOH prepared to 1000 mL).

The relative molecular weight of aconite acid: 174.11, the relative molecular weight of sodium hydroxide: 40.00.

Appendix table 5-4 Preparation table of different pH aconitate-sodium hydroxide buffer solutions

pH	x	pH	x
2.5	15.0	4.3	83.0
2.7	21.0	4.5	90.0
2.9	28.0	4.7	97.0
3.1	36.0	4.9	103.0
3.3	44.0	5.1	108.0
3.5	52.0	5.3	113.0
3.7	60.0	5.5	119.0
3.9	68.0	5.7	126.0
4.1	76.0		

Note:20 mL A+x mL B, diluted to 200 mL.

5. Citric acid buffer solution(Appendix table 5-5)

Storage solution A: 0.1 mol/L citric acid ($C_6H_8O_7$ 19.21 g prepared to 1000 mL).

Storage solution B: 0.1 mol/L trisodium citrate ($C_6H_8O_7Na_3 \cdot 2H_2O$ 29.41 g to 1000 mL).

The relative molecular weight of citric acid: 192.12, and the relative molecular weiht of trisodium citrate · 2 H_2O: 294.10.

Appendix table 5-5 Preparation table of different pH citrate buffer solutions

pH	*x*	*y*	pH	*x*	*y*
3.0	46.5	3.5	4.8	23.0	27.0
3.2	43.7	6.3	5.0	20.5	29.5
3.4	40.0	10.0	5.2	18.0	32.0
3.6	37.0	13.0	5.4	16.0	34.0
3.8	35.0	15.0	5.6	13.7	36.3
4.0	33.0	17.0	5.8	11.8	38.2
4.2	31.5	18.5	6.0	9.5	40.5
4.4	28.0	22.0	6.2	7.2	42.8
4.6	25.5	24.5			

Note: *x* mL of A + *y* mL of B, diluted to 100 mL.

6. Phosphate buffer solution(Append table 5-6)

Storage solution A: 0.2 mol/L sodium dihydrogen phosphate (NaH_2PO_4 · H_2O 27.6 g prepared to 1000 mL)

Storage solution B: 0.2 mol/L disodium hydrogen phosphate (Na_2HPO_4 · $7H_2O$ 53.65 g 7 g prepared to 1000 mL)

The relative molecular weight of sodium dihydrogen phosphate: 137.99, weight of disodium hydrogen phosphate: 268. 25.

Appendix table 5-6 Preparation table of different pH phosphate buffer solutions

pH	*x*	*y*	pH	*x*	*y*
5.7	93.5	6.5	6.5	68.5	31.5
5.8	92.0	8.0	6.6	62.5	37.5
5.9	90.0	10.0	6.7	56.5	43.5
6.0	87.7	12.3	6.8	51.0	49.0
6.1	85.0	15.0	6.9	45.0	55.0
6.2	81.5	18.5	7.0	39.0	61.0
6.3	77.5	22.5	7.1	33.0	67.0
6.4	73.5	26.5	7.2	28.0	72.0

Continned table

pH	*x*	*y*	pH	*x*	*y*
7.3	23.0	77.0	7.7	10.5	89.5
7.4	19.0	81.0	7.8	8.5	91.5
7.5	16.0	84.0	7.9	7.0	93.0
7.6	13.0	87.0	8.0	5.3	94.7

Note: x mL A+y mL B, diluted to 200 mL.

7. Tris buffer solution(Appendix table 5-7)

Storage solution A: 0.2 mol/L Tris solution (24.2 g dissolved to 1000 mL).

Storage solution B: 0.2 mol/L HCl solution.

Appendix table 5-7 Preparation table for different pH Tris buffer solutions

pH	*x*	pH	*x*
9.0	5.0	8.0	26.8
8.8	8.1	7.8	32.5
8.6	12.2	7.6	38.4
8.4	16.5	7.4	41.4
8.2	21.9	7.2	44. 2

Note: 50 mL A+x mL B, diluted to 200 mL.

8. Acetic acid buffer solution (Appendix table 5-8)

Storage solution A: 0.2 mol/L acetic acid (chilled acetic acid 11.55 mL diluted to 1000 mL).

Storage solution B: 0.2 mol/L sodium acetate ($C_2H_3O_2Na$ 16.4 g to 1000 mL).

The relative molecular weight of sodium acetate: 82.03.

Appendix table 5-8 Preparation table of different pH acetic acid buffer solutions

pH	*x*	*y*	pH	*x*	*y*
3.6	46.3	3.7	4.8	20.0	30.0
3.8	44.0	6.0	5.0	14.8	35.2
4.0	41.0	9.0	5. 2	10.5	39.5
4.2	36.8	13.2	5.4	8.8	41.2
4.4	30.5	19.5	5.6	4.8	45.2
4.6	25.5	24.5			

Note: *x* mL of A + *y* mL of B, diluted to 100 mL.

9. Citrate-phosphate buffer solution(Appendix 5-9)

Storage solution A: 0.1 mol/L citric acid ($C_6H_8O_7$ 19.21 g prepared to 1000 mL).

Storage solution B: 0.2 mol/L disodium hydrogen phosphate ($Na_2HPO_4 \cdot 7H_2O$ 53.65 g to 1000 mL).

The relative molecular weight of citric acid: 192.12, the relative molecular weight of disodium hydrogen phosphate · $7H_2O$: 268.25.

Appendix table 5-9 Preparation table of different pH citrate-phosphate buffer solutions

pH	*x*	*y*	pH	*x*	y
2.6	44.6	5.4	5.0	24.3	25.7
2.8	42.2	7.8	5.2	23.3	26.7
3.0	39.8	10.2	5.4	22.2	27.8
3.2	37.7	12.3	5.6	21.0	29.0
3.4	35.9	14.1	5.8	19.7	30.3
3.6	33.9	16.1	6.0	17.9	32.1
3.8	32.3	17.7	6.2	16.9	33.1
4.0	30.7	19.3	6.4	15.4	34.6
4.2	29.4	20.6	6.6	13.6	36.4
4.4	27.8	22.2	6.8	9.1	40.9
4.6	26.7	23.3	7.0	6.5	43.5
4.8	25.2	24.8			

Note: *x* mL of A + *y* mL of B, diluted to 100 mL.

Appendix 6 Commonly used acid-base indicators

Appendix table 6-1 Chinese name English name color change pH range acid color alkaline color mass concentration of solvent 100 mL indicator

Chinese name	English name	Color change pH range	Color in Acid	Color in Alkaline	Mass conce-ntration	Solvent	0.1 mol/L NaOH amount needed in 100 mLindicator mass/mL
间甲酚紫	m-cresol purple	1.2~2.8	red	yellow	0.04%	dilute alkalis	1.05
麝香草酚蓝	thymol blue	1.2~2.8	red	yellow	0.04%	dilute alkalis	0.86
溴酚蓝	bromophenol blue	3.0~4.6	yellow	purple	0.04%	dilute alkalis	0.6
甲基橙	methyl orange	3.1~4.4	red	yellow	0.02%	water	—
溴甲酚绿	bromocresol green	3.8~5.4	yellow	blue	0.04%	dilute alkalis	0.58
甲基红	methyl red	4.2~6.2	pink	yellow	0.10%	50% ethanol	—
氯酚红	chlorophenol red	4.8~6.4	yellow	red	0.04%	dilute alkalis	0.94
溴酚红	bromophenol red	5.2~6.8	yellow	red	0.04%	dilute alkalis	0.78
溴甲酚紫	bromocresol purple	5.2~6.8	yellow	purple	0.04%	dilute alkalis	0.74
溴麝香草酚蓝	bromothymol blue	6.0~7.6	yellow	blue	0.04%	dilute alkalis	0.64
酚红	phenol red	6.4~8.2	yellow	red	0.02%	dilute alkalis	1.13
中性红	neutral red	6.8~8.0	red	yellow	0.01%	50% ethanol	—
甲酚红	cresol red	7.2~8.8	yellow	red	0.04%	dilute alkalis	1.05
间甲酚紫	m-cresol purple	7.4~9.0	yellow	purple	0.04%	dilute alkalis	1.05
麝香草酚蓝	thymol blue	8.0~9.2	yellow	blue	0.04%	dilute alkalis	0.86
酚酞	phenolphthalein	8.2~10.0	colorless	red	0.10%	50% ethanol	—
麝香草酚酞	thymolphthalein	8.8~10.5	colorless	blue	0.10%	50% ethanol	—
茜素黄 R	alizarin yellow R	10.0~12.1	Light yellow	Brown red	0.10%	50% ethanol	—
金莲橙 Q	tropaeolin Q	11.1~12.7	yellow	Red brown	0.10%	water	—

Appendix 7 Standard unit of measurement

Appendix table 7-1 The basic unit of the International system of units

Name	Unit name	Symbole
length	meter	m
mass	kilogram	kg
time	second	s
current	ampere	A
thermodynamic temperature	kelvin	K
substance mass	moles	mol
luminescence intensity	candela	cd

Appendix table 7-2 International derived units expressed in basic units

Name	Unit name	Symbol
area	Square meters	m^2
volume	Cubic meters	m^3
speed	Meter per second	m/s
density	Kilogram per cubic meter	kg/m^3
concentration	moles per cubic meter, moles per liter	mol/m^3, mol/L
Luminescence	Canderla per square meter	cd/m^2

Appendix table 7-3 Derived units in international units with specialized names

Name	Unit name	Symbol
frequency	hertz	Hz
Force, gravity	Newton	N
pressure	pascal	Pa
Energy, work	Joule	J
Power, radiation	watts	W
Electric pressure	voltage	V

Continned table

Name	Unit name	Symbol
resistance	ohm	Ω
conductance	siemens	S
Luminous flux current	lumen	lm
Illuminance of light	lux	lx
Light intensity	micromoles per square meter per second	$\mu mol/m^2 \cdot s^{-1}$

Appendix table 7－4 The non－SI units selected by the country

Name	Unit name	Symbol	Relational expression
time	minute	min	1 min=60 s
	hour	h	1 h=60 min=3600 s
	day	d	1 d=24 h=86 400 s
volume	liter	L (l)	$1\ L=1\ dm^3 = 10^{-3}\ m^3$

Appendix table 7－5 Commonly used international prefixes

Factor	Name	Chinese code	International code
10^6	兆 (mega)	兆	M
10^3	千 (kilo)	千	k
10^2	百 (hecto)	百	h
10^1	十 (deca)	十	da
10^{-1}	分 (deci)	分	d
10^{-2}	厘 (centi)	厘	c
10^{-3}	毫 (milli)	毫	m
10^{-6}	微 (micro)	微	μ
10^{-9}	纳诺 (nano)	纳［诺］	n
10^{-12}	皮可 (pico)	皮［可］	P
10^{-15}	飞母托 (femto)	飞［母托］	f

Appendix 8 Some chemical properties of common plant growth substances

Name	Abbreviation	Relative molecular mass	Solvent	Storage
Abscisic acid	ABA	264.32	NaOH	Below 0 ℃
6-benzylaminopurine	6-BA	225.26	NaOH/HCl	Room temperature
2, 4-dichlorophenoxyacetic acid	2, 4-D	221.04	NaOH/ethanol	Room temperature
Gibberellic acid (element)	GA, GB	346.38	ethanol	0 ℃
Indoleacetic acid	IAA	175.19	NaOH/ethanol	0~5 ℃
Indole butyrate	IBA	203.24	NaOH/ethanol	0~5 ℃
Kinetin	KT	215.22	NaOH/HCl	Below 0 ℃
Naphthylacetic acid	NAA	186.21	NaOH	0 ℃

Bibliography

[1] GANG CHEN, SHENG LI. Plant physiology experiments [M]. Beijing: Higher Education Press, 2016.

[2] JIA FAN, YUHAO WANG, CHENGQIU TAO, et al. Exploring the comprehensive experiment in the teaching of plant physiology experiment[J]. Journal of experimental science and technology, 2015, 13 (3) : 101 – 104.

[3] FULIN HOU. Experimental course of plant physiology [M]. 3rd edition. Beijing: Science Press, 2015.

[4] LING LI. Experimental guidance of plant physiology module[M]. Beijing: Science Press, 2009.

[5] XIAOFANG LI, ZHILIANG ZHANG. Experimental guidance of plant physiology[M]. 5th edition. Beijing: Higher Education Press, 2015.

[6] ZHONGGUANG LI, MING GONG. Comprehensive and designed experimental course of plant physiology[M]. Wuhan: Huazhong University of Science and Technology Press, 2013.

[7] XINLIANG LIU, XIAOYING DAI, TING ZHANG, et al. Effects of macroelement deficiency on the growth of Camphor seedlings[M]. Journal of southern forestry science, 2021, 49 (5): 16 – 20.

[8] YONGZHONG LUO, GUANG LI, LIJUAN YAN, et al. Changes of water metabolism indexes and their relationship in Xinjiang Alfalfa under water stress[J]. Journal of grassland research, 2016, 24 (5) : 981 – 987.

[9] HAITAO SHI. Experimental guidance of plant stress physiology[M]. Beijing: Science Press, 2016.

[10] YAN TANG, ZIYUN ZHOU, CUILING CAO, et al. Research on plant physiology experiment teaching[J]. Reform for college students, 2016, 26: 153 – 155.

[11] DIANXING WU, FANRONG HU. Plant tissue culture[M]. Beijing: Chemical Industry Press, 2011.

[12] YONGSHENG ZHANG, XU QIN, GUODONG LI. Effects of different germination accelerating treatments on seed germination of 'Hongling' watermelon[J]. Chinese fruits and vegetables, 2022, 42 (3) : 67 – 71.

[13] YUXIA ZHANG, XIAOYAN DU, JUNYING JIA, et al. Design and practice of comprehensive design experimental scheme for plant stress physiology [J]. Journal of inner mongolia university for nationalities (natural science edition), 2013, 28 (4) : 446 – 447, 449.